U0271625

育儿百科

大讲堂
双色
图文版

刘凤珍◎主编　王雪蓓◎编著

中国华侨出版社
北京

图书在版编目（CIP）数据

育儿百科大讲堂 / 王雪蓓编著 . —北京：中国华侨出版社，2016.12
（中侨大讲堂 / 刘凤珍主编）
ISBN 978-7-5113-6548-4

Ⅰ . ①育… Ⅱ . ①王… Ⅲ . ①婴幼儿－哺育－普及读物
Ⅳ . ① TS976.31-49

中国版本图书馆 CIP 数据核字（2016）第 292763 号

育儿百科大讲堂

编　　著 / 王雪蓓
出 版 人 / 刘凤珍
责任编辑 / 千　寻
责任校对 / 王京燕
经　　销 / 新华书店
开　　本 / 787 毫米 ×1092 毫米　1/16　印张 /24　字数 /455 千字
印　　刷 / 三河市华润印刷有限公司
版　　次 / 2018 年 3 月第 1 版　2018 年 3 月第 1 次印刷
书　　号 / ISBN 978-7-5113-6548-4
定　　价 / 48.00 元

中国华侨出版社　北京市朝阳区静安里 26 号通成达大厦 3 层　邮编：100028
法律顾问：陈鹰律师事务所
编辑部：（010）64443056　　64443979
发行部：（010）64443051　　传真：（010）64439708
网　址：www.oveaschin.com
E-mail：oveaschin@sina.com

前言

“生子不易，养子更难”，育儿从来就不是一件易事，对于年轻的爸爸妈妈来说，由于没有经验，也尚未建立起育儿的信心，则更是如此。从孩子呱呱坠地到牙牙学语，从满地乱爬到会跑会跳，多少次为宝宝无休无止的哭闹而心烦意乱，多少次为宝宝的发烧咳嗽流涕而揪心，多少次为宝宝面临的意外危险而担忧，多少次为宝宝不输在起跑线上而殚精竭虑……

为了做一个称职的家长，让孩子在最初几年的关键期中健康成长，为将来打下良好的基础，年轻的爸爸妈妈们应该吸取更多的实用育儿经验，学习更多的科学育儿方法，在育儿实践中不断地摸索和思考。这样也能使爸爸妈妈们真正实现轻松育儿，成功育儿。

《育儿百科大讲堂》旨在打造一部讲述育儿经验和科学育儿方法的图书，为年轻家长及时解决育儿难题，即学即用，用之有效。本书精心选取了现代家长高度关注的 0 ~ 3 岁宝宝的养育问题，内容涉及宝宝的喂养、照料、健康、智力开发、教育、急救等方面，共分六章来讲述：第一章，科学育儿要点，简明扼要地介绍了当前最科学最流行的育儿理念。第二章，新生儿抚育，详细介绍新生儿的生理特征、新生儿的日常照料方法、常见问题的处理方法。第三章，婴儿期的养育，按月详细介绍 0 ~ 12 个月婴儿的生理特点、日常照料、智力开发、亲子游戏，方法实用，便于日常操作。第四章，一至二岁幼儿的养育，按月详细介绍 1 ~ 2 岁幼儿的生理特点、日常照料、智力开发、亲子游戏。第五章，二至三岁幼儿的养育，按月详细介绍二至三岁幼儿的生理特点、日常照料、智力开发、亲子游戏。第六章，婴幼儿疾病防治，详细介绍了婴幼儿常见疾病的预防措施、家庭护理方案和用药指南，以及意外事件的急救措施。

本书立足现代生活，从中国家长的实际需要出发，根据中国宝宝特有的体质、生活方式、养育环境等进行编写，综合了国内外营养学、儿科、早教等相关领域的最新研究成果，借鉴了当前世界最高端最优质的教子方案，并汇总了诸多儿科专家、育婴师、早教工作者等的实用育儿方法，博采众家之长。本书指导父母科学育儿，应将育儿作为一个系统工程来看待，强调育儿不仅仅是照顾孩子“吃喝拉撒”、把孩子“带大”，还包括语言、社交、心理等多方面能力的培养，并为之提供了科学而有效的解决办法，从而帮助父母与孩子之间建立起亲密的亲子关系，有效地促进宝宝的身心健康发展，养成良好的性格和习惯，学会初步合作交往的能力，为其后续学习和终身发展奠定良好的基础。

目录

第一章 科学育儿要点

第二章 新生儿抚育

第三章 婴儿期的养育

第四章　一至二岁幼儿的养育

第五章　二至三岁幼儿的养育

第六章 婴幼儿疾病防治

第一章

科学育儿要点

找一个儿科保健医生

孩子出生后家长应及时与社区保健部门取得联系，由保健医生来到孩子家里进行访视。主要是了解新生婴儿出生后情况，指导护理和喂养，进行简单体检等，并建立起小孩的保健卡。如发现孩子有异常情况，社区医生会及时向家长通报，并提出具体的防范措施。从此，你的宝宝便加入了社区保健的管理范围。

胎儿出生后，由于内、外环境发生了巨大的变化，一般需要 2 ~ 3 周才能逐步适应。作为父母有责任和义务在保健医生的指导下，为孩子能尽快地适应新的环境创造切实可行的条件，帮助新生儿安全地度过这个时期。因此，对新生儿实行系统的观察和细致的喂养及护理是至关重要的，也是儿童保健工作的重要内容之一。

体格检查安排

孩子出生后，儿科保健医生要定期进行访视和体格检查，一般要求是：

出生 15 天内，应访视三次，28 天时进行体检，并对孩子做一次健康评价。

2 个月访视一次，3 个月体检一次。

出生 3 ~ 12 个月：每 3 个月体检一次，周岁时做一次健康评价。

1 ~ 3 岁：每半年体检一次，3 岁时做一次健康评价。

4 ~ 6 岁：每年体检一次，6 周岁时做一次健康评价。

体格检查的要求

体格检查的内容要求因年龄而异：

新生儿时期除常规的检查外，重点要注意检查：先天性疾病和畸形，检查产伤，检查新生儿期特有的疾病（如脐炎、硬肿症等），获得体格发育和体格特征的资料。

婴儿期除常规的体检外，重点要注意检查：营养缺乏性贫血、佝偻病，早期检查运动功能和神经系统功能障碍等。

幼儿及 4 ~ 6 岁期除常规的体检外，重点检查：体重缓增和营养缺乏症，各类传染病，一些慢性病（如哮喘、癫痫、结核病等）。

体检后的评价指标

体检完毕后，应当对孩子的健康状况做出评价，可能的情况有：

完全健康，发育正常，既无缺点也无疾病。

患有急性病，应立即送医院治疗。

患有慢性病，查明原因，给以治疗、喂养和护理指导，定期随诊。

需随诊待查者，如发现肝脾肿大、淋巴结肿大等，要到专科医院进一步检查，确诊后进行有效治疗。

心脏有杂音者要进一步随诊，并前往专科医院做详细检查（含辅助治疗），根据检查结果，采用有针对性的治疗。

患有慢性病、需随诊待查及心脏有杂音的小儿应列为专案进行管理，直至病愈为止。

大力提倡母乳喂养

母乳不仅各种营养素的含量高，而且各种营养素的比例搭配适宜，因此对婴儿来说，它的营养价值高于其他代乳品。

母乳中的蛋白质以乳清蛋白为主，乳清蛋白易被婴儿吸收；乳铁蛋白也是母乳中特有的蛋白质，它能与需要铁的细菌竞争铁，从而抑制肠道中的某些依赖铁生存的细菌，防止发生腹泻；母乳中的乳糖在消化道中经微生物作用可以生成乳酸，对婴儿的消化道亦起到调节和保护作用；母乳中的脂肪颗粒小，含不饱和脂肪酸多，均有利于消化吸收；母乳中钙、磷含量虽不高，但比例适合于吸收，因此母乳喂养发生缺钙的情况较人工喂养少；母乳中多种抗感染因子，使得母乳喂养的婴儿抵抗力强，呼吸道及消化道感染明显低于人工喂养儿；母乳中还含有丰富的牛磺酸，对婴儿脑神经系统发育起着重要作用；母乳近乎无菌，而且卫生、方便、经济；特别是产后两天分泌的初乳，特别适合新生婴儿。因此母乳是最好的天然食品，应大力提倡母乳喂养。

母乳喂养从出生开始，除特殊情况外，最少应坚持 4 个月，最好能喂到 8 个月，而后逐步断奶。

及时添加辅食

随着婴儿的不断增长，单靠母乳喂养已不能完全满足其生长发育的正常需要了。因此，及时添加辅食便成为确保孩子智力和体格发育，继续得以健康成长的关键因素之一。一般而言，从出生后第 1 个月内就应当添加浓缩鱼肝油滴剂（补充维生素 D）；随着年龄的增长，逐步添加不同的辅食；到周岁时，每天三顿主辅食和两餐牛奶。

安排平衡膳食

人的食物中必须含有六大营养物质，就是蛋白质、脂肪、糖类、矿物质、维生素和水。为小儿安排膳食时，各种营养素的供给，越接近小儿生长发育的需要越好，这样的膳食就是平衡膳食。没有任何一种食物含有人体所需要的全部营养素。所有人都认为奶类好，但其缺乏铁。蛋类营养价值优良，但其缺乏糖类和维生素 C。我们提倡让孩子吃多种多样的食物。目的就是使他们营养均衡。但要注意各种食物中的营养素要分配得当，同时还要适合各年龄阶段小儿消化系统的特点。蛋白质是六大营养素中最重要的一类，是构成人体组织细胞和体液的主要成分。如果蛋白质供给得多，糖类供给得少，则热量不足，这时蛋白质也不能很好地被吸收。所以，必须为小儿安排平衡膳食。

为达到这个目的，对婴儿来说关键是要按时添加不同的辅食，在允许的范围内经常更换辅食的品种；对婴幼儿来说，就应当按营养成分制定每周食谱，力求主食和辅食经常变换花样，以达到平衡膳食，确保孩子的营养需要。

妥善选择强化食品

为了及时给孩子增添营养，不少家长比较喜欢选购强化食品。选购强化食品的目的是：

1. 弥补天然食物的缺乏和不足。

2. 弥补食物在制作或贮藏过程中所损失的营养素，因而加入一定营养素，使其恢复原来应有的水平。

3. 通过强化使某些营养素的含量超过正常水平，可以达到用少量食物即可满足需要的目的。也可使某种食物的营养价值更为完善，如婴儿奶粉可用多种维生素强化。

4. 通过强化可以获得营养平衡，提高吸收率。

总之，为孩子选择强化食品的目的，是为了保证孩子各个生长发育阶段得到全面合理的营养。选择强化食品的标准，首要的是当孩子缺乏某种营养素时再进行强化。这主要依据膳食调查，并通过体格检查来确定有无营养缺乏症。即使存在问题，首先应考虑改善膳食安排，提高食物的总摄入量，以解决营养素的缺乏，绝对不能单纯依靠营养强化来供给营养素，必要时可在改变膳食安排的基础上，采取有计划性的营养强化措施。选择强化食品一定要有针对性，最主要的是合理安排膳食，使孩子吃好每顿饭。

但是，有的家长担心孩子身体不好，一心想给孩子补充营养。因为喜欢给孩子增加点“补药”，当他们从广告上看到介绍什么补品补药好时，就给孩子吃什么，或者看到人家的孩子吃，也给自己的孩子吃，这是不妥当的。

人体有不同的特性，在营养不缺乏时补充营养物质，是不会被吸收的，并不是吃的“营养”越多越好，何况有些补药还可能给孩子带来不良的影响。因此，吃“补药”要慎之又慎，一定要有针对性，最好能向医师咨询，千万不可滥用。

做好体格发育监测

0 ~ 6 岁是人的一生中体格发育最重要的阶段。儿童的体格发育对成年后的影响很大。因此，家长对孩子的生长发育应予以足够的重视。定期的体格检查是发现孩子生长发育是否正常的重要手段。如果不正常，就应从他的营养、所在环境、生活方式和有无慢性病等方面进行查找，如果发现问题应及时加以纠正。

由于儿童处于旺盛的新陈代谢和快速生长阶段，其身体形态和各部分比例的变化较大，所以其生长发育有自身的规律。因此，了解并准确地评价其生长发育情况，对评价孩子的健康状况无疑是非常重要的。

1. 监测的时间

婴儿期最好每 1 ~ 2 个月进行一次全面测量。

幼儿期最好每 3 ~ 4 个月进行一次全面测量。

4 ~ 6 岁最好每半年进行一次全面测量。

2. 监测内容

一般常用的指标有：身长、体重、胸围、头围、前囟、牙齿、皮下脂肪等。必要时还可以检查血压、脉搏、肺活量及相应生化指标。

3. 测查方法

家长应将测量结果进行详细记录，以便进行动态比较。

做好预防接种

预防接种目的是控制某种传染病的发生和流行，最终控制或消灭某种传染病。通过接种自动或被动免疫制剂使人体产生自动或被动免疫力，保护人体不受病原微生物的感染。

当前各社区保健站按卫生部制定的免疫程序的要求，承担对儿童进行预防接种的任务。

所谓免疫程序是指各类常用疫苗对接种对象的选择和及时合理的安排。程序包括接种疫苗种类，接种起始年龄、针次、间隔、复种时间等。

积极预防疾病

小儿时期的疾病种类较多，在现有的基础上，通过采取有效措施，将疾病的发病率稳步地降下来，这是完全可能的。主要应抓住以下五个环节：

增强儿童体质，提高抗病能力

我们提倡每个儿童从小就锻炼身体，使之能适应外界环境的变化，增强抵御疾病的能力。让小儿经常和外界冷空气接触，增强皮肤、呼吸道局部黏膜及神经系统对寒冷刺激的适应能力，当外界气温骤然变化时，就不至于感冒生病。开展各种运动或游戏，能刺激孩子的感官并激发情绪，在跑跳中促进骨骼肌肉的发育，加强内脏器官的代谢和生理活动能力。运动还能促进食欲，增加肺活量和耐久力。总之，从小锻炼身体，是预防疾病最关键、最根本的措施。

坚持合理营养，奠定健康基础

由于小儿处在生长发育旺盛时期，又活泼好动，所以要保障他们的身体健康和发育成长，就必须补充足够的营养。为保障充足而合理的营养，应当提倡：母乳喂养；及时添加辅食；逐渐添加蔬菜、水果；注意饮食的烹调和卫生；培养儿童不挑食、不偏食，既吃荤又吃素，少吃零食，少吃糖。既做到各种营养素品种齐全、数量充足，又能够摄入比例协调的食品，为小儿的健康成长打下坚实的物质基础。

实施计划免疫，控制传染病发生

随着社会的发展，我国在保障人民健康方面已取得了极大的进步。卫生部制定了预防传染病的计划免疫措施，极大地控制了严重危害人民健康的结核病、麻疹、脊髓灰质炎、百日咳、白喉和破伤风，而且有的卫生行政部门还将乙型脑炎、流行性脑脊髓膜炎、乙型肝炎等危害较大的传染性疾病列入了计划免疫的范畴。这些措施对控制诸多传染病的发生起到了良好的作用。

注重卫生习惯，防止病菌侵入

常言道“病从口入”，许多疾病都与饮食卫生有关。特别是夏、秋两季发生的消化道传染病。最主要预防措施就是要做到“四要”“三不要”。”四要”即：饭前、便后要洗手，生吃瓜果要洗烫，要消灭苍蝇，有病要早治；”三不要”即：不要随地大小便，不要吃腐烂食品，不要随地吐痰。这是预防肠道传染病，养成良好卫生习惯的重要内容。应让儿童从小熟背并坚持做到。

做好患儿隔离，杜绝交叉传播

在传染性疾病中，最常见的是呼吸道和消化道传染病。在人口稠密的地区，特别是在集体托幼机构一旦发现流行性感冒、麻疹、水痘、风疹、猩红热、腮腺炎、百日咳、白喉、肝炎、流行性脑脊髓膜炎、细菌性痢疾、红眼病等急性传染病的患儿，都应当立即采取严格的隔离措施，防止感染的扩散和传播。在传染病流行季节，应当限制孩子外出活动。此外，有些传染性相对弱一些的疾病（如病毒性感冒、病毒性肺炎、感染性腹泻等）最好也要采取隔离措施，杜绝交叉感染。

重视体格锻炼

为了不把孩子培养成温室里的花朵，必须从小开始体格锻炼。在保健医生的指导下到大自然中去，通过日光照射、水的刺激、温度变化和全身活动等，提高他们对环境的适应能力，从而可以增强孩子的呼吸、循环、消化、神经等系统的功能，对孩子的茁壮成长是非常重要的。

积极开展“三浴”锻炼

要充分利用日光、空气和水等自然因素来增强宝宝的体质。这是因为：

新鲜空气中氧的含量高，能促进新陈代谢。冷空气可使血管先收缩后扩张，血管扩张的灵活性提高，机体对寒冷的适应能力就强。

日光中有两种光线，对人体健康很重要。一种是红外线，照射人体后，能使血管扩张，增强新陈代谢，使全身感到温暖；另一种是紫外线，照射在人体的皮肤上，可使皮肤中的 7 —脱氢胆固醇转变为维生素 D，可以预防佝偻病。适量的紫外线还可增强全身功能，提高机体的防御能力。

多接触水，主要是利用水的温度和水的机械作用，给人以刺激，达到锻炼的目的。水的导热性强，能从体表带走大量的体热。低温的水再加上水流的强度，可使全身体温调节功能反应加强，促进血液循环，增强身体对外界冷热气温的适应能力。

开展体操及相关的锻炼

在保健医生的指导下，要根据年龄特点积极开展体格锻炼，这不仅可以促进孩子的体格发育，而且还可增强抵御疾病和改善神经系统活动的能力。在锻炼时一定要适度，不可操之过急。

婴儿期 由被动体操开始，继而做主动体操，同时可结合大运动的发育过程进行相关的锻炼。

幼儿期 幼儿期的体育活动包括基本动作和基本体操两大部分。基本动作应结合日常生活中不可缺少的走、跑、跳、投掷、钻爬和攀登等动作，以游戏或体育游戏的方式进行，在游戏中熟练这些动作的同时，使体格得到锻炼。此外，还可配合进行模仿操、徒手操、轻器械操，以及队列、队形进行训练。

4～6岁 由于这个阶段身体更壮实，体力更充沛，可根据不同年龄进行相应的体操及跑步等体育锻炼。

注重早期智力开发

有人说："孩子小，吃饱了睡足了就行了，不需要什么教育。"这种观点显然是不对的。要培养人才，就必须进行早期教育。早期教育是指从出生到4～6岁期间对小儿进行的有计划、有目的的教育。抓住不同年龄智能发育的关键期，有针对性进行各种教育，以充分开发其智力潜能，这对促进整个0～6岁儿童的智能发育是非常重要的。为了做好早期智能开发，家长应在保健医生的指导下，做好以下各项工作：

做好智能发育监测

新生婴儿满月时，最好能安排一次智能测查，了解孩子的智能发育水平。婴儿期最好每3个月进行一次智力测验；幼儿期每半年进行一次智力测验；4～6岁期每年进行一次智力测验。每次测查后，均应做详细的记录，动态地监测孩子的智力发育过程。每次测查后都应根据测查结果，分析大运动、精细动作、适应能力、语言和社交行为以及整个智能的实际发育情况，并根据结果提出相应的训练措施。

早期教育的手段、方法和应注意的问题

这里需要强调的是：在早期教育中，家庭对孩子的影响极大。过分溺爱和随心所欲的小儿，就很难养成坚强的意志、勤奋的习惯和谦逊的态度。反之，对小孩子要求过严，责备多，启发诱导少，就很难培养孩子的创造性和独立性。因此，教育要从早期开始，要创造良好的环境，要有正确的教育方法。家长既要用父母的感情，使孩子在爱抚中成长；又要负起教育的责任，让教育在孩子的成长过程中起主导作用。

养成良好的卫生习惯

卫生习惯和卫生意识，反映了一个国家与民族的文化素质和精神文明水平。有良好的卫生习惯，可直接减少病菌的侵入，防止疾病发生。

良好的卫生习惯是高尚道德品质的组成部分。要从小要求，及时教育，而且父母和家庭成员、老师及孩子周围的人都要身体力行，成为良好卫生习惯的模范执行者。例如，饭前、便后洗手，看起来很简单，但是要求每一个孩子都做到并坚持下去就不容易了。大家知道，厕所和大便中带有很多致病菌，如便后不洗手，很容易污染食品及其他物品，一不小心，就可将被污染的东西吞入，使细菌得以蔓延而发病。

婴幼儿个人卫生习惯的培养是非常细致和多方面的。首先要制定严格科学的生活制度，还要随着小儿智力和运动功能的发育，引导他们逐步培养良好的卫生习惯。如不拾地上的东西吃，不吮手指和咬指甲，不随地吐痰，不吃零食，不挑食，定时大便等。除了手的卫生之外，还应注意皮肤卫生和口腔卫生。这些都需要从小培养，坚持不懈，养成习惯。这样对孩子健康成长将会好处无穷。

培养生活自理能力

培养良好和独立的生活自理能力，也是儿童保育工作中的一个重要内容，应当从小就开始训练。当前不少家长对独生子女过度溺爱，事事都怕“累”着孩子，因此，对孩子本应当自己能做的事，大部分甚至都由父母“包办代替”了。这些举动表面上看是关爱孩子，实际上是大大地阻碍了孩子的正常发展。为了促进宝宝的全面成长，凡生活中应由孩子自己做，并且经过训练和努力可以逐步做到的事，都应当充分发挥孩子的潜力，让他自己来做。即使一时做不好的也不要紧，一定要从小就鼓励他继续练习。经过一段艰苦的磨炼，最终一定会养成自理能力的。

生活自理所含的内容较广，主要应包括以下八个方面的能力：

进食 从自扶奶瓶起，经过手拿饼干、手拿奶瓶、小勺喂食、小勺吃饭、自己喝汤、学用筷子、自己夹菜、用碗吃饭、不洒饭粒，直至吃完饭能摆好碗筷等。

睡眠 从大人抱着睡，经过拍着睡、自己睡觉，直到建立起准时睡按时起、不要拍、不要摇、不讲故事、不唱催眠曲、自然入睡、睡时安静等好习惯。

大小便 从无控制的大小便，到开始把小便、把大便、准时大便、白天能控制小便、能完全控制大小便，直到夜间不尿床等。

穿、脱衣、裤、鞋、袜、帽 从1岁以内开始能配合穿衣、穿裤起，到自己能脱帽、戴帽、脱鞋、脱袜、穿鞋、穿袜，至穿衣、穿裤、脱衣、脱裤，直至睡觉前能将脱下的鞋整齐地放在床下，将脱去的衣、裤、袜折好并整齐地放在固定的地方。

洗脸、刷牙、洗脚 从能配合大人进行洗手、洗脸、洗脚、洗澡到自己能用肥皂洗手、用牙刷刷牙、自己洗脸、洗脚，以及在大人的帮助下能自己洗澡等。

收拾和存放玩具 每次玩完玩具后，养成能把玩具收拾起来，并分类和整齐地放在玩具柜内的好习惯。看完图书也要及时整理放进书柜。

清理和摆放衣物 自己的衣物、茶杯、用具等都能清理后整齐地放在固定地方。

配合大人做简单家务 4～6岁儿童在大人的指导下，能够学会拿筷子、擦桌子、摆碗等，也能听从大人的要求，帮助拿些物品。

总之，与生活相关的一些简单的事，孩子都能独立地进行自理。

密切托幼机构的联系

孩子由家庭生活过渡到集体生活，要做好必要的准备，这是家长和托幼机构的共同任务。入托前，家长应将托儿所、幼儿园的情况介绍给孩子，告诉他老师和小朋友们都欢迎他，那里有许多玩具，可以和小朋友们一些玩，一起吃饭，一起睡觉等；老师还会给大家讲故事，教唱歌等，使他对托儿所或幼儿园有个了解。入托后，通常要有一个适应的过程，家长应与托儿所密切联系。在教育方法上，家长和老师务必一致，老师不许可的，家长也不能同意；反之，老师赞同的，家长更不应反对。

小儿每天生活中的教育内容是丰富的，小孩子进行的每一种活动都是在学习，所以老师和家长都要关心，并有一致的要求和教育方法。如果双方的意见和做法相左，可能会让孩子无所适从，这样良好的习惯和品德就不易形成，教育效果也就不会理想。

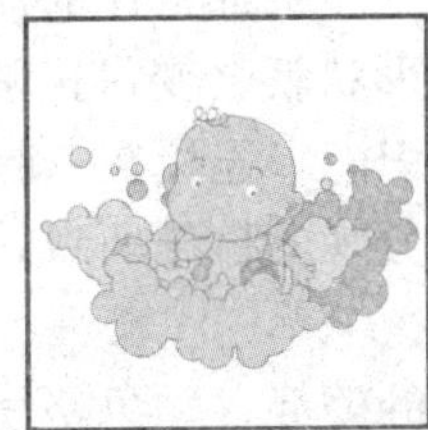

第二章

新生儿抚育

足月新生儿的特征

新生儿各个器官尚未发育完善，生理功能也不健全，需要经过 1 个月左右时间的调整才会正常，因此新生儿有其自己的特点。

凡是胎龄在 37 周（260 天）以上，出生体重超过 2500 克，身长在 45 厘米以上的新生儿，为足月（或成熟）新生儿。如果胎龄已足，但体重不足 2500 克的，只能称为成熟不良儿或低出生体重儿。初生的胎儿，身上皮肤粉红、细嫩，头显得很大，呼吸微弱得听不见，四肢屈曲在胸前，似乎还像在子宫里一样，几乎整天都在熟睡之中。其特征为：

1. 头部。头比较大，头发多少不一定。头部奇怪的形状，通常是由于分娩过程中的压迫造成的，两周后头部的形状就会变得正常了。在头顶部有一块软的区域，称为囟门。该处的颅骨组织尚未连接在一起。

2. 眼睛。两个眼球呈黑褐色，由于分娩的挤压所致，眼睑有些浮肿，数天后即可消退。

3. 四肢。四肢较短，取外展和屈曲的姿势，颜色略呈青紫，这是因为婴儿的循环系统尚未充分地发挥作用。待正常呼吸后不久，青紫即可消退。指甲较长。

4. 乳部。不论男婴还是女婴，出生时两侧乳房都显肿胀，甚至渗出少量乳汁，几天后肿胀可消退。

5. 生殖器。男婴和女婴出生时，其生殖器都显得比较大，男性的阴囊大小不等，睾丸可降至阴囊内，也可停留在腹股沟处或摸不清，阴茎、龟头和包头可有松弛的黏膜。女婴的小阴唇相对较大，大阴唇发育好，能遮住小阴唇，处女膜微突出，可有少许分泌物流出。

6. 皮肤。皮肤细嫩而有弹性，呈粉红，外覆有一层奶油样的胎脂。在鼻尖、两鼻翼和鼻与颊之间，常有因皮脂增积而形成的黄白色小点。胎毛于出生时已大部分脱落，但在面部、肩上、背上及骶尾骨部仍留有较少的一些胎毛。斑点及皮疹是很常见的，几天后会自动消失。在一些新生儿身上常见胎痣，如红色斑点、杨梅状痣、青斑等，但不久会消失。

7. 粪便。新生儿第一次排出的粪便为黑色、黏稠状物，几乎无臭味，称为“胎粪”。一旦开始喂奶，粪便颜色就会改变。

新生儿的正常身高

身高是反映骨骼发育的一个重要指标。新生儿出生时平均身高为 50 厘米，其中头长占身高的 1/4。新生儿出生后前半年每月平均长 2.5 厘米，后半年每月平均长 1.5 厘米，1 岁时可达 75 厘米。

新生儿的正常体重

体重是反映生长发育的重要指标，是判断小儿营养状况、计算药量、补充液体的重要依据。

新生儿出生时平均体重为 2000 克。正常范围为 2500 ~ 4000 克。在新生儿出生 3 ~ 5 天内，体重会一时下降 3% ~ 9%，出现这种现象的原因是：新生儿出生后要排泄粪便和小便，还会呕出一些出生过程中吸入的羊水，经肺呼吸和皮肤也会散发一些水分，刚出生的新生儿食量很小，母亲的授乳量又往往不足，因此就造成了体重下降。一般只要哺乳得当，3 ~ 4 天后体重开始回升，通常 7 ~ 10 天后即可逐渐恢复到出生时的体重。

新生儿的正常呼吸

新生儿的肺容量较小，但新陈代谢所需要的氧气量并不低，故只能加快每分钟呼吸的次数来满足需要。正常新生儿每分钟呼吸 35 ~ 45 次。新生儿呼吸中枢不健全，常有呼吸深浅、速率快慢不等的现象，表现为呼吸浅快、不匀，这也是正常的表现。

新生儿的正常体温

新生儿的体温中枢发育是不完善的，而且皮下脂肪薄，保温能力差，加上散热快，体温常常不稳定。特别是初生时，新生儿从温度恒定的母体来到温度较低的体外，体温往往要下降 2℃左右，以后可逐渐回升，一般 12 ~ 24 小时内稳定在 36 ~ 37℃。

有一种值得注意的情况是：新生儿出生后第 2 ~ 4 天，体温可很快上升到 39 ~ 40℃，往往可持续几个小时，多则可达 1 ~ 2 天，医学上称作“脱水热”或“一次性发热”。这可能是室温过高，新生儿通过增加皮肤水分来蒸发散热，如果水分不足，可使得血液浓缩，体温骤然升高。

新生儿的头围和胸围

头围：从枕后结节经眉间绕头一周的长度即为头围。出生时头围平均值为 34 厘米(32 ~ 36 厘米)；出生后前半年增加 8 ~ 10 厘米；后半年增加 2 ~ 4 厘米；1 岁时平均为 46 厘米；2 岁时可达 48 厘米；5 岁时 50 厘米；15 岁时接近成年人，为 54 ~ 58 厘米。

胸围：沿乳头下缘绕胸围一周的长度为胸围。出生时胸围比头围小 1 ~ 2 厘米，平均为 32.4 厘米；1 岁时胸围和头围接近相等；2 岁后胸围超过头围。

新生儿的感觉能力

新生儿出生后便用他的视、听、味、嗅、触等感觉器官来感触外界的各种刺激，这就促进他的感觉器官迅速发育，以最快的速度适应新环境，熟悉新环境。如出生婴儿已有光感反应，照以强光可引起眨眼，但眼的运动尚不协调，可有一时性斜视及眼球震颤，出生后 2 ~ 4 周即可消失。第 2 个月开始能协调地注视物体，3 个月就能追寻移动的玩具。出生时由于中耳鼓室充盈空气并有部分羊水滞留，妨碍声音的传导，故听觉不太灵敏。但对大的声音有眨眼、震颤等反应。2 周左右即可把头、眼转向声源。其他味、嗅、触觉也都在迅速发育。

新生儿的皮肤问题

刚刚出生的新生儿皮肤呈浅玫瑰色。在关节的屈曲部、臀部被胎脂覆盖着，在出生后的 3 ~ 4 天，新生儿的全身皮肤可变得干燥，这是由于在此以前小儿一直生活在羊水里。当他来到新的世界后，皮肤就开始干燥，表皮逐渐脱落，一周以后就可以自然落净，不要硬往下揭。由于新生儿皮肤的角质层比较薄，皮肤下的毛细血管丰富，因此，新生儿“落屑”以后，他的皮肤呈粉红色，非常柔软光滑。

新生儿胎脂要清除

你的新生婴儿的皮肤也许会被白色的脂质覆盖。有些婴儿胎脂遍布他们的脸部和身体，而另一些婴儿只分别分布于他们的脸部和手。医院对于胎脂的处理方法各不相同。有的医院予以保留，因为胎脂提供了一道抵抗轻度皮肤感染的天然屏障。而另一些医院则在婴儿娩出后就细心地将胎脂清除掉。目前人们普遍认为不必清除胎脂，这不仅因为胎脂具有保护性，而且也因为它在 2 ~ 3 天之内就自然地被皮肤所吸收。但是，如果在婴儿皮肤的皱褶内有大量胎脂堆积并可能引起刺激时，就应把它擦拭干净。

新生儿皮肤会干燥、脱屑

你的婴儿出生时也许皮肤干燥、脱屑（最常见在手掌与脚底）。这既不是湿疹，也并不意味着你的婴儿永久是干燥性质皮肤。在大多数的情况下，这种干燥性质皮肤在几天内便会迅速消失。

新生儿皮肤颜色的特殊性

你的婴儿的身体上半部也许是苍白色的，而下半部则是红色的。这是由于婴儿的血液循环未发育完善导致血液汇集在下肢的缘故。这种上、下身颜色各异的现象可以通过移动婴儿的体位而很容易得到矫正。

婴儿的手或脚会出现变蓝的现象，特别是当他躺下的时候。这同样是由于婴儿的血液循环相对不足所造成的。如果你将婴儿抱起或移动他的体位，这种皮肤颜色就可以改变。婴儿的房间室温要保持在 19 ~ 21℃。蓝点（亦称“蒙古蓝斑”）看来像挫伤，常出现在婴儿背部的下方并带有黑色的皮肤色调（几乎所有非洲和亚洲的婴儿都有上述斑点），这些斑点是无害的，并会自然地消退。

无须为新生儿胎痣担心

在婴儿的皮肤，特别是在眼睑、前额和颈后出现小红斑点。这是接近皮肤表面的微曲管扩张所造成的。这种小红点传统上被称为“鹳喙斑”。通常在 6 个月内可以消失，而有些婴儿可延至 18 个月才消失。

另一种常见的胎痣即所谓“杨梅状痣”，于娩出后两天出现，而于若干年内逐渐消退（它应在婴儿 3 岁时消失）。如果你为这些胎痣而担心的话，可以请教医生以消除疑虑。

新生儿鼻梁上的小白斑点

婴儿的鼻梁上有小白斑点，称为“粟粒疹”。这些斑点并不是异常的。因此，千万不要挤压它。粟粒疹是由于汗腺和皮脂腺（产生皮脂以润滑皮肤）短暂阻塞所造成的。粟粒疹一般在数日后消失。

新生儿荨麻疹会自行消失

许多婴儿出现一种皮肤症状，看起来很像荨麻疹，称为“新生儿荨麻疹”。婴儿的皮肤出现红色斑块，并伴有很快出现接着又很快消失的白色小斑点。整个出疹过程只持续几天并无须治疗而消退。

新生儿的血液循环

新生儿开始呼吸后，肺部扩张，血液从心脏急速流入肺部血管，寻求刚吸入的氧气。因为血流多集中于躯干，四肢血流较少，故新生儿手脚容易发冷，出现青紫。新生儿心跳很快，每分钟 120 ~ 140 次，几乎比成年人快 1 倍。新生儿进行一次完整的血液循环只需约 12 秒钟，而成年人则需约 32 秒。

新生儿的消化特点

新生儿的胃容量小，胃呈横位，容易发生溢乳及吐奶。新生儿吃奶后，即使打了嗝，有时也会从嘴里流出乳汁，这是一种正常生理现象。如果持续吐奶，有时像喷泉似的大吐一番，且呕吐物中有似黑色咖啡的东西，应立即送医院检查治疗。另外，新生儿肝糖原储备少，应警惕其发生低血糖。

新生儿的排泄特点

出生后 12 小时左右，新生儿开始排胎粪，其粪呈墨绿色或黑色黏稠状。48 小时左右后，变为混着胎便的乳便，这叫过渡粪。3 ~ 4 天内，大便变成没有胎便混合的棕黄色大便。用母乳喂养孩子，大便呈金黄色；喂牛奶的新生儿，大便呈淡黄色。其排便次数因人而异，一般每天在 3 ~ 4 次。

如果新生儿出生后 24 小时仍无大便排出，应检查有无肠道畸形，如直肠闭锁、无肛等。

新生儿出生后 24 小时内会排尿，每天大约为 10 次。如果出生 1 月左右，小便出现茶色结晶物，这也是正常的，待肝脏充分发挥功能后，这些症状会自然消除的。如果出生后 24 小时，新生儿仍无小便，应检查有无尿道畸形。

新生儿的体温不稳定

新生儿的体温，在肛门测量为 37℃左右，腋下温度稍低些。但是，这种体温很不稳定，它对外界温度的变化反应非常敏感。因此，要特别注意根据气温的高低来护理新生儿。

新生儿的神经功能

新生儿的大脑相对较大，约为全身的 12% ~ 14%，其神经髓鞘还没有完全形成，对外来的刺激常出现泛化反应（即反射运动），由于大脑皮质尚未发育成熟，睡眠中不自觉手足运动、皱眉、微笑等是正常的，是一种未经大脑过滤的本能反应。

新生儿有免疫力

因从母体内获得某些抗体和免疫球蛋白，故出生 6 个月内对风疹、麻疹、猩红热和白喉等有被动免疫力，不会患这些病。但免疫球蛋白合成能力差，所以对其他感染的防御力差，病后容易扩散，使病情加重。

新生儿的身体比例

看起来你的婴儿的身体比例是很奇怪的。他的腹部呈圆形，甚至显得膨胀，他的头部和身体其他部分相比显得很大。与此对比，他的双臂和双腿显得好像棍子一般，但这些比例实属正常。

出生时，其头部为躯干大小的 1/4，2 岁时为 1/5，18 岁时仅为 1/8。

新生儿的头部形状

婴儿的头部在出生后不可能是完全圆形的，尽管看起来凹凸不平或肿胀，但是，其大脑并未受到损害。这是由于头骨的结构特殊，能够在出生时移动，互相重叠，从而使头部能顺利地通过产道。

有时，婴儿头部的一侧或两侧出现大的坚韧的肿块，持续不消。这种肿块称为“头颅血肿”，是分娩时子宫肌肉收缩的自然压力所造成的。它是头皮大的挫伤，在颅骨外部，对婴儿的大脑不产生压力，在几周以内不需治疗即可自行消退。

用产钳分娩，常有挫伤现象，表现为可在头部任何一侧有浅的凹痕，这些凹痕会在数日内消失。

新生儿的前囟门

前囟是新生婴儿头顶的柔软部位，是头颅骨尚未连接的间隙。前囟要到婴儿 2 岁左右才闭合。婴儿的头皮覆盖着这个间隙，它确实是十分坚韧的，但是你千万当心不要让婴儿的前囟受重压。不必对前囟做特别的照顾，但是，如果一旦发现覆盖其上的头皮绷紧或出现隆起（膨胀凸出），或在前囟部位出现不正常的萎陷（异常的凹陷）时，就应立刻请医生诊查。

新生儿眼睛浮肿

由于分娩时的自然压力，大多数婴儿出生时眼睛都较为浮肿。通常这种浮肿在数天内便可消退。

不要认为你的婴儿的眼睛分泌物是正常的。婴儿在分娩时，几乎都因血液或羊水进入眼睛而造成轻度感染，称为“湿热眼”，这种疾病是极为常见的。

但是，“湿热眼”也有可能是由于一些细菌感染所致，因此，应请医生诊查，看看是否需用抗生素治疗。通常只需用小棉签（棉花棒）在无菌水中蘸湿后细心地加以清洁即可。当给婴儿洗眼时，应该将棉签从靠鼻端的内侧眼角（内眦）向外侧眼角（外眦）轻拭，然后把棉签丢掉。两眼必须分别使用各自的棉签。切忌使用眼药水和眼药膏。当你把婴儿放下睡觉时，切勿将婴儿向患湿热眼一侧躺卧，因为当你的婴儿翻身的时候那只未被感染的眼睛会受到浓液的污染。

新生儿会集中两眼看东西

刚开始的时候，也许你会发现很难使你的婴儿睁开眼睛，不过，你千万不要硬逼婴儿睁开眼睛。

当你的婴儿真正睁开眼睛的时候，你也许会注意到他好像斜视。你不用为此担心，因为婴儿还没有学会同时用两只眼睛集中看东西。当他长到 1 ~ 2 个月大的时候，由于学会了两眼集中看东西，斜视就会逐渐消失。如果你的婴儿在 3 个月之后仍有斜视，你应去请教医生，并应同时请眼科专家诊治，早期治疗是非常重要的。

新生儿没有眼泪

婴儿是不流眼泪的。当你的婴儿啼哭时你就会发现这一点了。一般婴儿要在 4 ~ 5 个月大时才会产生眼泪。

新生儿唇疱

唇疱通常位于口的中央部分，它是由于婴儿的吸吮造成的。唇疱无害并会自行消失。

新生儿的舌头

你的婴儿的舌头或许几乎完全附着于他的口腔底部。你不必为此担心，因为婴儿的舌头在第一年中主要是从舌尖生长的。

新生儿运动、情绪、语言方面的能力

新生儿运动、情绪和语言能力的发育有其特点，为了使婴儿长得健康、聪明，父母应大概有所了解。

1. 运动。在移动运动方面，新生儿仰卧时能把头转向左右；而手的运动，则表现为能把碰到手的东西抓着。

2. 情绪。新生儿的基本习惯是，空腹时抱起他，他会把脸转向抱者的乳房方向，表示要吃奶；对人亦有反应，如当婴儿哭时，被大人抱起即会停止哭声。

3. 语言。在发音方面主要是哭声很有力气，而语言理解则表示为对巨大的声音有所反应。

什么是过期产儿

过期产儿是指超过预产期 2 周（胎期 42 周）以上出生的婴儿。

在过期产儿中，有发育良好及哺乳状况良好的婴儿，也有胎盘功能不全综合征所出生的婴儿。

胎盘功能不全所出生的过期产儿，身体瘦长，皮肤松弛、干燥，有时干皱脱皮，有龟裂。而且，有的婴儿指甲、皮肤以及脐带呈黄绿色。

婴儿在子宫内是通过胎盘吸收营养和氧气的，超过预产期后，胎盘就开始退化，不能吸取足够的营养和氧气，使胎儿逐渐消瘦。

这样出生的婴儿，常会引起呼吸障碍、呕吐、脱水等症状。经产科医生检查后，如有必要可利用专门设施护理治疗。

具有这种病症的过期产儿多见于初产妇。但是，现在可以利用药物催产和剖腹产，产妇不必过分担心。虽然超过预产期，也不必惊慌，最重要的是要遵照医嘱。

什么是巨大儿

巨大儿与其在胎内的周数并无关系，出生时体重超过 4000 克的婴儿被视为巨大儿，4500 克以上的婴儿为超巨大儿。

巨大儿多数是健康的婴儿。母亲患有糖尿病或具有类似情况的，易产巨大儿。

出生时，因婴儿过大，往往出现难产、产伤麻痹、骨折等。有的出生后因患有低血糖症而引起痉挛、严重黄疸等。

什么是小样儿

小样儿是指足月出生的瘦小婴儿。

出现小样儿的原因有两个方面，一是胎儿营养失调（胎儿期没有得到足够的营养）；二是胎儿发育不全（体质的因素或者先天性异常）。

胎儿营养失调症的原因，目前还不完全清楚。但从已掌握的情况看，多数是由母体妊娠中毒症引起的，其他还有母体营养不良、抽烟、酒精中毒、多胎、胎盘功能不全、并发症等。

胎儿发育不全，应考虑为先天性畸形及胎儿体质本身的问题。

这种婴儿应采用和早产儿一样的方法哺养。但是，胎儿营养失调症，易发生新生儿窒息、新生儿低血糖症，有的也会出现肺出血，应特别注意。发育、成长与早产儿大致相似。

新生儿脐带残端脱落的时间

婴儿的脐带从其离腹壁 7.5 ~ 10 厘米处无痛地剪断，然后用一条弹性带或卡夹压紧脐部断端，残端 10 天左右萎缩脱落。有些婴儿发展为脐疝（靠近脐部有一小肿块），它在 1 岁以内几乎都可以自然地消除。如果你的婴儿患有脐疝并且继续扩大或持续存在的话，就要求诊于医生了。

新生儿的生殖器异常

男婴和女婴在出生时，他们的生殖器都自然地显得比他们身体的其余部分大。阴囊或外阴甚至呈现红色和发炎的现象，这是一种自然现象，这是由于母亲激素的缘故。这种激素同时可以引起女婴有清澈透明的或白色的分泌物，甚至可有少量的阴道出血。再强调一次，这种现象是完全正常的，并且数日之后可消失。

新生儿呼吸时会有鼻音

新生儿的肺是较小的，其呼吸较成人浅。当你首次接触你的婴儿时，你也许不能察觉他们在呼吸。请不要担心，他的呼吸会日渐变得强有力。

所有新生儿在呼吸时都发出奇怪的声音。有时候，呼吸是快速和嘈杂的，有时又呈现不规则。你的婴儿可能在每次呼吸过程中都发出鼻音，这种声音很大以至你以为他得了感冒。无须为此担心。大多数婴儿由于他们的鼻梁低，鼻音乃是由于空气通过很小的鼻通道造成的。当你的婴儿大一点的时候，他的鼻梁就会长高一些，你就会发现在几周之内他的鼻声就会逐渐地停止了。另外，如果鼻塞音影响到你的婴儿顺利吸吮时，你就应该带他去看医生，因为他可能需要在喂奶前使用滴鼻药治疗。滴鼻药应按医生指导使用。

但是，你应该注意婴儿的呼吸，如呼吸一直很吃力，特别是每次呼吸时胸部都急速地拉缩，呼吸率上升到每分钟 60 次或更多，在你的婴儿出现任何上述现象时应立即求医诊治。

新生儿打喷嚏的原因

婴儿对光线是十分敏感的，有时候，当他们娩出后头几天睁开眼睛时都会打喷嚏，这是由于光线刺激鼻子和眼睛神经的缘故。甚至你的婴儿打很多喷嚏，都不必认为他患了感冒。婴儿鼻腔黏膜是很敏感的，打喷嚏可以清除鼻通道的异物。

新生儿本能的反射

新生儿觅食反射

如果你用手指轻触你婴儿的面颊，他会把头转向你的手指并把口张开。他的这种动作是为了寻找你的乳房觅食。

新生儿吸吮反射

每个婴儿出生时都具有吸吮反射。只要放点东西在婴儿的口内或者按压紧靠齿龈后面的上腭部位，新生儿就会开始吸吮。吸吮运动极其强烈，而且甚至在手指或乳头等的吸吮刺激已经移开之后仍会继续很长时间。如果你想用母乳喂养婴儿的话，重要的是你应在产后尽快把婴儿贴近你的乳房，这样他就会习惯于吸食母乳。

新生儿吞咽反射

所有婴儿刚一出生就有吞咽能力。这就是说他们可以立刻吞咽初乳或乳汁。

新生儿“步行”反射

当你扶持着新生儿的双臂下面使之处于直立状态，并让他的双脚接触坚实的表面时，他会移动他的双腿做出走路或跨步动作。这并不是一种促进婴儿直立和步行的反射。所谓“步行”反射是指如果你扶持婴儿直立并让他双腿的前部轻轻地接触硬物边缘，他就会自动抬起一只脚做出向前跨步运动。

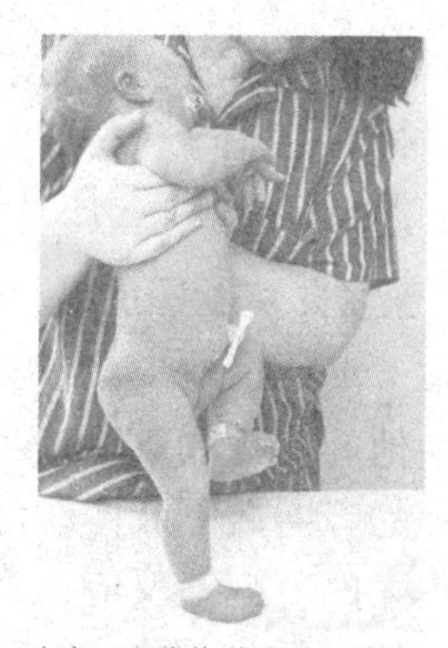

踏步：当你抱着孩子，让他的小脚刚好够着坚硬地面时，孩子会不自觉地一只接一只抬起脚，做踏步的动作。这种本能反应会在孩子出生后几天内消失。在将来的某个时候，孩子仍需几个月的时间来重新学习走路。

新生儿的运动反射

新生儿出生不久，手、脚都会自由运动。最初几天，他还是保持出生前的姿势，双臂蜷缩在胸前，双腿向腹部蜷曲。此外，新生儿对外界的刺激有较强的反射运动，这些运动一般与大脑作用无关，完全是身体内外刺激引起的下意识运动，如拥抱反射（遇到响声，双手就会做拥抱状）、吸吮反射（靠近嘴边的东西都要吸吮一番）、握持反射（碰到手上的东西都要抓握一阵）等。这些反射运动随着大脑的逐渐发育，到脖子开始挺起的 3 ～ 4 个月会自动消失。

新生儿的眼部反射

新生儿的眼睛会随着周遭发生的事情而闭眼、眨眼或从一侧移至另一侧。

不管新生儿的眼睛是否睁开，一旦强光照到他的眼睛时，他就会眨眼（但你不应让强光照在他的脸上）。

如果你轻触他的鼻梁，或对着他的眼睛轻轻吹口气，或是他突然受到一阵噪音的惊吓，宝宝都会眨眨眼。

如果你举起新生儿，他的头会左右转动，但他的眼睛并不会随着左右移动，只会固定在某个方向。这就是所谓的“娃娃眼反应”，通常 10 天之后就会自然消失。

新生儿“爬行”反射

当新生儿被置于腹部朝下即俯卧姿势时，他就会呈现出“爬行”反射。这是因为他的双腿就像在子宫里面一样仍然朝向他的躯体蜷曲。当动他的双腿的时候，他或许能够以不明确爬行姿势慢慢挪动，实际上只是在做轻微的向上移动。一旦他的双腿不再屈曲且能躺平，这种“反射”即行消失。

新生儿握紧反射

任何东西按压在新生儿的手掌心，他都用手指握紧。他能够把东西握得很紧。新生儿出生后不久，这种反射就如此强而有力，甚至他紧握着你的手指就可以支持他本身的重量。这种反射一般在3个月左右消失。如果你轻触新生儿的双脚底，你也会发现他的脚趾向下弯曲，好像想抓握（握持）住什么似的。

新生儿莫罗氏反射

如果新生儿听到一种靠近他的大声响或受到粗糙的触摸时，他就会举起他的双臂和双腿，手指外伸，力图抓住任何东西。他会慢慢地朝着他的身体的方向放下肢体，然后弯曲双膝和紧握双拳。这是对刺激的一种大的或“巨大的”应答反应，新生儿的许多反应都与此相似。例如，当你的婴儿看见你的时候，他用整个身体去迎接你。直到他8 ~ 9个月大时才能做简单的微笑，并向你伸出双臂表示出更为成熟的欢迎动作。

新生儿扶起反射

把在睡眠中的新生儿两手张开，将上半身扶起来看看。把两手张开保持现有的动作，只是一点点的感觉，新生儿也会有自己想要起来的样子，手腕会用力，肘部会弯曲，而后头部也会有抬起来的反应。

这就是扶起反应的表现，同时这个动作也是检查头部是否正常发育的方法。

新生儿背的反射

把新生儿弄成俯卧的状态从背中压下去时，身体就会挺起胸来，感觉把脊椎拉直，这就是背反射。健康的新生儿必然有这样的反射动作，所以请务必确认一下。如果没有这样的反射动作时，可能是脊椎受到伤害，请找医生诊断一下。

新生儿的体重会突然降低

新生儿的成长是很惊人的，但并不是说从一出生开始体重就会呈直线增加。如果新生儿刚开始不太会喝牛奶，当水分与尿、粪便等同时排出体外时，新生儿的生理可能会产生变化，其体重会突然降低。

但是过了2周之后体重就会开始增加，所以出生后体重好像没有什么增加时，不用太担心。如果经过2周之后还是没有增加体重的情况出现，有可能是母乳不足或是生病，因此要请医生诊断。

新生儿黄疸现象

新生儿在出生后2 ~ 3天一般都会有黄疸现象。在酸素很少的妈妈肚子里的这段时间，新生儿为了吸取酸素而生存，因此需要更多的红细胞来帮助呼吸。而当他离开母亲的肚子时，这种程度的需求就不必要了。所以红细胞的三成很自然地会因为用不到而被破坏掉。之后被破坏掉的红细胞就会变成一种化学式黄疸色素，因而，婴儿的皮肤看起来就会呈现黄色。

1. 新生儿母乳黄疸症状。婴儿很健康、很顺利地成长，但是黄疸却持久不退，并且持续 1 ～ 2 个月。这种情形在只喂母乳的新生儿身上比较容易发生，这是因为母乳中所含的激素使肝脏酵素的运转变弱所引起的。

新生儿原本肝脏的功能还没有发育完全，再加上喝母乳的原因，所以与喝牛乳的新生儿比较起来，只喝母乳的新生儿比较容易有黄疸的状态出现，但是若新生儿很健康并快速地成长，就没有必要把母乳减少。

2. 新生儿溶血性黄疸。溶血性黄疸大部分是由于母子血型不合，致使过多的红细胞破坏而引起的黄疸。血型不合者有 Rh 和 ABO 两种。

除此之外，天生红细胞异常者，由于红细胞容易被破坏，故不会引起黄疸。

若有异常的黄疸，请将新生儿送到医院让医生诊断，医生们会施以光线疗法或是换血的措施，故不用太担心。

3. 新生儿肝性黄疸。肝性黄疸主要的原因是新生儿肝炎与先天性胆道、闭锁。

因新生儿肝炎引起的，从新生儿生理的黄疸继续到使黄疸加长，1 ～ 2 个月后才出现的情形也有。数月之后才消失的也有不少。

先天性胆道闭锁症是一种一出生胆管就闭塞的毛病。黄疸没有办法消失，而且变得更加厉害，大便的颜色呈灰白色，这个时候就必须动手术治疗。

4. 新生儿病理性黄疸。黄疸在出生后 24 小时内出现并迅速加重，若 2 周仍未消退甚至加重，此时又有发热、拒奶、吐奶、精神不好等现象，就应想到病理性黄疸，并应及时去医院诊治。

5. 新生儿黄疸的危险性。在新生儿时期，任何原因导致血清间接胆红素增高达 342 微摩 / 升以上时，间接胆红素可进入脑组织，使脑组织受损而发生核黄疸。所以有严重黄疸的新生儿应警惕核黄疸的发生，特别是未成熟儿，月龄越小发病率越高。一般可于重度黄疸发生后 12 ～ 48 小时之内出现精神萎靡、嗜睡、吮奶无力、肌张力减低、呕吐、不吃奶等症状，此时如及时治疗，可以完全恢复。如果黄疸持续加重，可出现发热、高声尖叫、抽搐、脚弓反张，甚至出现呼吸衰竭而死亡。经治疗存活者，多遗留有严重的智力低下、手足不自主乱动或伴有眼球活动障碍、听力减退、牙釉质发育不全等后遗症。

新生儿的睡眠

新生儿的工作主要就是好好地睡觉。因为在睡觉的时候成长激素会大量地分泌，所以说小孩是“在睡眠中长大的”。因而睡眠生活的规律是非常重要的。

新生儿整天都处在睡眠中。这时候的睡觉不完全是熟睡状态，如果说他熟睡不如说是昏昏沉沉地睡较正确。当你看着睡觉中的新生儿时，有些时候他的嘴会动，就像是在喝牛奶的样子。眼皮虽然是闭着的，但是眼皮下的眼睛会稍微地动一动，这就是昏昏沉沉睡觉的证明。因此当新生儿在睡觉的时候不要妨碍他，给他一个安静的环境让他睡觉。

这个时候的新生儿，在白天也好，平均 1 小时只有 3 分钟左右的时间是眼睛睁开的，以后睁开眼睛的时间慢慢地就比较长了。

新生儿的“胎毛”属正常

新生儿出生时都有数量不等的毛发，叫作“胎毛”。有些婴儿只在头上长有软毛，有些婴儿在双肩和脊柱部位都覆盖有粗毛。这些都是十分正常的。这些体毛在出生后很快就会被摩擦掉。

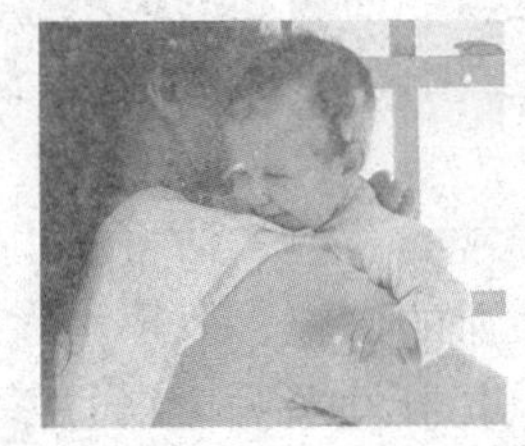

催婴儿打嗝的最简单的姿势是抱起婴儿让他的脸对着自己的肩膀，轻轻地抚摸或拍打他的后背几分钟。

新生儿打嗝的原因

新生儿相当容易打嗝，尤其是在喂过奶之后。很多妈妈担心宝宝打嗝是因为消化不良，但这种情况很少会发生。打嗝是因为胸腔和腹腔肌肉的横膈膜控制不良所致，待宝宝控制横膈膜的神经系统成熟后，这种现象自然就会消失。

新生儿健康检查的内容

不论你是在医院还是在家生产，医生或助产士都会细心地照顾宝宝直到他的呼吸稳定为止。这时若有任何问题都必须立刻解决，因此如果有任何需要特别照顾的都可立刻提出。宝宝一生出，医护人员会对他的基本健康情形做各种简单的测试以做评估，即所谓阿普珈指数。这套系统是由知名的麻醉医生维吉尼亚·阿普珈所设计的，主要是用来评估你的婴儿是否需要特别照顾。然后医生或助产士会检查宝宝，评估一般的健康状况。医生所做的检查包括：

1. 确定宝宝的五官和身体比例是否正常。
2. 将宝宝翻过身去检查背部，看看是否有脊柱裂的情况。
3. 检查其肛门、腿部、手指及脚趾。
4. 记录脐带内的血管数目，通常有 3 条动脉及 1 条静脉。
5. 测量宝宝的体重。
6. 测量宝宝的头围和身高。
7. 以肛温计测量宝宝的体温，必要时须为他保温。

有经验的医生或助产士进行初步检查所需的时间不超过 1 分钟。当你知道宝宝很健康时，就可以松一口气了。

对新生儿进行细致的检查

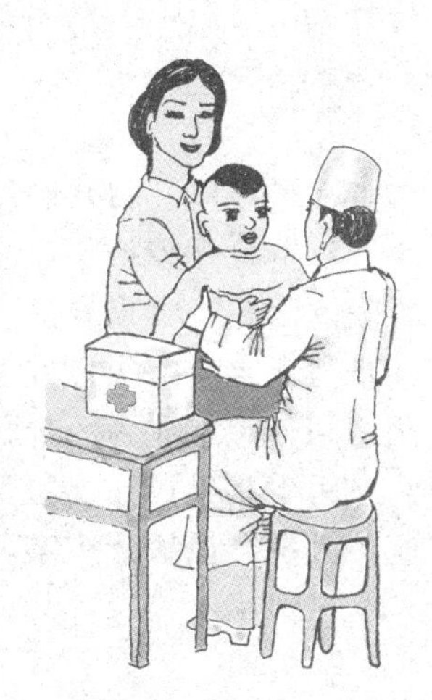

头部和颈部

医生通常检查颅骨及囟门，并确定头部在分娩时未受到任何伤害。然后检查眼睛、耳朵和鼻子，再检查口腔，看是否有唇颚裂开，或牙齿部分有无问题。有些新生儿一出生就有牙齿，但这种情况非常少见。如果这些牙齿松动或长歪了，医生会立即拔掉，以免将来掉落而误吞。另外，医生还会检查宝宝的颈部，看是否有胞囊。

心肺

医生会用听诊器检查宝宝的心肺部。肺部应呈扩张状态，并且运作正常。宝宝在出生之后即开始使用心脏负责全身的血液循环，因此心脏的负荷量增加，而出现一些杂音，但这些杂音很快就会自动消失。宝宝在产后复检时，医生会注意心脏的杂音是否还存在。

手臂和手部

医生会检查宝宝的手臂，看脉搏跳动、运动与力量是否正常。通常还会检查宝宝手指的指纹和手掌的掌纹。几乎所有新生儿的掌心处均有两条主要的掌纹，如果只有一条，医生还会继续检查，看看是否有其他的生理缺陷。

腹部和外阴部

医生会用手轻压宝宝的腹部检查肝脏和脾脏的大小及形状。新生儿的肝、脾可能会稍微肿大。如果是男婴，医生会检查睾丸是否已降入阴囊中；如果是女婴，医生会检查阴唇是否分开，并检查阴蒂大小是否正常。医生还会检查宝宝的脊柱和肛门是否有先天性的异常。

臀部、腿部和足部

医生会紧握宝宝的大腿，并移动双腿以确定大腿骨的根部很稳固地固定在髋关节中，此项检查是用来确定宝宝的髋关节是否先天性脱臼。检查臀部并不会痛，但宝宝这时候很可能会哭。医生会检查宝宝的双腿和双足是否一样长。如果足踝仍像在子宫内时一样内弯，你的宝宝可能患有 O 形腿。这种情况可以用人工矫正或打石膏。

神经与肌肉

医生会伸展宝宝的双腿或双臂，以确定这些部位的肌肉不会太柔软或太僵硬。这项检查可以了解宝宝肌肉神经的健康状况。另外，还会检查宝宝的各种反射，如握持反射、踏步反射和拥抱反射，并检查宝宝头部控制的情形。

新生儿的第一次呼吸

在子宫里，胎儿通过胎盘获得氧气，因此他的肺部在那时并没有用处。

新生儿呼吸第一口气时，肺部会膨胀，肺中增加的压力会关闭心脏外的瓣膜。因此，本来要流入胎盘交换携氧的血液将直接流入肺部。这两个简单的步骤让宝宝跨出重要的第一步，确定了宝宝不需要母体就能生存，就在片刻之间，宝宝成为一个独立的生命体。

医生和助产士会立刻帮新生儿清理呼吸道，如果他的第一口气延迟了，医护人员会设法让宝宝苏醒过来，不应让任何事干扰宝宝呼吸第一口气。

早产儿的特点

早产儿在医学上定义为妊娠未满 37 周即出生的婴儿。这些婴儿均需在加护病房中度过一段时间。

当我们称这个小宝宝是早产儿时，即意味着他尚未成熟，难以适应子宫外的生活。虽然医疗科技的进步已大大提升了早产儿存活的概率，但产后眼睁睁看着自己的宝宝住进加护病房也着实令人忧心。一旦你了解为何小宝宝需要住在加护病房中几天或几周之后，相信必能减轻你的忧虑。早产儿的肌肉仍然相当无力，因此不会有太大的运动，通常他们体内还缺乏钙、铁，并且血糖过低。由于早产，他们的双眼仍紧闭着，皮肤相当红皱，头部与全身的比例异常得大，而且颅骨仍相当柔软。他们出现黄疸的概率也较高。

早产儿需要更多的喂食次数

由于早产儿消耗热量的速度较快，因此他们比足月的小宝宝需要喂食更多的次数。如果你把早产儿想象成鸟巢中嗷嗷待哺的小鸟，就不难理解为何宝宝需要如此多次的喂食了。因为他们的体重相对于体积太轻，所以需要不断地进食补充能量维持体温。因此，宝宝越小，需要的喂食次数越多，相对地他们花在睡眠上的时间亦较短。对早产儿而言，生存在子宫外的环境无疑是一个很大的挑战。由于早产儿住在保温箱中而且活动的能力不大，因此，除了进食之外，他们多半的时间都在睡觉。

早产儿会面临的呼吸问题

如果宝宝有呼吸窘迫综合征，他可能会出现呼吸暂停的症状。虽然听起来很可怕，但这种现象并不罕见，大部分的宝宝只要稍微拍拍他，给他一点刺激即会恢复呼吸。

其他常见的呼吸问题可能源自于呼吸道吸入液体，或缺乏表面张力剂（它可维持肺部的表面张力以避免肺泡塌陷）。如果宝宝的肺部没有足够的表面张力剂附着，肺部便不能完整地扩张，导致肺泡向内塌陷。这种现象常发生于未满 31 周便出生的宝宝身上，即所谓的玻璃样膜症。

患有这些症状的小宝宝可以借着氧气罩，或让氧气直接插入呼吸道以供应氧气。

早产儿存在的健康问题

1. 呼吸。由于肺部尚未发育成熟，所以大部分早产的宝宝会出现所谓的呼吸窘迫综合征。

2. 免疫系统。早产儿由于免疫系统尚未发育正常，因此对疾病的抵抗力不及足月的婴儿强。

3. 温度调节。早产儿的体温调节效率较差，所以经常不是太冷就是太热。另外，由于皮下脂肪较少，故皮肤隔热的功能也不及足月大的婴儿。

4. 反射。反射发育不全，尤其是吸吮反射不足，会造成喂食上的困难。早产儿通常需要各种管道喂食。

5. 消化。早产儿的胃很小且很敏感，这意味着宝宝不太能够把食物保持在消化道中，也很容易呕吐。消化系统的不成熟使他很难消化必需的蛋白质，因此必须给他已处理好且不需再消化的营养素。

出生当天婴儿的特点

婴儿出生时，体重若在 2500 克以上，比较容易护理。体重不足 2500 克的婴儿为低体重儿，需采取特殊保护措施。健康婴儿的标志是皮肤鲜嫩呈粉红色，大声啼哭，手脚自由地活动。

当打开白色尿布时，看到婴儿尿出红砖色的尿会感到吃惊。但不必担心，因为这是由尿酸盐引起的。

刚出生的婴儿虽然常常啼哭，但几乎是整日酣睡。头部一般呈椭圆形，这是由于胎头在产道里受到压迫引起的。头胎婴儿或年龄大的母亲所生的婴儿，头部的椭圆形更为明显。由于能自然地长好，所以不必特别去注意枕头的枕法。一般在这个时期以不枕枕头为好。

当抚摸婴儿头顶部时，或许因为头顶上有一块没有骨头软乎乎的地方而大吃一惊，这就是囟门。囟门是头骨在通过产道时为了能变形而留下的空隙，这也是因人而异的。

脸也好像有些肿，特别是眼睑发肿的较多，且有眼屎。这是助产士为了预防“风眼”（淋菌性结膜炎），使用了硝酸银水点眼而引起的反应。如果用抗生素点眼，眼屎就不会太多。也不要担心女孩的鼻梁矮，随着年龄的增长会自然高起来。

脐带的扎结处由于盖上了纱布而看不见，如果拿掉纱布，会看见脐带变黑且有难闻的气味。男孩的阴囊看起来也好像有些浮肿，这种现象会自然消退。有些女孩的小阴唇比大阴唇要大，好像有些突出来似的，这也会自然长好。

婴儿的姿势和胎儿期大致相同，头先生出的婴儿，头部前屈，下巴挨着胸前，后背呈圆形，肘向里弯，握着的拳头向内，腰和膝盖都是弯曲的，脚也向内弯曲，能看到脚掌。在寒冷季节出生的婴儿，手和脚尖发紫是常见的，但这并不是因为心脏不好。在臀部可见青痣，有人叫它母斑或蒙古斑，长大以后可自然消失。在脖子、眼睑和鼻尖上，可以看到排列不规则的米粒至豆粒大小的痣，经过 1 年左右也会自然消失。

即使天热，婴儿也不会出汗和流口水。这是因为内分泌腺还不发达。虽然视觉不灵敏，但却能听见大的声音，当用力关窗户时就有反应。婴儿刚出生时体温与母体相同，然后下降 1 ~ 2℃，8 小时后保持在 36.5 ~ 37.2℃。

出生后第 1 周婴儿的特点

出生当天头部明显表现为椭圆形、面部浮肿的婴儿，在生后第 1 周里就逐渐变得可爱了，营养充足的婴儿几乎终日酣睡。婴儿醒时常常睁开眼睛。

新生儿黄疸一般在出生第 3 天以后开始出现。由于婴儿在氧气不充分的子宫内生活时，需要大量的红细胞。但是，当来到氧气充分的外界以后，就不需要那么多红细胞而使其在体内被处理掉。把在处理过程中所产生的胆红素排出体外，这是肝脏的功能。由于婴儿肝脏的这种功能尚未健全，胆红素就积存在血液中而引起黄疸。即使不采取任何措施，在 1 周左右后也会自然痊愈。也有半数左右的婴儿是不出现黄疸的。

在出生后 4 ~ 7 天里脐带脱落。以前常常是在脱落后撒上黄色消炎药，但是残留下的异物会刺激皮肤，影响脐带的干燥，所以最好什么也不撒。在出生时皮肤发红的婴儿过 1 ~ 2 周后，就像洗海水澡时被晒过的那样，会脱一层薄皮，这不用去管它。

出生后第 3 天或第 4 天时，婴儿就不再排出黏糊糊的黑便了，而排出吃了母奶或牛奶后经过消化的大便。

从第 4 天到第 7 天，婴儿的乳头常常发肿，男孩、女孩都会如此，甚至流出乳汁。这种现象在 2 ~ 3 周里会自然消失。有的婴儿在乳头和腋下之间长有米粒大小的副乳，不必管它。如果是女孩，有的会从阴道里流出类似牛奶那样或者夹杂有血液的液体，这是受母体激素的影响而产生的，也会自然痊愈。有少数新生儿在出生后 3 ~ 5 天内会出现所谓一过性发烧，持续 2 ~ 3 个小时（体温在 38℃左右），一般认为是水分不足，可喂点凉白开水。牙床上也会出现白珍珠似的小白点，这种小白点有的会持续 3 ~ 4 个月，但能自然消失，没有什么害处。

婴儿哭的个性特点

从一开始就有爱哭和不爱哭的婴儿。爱哭的婴儿当肚子稍有点饿，或者听见声音睁眼睛，以及尿布尿湿了时都要哭，其哭声既粗又大。与此相反，也有几乎不哭的婴儿，只要是肚子不十分饿就不哭。

婴儿排便的个性特点

有的婴儿能间隔一定的时间按固定的次数排泄小便，也有不按固定时间而每天排小便 10 ~ 15 次的。在大便上，有一天排 10 次的，也有一天只大便 1 次的。大便的性质也因婴儿而异，同时食母乳的婴儿，有的大便黏糊糊的呈金黄色，有的则呈绿色并混有白色疙瘩和夹杂有黏液。喂牛奶的婴儿有排绿色大便的，也有排黄色大便的。但只看大便的颜色还不能说排哪种便不好，只要婴儿能正常生长，就不要拘泥于排泄物的形状和颜色。但如持续排白色大便，应去医院咨询和做检查。

婴儿吃奶的个性特点

婴儿的个性还表现在吃奶上。有的婴儿吃了 3 ~ 4 分钟奶就累了而不想吃了，当把乳头在他嘴里动一动又开始吃了，可是吃了 2 ~ 3 分钟后就又不吃了。这样，婴儿吃完一只奶要花 20 分钟以上。与此相反，有的婴儿不用 10 分钟就能咕嘟咕嘟地吃完母亲的一只奶，接着又去吃另一只奶，并且吃着吃着就含着乳头睡着了。但是，在出生后的第一周里，就是同一个婴儿，其吃奶方式也不是固定不变的。一般是每天吃 7 ~ 8 次，也有吃 5 次的。既有爱吃的时候，也有不太爱吃的时候。也不是每次都吃一样多。有的婴儿在吃完奶后往往把多吃的部分吐出来，也有一点儿也不吐的。

出生后第 2 周婴儿的特点

大多数婴儿是在产院度过头三天的，实际上母亲承担照看婴儿的责任应从孩子一出生就开始，现在爱婴医院提倡母婴尽早接触。

在这个时期里，婴儿的睡眠时间比醒着的时间要长得多。但也并不是一定要睡多少小时才行。

小便的次数有五六次到十几次不等。母亲一般是不担心小便的，但是当大便次数过少时，就会担心是不是消化不良，然而在这个时期里还不会发生消化不良。既有一天只大便 1 次的婴儿，也有在每次换尿布时都大便过了的婴儿。喂母乳的婴儿一般都是这样，大便的次数越多就越不成形，可看到沾在尿布上的黏液和小疙瘩。粪便一般呈绿色有酸味，对婴儿来说这是正常的。

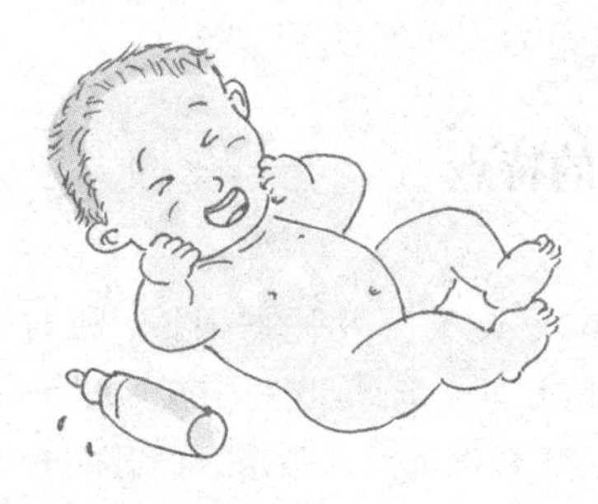

婴儿出生 1 周后的体重与刚生下来时的

体重相比一般没有变化。从出生后1周开始体重会明显增加，这说明婴儿体格增长开始进入正常。

不管婴儿具有怎样的成长机能，只要母乳不足，婴儿的体重就不会增加。当母乳分泌不好，正是母乳不足的时候。此时如果轻率换成牛奶，婴儿体重虽会增加，但对婴儿来说没有比母乳更理想的营养了，所以即使体重不怎么增加，也要坚持母乳喂养。

婴儿的体重即便没有达到每天增加35克这一标准，只要不哭，就要坚持用母乳喂养。增加喂奶次数，可以增加母乳分泌量。但是，不管母亲的意志多么坚强，如果喂母乳婴儿每周的体重只增加100克时，就要加一点牛奶。不然，婴儿使劲哭闹会导致脐疝。

相反，有的乳母奶汁不足，但婴儿却不怎么吃奶。比如吃5 ~ 6分钟就不怎么吃了，或者睡着了。这样，由于马上会饿，要不了30分钟就又醒来而啼哭。对这样的婴儿不必规定授乳的间隔时间和每次喂奶所需的时间。这也是婴儿的个性表现，不必着急，可多喂几次。不要因为婴儿吃得少就把正在鼾睡的婴儿弄醒喂奶。婴儿肚子饿了，会自己哭叫的。一般喂牛奶的婴儿基本上可3小时喂1次，而喂母乳的婴儿则应进行“按需喂哺”。

睡眠、排泄、食欲等都是由婴儿自身的特点决定的。除此以外其他个性也在这个时期开始表现出来。有的婴儿即使给他勤换尿布，臀部也是红红的。个别的婴儿在脐带脱落之后也总是湿漉漉地发红。既有不断打嗝的婴儿，也有满脸憋得通红而气呼呼地牙牙直叫的婴儿。还有在吃完牛奶或母乳之后，过了不到两三分钟或者20分钟左右，就像喷泉似的把奶吐出来，而后又高高兴兴玩起来的婴儿。也有的在吃奶时由于过急而呛着了的。还有的婴儿眉毛上好像长了一层浮皮，脸蛋上好像长满了如同酒刺一样的小疙瘩。有的婴儿鼻子通气不畅，精神不振，也都是从这个时期开始发生的。不能将上述的各种表现认为是疾病，也用不着每天都量体温。在每天多次抱婴儿的过程中，只要将脸贴到婴儿的脸上就可以知道婴儿的体温。

另外，横产的婴儿在这个时期可以在其脖子的右侧或者左侧摸到一个硬硬的滑溜溜的东西，由此可以发现婴儿常常是偏向一侧睡觉的。有的婴儿会继续出现少量的眼屎。也有一侧的眼睛眼屎很多，另一侧的眼睛很少或者基本上没有。其严重程度并未使睫毛粘到一起，白眼球也未发红。若认真观察，眼屎附近的睫毛会触及眼球，这是轻度的倒睫，可用消毒棉擦一擦。

出生后第3、4周婴儿的特点

此时婴儿的个体差异更明显了。

有的婴儿非常老实，就如同没有他存在似的。这类婴儿睡眠很长，肚子不十分饿就不会醒，当肚子饿了就会咕噜咕噜地吃奶。若是吃母乳就会把两侧的母乳全部吃空，若是吃牛奶也能轻松地吃掉120毫升。吃完就要小便，当给他换尿布时就会显得很高兴，然后又不知不觉地睡着了。在夜里大约2点和5点钟的时候会各醒1次，当换完尿布喂了奶后，又会马上睡着。每天大便1次。

像这种“个性”老实的婴儿是很少的，一般的婴儿都不会这样安静。婴儿对外界的刺激很敏感，有的婴儿往往会闹得厉害，会成为爱哭的婴儿，有一点声音马上就醒了。醒来后如果尿布湿了就大声啼哭，表现出不高兴。即使换了尿布，如果肚子饿了也会哭个不停。对这种婴儿若喂以母乳，当吃了5 ~ 7分钟后，饥饿感一消失就不再吃奶。这时如果硬把奶头塞进他嘴里，他就会像生气似的把好不容易吃进去的奶全部吐出来。待过了10分钟后，又会因肚子饿而啼哭，只有再吃5 ~ 6分钟的奶才能睡去。但有时也会在吃完第1次奶后一直睡4小时，对这样的婴儿就不能按时间有规律地授乳。有时1天要喂12 ~ 13次，特别是当母乳的分泌不很好时，婴儿的个性和母亲的焦躁两方面的因素互相结合，就会使婴儿的生活变成仅仅是为了吃奶。由于很多母亲坚持不下去，因而就对母乳喂养失去了信心。换喂牛奶后虽稍有好转，但是婴儿仍然不很安静。当奶瓶里的牛奶流通不好时，这样的婴儿会生气地哭起来，把奶嘴也吐出来，干脆不吃奶了。当母亲正庆幸好不容易才算喂完奶时，刚过了20分钟，又把奶全部吐出来，这样的婴儿之中男婴占多数。由于每次吐出的奶量不同，饥饿的时间也就不同。这种婴儿到下一次哭叫要吃奶的时间有时只有1个半小时，有时也有2小时，喂奶时间没有规律。这种情况不是吃药所能治好的，而是随着婴儿年龄的增长自然好转的。

个体差异还表现在食欲上。喂母乳的婴儿不容易看出来，但只吃牛奶的婴儿由于每次喂奶的奶量很清楚，母亲是能够知道婴儿的食欲的。当婴儿吃得很多时，母亲并不担心，反而高兴。这是因为母亲认为婴儿的食欲好身体就健康。母亲担心的，往往是食量小的婴儿。

当看到食量小的婴儿体重达不到标准时，也不必着急，食欲过于旺盛未必是好事，刚满1个月的婴儿若每次吃180毫升奶就是吃多了。

排泄的个体差异在这个时期很明显。不管小便次数怎样多，都被尿布吸收了，不易察觉。大便由于用肉眼就可以看见，当次数多时，对于有点像痢疾的大便就应该引起注意。这个时期，在排泄上的另一个个体差异是以便秘的形式表现出来的。婴儿出生后从1个月开始，这一个体差异性就表现出来了。

在出生后半个月中就表现出来的种种个体差异性，到1个月时就进一步定型了。开始时脸蛋上长有酒刺之类的婴儿，有时会发展成满脸发红、变硬而渗出黄色液体。也有的婴儿眼眉上长有像头皮那样的东西，脑门上或头顶上长有一层油乎乎的脂痂。也有的后耳根处发红，好像糜烂了一样。

也有的婴儿始终在鼓气，满脸憋得通红。其中的一些婴儿肚脐向外突出，这可能是脐疝，不太爱哭的婴儿也有发生脐疝的。

鼻子不通气的婴儿在这个时期会越来越严重，有的甚至会达到不能吃奶的地步。

在经常吐奶的婴儿中，男婴居多。到了这个时期有的婴儿每次都像喷水似的吐奶，体重也不见增加。这种现象不是病，而是婴儿个性在这个时期的表现，不必担心。有的母亲只注意婴儿的个性而忽略了婴儿的成长，这是不好的。婴儿在这个时期视力逐渐增强，快到1个月时，当心情好就会露笑脸，手脚的运动也越来越频繁。如果是在炎热季节会蹬掉毛巾被。婴儿的手有时能触到脸上，要经常剪指甲以防止其抓破面部。

最重要的是要记住婴儿高兴时的脸色。无论大便次数怎样多，怎样吐奶，以及体重的增加是如何不能令人满意，只要婴儿表现出令人愉快的脸色就不要紧。世界上也许只有母亲最能清楚地记住婴儿的表情，当母亲感到婴儿的脸色与平时正常情况下的愉快脸色有所不同时，就会发觉婴儿是哪里不舒服。从一生下来就熟悉婴儿脸色的母亲就比只了解婴儿五六成情况的医生更能弄清婴儿的健康情况。为此，母亲一定要经常观察婴儿的脸色。

新生儿四肢为何会颤抖

打开襁褓，常常会看到新生的小宝宝四肢出现颤抖。有时突然一个声响，他也会出现颤抖，好像吓坏了的样子。给他洗澡时，第一下用湿毛巾擦洗他或第一下撩水，他可能也会出现四肢颤抖，好像怕水凉或水热。如果没有伴随其他症状，一般地说是正常的。因为新生儿大脑发育不完善，大脑皮层控制能力很强，但大脑皮层以下的中枢和脊髓的发育以及功能却比大脑皮层成熟一些，这样当新生儿受到一定的外界刺激（声音、触碰、水）后，就会出现不受大脑控制的不由自主地颤抖和摆动，这是正常的生理反应。随着大脑的发育完善，这种现象也就消失了。

但是如果新生儿在手足颤抖的同时，还有吃奶少、呕吐、发热或体温过低、黄疸重、尖叫、不会哭、囟门凸起并有搏动感、颅缝分开等症状，就是病态了，这时很可能就不是正常颤抖而是抽风了，因为正常的生理性颤抖不会伴有这些现象。所以要注意对新生儿进行观察，发现病态就要及时去医院诊断。

新生儿为何会溢乳

新生儿喂奶后有时有少量吐奶，或在枕边、衣服上存有残留奶迹，这种现象称作新生儿溢乳。这与另一种叫作新生儿呕吐的症状不是同一回事。

可以引起溢乳的原因：

1. 由于新生儿的胃呈水平位，胃容量小，肌肉和神经发育不成熟，这是引起溢乳的基础性原因。

2. 喂养过饱促使胃容积扩张。

3. 哭闹时间较长或空吸奶头、手指等，导致咽入过多的空气。

4. 喂养后未能及时将咽入的空气排出，或翻动小儿体位过频。

新生儿溢乳是一种生理现象，随着年龄的增长而自然消失，不必治疗。防治上可采取喂奶前先换好尿布，喂完后将婴儿直立抱起，轻轻拍背，等待婴儿打嗝后再轻轻放下，尽量少翻动体位，一般多采取右侧卧位。

有些新生儿为何会长有牙齿

个别新生儿出生后，在口腔门齿部位有 1 ~ 2 个乳牙，又称“诞生牙”。

诞生牙发生的原因可能与遗传、内分泌因素有关，以后能自动脱落，无须治疗，如果发现有牙齿松动或因吸吮容易咬破母亲乳头时，应该请医生处理。

新生儿的马牙与螳螂嘴

有些新生儿在吸吮母乳时，不时用力咬母亲的奶头，这是新生儿牙龈发胀、不舒服的表现。经医生检查，往往可见到牙龈上有白色或灰白色的大小 1 ~ 2 毫米的颗粒突起，俗称“马牙”。“马牙”是牙龈上的一种黏液腺，当腺管开口被堵塞不通畅时，黏液及其上皮细胞在腺体内聚积而形成。细小的聚积无大影响，可自行消退。聚积较大则会发胀，引起新生儿不舒服，应由医师消毒后挑破，不要自己随便处理。

新生儿摄食，主要靠吸吮动作来完成。天然生成两侧颊部有丰厚的脂肪层垫，向口腔内凸起，使其嘴部看起来有一种特殊形状，民间描绘之为“螳螂嘴”。当孩子逐渐长大，从吮奶摄食过渡到嚼食的时候，颊部的脂肪垫便渐渐消失，完成了它的历史使命，所以“螳螂嘴”千万不要乱割。

什么是新生儿脱水热

新生儿“脱水热”是指新生儿在出生后的 2 ~ 3 天因母亲乳汁分泌尚不足，婴儿水分摄入少，而环境温度又较高，致使新生儿的体温升高。其表现的特点有：体温骤然升高，可高达 38 ~ 39℃，可持续数小时。患儿烦躁、哭闹不安，全身皮肤潮红，排尿明显减少。但吃奶好，吸吮有力，迫切觅乳，不伴呕吐、鼻塞、咳嗽等症状。经适当降低环境温度，松开包被，补充水分后体温便可降至正常，但如果精神极差，吃奶无力，发热持续时间很长，则应到医院就诊，以防耽误了治疗。

什么是新生儿生理性腹胀

正常的新生儿，尤其是早产儿，在喂奶后常可见到轻度或较明显的腹部隆起，有时还有溢乳。但婴儿安静，腹部柔软，摸不到肿块，排便正常，生长发育良好，这是通常所说的“生理性腹胀”。这是由于新生儿腹壁肌肉薄，张力低下，且消化道产气较多所致。

但如果腹胀明显，伴有频繁呕吐、婴儿精神差、不吃奶、腹壁较硬、发亮、发红，有的可见到小血管显露（医学上称为静脉曲张）、可摸到肿块，有的伴有黄疸，解白色大便、血便、柏油样大便，发热等症状，这些都是疾病的表现。严重而顽固的腹胀往往表示病情危重，应尽快到医院诊治。

新生儿呕吐该怎么办

新生儿出生后 24 小时内常呕黄白色分泌物，量不多，主要是婴儿通过产道误咽的。发生此种情况不要惊慌，一般呕 1 ~ 2 次也就好了。但要让婴儿侧卧位，随时擦净呕吐物，以防误吸入肺。喂奶以后发生呕吐，要注意观察呕吐物性质、颜色、量的多少、发生的时间及频度，要分析是生理因素还是病理因素。如发生口角溢奶或喂完奶后吐 1 ~ 2 口奶，吐物就是喂的奶汁，多数为奶量过多、吸吮过急、吸入气体，与新生儿的胃处于水平位、贲门松、幽门紧、胃容量又不大有关。在喂奶后抱起婴儿拍打后背，使之打嗝或调整奶量和喂奶的方法后会自愈的。如呕吐频繁、量多，吐物黄色或深绿色，呈喷射状，要注意病理因素，如有消化道畸形、胎粪性梗阻、上呼吸道感染、脐炎败血症、脑部疾病等，应及时诊治。

新生儿出生后无尿怎么办

刚出生的婴儿，许多在吃、喝、睡等方面都不错，可是在一两天内不见撒尿，就不能不引起父母的忧虑。没有尿液排出，身体的许多代谢产物排不出来，岂不会中毒？

不过，出生后无尿并非异常。新生儿的无尿，一方面，是新生儿的肾脏功能尚不完善，尿中有较多的尿酸盐结晶将肾小管堵塞；另一方面，是新生儿通过皮肤和呼吸丧失了不少水分，而刚生下来又吃喝不多，身体缺少水，尿自然就少了。如果出生后无尿时间超过 2 天，则要考虑有无泌尿系统畸形。若给新生儿喂 5%的葡萄糖水后仍不排尿，那就不是正常现象了，应请医生诊治。

新生儿头顶部为何有一层厚痂

有些新生儿头顶部常有一层厚薄不均的油腻灰黄或棕黄色痂，多是由于家长看到前囟门的波动而不敢洗擦该处，长时间皮脂腺的分泌物及脱屑的头皮堆积而形成厚痂。这样既不美观又不卫生，还会影响小儿头发的生长，应当去掉。可以用消毒的植物油或 0.5%的金霉素软膏敷痂上，24 小时后用细梳子轻梳 1 ~ 2 次即可除去，不要用手抠抓，以免损伤皮肤引起感染。除去后要用温水、婴儿香皂洗净。

新生儿拇指不伸开怎么办

细心的父母亲都会发现，许多新生儿的双手老爱攥着拳头，而攥的方式也和成年人不一样，总是拇指和掌心贴在一起，而其他四个小指压着拇指。别看小宝宝的手不大，但攥拳的劲可不小，只要东西被他抓住，小家伙的手会执而不放，想掰开总要费点力气。

这种爱攥拳、拇指不伸开的现象，属于正常的生理表现，是新生儿大脑皮层发育尚不成熟，对手部肌肉活动调节不得力的缘故，造成了屈手指的肌肉占优势，而伸手指的肌肉相对无力的结果。年龄越小，这种现象越明显；随着年龄的长大，待到 3 ~ 4 个月，这种现象就会逐渐好转，6 个月时基本消失，个别小儿也有到 1 岁才伸开的。这段时间要注意小孩手部的清洁，防止感染。

如果到了 1 岁后拇指仍然不能伸开，强力伸开时会弹回，很可能是“先天性狭窄腱鞘炎”，需要到医院诊治。

新生儿足内翻怎么办

新生儿两足常有内翻现象，这是由于胎儿在子宫内时两足受压，肌肉力量发展不平衡所致。这并不是畸形现象，检查时足的内侧软组织是较松弛的，一般在出生后几周内逐渐恢复正常。此现象应注意与先天性畸形，如马蹄内翻足加以鉴别。马蹄内翻足时，足内侧软组织较紧，足向足背弯曲的动作受限，应及时请教医生，做矫正治疗。

如何照料低体重儿

凡孕期不到 37 周，出生体重低于 2500 克，身长不到 45 厘米，称早产儿或未成熟儿。孕期在 37 ~ 42 周，出生体重低于 2500 克，称小样儿。孕期在 42 周以上，出生体重低于 2500 克，称成熟不良儿。以上三者统称低出生体重儿。其主要原因是由于宫内感染和先天畸形以及孕妇营养低下。多发生在妊娠晚期，所以在孕期后 3 个月适当增加营养是很重要的。

小样儿和成熟不良儿的特点

小样儿和成熟不良儿的特点：均有成熟的外观和生理功能。主要因为长期缺氧和营养不良，表现消瘦，皮肤干燥，弹性差，常有大片脱屑和裂缝，头发稀少。眼睛睁开环视四周时常固定，当低血糖时更明显。吸吮和吞咽的能力比早产婴儿强，往往因宫内缺氧使肛门括约肌松弛，排出胎粪呈黄绿色。所以常合并吸入性肺炎、颅内出血或低血糖。

母乳是婴儿最合适的食物

宝宝所吸吮的母乳，因胃中的凝乳酶和胃酸作用，会变成固态蛋白质，称为凝乳。母乳蛋白质中以乳蛋白素为主，而牛乳则以酪蛋白素为主。乳蛋白素和酪蛋白素相比，乳蛋白素的凝乳成分多，而且较柔软，所以宝宝比较容易吸收、消化。最近婴儿奶粉也努力使凝乳软化，称为柔软凝乳。

母乳所含钙质和磷之类的无机质较牛奶少。但是钙质的利用效率高，只要母亲本身摄取均衡饮食即可。相反地，无机质太多，反而会对未成熟的肾脏造成负担。

宝宝体重增加速度很快，母乳分泌量常会不够。但是母乳的蛋白质、脂肪质、糖质等成分，会随着宝宝日龄、月龄的不同而有所变化，因此饮用量比例对体重增加有正面效果。而且即使只是一次的哺乳当中，味道和风味都有复杂的变化性，可引导宝宝认识食物风味，知道何时用餐完毕，并促进食欲控制中枢发育。

吃母乳的婴儿不易生病

以母乳哺育的宝宝比起以婴儿奶粉哺育的宝宝，病症感染率和死亡率较低。理由就是因为母乳在母体内为无菌状态，通过乳房直接给宝宝食用，所以病菌不易侵入。

人类的肠内有帮助食物纤维消化的维生素 B_{12} 或维生素 K 等常在细菌丛存在。常在细菌丛只是在平衡乳酸菌或大肠菌等细菌，对身体并无害处。

宝宝在妈妈的体内是以无菌状态存在的，并非是常在细菌状态，一旦跑出妈妈体内，就易染上各种细菌。

当宝宝吃母乳时，必须以舌头两侧包住母亲的乳头，而呈真空状态，使用上下颚来振动乳房内侧而吸吮母乳。如此的哺乳形态可帮助颚骨发育，并对齿列、齿质有良好影响。

母乳育儿对母体有好处

宝宝吸吮乳头的刺激，可促使脑下垂体分泌催产素激素。这类激素可使乳房肌肉收缩。在乳汁射出的同时，可使子宫收缩、胎盘产后迅速排出、促使产后子宫恢复原状，并使得生产后的出血量减少。总之，就是可促进、加速母体产后的复原。

持续以母乳哺育的话，生产后的不怀孕期会拉长。

在怀孕期间，母体体重会增加 11 ~ 12 千克。当然其中也包含宝宝的体重，而羊水、胎盘等保护胎儿的物体也占大部分。等宝宝出生后，母体体重会减轻。但是母体为了以母乳哺育，必须在怀孕期间储存必备营养，因此母亲无法恢复至原有体重。

然而在母乳哺育期间，就可将多余体重减去，所以不必担心会过胖。在授乳期间须耗费体力，消耗大量热量，因而多余的体重很容易减掉。

此外还有许多优点。据统计，有生产经历或母乳哺育经历的女性，罹癌比例比没有这些经历者低很多。这说不定和妊娠、分娩时期的激素调节有关。

初乳含有丰富的免疫物质

母乳依分泌时期的不同，其成分亦有所改变。可将之区别为初乳和成乳。

一般说来，分娩后 5 日内所分泌的乳汁称为“初乳”，6 ~ 14 天所分泌的乳汁乃是即将转化为成乳的“移行乳”，15 天以后所分泌的乳汁就是“成乳”。在短短 5 天内所分泌的初乳，具有相当重要的意义。

初乳为黄白色黏汁，还有特有的味道和香味。和成乳相比，初乳含有更多的蛋白质、脂质、无机质，而糖质较少，能量也高，宝宝只需喝一点点就妙用无穷。

更值得一提的是，初乳中还含有不易患病的作用因子。

该注意的是，初乳的 100 毫升中含有 2 ~ 4 克的分泌型免疫球蛋白 A，称为“S–IgA”，就是对抗破伤风菌、百日咳菌、赤痢菌、大肠菌等病原菌和麻疹、流行性感冒等病毒的抗体。母亲在怀孕期间所储存的各种疾病抗体皆由乳汁传送给宝宝。即使母亲四周有致病因子，但只要母亲有抗体，宝宝就不易被传染。

“S–IgA”也有预防过敏的作用，会附着在宝宝的未成熟肠管内，以阻止过敏因子的入侵。

母乳的味道会改变

即使是同一次的授乳，在开始吸吮时和吸吮结束时的味道也会有所不同。刚开始味道很淡，但不久脂肪量增多使味道改变，既可满足宝宝的满腹感，又可抑制食欲。

若以婴儿奶粉代替的话，刚开始以浓度淡的牛奶喂食，但是当宝宝专心喝奶时，绝不可以打断而让他喝下脂肪含量多的牛奶。所以宝宝无法获得口味改变的经验。就算想分段慢慢地改变口味，但因为授乳时间只有 20 分钟而已，想满足口味变化根本不可能。

母乳可保护过敏症婴儿

才出生没几天的婴儿，肠管黏膜并非十分发达，所以吃进的食物，其透过性高。在这个时候若以婴儿奶粉授乳的话，牛乳内的异种蛋白会被身体吸收而进入血液内，并刺激免疫系统，容易引起过敏性疾病。

牛乳或以牛乳制成的婴儿牛奶，宝宝喝过之后出现出疹、下痢、呕吐等常见的过敏症状。

母乳中，尤其是初乳中含有大量的免疫因子，基特征就是有很多的特殊分泌型 IgA 免疫球蛋白。初乳可说是 IgA 溶液。分泌型 IgA 对于各种细菌或病毒有抗体活性，并附着于肠管表面，守御着入侵的细菌或病毒。

更重要的是，母乳中的分泌型 IgA 抗体中也含有对抗食品的抗体。这些抗体对于宝宝所喝下食品中混有的异种物质，也就是对易引起过敏的过敏原会产生反应，禁止这些物质通过肠管黏膜进入血液中。而且即使这些物质进入了，少量的分泌型 IgA 也可从母亲的蛋白质中获得而加以防御。

若是特异反应体质的话，因分泌型 IgA 含量低，所以异种物质容易通过肠管而进入血液中，而引起过敏。

此外初乳还有一个重要功能，为了不使各种抗原入侵肠壁内，初乳中还含有促进肠管黏膜上皮构造和机能发达的上皮成长因子。

过敏家族的小孩或特异反应体质的小孩，最好的方法就是以母乳哺育。

没有必要担心母乳过敏

因母乳中分泌出过敏原而导致母乳过敏症的现象真是少之又少。若母亲吃进引起过敏的食物，宝宝也有可能会有湿疹、尿布疹、下痢、呕吐等现象。但是很多医生反对母乳中的过敏原会引起过敏问题的说法，实际上这种情况也很少见。

若事实真的如此，只要妈妈不吃过敏性食物即可。牛乳等乳制品最好停止食用。

但是若饮食太过限制，所有的牛乳、大豆等食物都拒吃的话，容易导致营养失调或贫血。严重的话会有神经衰弱现象，恐怕都无法做好育儿工作。

不管怎样，关于母乳过敏症目前尚未有定论。如果担心的话，不妨请教儿科医生。

授乳时宝宝能看清什么

宝宝在吸吮母乳时，他的头和妈妈的脸相距约有 30 厘米。宝宝此时的视线可及 30 ~ 40 厘米，所以妈妈的脸部上方和侧面发线呈逆 U 字形曲线，眼睛、鼻子、嘴巴正好映入宝宝眼帘。这个位置最适合宝宝认清母亲的脸。

在授乳时，大多数的妈妈都不会沉默寡言。

人类讲话时，会随着讲话内容而变化脸部表情并伴有身体与手部语言。不善言辞的宝宝会随着妈妈说的话而手舞足蹈，妈妈看了也很高兴。并且可增进宝宝的语言学习能力。

宝宝也有模仿能力。在他的视力范围内，会模仿妈妈嘴巴的动作，因此可促进其语言能力的发达。

由此看来以母乳授乳真是好处多多。若是以婴儿奶粉授乳的话，虽然没有肌肤接触，但最好仍能保持 30 厘米距离将宝宝抱在胸前，彼此看着对方的脸，训练他的各项感官机能。

母乳育儿是建立母子关系的桥梁

妊娠期间靠着脐带联系母子一体关系，但一旦分娩就失去这种联系了，于是就必须重新建立母子关系。

若小羊一出生就离开母羊，往后就是母羊站在它面前它也认不出母羊。离开的时间越久，这种倾向越强烈。

在人类调查实验中结果也是一样。分娩后有肌肤亲近者，以及常爱抚与注视宝宝的话，宝宝的眷恋心态会更强烈。但是人类是知性动物，无须特意去做。

母子眷恋关系受着文化的影响，而且需要长时间建立。这种关系还会影响到未来人格的发展，所以别太心急，做好初期的良好接触关系最重要。

在尚未跟宝宝建立和谐关系前，授乳次数绝不可减少，母乳授乳比起肌肤相亲更容易建立起良好关系。从多次接触中自可把握宝宝状态。

所以“母乳哺育”是自然的母子接触桥梁。

不能用闪光灯给婴儿拍照

婴儿出生后，父母都想给心爱的小宝宝拍些照片作为永久纪念。由于产房或客观环境存在内光线较弱，影响拍摄效果，有人便想到了借助闪光灯来提高照明度，殊不知这样做对新生儿危害很大。

婴儿在出生前经过了 9 ~ 10 个月漫长的子宫“暗室”生活，因此对光的刺激非常敏感。出生以后，小儿多以睡眠的方式来逐渐适应这突如其来的急剧变化，而且，人们还发现，刚出生的婴儿白天睡眠比夜间多，这是对外界环境尚不适应的表现。

新生儿眼睛在受到较强光线的刺激时还不善于调节，同时由于视网膜发育尚不完善，遇到强光可能使视网膜神经细胞发生化学变化，所以用闪光灯拍照可能引起眼底及角膜烧伤，甚至导致失明。因此，切勿用闪光灯或其他强光直接照射孩子的面部进行拍照。

婴儿不要剃胎头

中国民间传说，为满月时的婴儿剃光全部头发，可以使孩子长出又粗又黑又密的头发，有的连婴儿的眉毛也一起剃掉。这种做法没有任何科学依据，均属无稽之谈。

人的头发的生长情况，主要受体内肾上腺皮质激素等的调节，与婴儿时期是否剃头毫无关系。给新生儿剃头，不但不会给小儿带来任何好处，反而可能会给婴儿造成不必要的麻烦，导致疾病的发生。

这是因为小儿头皮很薄，而且娇嫩，抵抗力差，剃头时只要一不小心就会割破孩子的头皮，而且婴儿的头皮上存有大量的金黄色葡萄球菌，头皮稍有破损时，细菌会乘机而入，并经血流播散到全身，引起严重的菌血症、败血症，甚至脓毒血症，严重时可危及婴儿生命。

新生儿一定要加喂鱼肝油

佝偻病是婴幼儿时期常见的一种慢性营养不良性疾病，是由于身体内维生素 D 不足而造成钙磷代谢失常，使体内钙盐不能正常地沉着在骨骼的生长部位上，所以骨骼发生病变，出现畸形。同时，还影响神经系统、肌肉系统、造血系统、免疫系统的功能。佝偻病虽然很少直接危及生命，但因发病缓慢易被忽略，一旦发生明显症状时，机体的抵抗力已明显下降，容易得肺炎、腹泻。得病后表现为病程长、病情重、病死率高。因此佝偻病对小儿身心健康危害较大。

体内维生素 D 主要依靠晒太阳的作用形成。因阳光中的紫外线能将皮肤中的 7- 脱氢胆固醇变成胆钙化醇（维生素 D_3）。另外，食物中也含少量维生素 D，特别是浓缩鱼肝油中含量较多。

世界各地都有佝偻病，温带多见。我国地处温带，佝偻病的发病率很高，特别是 1 岁以下的婴儿更为多见。

一些在冬春季节妊娠的孕妇，如果在孕晚期没有补充维生素 D 及钙剂，出生的新生儿非常容易发生先天性佝偻病。新生儿期很少晒太阳，而人奶、牛奶含维生素 D 很少，不能满足每日的需要量，导致佝偻病加重，影响生长发育。为了防止小婴儿患佝偻病，在新生儿出生半月时，必须加服鱼肝油。

煮牛奶的时间不能过长

有的母亲认为给小儿煮牛奶的时间越长越好，这样可以消毒得更彻底，更容易消化吸收。其实不然，牛奶含有丰富的蛋白质，加热时，呈液态的蛋白质微粒会发生很大变化。当牛奶温度达到 60 ~ 62℃时，就会出现轻微的脱水现象，并出现沉淀。

牛奶中还含有一种非常不稳定的磷酸盐，加热时也会以不溶物质形成沉淀。当牛奶加热至 100℃左右时，牛奶中的乳糖开始分解，使牛奶带有褐色，同时还会生成少量的甲酸，使牛奶带有酸味。最好的方法是采用“巴氏消毒法”，把牛奶加热至 61.1 ~ 62.8℃ 30 分钟，或加热至 71.7℃煮 30 分钟，这样就可以把细菌杀死。如无法控制以上温度，也可以将牛奶烧开盖 1 ~ 2 分钟，但千万不能煮沸时间过长。

熟牛奶不能在保温瓶内保存

保温瓶是用来给开水保温的，但有的家长喂养小儿贪图方便，将煮好的牛奶灌入保温瓶里保温，以为可随吃随取，方便省事，殊不知经常饮用存放时间长的牛奶对人体是不利的。

牛奶营养丰富，灌入保温瓶贮放时间过长，随瓶内温度下降，细菌在适宜的温度下会大量繁殖，用不了 3 ~ 4 个小时，瓶中牛奶就会腐败变质，小儿喝了这种牛奶，容易腹泻、消化不良或食物中毒。因此，牛奶应随吃随煮，如暂时不吃，可放少许砂糖和少许食盐至牛奶中。

喂养双胞胎的方法

绝大多数双胞胎都不是足月分娩的，发育不成熟。双胞胎的胃容小，消化能力差，宜采用少量多餐的喂养方法。

双胞胎出生后 12 个小时，就应喂哺 50% 的糖水 25 ~ 50 克。这是因为双胞胎体内不像单胎足月婴儿有那么多的糖原储备，若饥饿时间过长，可能会发生低血糖，影响大脑的发育，甚至危及生命。

第 2 个 12 小时内可喂 1 ~ 3 次母乳。此后，体重不足 1500 克的新生儿，每 2 小时喂奶一次，每 24 小时喂 12 次；体重 1500 ~ 2000 克的新生儿，夜间可减少 2 次，每 24 小时喂 10 次；体重 2000 克以上的新生儿，每 24 小时喂 8 次，3 小时 1 次。这种喂哺法，是因为双胞胎儿瘦而轻，热量散失较多，热量需要按体重计算比单胎足月儿为多，每天每千克体重需 35 ~ 36 千卡。若无母乳或母乳不够，可用牛奶和水配成 1 ∶ 1 或 2 ∶ 1 的稀释奶，再加 5% 的糖喂养。奶量和浓度可随孩子情况和月龄的增加而逐步调整。在双胞胎出生的第 2 周起应补充鲜橘汁、菜汁、钙片、鱼肝油等，从第 5 周起应增添含铁丰富的食物如肝泥糊、宝宝福等。但一次喂入量不宜过多，以免引起消化不良，导致腹泻。

哺养唇、腭裂的婴儿

这样的婴儿由于吸吮时口腔负压不够，吸吮力不足，因畸形程度的轻重而有所不同。哺乳这样的孩子吸吮动作也要依靠婴儿舌头卷住母亲的乳晕做来回蠕动共同完成。母亲哺乳时可用手边喂边挤压乳房来促进下乳反射。对唇裂患儿，母亲可用手指压住患儿的唇裂口的上方来增加吸吮力。

哺养舌系带异常的婴儿

某些婴儿的舌系带过短或过紧，可使舌头被牵拉而不能很好地卷住乳头乳晕做有效的吸吮运动，以至产生喂养困难。这种情况可做舌系带剪切术。

哺养患有鹅口疮的婴儿

患鹅口疮的婴儿常因口腔疼痛，不愿吸吮，因此食欲不佳，体重下降，所以要及时给予治疗。如用制霉菌素粉剂 12.5 万单位 1 日 2 次，轻轻地洒在口腔黏膜上，或用30万单位与甘油30毫升混合制成制霉菌素鱼肝油，用棉签蘸取少许涂在口腔黏膜上，一日数次，同时可继续母乳喂养。

新生儿不能剪睫毛

现在的人们越来越爱美，甚至在孩子生下来就考虑怎样使他将来更漂亮。有的父母为了孩子睫毛长得长、密，在孩子生后不久就将其睫毛剪掉，希望再长出的睫毛更粗、更长。其实，睫毛的长短、粗细、漂亮与否，主要与遗传等因素和营养状况有关，剪睫毛的方法是没有什么作用的。

人的睫毛排列成2～3行，上眼睑有100～150根，每根长8～10毫米；下眼睑有50～75根，每根长6～8毫米。人类睫毛的寿命为3～5个月，不断地脱落，又不断地生长出新的。

人的睫毛不是为美丽而生的，有其特殊的作用。上下睑睫毛在眼睛前方形成一个保护屏障，起到遮挡灰尘和过强光线的作用，对眼睛的保护有重要的意义。人为剪掉睫毛后，在新睫毛长出以前，眼睛暂时失去了这种天然的保护作用，易受到伤害。如尘沙较大的天气人们要眯起眼睛，睫毛便可挡住尘沙的作用而人又能清楚地看到一切。没有睫毛者在这时只能闭起眼睛，才能不被风沙迷眼，但就不能看到东西了。

剪掉睫毛后，刚长出的粗、短、硬的新睫毛，容易刺激眼球、结膜和角膜，会产生怕光、流泪、眼睑痉挛等异常症状，严重者会继发眼部感染。另外，在剪睫毛的过程中，如果孩子的眼睑眨动，或者头部摆动，都可能造成外伤，这些都会给孩子造成不应有的痛苦。

希望孩子美是每个家长的共同心愿，但这种美如建立在孩子的痛苦之上，又是每一个家长所不能接受的。为孩子剪睫毛的做法不仅使孩子受苦，而且有造成孩子终生眼疾的危险，家长千万不能用这种方法实现自己的心愿。

女婴儿的乳头不能挤

细心的家长会发现，新生儿出生后几天，在乳房处可能会出现隆起，甚至还能流出乳汁一样的液体。一些地方有为新生女婴挤乳汁的做法，认为不及时为女婴挤乳头，孩子长大了会形成乳头内陷。

事实上，为新生女婴挤乳汁不是预防乳头内陷的方法，乳头是否内陷与此毫无关系。而且挤乳汁的做法是十分危险的。

新生儿乳房肿大和泌乳是一种生理现象，无须特殊处理。无论男婴还是女婴，在出生后几天内都可能出现乳房泌乳或肿大。这是胎儿在母亲体内受到母血中高浓度的生乳素等激素的影响，使乳腺增生造成的。出生以后，因为母体激素还会在新生儿体内存留一段时间，所以新生儿的乳房肿大，甚至还可以分泌乳汁。出生后1～2周，新生儿体内的激素水平逐渐降低，最后全部分解并排出体外，乳房肿大的现象也就自动消失了。所以无须将乳汁挤出来。

如果给孩子挤乳汁，那倒可能引起乳腺组织发炎。

如果乳房肿大、泌乳的同时伴有乳房处皮肤发红、肿胀，触之孩子即哭闹，就应考虑乳腺炎，要及时到医院诊治。至于将来会不会发生乳头内陷，与发育情况、孕期是否做好了乳房护理有关，而与新生儿期是否挤乳房没有直接关系。

不能让孩子含空乳头入睡

有的家长为了孩子能尽快入睡，就用空的橡胶乳头放到孩子嘴里，以为这样对孩子是一种安抚。时间一长孩子习惯于含着空乳头入睡或自己安静地躺在一边了。有时孩子一哭闹，家长便把空乳头塞进孩子嘴里，孩子也就不再哭闹了。在家长们看来，这实在是一种十分省事且有效的方法。

其实，这是一种不好的习惯。孩子常含着空乳头，有诸多的不良后果，概括起来主要有以下几个方面：

1. 经常含空乳头，孩子总在进行吸吮，会咽下过多的空气，造成胃内空气胀满，孩子吐奶的可能较大，而且可能引起腹痛。

2. 由于孩子总在不断地吸吮，口腔的发育有可能受到影响，造成上下颌骨发育畸形，影响面部的美观。

3. 如果形成了吸吮乳头的习惯以后就很难改正，日后孩子稍大需要断奶时会非常困难。

4. 小儿含乳头睡着以后，乳头有可能堵塞孩子的口鼻，造成窒息。

因此，用空乳头哄孩子睡觉不仅不是一种好的育儿方法，而且对小儿的健康有很多害处，做父母的不可贪图一时的省事，让孩子受苦。

促进新生儿视觉的发展

小儿出生后已有光觉反应。1 个月以内的新生儿，眼的运动很不协调，多数有一时性斜视或两侧眼球运动不对称的现象，一般 2 ～ 3 周后即消失。在此期间，可经常变换小儿的卧位，并用色彩鲜艳的玩具进行引逗，使其视线集中。

促进新生儿听觉的发展

新生儿听觉不敏感，但对巨大的声音有反应。这个时期，每当新生儿醒时，可放些轻音乐或与之讲话，以促进新生儿听觉的发展。

促进新生儿感觉的发展

刚出生的小儿味觉相当发达，能辨别酸、甜、苦、辣、咸味，喜欢吸吮和吞咽甜食。但是，嗅觉发育不及味觉，只是因有强烈刺激性气味表现出不愉快的感觉。新生儿皮肤温觉敏感，遇冷时表现出烦躁不安或啼哭。新生儿某些部位的皮肤触觉已发育很好，当触及口、眼、手掌及足心等部位时都很敏感。新生儿皮肤的痛觉发育较差，随着年龄的增长，对痛觉也会逐渐敏感起来。

促进新生儿智能的发展

对于婴儿的智能发育，父母应注意：

1. 不要让婴儿生大病，要保持婴儿的身体健康。

2. 夫妇要同心协力养育孩子。

3. 要充分地接触婴儿，经常对婴儿讲各种各样的话。

4. 不要因急于增长婴儿的智能而过早实行“填鸭”教育。只要身体健康，用一般的养育法，即使没有什么特别的做法，婴儿也会发挥出他本来潜在的智能。

防治新生儿臀红

新生儿肛周或会阴部的皮肤出现红色小皮疹，严重时局部伴有渗液，称为红臀或尿布疹。

红臀是由局部皮肤受损和细菌感染引起的。得了红臀，除部分皮肤出现红色皮疹外，新生儿还容易啼哭不安。

预防的方法是每次大、小便后用温水洗净其臀部，使其臀部局部保持清洁和干燥，涂扑些松花粉或消炎药膏，选用棉质透气的尿布。不用有刺激性的清洁剂洗涤尿布。

一旦发生了红臀，轻者只需局部扑上松花粉或小儿爽身粉，保持干燥。较重者，应到医院诊治。

防治新生儿斜视

1. 注意婴儿头部位置，不要使其长期偏向一侧。

2. 小儿对红色反应较敏感，所以可在小床正中上方挂上一个红色带有响声的玩具，定期摇动，使其听、视觉结合起来，以利于新生儿双侧眼肌动作的协调训练，从而起到防治斜视的作用。

防治新生儿“睡偏头”

新生儿出生后如不及时注意矫正姿势，头部长期偏向一侧，头部容易左右不对称，俗称“睡偏头”，影响仪表。预防和纠正这种“睡偏头”的方法很简单，即使婴儿的头部不要长期处于一种姿势，应定期更换其睡眠姿势，如此即能起到防治作用。

不宜将新生儿放在无声环境中

有些家长将新生儿养育在昏暗的房间内，还将可能产生声响的一切物件都用布包上，他们怕光线和声响会破坏新生儿的安静环境，甚至怕损伤他们幼小的大脑。实际上把新生儿放在无声环境中的做法同样对小儿不利。

心理学家认为，适量的环境刺激会提高新生儿视觉、触觉和听觉的灵敏性，有利于巩固和发展原始的生理反射，还会在此基础上形成新的条件反射，从而使新生儿的动作越来越复杂和高级，最终具备作为人的一切生活能力。13 世纪西西里的一个名叫弗德里克二世的统治者，他为了证明语言技能是天生的，便将一些婴儿养育在与世隔绝的环境中，规定保姆不准跟小儿交谈，也不得在育婴室相互交谈。他希望这些孩子长大后能自然地说本国语言，从而证实自己的想法。实验结果证明，尽管这些孩子有着良好的营养和医疗措施，但由于生活在与世隔绝的“世外桃源”，没活多久便先后夭折了。

心理学家认为，丰富多彩的环境刺激，不仅可促进儿童的智力发育，也会使儿童大脑本身更发达。人的神经系统是由神经元组成的，神经元之间的联系是突触。适度的环境刺激比缺少刺激的环境更能使神经纤维髓鞘化，突触联系更复杂，因而大脑也就更发达。

不要把新生儿放在无声无响的环境中，可以播放一些柔和的音乐，经常用音响玩具及经常性地和小儿进行交谈，不要怕孩子听不懂，因为你和他讲话是最好的听力和语言训练。

新生儿房间夜间不能常开灯

许多刚做父母的年轻人，夜里为便于给小儿喂奶、换尿片，总爱在房内通宵开灯，这样做对孩子的健康成长不利。

英国一家医院的新生儿医疗研究小组发现，昼夜不分地经常处于明亮光照环境中的新生儿，往往出现睡眠和喂养方面的问题。研究人员将 40 名新生儿分成两组，分别放在夜间熄灯和不熄灯的婴儿室里进行观察，时间均为 10 天。结果显示前者睡眠时间较长，喂奶所需时间较短，体重增加较快。

有关专家认为，新生儿体内自发的内源性昼夜变化节律会受光照、噪声及物理因素的影响。在这种情况下，昼夜有别的环境对他们的生长发育较为有利。

新生儿不宜睡软床

目前，随着人们生活水准的提高，家具不断更新换代，木板睡床被沙发软床或弹簧床代替。做父母的为了让婴儿睡得好、睡得舒服，往往买上一张沙发软床或弹簧软床给婴儿，认为婴儿睡软床，不会碰伤孩子的身体。其实，这种做法是有害的，不利于小儿的生长发育。

婴儿出生后，全身各器官都在发育成长，尤其是骨骼生长更快。婴儿骨中含无机盐少，有机物多，因而具有柔软、弹性大、不容易骨折等特点。但是由于小儿脊柱周围的肌肉、韧带很弱，容易导致脊柱和肢体骨骼发生变形、弯曲，一旦脊柱或骨骼变形，往后纠正就麻烦了。

国外有的专家对500多例婴儿睡各种床的实验表明，小儿长期睡凹陷软床，由于各种原因发生脊柱畸形的占60%左右；睡木板床的婴儿，脊柱畸形只占5%左右。所以，奉劝父母不让婴儿睡软床，不睡软床应从新生儿就开始。

那么，小儿理想的睡床是什么呢？一般说来，家庭中木板床、竹床或榻榻米都可以，睡这类床，小儿就完全可避免脊柱畸形，骨骼变形，有利于儿童健康成长。

不宜抱着新生儿睡觉

孩子的出生给家庭增添了许多欢乐，父母亲千方百计爱护着他。母亲生产后身体需要一段时间恢复，由于分娩使体力大量消耗，身体的抵抗力下降，如果经常抱着新生儿睡觉，母亲就不能充分睡眠和休息。这样一来，不仅影响体力恢复和生殖器官修复，而且也很容易导致某些疾病的发生。

更重要的是，应让新生儿从此时起养成良好的睡眠习惯，让孩子独自躺在舒适的床上睡觉，不仅睡得香甜，而且还利于心肺、骨骼的发育。如果经常抱着孩子睡觉，不利于孩子呼出二氧化碳和吸进新鲜氧气，影响孩子的新陈代谢，也不利于孩子养成独立生活的习惯。

如果真正地爱孩子，那么就不要抱着孩子睡觉。

新生儿昼睡夜醒的应对技巧

有些新生儿夜间哭闹不睡，白天反而熟睡不醒。这不仅妨碍父母休息，也使四邻不安，人们称这种小孩是“夜哭郎”，使父母大伤脑筋。遇上这种情况怎么办？其实不必着急，因为在母体内，孩子是不分昼夜的。出生后尚未适应外界环境，睡眠规律尚未形成，不会分辨白天黑夜。为了培养其正常习惯，家长可有意识地让孩子白天少睡觉或不睡觉。具体做法是：白天可少喂些奶，使孩子处在半饥饿状态，或多给孩子些刺激（捏耳垂、弹足底等），使孩子睡不踏实。这样，白天孩子疲倦了，夜晚自然就会睡得安稳。有时也可给孩子每晚服用少量镇静剂（要慎重），经过几天适应过程，正常睡眠规律就会慢慢形成。

培养新生儿的自然睡眠习惯

有些新生儿出生后，睡眠规律尚未形成，该睡觉时不睡，甚至哭闹，只有大人将其抱起，拍拍摇摇，或者含着奶头才能入睡，这习惯是大人养成的。

新生儿大脑发育还不健全，出生后几乎大部分时间都处于睡眠状态，每天有 18 ~ 22 个小时在睡眠中，只要环境安静、舒适，片刻后孩子就本能地自然入睡。

可是有许多家长最怕孩子哭闹，常常是孩子一哭就抱起来。其实，“哭”是新生儿的本能。当孩子哭时，家长要分析一下哭的原因。一般新生儿在吃饱奶后又无其他不舒适（如尿布湿了，皮肤皱褶处淹了……）时，哭闹常常是疲倦的表示。如果这时大人总是抱着孩子拍、摇、抚等，倒是破坏了孩子本能的自然睡眠的调节规律，而形成新的条件反射。这样，孩子以后则必须在大人的拍、摇情况下才能入睡，渐渐地养成“闹觉”的坏习惯。

所以，当新生儿确实是因疲倦而哭闹时，可采用以下方法诱导孩子自然入眠：妈妈要靠近孩子，并发出单调、低弱的噢噢声；或者将孩子的单侧或双侧手臂按在他的胸前，保持在胎内的姿势，使孩子产生安全感，他就会很快入睡。这样，孩子慢慢地就会养成自然入睡的习惯。

新生儿不宜用枕头

人们习惯认为，睡觉就必须枕枕头，于是就给刚刚出生的新生儿也枕一个小枕头。我们说这完全不必要，这不利于新生儿正常发育。

刚出生的婴儿，头几乎和肩宽相等，平睡、侧睡都很自然。为了防止吐奶，婴儿上半身可略垫高 1 厘米。

当婴儿长到 3 ~ 4 个月，颈部脊柱开始向前弯曲时，这时睡觉可枕 1 厘米高的枕头。长到 7 ~ 8 个月开始学坐时，婴儿胸部脊柱开始向后弯曲，肩也发育增宽，这时孩子睡觉时应枕 3 厘米高左右的枕头。过高、过低都不利于睡眠和身体正常发育，常枕高枕头容易形成驼背。

为了儿童的正常发育，根据新生儿的生理特点、发育特点，不要给新生儿枕枕头。

给新生儿缝制睡袋

妈妈为了照顾孩子，担心婴儿踢开被子受凉生病，为了解决这一问题，妈妈不妨自己动手试做一件婴儿睡袋或睡袍。

睡袍的里子可用柔软的棉布或绒布，面子可用美观柔软的花涤棉。膨松棉虽保暖不如棉絮，但易洗，不用拆。婴儿睡在睡袍里既舒适，又保暖，妈妈再也不用担心宝宝踢被子而受凉。睡袍如同一件宽大的衣服，无袖、无领，用尼龙拉扣将前襟、下摆扣上，便于穿脱及换尿布。睡袋也可不装棉花，可做成单睡袋或夹睡袋，分别在不同季节里使用。

贮存新生儿的衣服

小宝宝快要出生时，家人和准妈妈早给小宝宝准备好了衣服。这些衣物常与大人的衣服放在衣柜里。平常，人们在贮存衣服时常放入一些樟脑丸，以防止虫蛀。但是，请母亲注意，千万不要把小儿衣服放在有樟脑丸的衣柜内。

这是因为市场上出售的樟脑丸含有萘及萘酚的衍生物。有人患有一种遗传缺陷造成的溶血性贫血，患者平时无任何症状，一旦接触到萘酚之类物质，红细胞内的氧化还原过程就会受到破坏，发生急性溶血性贫血。这种现象多见于新生儿，临床表现为贫血及生理性黄疸持续不退或进行性加重，重者可发生黄疸。因此，贮存小儿衣服不要放樟脑丸，同时，也不要放在有樟脑丸的衣箱内。久放的小儿衣服，穿前一定要充分晾晒，假如衣服含有萘酚类物质，其受热后很快就会成气体挥发掉，这样新生儿可免受其害。

给新生儿缝制帽子

婴儿戴帽子不单是美观，更主要是起保暖作用，尤其对于小婴儿更为必要。其实婴儿帽，也可以自己动手缝制。

新生儿帽：出生时新生儿头围 34 ~ 35 厘米，满月时可以增至 38 厘米，头部生长速度很快，做帽子时应考虑到这点。选择一块长约 40 厘米、宽 10 厘米的碎布块，根据小儿头围大小将布围成圆筒状，帽顶部用线缝成收口状，边缘缝上一圈花边，一顶简单、漂亮的帽子就做成了。较大的婴儿，可做成带荷叶边的帽子。取几块碎布头，剪成后片、帽周、荷叶边，将三部分缝合，再准备两根系带缝上即成。

不能用洗衣粉洗尿布

洗衣粉属于人工合成的化学洗涤剂，其主要成分是烷基苯磺酸钠（简称 ABS）。在生活中，有些父母用它来洗涤尿布。这是不科学的。

洗衣粉中所含的 ABS 是一种有毒的化合物。ABS 对婴儿皮肤有明显刺激作用，尤其是对新生儿皮肤刺激反应更大，危害极大。有人调查，使用洗衣粉洗涤尿布时，由于漂洗不彻底，每块尿布上 ABS 的残留量平均达 15 毫克。婴儿皮肤细嫩，尤其是新生儿皮肤更娇嫩，接触上述残留物后，不仅可产生过敏反应，而且有的还会出现胆囊扩大和白细胞升高等病症。调查结果表明，ABS 对肝脏等器官发育不全的婴儿危害尤为严重。所以，给婴儿洗涤尿布时忌用洗衣粉，以有利于婴儿的生长发育。

不能用松紧带扎尿布

许多父母喜欢用一根环形松紧带套在婴儿的下腹部以固定尿布，在每次换尿布时，只需将尿布的两端往松紧带里一塞就行了，既省事又省时。但是，有利也有弊，一旦应用不当，会造成婴儿的两侧髂腰部软组织勒伤，轻则皮肤破损，重则局部伤口溃烂疼痛等，这必定给婴儿增加痛苦。

因为每次换尿布时前抽后拉，松紧带与皮肤之间发生强烈摩擦，产生锯齿作用，婴儿（尤其新生儿）皮肤细嫩，很易勒伤。另外松紧带过细或勒得过紧，也会勒伤婴儿，所以最好不要用松紧带扎尿布。

不能用卫生纸垫屁股

受各种丢弃式用品的启发，越来越多的母亲用卫生纸代替尿布给新生婴儿垫屁股。认为这样既可以避免反复洗涤尿布的麻烦，又可防止病菌的感染，岂不知这样做给婴儿带来的痛苦更大。

到目前为止，人们所用的各种保健、药物名称的卫生纸，不管工艺制作多么精细，都不能完全清除纸中残存的烧碱等碱性物质，也不能完全除去纸中的漂白剂等氧化程度不同的化学物质。这些物质虽然浓度不高，对人们一般不会产生明显的毒副作用，但对皮薄肉嫩的初生婴儿来说，其腐蚀或刺激作用就不可忽视。根据一家医院的接诊调查，仅2003年一年时间他们就接诊了由卫生纸引起的皮肤病婴儿患者达26例之多。患者的肛周以及外阴局部皮肤鲜红，甚至糜烂，整日哭闹不安。为此提醒年轻的妈妈们，不要再给你们的初生儿用卫生纸来垫屁股，以免造成宝宝的痛苦和不安。

安抚婴儿的方法

当婴儿哭闹时，你不要紧张，不要着急，观察一下，他是否要睡觉，如果是“闹觉”，哭一会儿就会睡觉；如果不是“闹觉”，那么大人就要采取措施，对婴儿进行安抚，使其安定下来。安抚哭闹婴儿的方法大致有以下几种：

喂奶

第1个月的婴儿，饥饿可能是婴儿啼哭的主要原因，而喂奶自然是最有效的安抚方法。如果婴儿是人工喂养，而且喂奶时他显出狼吞虎咽的状态，那么他哭闹往往是饥饿的原因。也有的是因为口渴而哭闹，可试着在两次喂奶之间，用消毒奶瓶喂他一点凉开水，也许对其有安抚效应。

搂抱

搂抱是婴儿所需要的充满爱的身体接触，能使他安静下来，停止啼哭。当你立着抱他，让他靠在你的肩膀上便安静了，他可能是因为肠中有气而哭起来。如果是因为亲戚朋友抱来抱去而哭，那么爸爸妈妈抱过来，就是很大的安抚。

包好婴儿

包裹不好，缺乏安全感和舒适感，往往也会引起哭闹。发现孩子哭闹时，重新包好，他就得到了安抚，停止哭闹。

有节奏地拍婴儿

拍他和按摩他背部或腹部常常会使他安静下来，而且可以帮助他排气，使其舒服。当你给他换尿布时，为了防止他哭闹，你也可用手拍打他几下或用手抚摸他，也会起到安抚作用。

给婴儿一点东西吸吮

你可以把自己干净的小手指放进正在哭的婴儿嘴里，他就会停止哭闹。也可以用橡皮奶头经过消毒，令其吸吮，也会起到安抚作用，但不可经常这样做。

分散婴儿的注意力

给一些东西让婴儿注视，或者以悦耳的响动吸引正在哭闹的婴儿，都会使他安静下来。

新生儿腹部要保温

婴儿出生以后，肠胃就在不停地蠕动着，当新生儿腹部受到寒冷的刺激时，肠蠕动就会加快，内脏肌肉呈阵发性地、强烈性收缩，因而发生阵发性腹痛，新生儿则表现为一阵阵哭啼，食乳减少，腹泻稀便。由于寒冷的刺激，男孩易发生提睾肌痉挛，使睾丸缩在腹股沟或腹腔内，就是人们常说的“走肾”，这时婴儿腹部疼痛转剧，表现为烦躁啼哭不止。

发生上述情况后，只需用热水袋敷腹或下腹部，或用陈艾、小茴香炒热，用布包着热熨腹部，疼痛会逐渐缓解。因此，平时应注意给新生儿腹部保暖，即使是夏天天气炎热，也应防止新生儿腹部受凉，宜着单层三角巾护腹，冬天宜着棉围裙护腹。

分辨新生儿哭声

新生儿的哭声所表示的内容不同，一定要认真鉴别。

新生儿坠地时的哭声，是安全的标志，有利于肺的发育。孩子在出生时，妈妈最想听到自己孩子的哭声。如果哭声流畅、洪亮，说明孩子平安，妈妈和医护人员都会放心了。但是若在出生后1分钟无哭声，说明新生儿有窒息危险，助产人员则需进行抢救措施，如吸净口、鼻、咽部的黏液，拍打足心或臀部，使新生儿哭出声来。

对新生儿出生以后的哭声需要认真辨别。

1. 新生儿出生后，逐渐适应外界各种生活条件，养成不同的生活习惯，当未能满足他的需要时，或改变了以往的习惯时，他就会用哭的形式表达出来。如吃奶量不够或浓度不够；喂奶后不到2～3个小时就哭，这时伴随着饥饿的动作，如小嘴触到东西就有吸吮表示，此时尿也比较多；又如以往每天给他洗澡，偶尔不洗，他也会哭；大小便后，尿布潮湿未及时更换或因衣服、尿布包裹太紧，不舒服，他也会用哭来表示“抗议”。这些哭声都不是病态，一般哭声响亮而柔和，有节奏，时哭时停，只要满足了“需要”，哭声即可停止，安静入睡。

2. 有的新生儿，由于身体某处疼痛也要哭，这种哭声突然开始，哭声大而节奏快，难以用吃奶、洗澡、换尿布等方式使他停止哭闹，这时要注意检查新生儿颈部、腋下、大腿根部皮肤皱褶处有无擦伤，肚脐有无红肿，臀部有无尿布疹，尿道、肛门有无红肿，两耳有无压痛或流脓，若无以上改变，应立即到医院，请医生诊治。

3. 表示疾病的哭声。如新生儿有颅内出血、颅内水肿或颅内感染，由于颅内压增高，剧烈头痛，轻者哭声发直，或哭声短；重者哭声尖锐，同时伴有其他的症状和体征，如两眼直视、两手握拳、抽搐、发烧、前囟膨隆等，这时应马上抱孩子上医院检查、治疗。

作为新生儿的父母亲和家人，一定要认真辨别新生儿的哭声，哪些属于生理性，哪些属于病理性，只有这样，根据不同情况及时给予处理，才能使孩子健康发育成长。

新生儿会笑

很多人都愿意逗孩子笑，当孩子笑了以后，大人也报以微笑或拍拍手。但是，有很多大人却忽略了从孩子的笑中了解孩子，也就是不像孩子哭那样，大人会想，孩子哭了，是饿了，还是病了？其实，孩子的笑，也会告诉我们很多东西。

婴儿生下来就会笑。最早的笑是自发的，不受外界影响，主要是在睡眠中出现，没有给任何刺激。笑的姿势为口角微微上翘。这种睡眠中自发的笑主要在1～2周内的婴儿中出现。

出生后3周的婴儿就可诱发出微笑了，当小儿清醒时，成人用手轻轻刺激其脸颊部，或用嘴吹吹皮肤，都可以引起小儿的微笑。微笑时两侧口角向上，应该对称，若口角神经只向一侧歪，另一侧鼻唇沟也浅，要注意有没有面部神经麻痹症。

出生后4周的婴儿，听到母亲的声音就会引起微笑，甚至停止吃奶。

4 ~ 5周以后，许多其他刺激也可以引起婴儿微笑，当成人朝他连续做点头动作时，或将小儿双手相互对拍，也可引出微笑。

到出生后4个月时，小孩就可以咯咯地笑出声音。孩子的笑不仅仅反映小儿的情绪，也反映了小儿脑子的发育程度。如果到5个月还不会笑，孩子的脑发育可能不正常。很多智力低下的小儿，早期就不会笑。

让新生儿晒太阳

太阳光中的红外线温度较高，对人体主要起温热作用，可使身体发热，促进血液循环和新陈代谢，增加人体活动功能。太阳光中的紫外线能促使皮肤里一种麦角胆固醇转变成维生素D。维生素D进入血液后能帮助吸收食物中的钙和磷，可以预防和治疗佝偻病；紫外线还可以刺激骨髓制造红细胞，防止贫血，并可杀除皮肤上的细菌，增强皮肤的抵抗力。婴儿太小时，不能直接到室外曝晒。一般要等出生3 ~ 4周后，才能把新生儿抱到户外晒太阳，而且开始的时间要短，只晒一部分，然后再慢慢地增加时间和扩大范围。在户外，不要让新生儿吹风太久，不然容易感冒，头及脸部不要直接照射，可置于阴凉处或戴帽子。

一般，新生儿晒太阳可按下面的顺序进行：

1. 最初的2 ~ 3天，可从脚尖晒到膝盖，5 ~ 10分钟即可。
2. 然后，可将范围从膝盖扩至大腿根部。
3. 除去尿布，可连续2 ~ 3天都晒到肚脐，时间15 ~ 20分钟。
4. 最后，可增加晒背部约30分钟。

新生儿如果流汗，要用毛巾擦净，再喂以白开水或果汁，以补充水分。

初次哺乳的时候

一旦婴儿出生，试着给婴儿吸吮你的乳房，这对你和婴儿都有好处。如果你在医院的话，在产房里，你可以要求把婴儿放在你的胸部上。上述做法有两个重要因素：自然地吸啜刺激激素的产生。一旦婴儿诞生后，这种激素能使子宫收缩和排出胎盘。出生后不久，让婴儿吸啜也有助形成一种很强烈的母婴结合的感情。婴儿吸奶时，偶然会有阻塞的现象，你不必担忧，吸啜的自然反射是很强烈的，婴儿出生后即有吞咽的能力。

排乳反射

婴儿吸吮乳房时，母亲的脑垂体腺受刺激而激发“排乳反射”，你可以感到这种反射很强烈；事实上，每当母亲看见婴儿或听到婴儿声音的时候都可能促使泌乳，乳汁可从乳头射出，为喂奶做好准备。

哺乳时抱婴儿的方法

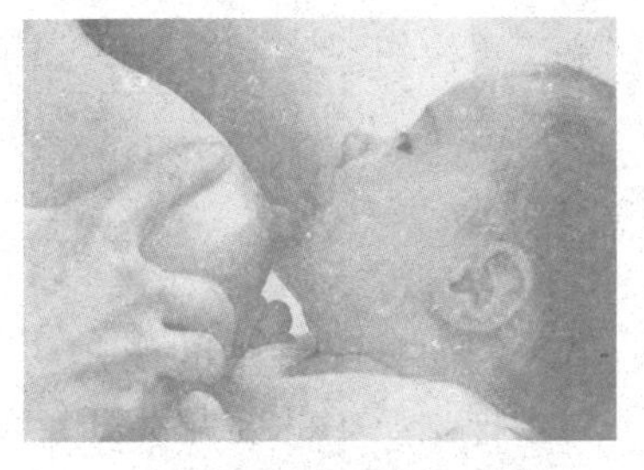

把婴儿抱到身前，让他的肚子正对着你，鼻子对着乳头。让婴儿保持较舒服的姿势，头、肩和后背成一条直线。用手指托起乳房，注意不要接触到乳晕。婴儿会自动张开嘴凑近乳头。如果他没有这样做，用乳头贴近婴儿的下嘴唇。

用你的手臂怀抱婴儿，将他的头放在你的肘弯里，用手托住他的背部和臀部，切勿向前俯身把乳头塞到婴儿嘴里。如果你用手臂抱住婴儿时他仍离乳头太远，可尝试在你膝上放一个枕头使他躺在上面，但婴儿的头部仍要用臂弯托持。另一个方法是交叉双腿（俗称“二郎腿”），用膝部支持着你抱持婴儿的手臂，让婴儿的手臂能随意触摸到你的乳房——他对这种亲密感是非常愉快的。

将乳头正确放入婴儿口中

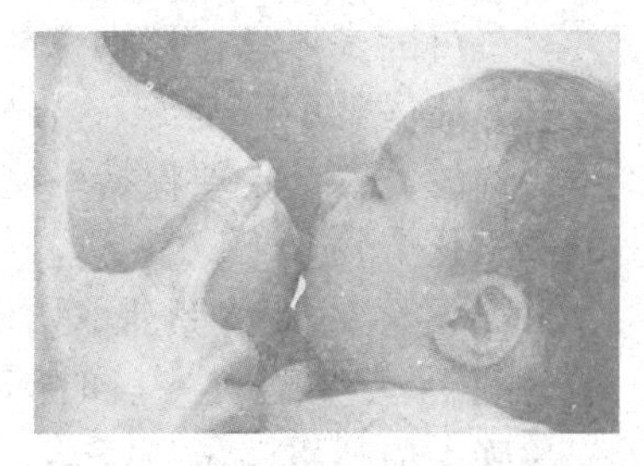

当婴儿嘴张得很大时，轻轻地搂住他的肩膀往自己身上靠，以便让婴儿含住乳头，并且尽可能让他将更多的乳晕吸到口里。婴儿的齿龈应该合上，但不要接触到乳头。在喂奶时，如果连续数秒都感到不适，可将手指弄湿，轻快地滑进婴儿嘴中以缓解婴儿吃奶时产生的吸力。你还可以把婴儿暂时挪开，然后再喂一次。

每次哺乳时，应力图将乳头正确地放入他的口内，有两个理由可说明它的重要性：第一，只有婴儿将大部分乳晕含在口内，才能顺利地从你的乳房吸啜出乳汁。婴儿以吸和啜两种活动方式从你的乳晕周围形成一个密封环，当吸食时，婴儿的舌将乳头推向口腔顶部（上腭），乳汁在有节奏地一吸一挤的情况下被吸出来。只有当婴儿对乳晕后的输乳管施加压力，乳汁才能顺利地流出来。第二，如果你的乳头能正确地放入婴儿的口腔内，那么，乳头酸痛或皲裂就可以减少至最低限度。婴儿有很强的吸啜能力，如果他没有含着乳晕而只有乳头在婴儿的口内，他能有效地切断乳管的通道，这时就几乎没有乳汁流出来了。你的乳头就变得酸痛异常，结果乳汁的供应就由于乳汁没有被吸出而减少。这样，婴儿将会很自然地吸不到乳汁，并由于饥饿而发脾气。

每侧乳房的哺乳时间

婴儿吸啜在最初 5 分钟内是最强烈的，此时，他已吸食了 80%。一般地说，每一侧乳房哺乳时间的长短视婴儿的吸啜兴趣而定。但是，通常不超过 10 分钟。大概到达上述时间，你的乳房已被排空，而他可能还对吸啜感到津津有味，你会发现婴儿对继续吃乳已不感兴趣：他也许开始玩弄你的乳房，将乳头在口内一会儿含入、一会儿吐出；他也许转过脸；也许入睡。当婴儿表现出在一侧乳房已吃饱时，应把他轻轻地从乳头移开，把他放在另一侧乳房上，如果他确实在吸啜两侧乳房之后睡着的话，他可能已经吃饱了。你很快就会知道他的睡着是否由于吃饱的缘故，看他是否在约 10 分钟后醒来又再次饥饿。同样地，如果你的婴儿看来只从一侧乳房中吸食已经满足他的需要量的话，那么，下次喂奶时，一开始应换另一侧乳房哺乳。

将吸食中的婴儿移开的方法

切勿将吸食中的婴儿从你的乳房拉扯开——这样做只会弄伤你的乳头。为了把吃奶中的婴儿移开，可稳定地轻压他的颊部使他松开口。另一办法是用手指滑入乳晕和婴儿的颊部之间，将你的小手指放入婴儿的口角内。上述这两种方法都会使他的口张开，并且使你的乳房容易滑脱，而不必用力把乳头弄出来。在头几天时这些做法十分重要，因为乳头需要变硬以利哺乳。

保证乳汁供应充足

尽可能多休息，特别在产后头几周内更应如此。实际情况是，能坐就不宜站，能躺就不宜坐。

你的饮食一定要保持平衡和富含蛋白质。不要吃大量过精的和经过加工的碳水化合物。

如果你的心情紧张，奶流就受影响，因此，要进行产前休息的安排，应保证每天都要有一段时间休息。

晚上应尽可能早点睡觉。总之，你会被弄得筋疲力尽的，你的睡眠方式可能会被你的婴儿所扰乱。

就家务事而论，不要过分操心。除了最重要的事情之外，就别做其他事了。

你也许需要补充铁质、一些维生素，这方面可向医生请教。

你采用母乳喂养婴儿时，应每天喝大约 3400 毫升的液体；有些妇女发现她们甚至在实际喂哺过程中也需要喝水补充。

当你休息得好的时候，大部分乳汁是在早晨产生的。如果你在白天忙忙碌碌或心情紧张，你就会发现到了晚上的时候乳汁少了。

如果婴儿在当天几次吸啜中还没有吸完你所有的乳汁时，就应把剩余的乳汁挤出来。这样能保证整天有足够的乳汁供应。

如果由于你外出或者生病而不能给婴儿喂奶时，应该把乳汁挤出，以保持输乳管的畅通。

在分娩后 5 个月内避免用避孕丸，因为它会减少乳汁供应。

选择合适的授乳姿势

你可以按各种姿势喂哺婴儿，只要他能够含住乳头和你觉得舒服、轻松自如就是。你可实践各种方法并采用感觉最自然的一种。在一天以内要改换各种授乳姿势——这样做将会保证婴儿不会仅向乳晕的一个部位施加压力，并且尽量减少输乳管受阻塞的危险。

如果你坐着授乳，一定要坐姿舒服。必要时，用软垫或枕头支持双臂和背部。

躺在床上授乳也很好，特别是在头几周和晚上。你应采取侧睡姿势，如希望更舒服，则可垫上枕头。轻轻地怀抱婴儿的头和身体使他紧靠你的身旁。你可能需要把婴儿放在枕头上，使他的位置高一点以便吸吮你的乳头，但是较大的婴儿应该躺在床上并靠在你身边。保证你的臂部下侧的肌肉不受扭曲或拉得太紧，因为这样会使你的奶流减慢。另一种办法就是在你手臂下垫一个枕头，把婴儿放在枕头上，让他的双腿放在你的后方，婴儿面对你的乳房，而你的手可以托住他的头部。

开始时，你所选择的授乳姿势可能受到分娩的影响。例如，你若做过会阴切开术的话，你就会觉得坐起来非常不舒服，因此，侧卧授乳更为适合。同样的，如果你做过剖腹产手术，你的腹部就太柔嫩以至不适宜让婴儿躺在上面，因此，要把婴儿的脚放在你臂下的位置，或把他放在床上靠在你身旁的位置授乳。

正常的喂食次数

婴儿因为身体小需要多次喂食。母乳喂养的婴儿可能比奶粉喂养的婴儿喂食次数更多，这是由于乳汁能被更快吸收。

婴儿应按要求喂食。父母亲很快就学会辨别他们的婴儿饥饿时的啼哭声。新生婴儿每 2 小时需要喂奶 1 次，一天喂的次数多达 10 次。婴儿长大到 1 个月左右，通常每 3 小时进食一次;2 ~ 3 个月时，则每 4 小时喂食一次。

大多数 3 个月大的婴儿在晚上喂食后都睡一整夜，但不应考虑放弃晚间哺乳，除非你的婴儿一直睡觉不醒。

婴儿为何拒绝吸奶

婴儿在哺乳时出现问题，其中最常见的原因就是呼吸困难。如他不能够在通过他的鼻子呼吸的同时进行吞咽，这时就必须注意你的乳房是否盖住了他的鼻孔。你的婴儿不能正常呼吸的另一个原因，是因为他鼻塞或鼻子不通畅。请医生开些滴鼻药，以便在每次哺乳前给他滴鼻以畅通鼻道。

如果婴儿出生后没有及时开始用母乳喂养，他就可能不愿意吸吮乳房了。为了你和你的婴儿，越早开始用母乳喂养越好。婴儿在最初 48 小时内很快就能学会吸吮乳房，如果延误了开始的时间，则他就难以学会吸吮乳房了。但是，这并不意味着你的婴儿将永远不吸吮乳房。这仅仅意味着你必须耐心和坚持下去。例如，如果你的婴儿是早产儿，你可以要求用你挤出来的乳汁喂养他（这样你的乳汁供应就能源源不断），当你回家时便可直接用乳房授乳。

你的婴儿拒绝吸吮乳房的另一个原因可能是烦躁不安。如果他醒来，很想吃奶，但你却发现他对你不理不睬、烦躁不安或动来动去，那么你就能确定婴儿是由于太累而不吸吮乳房。在这种情况下，不要试图授乳，应把他紧抱怀中，轻轻说话加以安慰，直到他安静下来。

母亲生病后是否能继续哺乳

只要你想用母乳喂养婴儿，哪怕是你生病住院了，也应该继续这样做。你必须和护理人员制定特别的安排，但是，如果你必须接受麻醉剂的话，你就不可能进行母乳喂养了，因为事后你不但有剧烈的头昏眼花的现象，而且你使用的麻醉剂会传递到你的乳汁中去。你若预先得到了手术通知的话，应把挤出的乳汁冷藏起来。采取这种方法，即使婴儿失去了你给喂哺时的愉快感，也不会吃不到你的乳汁。一旦你病得太重甚至不能挤出乳汁时，你的婴儿就不得不人工配乳用奶瓶或小匙喂养，一开始时他大概会拒绝吸吮，但当他越来越饥饿时就会老老实实地吸吮起来。

挤出乳汁的方法

你不必感到母乳喂养是一种束缚，因为你可以从双乳挤出乳汁，并把它放到已消毒容器里保存在冰箱内。这样就使得你的家人在你不在的时候能够喂养你的婴儿，其优点就是喂养婴儿的是你自己的乳汁。

你可用双手或吸奶器从你的双乳挤出乳汁。大多数妇女觉得用手挤乳汁比用吸奶器更为简便。开始挤乳前，准备一个碗、一个漏斗和一个可以密封的容器，然后，用消毒液或沸开水将所有的用具消毒。手挤压法在头 6 周里大都有些困难，因为双乳产乳还不充足，但应坚持用手挤压。最好的挤乳时间在早晨，此时你的乳量最多，但如果你晚间停止喂哺婴儿的话，那么，晚上挤乳就是最佳时间了。你可毫无困难地挤出 50 毫升左右的乳汁。

为了保证乳汁继续供应，有些母亲认为上午是乳汁分泌最旺盛的时候，哺乳后挤出剩余的乳汁是个好办法。你的婴儿可能吃不完你提供的乳汁，所以，你可以挤出所有剩余的乳汁使乳房排空，以使你的双乳能在下一次喂哺时产出更多的乳汁。

挤乳要注意

如果你必须弯身将就一个低位置进行挤乳，那准会把你累得腰酸腿疼的。如桌子不够高，就要把盛乳汁的容器放在一叠书上。

挤乳绝不应该出现伤痛，如有，就说明你没有按正确方法进行。

每件用品和所有容器均应消毒；你的手必须洗净。

如果你担心你的婴儿习惯了奶粉喂养后不愿恢复母乳喂养，可试着用杯和茶匙给婴儿喂食挤出的母乳。杯和茶匙应事先消毒。

乳汁必须正确贮藏，不然的话，挤出来的乳汁就会像瓶装牛奶一样变坏。如果你用这种乳汁喂养婴儿，他就会生病。一旦你已收集了乳汁，就应把它立即放入冰箱里保存直到需用时才取出，它可保存48小时。你也可以把乳汁冰冻，可保存达6个月之久。挤出的乳汁可放在密封的消毒塑料容器里，不要用玻璃容器以防冻裂。

精神紧张会影响乳汁分泌

如果你遇到小的麻烦，诸如婴儿拒绝吸吮，请不要为此担心。精神紧张会导致更多的困难，它会使你更灰心，甚至使你永远放弃母乳喂养。精神紧张会影响乳汁分泌。不要把母乳喂养看成是你必须要赢的比赛。就婴儿的健康而言，当然头几天的初乳和乳汁意义重大，但你也不要太担心。

如果你为用母乳喂养而感到有负担，你应尽可能使它变得轻松愉快一些，如果你对喂哺感到尴尬的话，当哺乳时间快到的时候，就不要留在公共场所。

哺乳后应给婴儿排气

无论你的婴儿是母乳喂养还是人工喂养，喂食中，当他停下休息时，给他一个打嗝的机会，排出吞下的气体，这些吞入肚中的气体会使他感到腹胀。如果半分钟之后，其仍未打嗝，就不必再等。那次喂食，他可能不需要排出吞下的气体。

1. 要帮助很小的婴儿排气，可让其靠在你一侧肩膀，搓背部；或把婴儿放在你膝上，让他向前倾，用手在其下巴处扶住他软绵绵的头，他很可能还会吐出一些奶液（叫作溢奶），因此在附近要放一块毛巾备用。

2. 任何大小的婴儿，都可让其横躺在你的膝上或手臂上，面向下，这样可帮助婴儿排出气体。

3.3个月大时，你的宝宝可以坐直一会儿了。让他坐在你膝上轻轻摇他，同时给他搓背，这样可帮助他排出吞下的气体。

给孩子喂奶的时候，始终保持轻松和恬静，双方都会十分满足。

如何处理和预防乳房漏乳

在最初几周，在两次哺乳中间，你的乳房可能大量漏乳。

处理方法：在乳罩内衬上的乳垫可吸收一些乳滴。要经常更换，因为皮肤若潮湿，会引起疼痛。如果乳汁漏出很多，试用塑胶的奶套。

预防漏乳。但是，漏乳是乳汁充足的证明，并且此现象有助于预先防止乳房肿胀；当需求相互适应时，漏乳就会减轻。

建立哺乳常规

完全由母乳喂养的婴儿，一般的哺乳常规可以是这样的：

1.3个月以内：白天喂乳5次，再加夜间的哺乳。

2.4 ~ 5个月时：白天哺乳4 ~ 5次，加喂一些固体食物。

3.6 个月时：每天喂乳 2 次——早晨及晚上临睡时。

4.9 个月时：仅在临睡前哺乳。

喂奶要有正确的姿势。不少婴幼儿患病和发育生长变异都和喂奶姿势有关。特别是在农村，不少做妈妈的在喂奶的姿势上采取很随便的态度，这就给小宝宝的健康成长带来了很不利的影响。农村中有的妈妈总喜欢躺着给宝宝喂奶，这是错误的姿势，正确的姿势应该是把宝宝抱在怀里，让宝宝半卧或坐着吮奶。

躺着给宝宝喂奶会影响其胃肠消化功能，还会给面容的健康发育造成有害影响。因为宝宝的胃肠功能尚不健全，即使是半卧姿吮奶也有可能产生吐奶，躺着吃奶则更容易发生吐奶。吐奶有可能会吸入气管或肺部，引起吸入性肺炎等。溢奶还会流入咽喉管，并由此进入中耳，引起中耳炎和其他耳病。宝宝躺在被窝中吃奶，由于吸吮动作不平衡，下颌骨过分运动，上颌骨处于静止状态，持续过久还会影响宝宝的面容，造成面中部塌瘪，而下部前突伸长，形成畸形。

哪些母亲不能哺乳

患结核病的母亲，尤其是结核活动期，不宜自己照看孩子或喂奶，否则既有害婴儿健康，又不利自身的康复。

患心脏病的母亲，喂奶会加重心脏负担。

患慢性肾炎的母亲，喂奶和照顾孩子会因过度劳累而使病情加重。

患癫痫的母亲，喂奶时发病会伤及婴儿。而且含有鲁米那、安定、苯妥英钠等药物的乳汁，可引起婴儿虚脱、嗜睡、全身瘀斑等不良反应。

患糖尿病的母亲，应待病情稳定后，方可给婴儿喂奶。

患甲状腺功能亢进的母亲，在服药期间不宜喂奶，以免引起婴儿甲状腺病变。

患乳腺炎的母亲应及时就医，待乳腺变软、肿胀消退后方可喂奶。

患急性感染的母亲，在服用抗生素药物时，应暂停母乳喂养。

生下患半乳糖血症或苯丙酮尿症婴儿的母亲，应立即停止用母乳及其他奶类喂养婴儿，以免婴儿智力受损害。

哺乳期妇女须知

哺乳期妇女不能滥服药

母乳本是婴儿的最佳食物，但有时也会因一些人为的原因使母乳变性，成为不良食物。哺乳期妇女服药污染乳汁即是一个例子。要排除母乳中的不良成分，其上策就是妇女哺乳期内不服药物，对不能避免的服药，就要靠调整服用方式来减轻影响。

比如，某些药物在服用 2 ~ 3 小时后便会从体内排出，因此这类药物可在每次刚刚哺乳完毕时服用，这样，到了婴儿再次吃奶时，母体中的药物成分基本就排干净了。有些药物会长期留存于体内，但妇女哺乳期间服用此类药物不一定会给婴儿带来不利影响，因为有的药物婴儿不吸收，如胰岛素、肾上腺素及一些激素类，会被婴儿胃肠道排解。通常，治疗同一疾病往往可以采用多种药物，应该予以选择。例如，泻药类仅局部作用于肠胃，不被血液吸收，对母乳成分影响不大。这样，在选择上这类药物就应优先于易被血液吸收的药物。

毫无疑问，若非必需，哺乳期妇女不得服用任何药物。此外，一些饮食嗜好所带来的类似药物的作用，也应引起注意。酒精可轻易地进入母乳中，特别是在短时间内大量饮用，会影响吮乳婴儿的生理功能，使调节机制紊乱、情绪异常，甚至出现脱水症状；酒精的过量摄入还会使母体泌乳量下降。香烟中的尼古丁也会影响母体泌乳量，且污染母乳，致使婴儿呕吐、心悸、烦躁。即使少量咖啡因的摄入也会出现于母乳中，而大量摄入，如连续饮咖啡、可口可乐 3 ~ 4 杯，会使受哺婴儿呈失眠、暴躁症状。

哺乳期妇女应禁用和慎用的药物

婴儿每天要吸食 500 ~ 700 毫升的乳汁，因此，哺乳期妇女用药必须了解哪些药物能进入乳汁，尽可能避免某些药物的毒副作用通过乳汁影响婴儿的健康成长。

首先，要注意慎用抗生素类药物和磺胺类药物。大多数抗生素在乳汁中排泄量不大，但却能不同程度地引起婴儿的不良反应。常规剂量的氯霉素，在乳汁中的浓度约为血液中的 50%，可影响婴儿的造血系统功能。哺乳期妇女内服红霉素，特别是通过静脉滴注时，它在乳汁中的浓度比在血液中的浓度高 4 ~ 5 倍，可严重损害婴儿的肝功能。哺乳期妇女肌注常规剂量卡那霉素时，可导致婴儿卡那霉素中毒，发生耳鸣、听力减退及蛋白尿等。哺乳期妇女内服磺胺类药物也要注意，特别是初产妇，在服用磺胺异恶唑后 2 周内哺乳时，可使婴儿发生新生儿黄疸。

为此，哺乳期妇女患感染性疾病使用上述抗生素和磺胺类药物治疗期间，应暂停哺乳，暂以牛乳代哺。

其次，应尽可能避免使用各种中枢抑制药，如苯妥英钠、苯巴比妥、安定、安宁、利眠宁等。这类药物进入乳汁，常可引起婴幼儿嗜睡，体重下降，甚至虚脱。还应特别指出，6 个月内新生儿对吗啡类镇痛剂最为敏感，可引起乳儿呼吸抑制等严重反应，哺乳期妇女应该禁用。

另外，碘化物或放射性碘剂、硫脲嘧啶、香豆素类药物、麦角制剂及甲糖宁、阿托品等，都可不同程度地进入乳汁，哺乳期妇女应慎用或禁用。

哺乳期妇女用药应注意

哺乳和必要的药物治疗一般是并行不悖的。除了前述哺乳期妇女禁服的药物以外，哺乳不应由于服药而中断。因为乳汁中的药量极少会超过母亲摄入量的1% ~ 2%，此量一般是不至给婴儿带来危害的，而且其中大部分可能不会被吸收。

尽管理论上凡分子量在200以下的药物，摄入后均可在母乳中出现，但它在乳汁中的水平则取决于药物的理化性能和摄入量的多少及哺乳与服药的时间长短。若想尽可能减少婴儿从母乳中摄入的药量，母亲应在哺乳后立即服药，并尽可能推迟下次哺乳时间。对已建立定时哺乳的婴儿，每隔4小时哺乳是可以做到的。另外，对乳汁中是否有某种药物存在，应予检测，以免产生对婴儿不利的影响。

哺乳期妇女不能代替小儿服药

有的母亲听说哺乳期妇女用药后，部分药物可随奶汁分泌排出，于是当婴儿有病时，自己就代替婴儿服药。这样做是无益的。因为药物虽然能从奶汁中分泌排出，但大多数药物在奶汁中含量极微，于是婴儿吸吮含药的奶汁后，在血液中却不能达到有效浓度，反而会使病菌演变成耐药菌株产生抗药性或产生不良后果。此外，许多药物在奶汁中的浓度远比血液有效浓度低，婴儿通过母乳摄取这些药物，产生不了治疗作用。所以，哺乳期妇女不宜代替婴儿吃药。

哺乳期妇女不能服用避孕药

哺乳期妇女虽然不来月经，但由于体质和生活条件不同，有些人仍然可能有排卵现象，卵子一旦与精子结合，就会怀孕。所以，哺乳期的妇女虽然没有来月经，仍须进行避孕。

哺乳期妇女宜采用放置节育环来避孕。若不适合放置节育环，可采用避孕套或其他避孕方法。服避孕药最好是在产后1年以上，否则不仅影响乳汁分泌，对幼儿健康也不利。

哺乳期妇女要慎用丙种球蛋白

妇女生产后，由于暂时性的机体免疫力降低或忽视了御寒保暖，容易出现伤风感冒、头痛脑热等症。于是，有些哺乳期妇女总喜欢接种丙种球蛋白，以增强身体抵抗力。其实这不利于母婴的健康。

因为，丙种球蛋白是从人的血浆、血清和产妇的胎盘中提取制成的，由于提取制作的丙种球蛋白只经紫外线消毒，很难将病毒完全杀灭。据天津市卫生防疫站抽查胎盘球蛋白来看，发现每批均有不同程度乙型肝炎病毒阳性率。另报道，我国进口的某些人体丙种球蛋白，经中国预防医学科学院病毒研究检验，其艾滋病病毒抗体为阳性。因此，若哺乳期妇女接种了带病毒的丙种球蛋白，那母婴就有罹患肝炎、艾滋病的危险。另外，婴儿的免疫系统尚未完善成熟，哺乳期妇女接种丙种球蛋白后，免疫物质将通过乳汁输送到婴儿体内，反而抑制和削弱婴儿的自身免疫力。

因此，哺乳期妇女应讲究科学营养，坚持参加体育锻炼，增强体质，提高母体的免疫力，而不能靠注射丙种球蛋白来被动预防疾病。

夜间喂奶有禁忌

产后的疲乏，加上白天不断地给孩子喂奶、换尿布，到了夜里妈妈就非常困了。遇到孩子哭闹，会觉得很烦，干脆把奶头往孩子嘴里一塞，孩子吃到奶也就不哭不闹了。这样虽然很省事，但十分危险。因为，孩子要吃到奶一定要紧靠着妈妈，熟睡的妈妈即便是乳房压住了孩子的鼻孔也是浑然不觉的，可以想象出生几天的小宝宝能有多大的气力来推开沉重的乳房呢？孩子是无力反抗的，悲剧就有可能发生。为避免这种惨事的发生，做母亲的还得辛苦些，夜间喂奶时最好能坐起，即使要躺着喂，一定要喂完奶，将奶头从孩子嘴里拉出后，再进入梦乡，这样，母子都睡得踏实。

乳头皲裂仍能喂奶

乳头皲裂，常与乳头清洁方法不当和哺乳技巧不正确有关。有些母亲为了干净，常用肥皂甚至酒精来擦洗乳头，而乳头表皮薄嫩又有很多细小的乳腺管开口，极易被擦破。哺乳技巧不正确是指婴儿吮乳时只含乳头而没把乳晕（乳头周围有色素沉着的那一圈）含进去，乳头受力过大也会皲裂。

已发生皲裂时，仍可以继续哺乳，但要注意纠正婴儿吸吮的方式，不能只吮乳头，而必须把乳晕也让婴儿含入口中。哺乳时先哺好的那侧乳房，这是因为饥饿婴儿初吮奶时用力较大，待吮完一侧后再吮皲裂一侧，吮力就会减缓从而减轻痛楚。哺乳完毕可以在乳头上涂少量乳汁。乳汁有抑菌作用，所含丰富蛋白质也有益于表皮修复。

不能随意喂酸奶

酸奶是一种营养丰富和帮助消化的健康饮料，即使喝牛奶不适的人也可以饮酸奶而无不良反应。但千万不要因此就随意用酸奶喂婴儿，特别是胃肠道发炎的婴儿和早产儿，如果给他们喂酸奶就可能引起呕吐和导致急性溶血现象及坏疽性胃炎；早产儿还有因喝酸奶而死亡的病例。

婴儿不能喂过浓的牛奶

有的人在给婴儿冲奶时，总认为冲得浓一些，营养价值就会高一些，其实，这样做适得其反。因为奶粉中含有较多的钠离子，如果奶粉的含量过高，其中的钠离子也会增多，若这些钠离子没有适当地稀释，而被婴儿大量吸收，就会使血清中的钠含量升高，而导致一系列严重的病症，如高血压、抽筋甚至昏迷等。因此，婴儿不应喝过浓的奶，当然，也不应喝过稀的，以免吸收不良。若用开水冲奶粉，最好的稀释比例是 4 ∶ 1。

忌牛奶加米汤喂食婴儿

有人常爱在牛奶中掺米汤、米粥或加糕干粉给婴儿吃，其实，这种吃法很不科学。国外有人做过实验，将牛奶与米汤掺和后分别置于各种温度下，结果维生素 A 损失惊人，食品学记载的维生素 A 不宜与淀粉混合就是这个道理。婴儿长期摄取维生素 A 不足，会导致孩子发育迟缓、体弱多病，所以，喂养婴儿应把牛奶粉与米汤或糕干粉分开吃。

小儿不宜长期吃炼乳

甜炼乳是一种牛奶制品，是新鲜牛奶浓缩至原来容量的 2/5，然后加 40%的白糖制成的。

甜炼乳含糖量高达 40%，当炼乳加水稀释后，糖的浓度和甜味下降到符合要求时，则蛋白质、脂肪含量又低了，甚至比全牛奶还低，不能满足婴儿生长发育的需要。若长期作为主食喂养，势必造成婴儿体重不增，反愈加消瘦；如果少加水，使蛋白质及脂肪含量接近全牛奶水平的话，则糖的含量又太高，用这样的甜炼乳喂养婴儿常常引起腹泻。因此，用甜炼乳喂养的婴儿，不是因为加水太少引起消化不良，就是加水太多使孩子患营养不良症。所以，甜炼乳只能作为较小儿童的辅食，或在不得已的情况下，把甜炼乳加到其他代乳粉中食用，不宜长期用甜炼乳作为婴儿的主食。

“出生后 3 天才开奶”的观念不对

传统育儿观念是出生后 3 天才开奶，如今这种观念已经被抛弃。最新的观点是出生后半小时即可开奶。早开奶有许多好处：

1. 防止新生儿低血糖症的发生。

2. 防止新生儿出生后生理性体重下降过多。

3. 减轻新生儿高胆红素败血症，防止黄疸过深或发生核黄疸。

4. 及早使新生儿获得初乳中的抗体、免疫细胞、溶菌酶、乳铁蛋白，可以增强新生儿机体的抵抗力。

开奶前不宜试喂糖水

以前的育儿法认为，新生儿出生后疲劳，需要先休息，待 12 小时后要预先试喂糖水，能吃下糖水再开始喂哺。其实这种方式对小儿不利。因为新生儿喂糖水后，消除了饥饿感，减少了小儿对吸吮母亲乳头的渴望感，这样失去了对母亲乳头的刺激作用，故使母乳分泌延迟，乳汁量也少，影响母乳喂养。如果用奶瓶、橡皮乳头来喂糖水更不好。软橡皮奶头孔径较大，小儿吸吮不需要太费劲，而吸吮母亲乳头要费较大的劲，所以小儿就不愿再吸吮母亲的乳头，势必造成喂养困难。总之，开奶前不需要先试喂糖水。

开奶前不要预先喂牛奶

许多产妇在分娩前，总预先买好奶粉、奶瓶、奶头，婴儿出生后，就先喂点牛奶。这种喂养方式是错误的，害处很多。首先，给让婴儿喂哺了牛奶之后，他就不愿再吸吮母亲的乳头，减少对母亲乳头周围神经的刺激，反射性减少催乳素、泌乳素的分泌，导致母乳量减少。其次，牛奶喂养使细菌污染的机会多，尤其是用奶瓶喂养，奶瓶及奶头易被细菌污染，使用不当时，易使婴儿发生腹泻。另外，牛奶的成分远不如母乳好。因此，新生儿出生后，开奶前不要预先喂牛奶。

新生儿不宜采取定时喂养

过去一直认为，初生到 7 天内的新生儿应定时喂哺，要求每 3 小时喂哺一次。有的哺乳期妇女为了按规定时间哺乳，宁可让小儿饥饿着拼命哭闹，也一定要到 3 小时后才哺乳。其实这样定时喂养的缺点很多，婴儿饥饿时吃不到乳汁，饥饿感过了再喂就影响食欲。哺乳期妇女乳房胀得厉害时不能哺乳，反射性地使泌乳量减少，所以不主张这样的做法。现代观点认为应当按婴儿需要哺乳，只要婴儿饥饿或母亲感到乳房中有乳汁就可以进行喂哺，随时需要随时喂哺，叫作按需喂哺。一般来说，出生 1 ~ 2 天的新生儿，哺乳时间为每 1 ~ 3 小时 1 次，每天可哺乳 8 ~ 12 次。

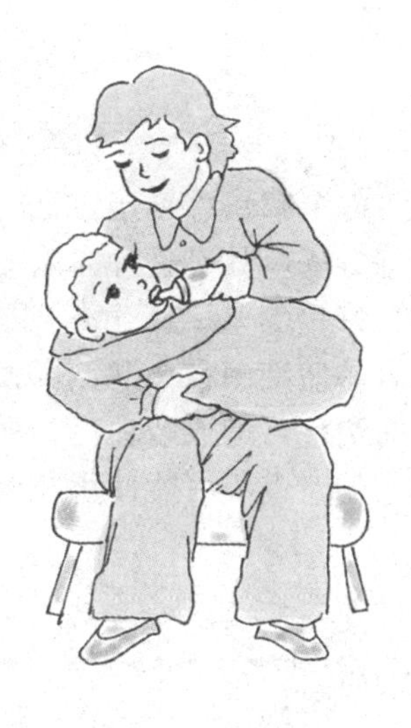

新生儿不宜用奶瓶喂养

新生儿能否用奶瓶喂乳和水的问题，国内外学者一致持反对意见。因为用奶瓶喂乳或喂水有两个害处：一方面，用奶瓶可造成“乳头错觉”。所谓“乳头错觉”，指新生儿吸过了橡皮奶嘴后，不愿意再吸吮母亲的乳头了。因为橡皮奶嘴软，孔大，不需要花很大力气就可以吸到乳汁，而吸吮母亲的乳头要费较大的力气才能吸出乳汁。哺乳期妇女的乳头不经常被吸吮，对乳头周围的神经刺激减少，影响泌乳反射、喷乳反射，使乳汁分泌量减少，造成母乳不足。另一方面，奶瓶、橡皮奶嘴不易洗干净，易被细菌污染，使用后易引起新生儿肠道感染。如果实在必须要喂时，也都主张用小匙、小杯喂，因为小杯、小匙容易洗干净。

20 世纪 90 年代，世界卫生组织向全世界推广母乳喂养新知识，婴儿在 0 ~ 4 个月内（母乳量充足在 6 个月内）提倡纯母乳喂养，不需要喂水和牛乳，亦不必添加任何辅食，更不要用奶瓶和奶头喂养。

新生儿哭闹怎么办

新生儿哭闹往往由于不舒服、饥饿、疼痛、患病等，可根据日常生活中观察的现象稍稍区分。新生儿饥饿的哭声往往是平缓的，哺乳后哭声即止。如果喂哺又不吸奶仍然哭闹不止那就得找出原因。如果是尿布湿了，给换尿布后哭声即止。如果婴儿躯体某部有刺激性疼痛，那哭声往往是比较剧烈、持久，也较烦躁。这时应该解开衣包进行全面检查，注意全身皮肤，特别注意外耳道有无耳疖等。如果哭声为尖叫的，称为脑性尖叫，应考虑中枢神经系统疾病。所以新生儿哭闹的原因，饥饿只是其中之一，还要注意有无异常情况发生。

不宜用母乳给新生儿洗脸

许多家长总希望自己的小儿皮肤又白又嫩，认为用母乳给新生儿洗脸是个好方法。其实这种方法对小儿是有害的。因为母乳营养丰富，是细菌滋生的良好培养基。新生儿皮肤娇嫩，血管又丰富。若将母乳涂在小儿颜面部，很容易使细菌在小儿面部大量繁殖后进入皮肤的毛孔中，引起毛囊炎。若不及时治疗可酿成败血症，而危及小儿生命。所以说用乳汁给新生儿洗脸是不卫生的，也不可能使小儿皮肤白嫩。

关于喂奶的注意事项

选购奶瓶

无论你选择给宝宝喂奶粉抑或喂母乳，都必须购买一些奶瓶，以做喂奶之用（母乳喂哺者亦预备奶瓶，以做不时之需，就算一时间无法进行母乳喂哺，也不至在需要时手足无措。）

奶瓶一般分为 120 毫升和 240 毫升两种，通常需要购买两个 240 毫升和两个 120 毫升的奶瓶以做替换。

奶瓶分玻璃造和塑胶造两种。玻璃奶瓶较容易清洗，但瓶身较重；塑胶奶瓶比较轻便，方便喂哺，而且宝宝较大时亦可以自行捧奶瓶，而胶瓶亦不易被打破。为方便在任何地方喂哺，妈妈可选择二合一的新式奶瓶：只需将一定分量的奶粉预先放进奶瓶上半部，要饮用时即可加入热水内，用法简单，处理方便。

选择奶嘴

奶嘴分为圆头和扁头。圆头奶嘴适合喂母乳的宝宝，扁头则不易入风，主要在于个别宝宝的喜好。

市面上有一种十字奶嘴，它是属于圆头奶嘴，形状近似妈妈的乳头，而且奶嘴头是以十字形出奶，并非像普通奶嘴的圆形小孔，故此宝宝需要吸啜才能饮到奶，这种奶嘴除可训练宝宝嘴部运动外，亦不容易漏奶，适合喂哺奶粉的宝宝使用。

安抚奶嘴的作用

安抚奶嘴俗称“假奶嘴”，名副其实，它并非喂奶用品，主要是当宝宝哭泣时做安抚之用。

市面上的安抚奶嘴部分可能含有亚硝氨这种怀疑致癌的物质，要小心选择不含亚硝氨的才可给宝宝使用。

使用安抚奶嘴必须保持干净清洁。事实上，安抚奶嘴并非必需用品，家长可视情况购买。

奶粉格的用途

奶粉格一般分有 3 ~ 4 格，方便盛载一日多餐的奶粉，尤其是方便外出携带。而且，奶粉格大都备有配合奶瓶瓶口的直径，奶粉可轻易倒入奶瓶内而不会致奶粉四散，是母亲的必备之物。

选择奶嘴打孔器

随着宝宝的成长，吸啜的速度亦逐渐加快，初出生时饮用的细孔奶嘴未必能配合宝宝的吸啜速度，这时候妈妈可利用打孔器打出所需之奶嘴孔。

奶嘴打孔器一般备有几种不同孔径的钻嘴，以满足宝宝各阶段的需要。

奶粉定量罐的作用

很多时候宝宝心急要吃奶，妈妈亦心急量奶粉，结果导致奶粉四散，十分狼狈。奶粉定量罐就能帮你一把。奶粉定量罐容量大，一共可装 6 次奶量，方便使用。而且妈妈只需在第一次量好奶粉，其余五次也就不必再量，也没有算错几匙的困扰。

再者，奶粉定量罐符合卫生标准，可耐温 20 ~ 120℃，确实是妈妈的一大好帮手。

奶粉漏斗的作用

如果你认为奶粉格或定量罐只适合外出使用，那么奶粉漏斗就是你在家中的另一好选择。

奶粉漏斗的设计能配合奶瓶的瓶口，使奶粉能轻易地倒入奶瓶内，实在方便。

选择奶煲

喂哺后，奶瓶和奶嘴都必须经过清洗及消毒才可以再用，故此消毒奶煲绝不能缺少。

奶煲可分为电子奶煲和不锈钢消毒奶煲两种。电子消毒煲的好处在于消毒过程完毕后，奶煲便会自动熄灭，假若你不想用电，还可选用火煮的不锈钢消毒奶煲，但切记要加入适量的水，要依时熄火，以免煲干火，甚至煲溶胶奶瓶。

选择奶瓶洗洁液

如果你觉得用奶煲消毒奶瓶和奶嘴还是不够干净的话，可以于消毒奶瓶前，使用一些专门用来清洁奶瓶的清洁液清洗一次，然后再以清水冲干净，再用奶煲消毒，肯定卫生干净。

奶瓶洗洁液大都采用纯天然的原料制造，安全性高，每周使用它洗擦奶瓶一次，足以使奶瓶清洁干净。

选择奶瓶钳

以高温消毒奶瓶后，如何把滚烫的奶瓶和奶嘴从奶煲里拿出来呢？那便要靠奶瓶钳了，家长切勿直接用双手从奶煲内拿出奶瓶，以免烫伤皮肤。另外，以奶钳取出消毒后的奶瓶和奶嘴，可以防止布满细菌的双手把它沾污了。

选择奶瓶刷

市面上的奶瓶刷通常为一套两件，奶瓶刷可完全伸入奶瓶内清洗瓶身内的每一角落；奶嘴刷则方便洗净奶嘴最前端的位置。使用奶瓶刷能够把奶瓶彻底洗净，确保卫生。

保温用品的种类

初生宝宝的肠胃不能受到刺激，因此冲奶用的水不能太热，亦不可太冷。而一些保温的用品就能解决这个问题，尤其是当你要带小宝宝外出时，无须再为没有暖水冲奶的问题而烦恼了。

真空水壶

可保暖及保冻达 12 小时，无论冷、热水均可用，方便冲奶。而且真空水壶加有背带，无论户外旅行还是逛街，冲奶都容易得多。

电子暖奶器

电子暖奶器适合做助热或保温之用。而且，可以容纳任何形状的奶瓶，妈妈不必担心。遇到宝宝在饮奶途中哭闹，妈妈可用它来暂代保温，因此在家中使用是十分适合和方便的。

保温袋

每次带宝宝出门，既要带奶粉，又要带热水瓶，有时候确实不大方便，如果出门只短短数小时，又嫌麻烦的话，妈妈们可预先把热水冲入奶瓶，再放入保温袋内，那便不用带较重的水瓶。

给奶瓶消毒

在分娩前你应购齐喂养用品，以便住进医院之前能够练习使用。大多数百货商店都出售整套的喂养瓶具，它包括全部基本的用品。

将你的消毒用品保存在厨房里，最好能靠近洗碗盆。

给婴儿喂食后，用温水冲洗瓶子，把它放在一旁。当你贮存的消毒瓶子只剩下两个的时候，就要再消毒用过的奶瓶作为备用。在你的婴儿满 4 个月大之前，你不应该终止对所有的喂食用品消毒。

消毒装置通常只能容纳 4 ～ 6 个瓶子。由于你的新生婴儿在超过 24 小时稍多的时间约要喂食 7 次，因此，你必须每日两次（早上和晚上）消毒和准备瓶子，以便能有足够准备好的瓶子使用。随着你的婴儿日渐长大，喂食次数减少，你就能够一次准备好婴儿每日需要的所有食品。

奶具的消毒方法

把所有奶具放入有盖的大锅里，煮沸至少 25 分钟。但是，这样很快会使橡皮奶嘴裂开。

按正常周期把奶瓶、有柄杯和小刀放入洗碟器内，把橡皮奶嘴放入有盖的盛器里分开煮沸。

把所有用品放入有盖的大塑料容器内，采用消毒药片和水消毒。

调奶的卫生要求

消毒、调奶和喂食奶品前，应洗净双手。

按照消毒说明书进行消毒。

消毒每一件用品。

一旦打开了奶食品的包装，应放进冰箱里保存。

根据说明书调制奶食品。切勿加入超量奶食品。

一旦奶食品已经制备，应立刻放入冰箱里冷却。切勿把温牛奶放入暖水瓶内——以免细菌繁殖。

所有奶瓶应保存于冰箱内。

加热后的牛奶应立即给婴儿喂食。

把吃剩的牛奶倒掉。

给奶瓶加热

当你需要奶瓶的时候，仅需在使用奶瓶前半小时把它从冰箱里拿出来，仍然把奶瓶竖着放，并使它达到室内温度。虽然没有必要把奶瓶加热，但是许多父母喂养婴儿时希望奶瓶里的奶尽可能与母乳温度相近。

如果你想把婴儿的奶瓶迅速加热的话，可把奶瓶放在热水管下面冲淋或把奶瓶立在装满热水的碗内浸几分钟。甚至可以把奶瓶放在微波炉里迅速加热半分钟，或者使用一个奶瓶加热器。切忌把温热的奶放在奶瓶加热器里过夜，这样只能促进细菌繁殖。给婴儿喂奶前，把奶滴在你的手腕上试一下它的温度：你的手腕与奶滴接触应该有既不冷也不热的感觉。

给婴儿喂食奶粉

你一定要有一个安静的、坐得舒服的地方，必要时用靠垫或枕头很好地支撑着你的手臂部。把婴儿放在你的膝部，让婴儿的头靠着你的臂弯（弯曲的肘部），并用前臂扶托着婴儿的背部。不要将婴儿放在水平位置而应置于半坐的姿势，使得其呼吸安全、吞咽顺利而不会出现阻塞的危险。

开始喂食以前，先滴几滴奶在腕部内侧试验它的温度。瓶内的奶温既不要太热也不要太冷。你应该试验一下奶流量的情况。稍稍松开奶瓶盖，使空气进入瓶内以代替婴儿吸出来的奶。如果你不这样做的话，瓶内形成负压，这样一来，奶嘴就会变得扁平，婴儿就吸不到奶了。此时，婴儿就会变得烦躁不安、发脾气，拒绝吸食剩下的奶。如果发生这种情形，可以轻轻地把瓶子从婴儿的口中拉出来，使空气可以进入瓶内，然后继续喂奶。

奶粉喂哺的注意事项

为了诱发婴儿的吸吮反射，使其吸吮奶瓶，可以轻轻地摸婴儿靠近你的一侧脸颊，当婴儿转向你抚摸的方向时，你可轻轻地把奶嘴放入婴儿的口里。婴儿也许会含住奶嘴的很大部分，就好像含乳头一样，以至奶嘴尖过于进入口腔后部的位置。因此应小心不要把奶嘴推放得太深入口腔后部，以避免出现呕吐或窒息。

要让婴儿以均匀速度吸食。婴儿喜欢在吃了一半的时候停下来到处看看，或者玩奶瓶，你应让婴儿就这样高兴玩一会儿。从喂奶一开始，就应尽可能让他愉快。面对你的婴儿和他眼部接触。不要坐在那儿保持沉默，要说话、唱歌、轻声细语，并且发出各种声音。一定要做到你发出的声音是愉快的、欢乐的和对婴儿有反应的。这些都是婴儿喜欢的初次会话，婴儿会用她的活动如微笑、手势做出反应。

在喂食到一半量时，更换婴儿位置，把他放在你的另一手臂上。原先抱婴儿的手臂此时也可以得到休息；你也可在此时轻拍和轻抚婴儿的背部使他打嗝。

因饮用某种商标的奶品造成营养不良的情况是不常见的，尽管婴儿对牛奶过敏极为罕见，但如果出现牛奶过敏的情况，就必须按医嘱采用婴儿用豆制食品配方。

不要把婴儿放平喂食，因为在这种位置很难吞咽，并且会作呕或恶心不适。切勿离开你的婴儿而用枕头支撑住奶瓶给他喂食。这样他不但会较难下咽，而且会在吃奶过程中吸入大量空气，这是奶瓶被支撑时所处的角度造成的。此外，婴儿吸奶时会得不到你的拥抱和感情。

婴儿已经停止吸吮之后，不要强迫他吃完：当他已经吃饱时，他是不肯再吃的。

如果婴儿的鼻子阻塞的话，就不要试图喂他了。因为他不能同时呼吸和吞咽。应去请教医生有关给婴儿如何滴鼻的问题。

确定奶粉喂养方式

奶粉喂养的婴儿比母乳喂养的婴儿喂食次数要少些，这是因为调制的奶品消化的时间要长些；它也含有较多的蛋白质，提供更多的卡路里（热量），婴儿不会那么快就饥饿。奶粉喂养的婴儿过了头两三天，通常采用4小时制，因此，每日要喂食6次，比母乳喂养可能少1次。婴儿刚出生时，每次可能吃奶不超过50毫升，但随着他日渐长大，就吃得多而喂食次数少些。

当婴儿吸食时应随他自行决定奶量，不要受时间限制。不要以为婴儿在每次喂食时一定要把整瓶奶吃完，如果婴儿看起来已满足，而瓶里还剩下一点奶，就不要让婴儿再吃了。否则，会过饱和反吐奶。更有甚者，也许变得喂食过量和肥胖。另外，如果你的婴儿看起来很饿的话，可以从另一奶瓶里给一些额外的奶补充。如果你的婴儿老是想多吃些奶的话，可一开始在每个奶瓶里加入额外的奶量。

人工喂养的婴儿易喂食过量

如果你给婴儿过量喂食的话，其会变得肥胖，使人遗憾的是奶瓶喂养的婴儿比较易于喂食过量。这有两个主要原因:（1）人们可能很想把额外的奶类婴儿食品加入瓶里。你应严格按照说明书进行。否则，你就会给婴儿过多的卡路里（热量）。（2）由于你能够看见婴儿进食的奶量，于是会禁不住鼓励婴儿食完最后一滴奶。要让你的婴儿自行决定其是否已吃饱或未够。喂食过量的其他原因，包括给予甜食、糖浆饮料或过早给予哺食。

发现喂食不足

喂食不足在奶瓶喂养的婴儿是罕见的，但也可能发生。你的婴儿应按要求喂食。

关于调制多少奶量，你也应灵活掌握。奶品包装上的配制数字仅为一般的估计。例如，若你的婴儿每次都把瓶里的奶吃光，同时还出现烦躁不安，其也许很饥饿，可调制额外的50毫升奶品，看看其是否需要。

如果你发现婴儿频频要求吃奶，但吃得不多，那就要检查一下奶嘴的孔是不是太小了。

不能用不合格的代乳品进行人工喂养

如确因各种原因不能坚持母乳喂养，完全改用代乳品喂养者称人工喂养。目前，代乳品的种类不断增多，质量也在逐渐改进，但仍然没有一种代乳品能和人乳相比。了解这一点，母亲才不会轻易放弃母乳喂养，而是在不得已的情况下才采用人工喂养。常见的不合理的代乳品有：

豆浆。由黄豆制成，含优质蛋白质及铁，但脂肪和糖含量不足，供热量较低，含钙也较少。作为婴儿的辅助食品是较好的，但不宜做主食用。

炼乳。为牛奶加热蒸发水分至原容积的2/5，再加蔗糖40%而成。加4.5倍水稀释后，含糖量适宜，但蛋白质及脂肪含量太低，故亦不宜作为婴儿的主食。

市售乳儿糕和干糕粉。大多以米、面为主制成。碳水化合物丰富，蛋白质、脂肪含量较低，故不宜做婴儿主食用。但有少数产品，经过成分分析，确已达标的也可选用。

宝宝必备的日用品

除了要为宝宝购买照顾其饮食需要的用品外，一些专门照顾宝宝生理需要的日用品也是不可缺少的。

纸尿片

随着时代进步，现今大部分妈妈都采用纸尿片了，纸尿片的好处在于方便处理宝宝大小便，且不用每次用后清洗。

市面上的纸尿片，备有不同尺码供体形大小不同的宝宝选择。最好选购有防漏裤边、有透气的布质感外层及吸水力强的纸尿片，以保持宝宝的屁股清洁干爽。

尿布、胶裤

除了纸尿片外，父母仍可选用尿布，不过在选用尿布时，最好要一并使用胶裤，以防尿湿渗透。

婴儿湿纸巾

在户外给宝宝换尿布，有时因为缺乏水源，没办法给宝宝清洁臀部，以至很不方便。而婴儿湿纸巾就最适合替宝宝抹干净屁股，父母宜选择较厚质地的湿纸巾，这样便能够避免因擦揩而把湿纸巾撕破。此外，使用不含酒精和不含香料的宝宝专用湿纸巾，较适合皮肤敏感的宝宝。

热痱粉

夏天天气炎热，宝宝背部及屁股很容易长出一粒粒的热痱，使用热痱粉，能保持皮肤干爽，令宝宝感觉舒适清凉。

热痱粉中含有的 T.C.C（三氯卡班）成分能够减少热痱。

爽身粉

为宝宝特制的爽身粉，粉质细腻，绝不含刺激成分，适合宝宝使用，加上有淡淡香味，在宝宝换片和洗澡后使用，能令宝宝皮肤保持干爽舒适。

如果直接将爽身粉撒在宝宝身上，就会很不均匀，因此，宝宝粉盒内的粉扑，就可替你轻易解决这个问题，爽身粉配合使用粉扑，能均匀地把粉末撒在宝宝身上。粉扑上的毛又软又轻，最适宜轻扫宝宝的皮肤。

婴儿安全铰剪

宝宝手指和指甲细小，所以不应该使用成年人的铰剪替宝宝修剪指甲。家长应选用婴儿铰剪修剪宝宝过长的指甲，但使用时仍要格外小心，以免弄伤宝宝。

棉花棒

宝宝皮肤娇嫩柔滑，并不是所有地方都适合使用毛巾洗擦，特别是耳朵外耳道和鼻孔等位置；改用幼细的棉花棒轻轻抹，更为体贴。妈妈只要用棉花棒轻轻一扫，所有油垢、污物都可妥善清理，简便卫生。但使用时要格外小心。

宝宝的贴身衣物

长袍

外衣可以选择长袍，长袍一般分为绑带和纽扣两种。另外，长袍亦有包脚和不包脚的分别，两者各有好处。包脚的长袍保暖作用大，亦避免了穿袜子的麻烦，但穿时较为困难。

不包脚的（裙式）则方便穿着，由于不紧身，宝宝感觉会舒服和轻松一点。

内衣

宝宝内衣一般需准备4件以做替换，初生婴儿多用绑带内衣，俗称“和尚服”。

妈妈宜替宝宝选用纯棉质的内衣，冬天时可加上较厚的羊毛内衣，并要准备至少4 ~ 6件以做替换。

脚套

由于宝宝脚部太细，并不适合穿着鞋子，而脚套具有双重功能，是袜子又是鞋子，兼有保暖及保护脚部的作用。

口水肩

口水肩的选择很多，未出牙前可选用纯棉的口水肩，轻柔舒适；出牙后，口水会增多，这时候可选用有胶底的口水肩，以防湿透的口水肩弄湿衣服。喂食的时候，则可选用较大件的口水肩，以防弄污衣物。另有些以全塑胶制造的口水肩，专门供学习自行进食的幼儿使用，并可将漏掉的食物兜着。

口水肩有“绑绳”“粘贴”及“过头穿”三种，一般初生婴儿并不适合过头穿的口水肩，因为如果孩子不小心给口水肩的过头绳勒着，很容易造成意外。

婴儿的沐浴用品

冲凉盆、冲凉带

宝宝冲凉盆有很多形状的选择，有的圆形，也有的呈长圆形，有些还设计有妈妈的枕手位。

为方便冲洗，冲凉盆上可加上冲凉带，以防止水位太高浸到宝宝，令妈妈更放心。

沐浴液

要选择性质温和的婴儿沐浴液，因为宝宝皮肤十分娇嫩，切勿用成人沐浴液给宝宝洗澡，以免引起过敏。

洗澡时只需用几滴便可，不必使用过量沐浴液。

洗发水

选择宝宝洗发水时，以性质温和者为首选。

由于宝宝的头皮柔软，洗头时妈妈应以轻力轻按宝宝的头皮。此外，由于宝宝的毛发稀疏，通常不需要使用护发素。

浴巾、脸巾、小棉巾

替宝宝清洁要备有洗澡用的浴巾及洗脸用的脸巾，而小棉巾则可做抹口水用，亦可用作垫头等。

需要准备婴儿护理用品

要宝宝生活得舒服健康，父母除了要悉心呵护小宝宝外，给宝宝选择适当的护理用品也是十分重要的。

护肤霜

冬天天气干燥，宝宝的皮肤很容易变得干燥，妈妈可替宝宝搽上适量的润面霜，涂搽宝宝身体或面部各部分干燥的皮肤，以防止肌肤皲裂，令宝宝不适。

水温探测计

新手妈妈一般对水温的冷热都存有疑问，要是太热，怕宝宝会因此烫伤；要是太冷，又怕宝宝会着凉。究竟怎样的水温才适合给宝宝洗澡呢？水温探测计就能为你准确探测水温，助你解决以上的问题。

只需把探测计放入水中，很快地便会在探测计上显示水温是过热、过冷还是适中，帮助你调好温度。

电子体温计、水银体温计

体温计是有宝宝的家庭必备日用品。除了传统水银体温计外，近年亦开始流行使用电子体温计，它的优点在于方便快捷，针身备有小屏幕显示准确热度，加上是胶质所制造，故可免除孩子咬爆针管的麻烦，电源亦会在使用后 20 秒自动切断。但从测温准确度来看，还是旧式的水银体温计为佳。

洁鼻器

鼻腔内遇有鼻垢，感冒伤风时遇有鼻水或鼻涕，宝宝通常都不懂得把这些垢物自行清除，妈妈可以使用洁鼻器替他吸出来，令宝宝呼吸恢复顺畅。

伤风膏

气味清香，适合大人和小孩使用，涂在喉部及胸口，或再用温暖干布轻轻盖上，药力便自然慢慢渗入鼻孔及喉部，迅速舒缓因伤风而引起的鼻塞、胸口闷等不适，每天可用上 3 次，睡前使用效果更佳。但只可用于 2 岁或以上的小童，母亲必须注意。

透明苦涩剂

不少宝宝都有吮指头及咬指甲的陋习，如果情况严重，可以使用蔗糖醋酸盐的透明苦涩剂，俗称“苦糖”，在指头和指甲上涂搽薄薄的一层，宝宝试过苦涩之味，自然地会戒掉此习惯。其成分不含毒性，对皮肤不会造成任何影响，涂搽后短时间内亦不会因洗手而消失，功效显著。

布置婴儿床

初生婴儿每天的大部分时间都是躺在婴儿床上睡觉，要是没有注意宝宝床的舒适，宝宝又怎能生活得开心。此外，婴儿床的安全性也是十分重要的，所以家长在购买婴儿床时，一定要加倍留意，检查清楚。

婴儿床

婴儿床的尺码应该根据家居环境的大小而做出选择，如果环境许可的话，当然购买大一些的婴儿床比较理想，方便宝宝稍大时使用。

质地以木质较理想，而款式则可按个人喜好选择。

其实，购买婴儿床，首先要注重其安全和结构，外观和价钱只属次要的考虑。因为婴儿的安全比任何事情都重要，因此婴儿床必须符合安全标准，例如床的结构是否稳固，床边是否圆滑，床栏柱间的距离及床板的承受力，等等。

通常婴儿床的床板可高可低，妈妈要注意床板的最高应与床边须保持一定距离，免生危险。

婴儿床一般有 4 个活动轮，其中 2 个轮必须可以锁上，以固定床的位置。

床围

床围栏有全围及半围之分。全围的好处是无论宝宝怎样睡都不怕他摔下；半围则能让妈妈清楚看见宝宝的活动情况。

床围的质地通常分纯棉和纯棉加海绵两种，后者比较坚挺亦较厚。

床上用品套装

婴儿的床上用品包括子母被、枕套、枕芯等。夏天时选用纤维棉被、毛巾被或多用被最适合；冬天时则可加入羽绒被芯。

宝宝枕头只需使用薄薄的，不用垫得太高或太厚。

如果怕宝宝“翻”被有危险，可以买一些被夹把被及床栏柱扣上，便可固定被子的位置了。

音乐灯

顾名思义，音乐灯就是有音乐的灯，除了有悦耳的音乐外，亦令怕黑的小宝宝有安全的感觉。在购买音乐灯时，要注意灯光的柔和度，光亮是否适中，避免出现太亮或太暗的情况。

音乐吊饰

挂床的音乐吊饰能吸引宝宝的注意力。而美妙的音乐声，最适宜安抚宝宝入睡。

护理新生儿

新生儿皮肤娇嫩，抵抗力弱，如果护理时动作过重，容易擦伤皮肤而致感染。精心地护理则可减少感染，如沐浴时，对腋下、颈下、腹股沟等皱褶处不要擦得太重，洗好后要揩干，并均匀扑粉，如果发现皮肤有脓疮、疖子等感染性病状时，应及时就医。尿布湿了要勤换，尤其是带有粪便的尿布更要及时换去，因粪便中的细菌能使尿液中的尿素分解而产生氨，氨刺激皮肤可发生红臀。如果每次换尿布时在臀部涂些硼酸软膏，可防发生红臀。此外，在尿布外面最好不要用塑料布或橡皮布垫裹住，否则，会使臀部湿度过大，容易感染霉菌。

新生儿脐部伤口一般需包扎 10 天左右，绷带布被小便浸湿，应及时更换。如有渗出物或脐带有发红等情况，应及时就医。

有的新生儿出现乳腺肿大，这是受母亲血液中内分泌物质的影响，属正常现象，不要去挤压乳部，以免发生感染；有的孩子颊部脂肪垫增厚或牙龈处上皮细胞堆积，这都是生理现象，不要随便去挑割，因为新生儿的口腔黏膜下层淋巴管和血管特别丰富，一旦受损，细菌可侵入淋巴和血液中，有可能发生败血症而危及生命。平时应经常保持新生儿口腔清洁，每天可用棉花蘸 3%的苏打水轻拭牙龈、舌部及上下腭，以防发生霉菌性口腔炎。

不能忽略新生儿尿布的清洗

不能小看新生儿尿布的清洗，它的洗涤可有很大的学问。如果不按照正确的方法去做，不仅尿布脏，有异味，同时也会损害新生儿的皮肤并引起感染，从而影响新生儿的健康。

每次更换下来的尿布不要随地乱扔，应放在固定的盆内，积存一定数量后立即清洗。如尿布上仅有尿液，可在热水浸泡后用清水漂洗干净；若有大便，可将尿布上的粪便清除后放入清水中，用碱性小的肥皂或洗衣粉揉搓，洗净后一定要用清水多冲洗几遍。所有尿布洗净后，最后均要用开水烫一烫，拧干后晾在阳光下晒一晒，以达到杀菌消毒的目的。

这里要强调的是，清洗尿布一定要用清水多洗几遍。最好是用温热水来清洗尿布；尿布上不管尿多尿少，都不能不洗就放在煤炉、暖气上烘烤或直接在太阳下晒干再用。这是因为沾有尿液的尿布对新生儿臀部皮肤有一定的刺激作用。如母乳喂养的新生儿，大便中乳酸杆菌较多，呈酸性；而喂牛奶的新生儿大便多呈碱性，无论大小便呈酸性还是碱性，对新生儿柔嫩的皮肤都有一定的伤害。因此，一定要将尿布上的尿液、粪便，以及肥皂或洗衣粉中的酸碱成分彻底清除掉，才能达到真正清洗尿布的作用。

洗净晒干的尿布，要放在一边以备更换时取用方便。新生儿换上干燥洁净的尿布后，会感到非常舒适。

婴儿服装的卫生要求

人们会说给婴儿做衣服很简单，还有什么要求？婴儿衣服的式样要求简单，但还应从婴儿的特点和生长发育需要出发来选择婴儿装。

初生的宝宝处在快速生长发育期，活泼好动是突出特点。因此，要求婴儿装以宽松、舒适、身体不受约束、穿脱方便为宜。服装被称为人体第二层皮肤，对人体脏器和皮肤都起到重要的保护作用。新生儿皮肤角化层薄，易受外力损伤，因此，为新生儿选择柔软、吸水量好、白色或淡色的纯棉面料或棉制品，不宜用深色的尼龙等化纤面料，以防刺激皮肤而发生过敏反应或瘙痒。在服装的做工上，注意边角、接缝要平展，无硬棱，以免磨损皮肤。否则宝宝的皮肤破损，一旦继发感染后，会酿成大祸，引起败血症。

此外，婴儿装存放时不宜接触樟脑球、灭虫药等，尤其是婴儿的内衣裤、尿布等更应避免，以防经皮肤吸收而中毒。

婴儿服一定要先洗后穿

新衣服没穿为什么要洗呢？新买的衣服 看上去干净，但我们仔细想想，在买衣服到我们手里之前，从下料、剪裁、缝制、包装、运输以至批发到各商场售货点，需要经过如此多的环节，经过如此多人的手，而各个环节都有可能被致病菌感染，或接触到有毒、有害物质。而这些常常是人们肉眼所看不见的。婴幼儿机体免疫功能低下，皮肤十分娇嫩，防御能力差，尤其是新生儿皮肤角化层薄，表皮又缺乏溶菌素，新买的衣服尤其是内衣料中残留着有害物质——甲醛，如后期清洗不净，吸附在衣料表面的甲醛可直接刺激皮肤致病；新衣服中释放出的异味甲醛还可刺激机体而引起咳嗽；而且现已证明，甲醛是一种致癌物质。因此，新买的服装应充分洗涤后再给婴儿穿才能保证安全和卫生。

尿布有讲究

给婴儿换尿布

婴儿在很长时间需日夜包尿布，直到受到上厕所训练为止。一旦发现尿布湿了的时候就应更换。更换次数每个婴儿或每天都不同。新生儿每次尿量少，可次数却多，每天可多达 20 ～ 30 次。但并不需要每次均换尿布，以免受凉，一般每隔 3 ～ 4 小时换一次即可；换尿布的时间应在喂奶或喂水之前、婴儿早上醒来时、晚上上床睡觉时及洗完澡之后。

要经常在柔软的、温暖的、防水的地方给婴儿换尿布，用垫褥是个好办法。这种垫褥一般用填充成泡沫状的防水材料制成，它们的边缘稍凸起以防婴儿滚到外面。它可以放在适合大人做事的任何地方——地板、桌面或床上。

更换尿布的方法

更换顺序应按下列步骤：

1. 取出婴儿的脏尿布，用尿布的正面将婴儿的粪便清洁干净。
2. 把尿布折起来，以便粪便不会掉出来。把尿布放在一旁。
3. 清洁婴儿的生殖器部位、臀部和双腿的顶部。
4. 给婴儿包上新的尿布。
5. 给婴儿穿衣服。
6. 把婴儿放在安全的地方，然后处理脏尿布。
7. 最后记住要洗干净双手，再去做其他事情。

最理想的尿布

从方便的角度考虑，尿不湿是能够满足每对父母要求的最理想的用品。它的使用是一次性的，仅需给婴儿包上，尿湿了便把它丢掉，免去了洗涤的麻烦。

更换两件式纸尿布

1. 把垫片放入短内裤内，光滑的一面向上。提起婴儿双腿把尿片推入其臀下，以便短内裤的上缘与婴儿的腰部成一直线。

2. 把短内裤前半部在婴儿的两腿之间拿起。若用绑带式，将绑带的两前端环绕婴儿包扎，以便前两端横过背部。

3. 把绑带末端互相扭几下，以便勒紧，但不要打成结，免得不舒服。

4. 把其余两端朝前并在婴儿前方绑好。如采用纽扣式短内裤，仅需扣好纽扣。

更换尿不湿

1. 把尿不湿铺开，黏合带在上。提起婴儿双腿并把尿不湿推入其臀下，

以使尿不湿上部与婴儿腰部齐。（见图 1）

2. 把尿不湿正面于婴儿双腿间拿起，并把尿不湿两边弄平整包着肚子，以便使尿不湿边在下面包得平滑。（见图 2 ）

3. 把黏合带拉紧盖在前面使尿片稳固。黏合带应拉得十分紧。（见图 3）

常用的尿布种类

1. 成形厚毛巾尿布。
2. 易穿式短内裤。
3. 旁扣式短内裤。
4. 软棉布尿布。
5. 厚毛巾尿布。
6. 尿布衬垫。
7. 绑带式短内裤。

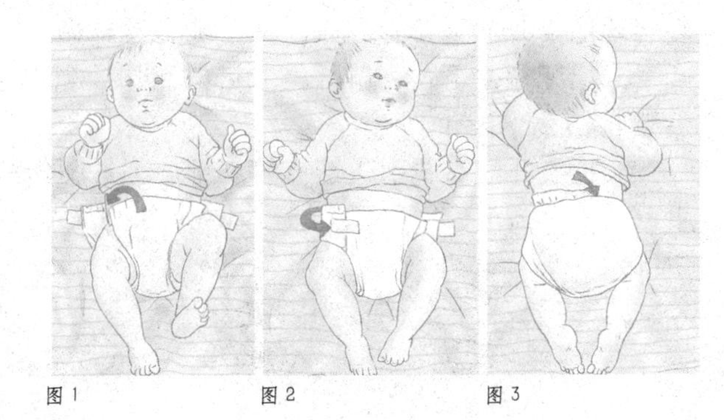

图 1　图 2　图 3

使用棉布尿布

1. 把尿布推入婴儿臀部下面，使婴儿腰部与尿布上缘平齐。

2. 在婴儿的两腿间拿起尿布，盖住前面，先折叠一边，然后再折叠另一边，覆盖着中央垫层。

3. 给小的婴儿固定尿布，只要在中心用一个别针；对稍大的婴儿则两边各用一个别针。

如何给男婴清洗阴部

清洁步骤如下：

1. 用一块湿布或棉球把尿清除，从大腿皱褶向阴茎的方向清洁，不要将包皮往后拉。

2. 用一只手握住婴儿双踝，提起他的双腿，清洁他的臀部，彻底擦干。用一只手放在他两足跟之间以防止他的两踝互相摩擦。

3. 如尿布弄脏，用尿布正面尽可能地擦掉粪便。使用棉球蘸上洗剂或油拭擦。每次用不同的棉球。擦后洗手。

如何给女婴清洗阴部

1. 用一块湿布或棉球把尿清除，清洁生殖器及其周围的皮肤。千万不要把阴唇往后拉开清洁里面。

2. 握住双腿提起来，清洁臀部。从阴道后部朝直肠方向拭擦，以防细菌传播。

3. 如果尿布弄脏，用棉球蘸上洗剂或油来清洁。每次都使用新的棉球拭擦。从大腿和臀部内侧方向拭擦，然后洗手。

如何给新生儿穿衣服

1. 把婴儿放在一个平面上，确信尿布是干净的，如有必要，应更换。穿汗衫时先把衣服弄成一圈并用两拇指在衣服的颈部拉撑一下。(见图 1)

2. 把它套过婴儿的头，同时要把婴儿的头稍微抬起。把右衣袖口弄宽并轻轻地把婴儿的手臂穿过去，另一侧也这样做。(见图 2)

3. 把汗衫往下拉，解开连衣裤的纽扣。当你这样做的时候，要密切注视着婴儿。(见图 3)

4. 把婴儿的右腿引进连衣裤底部。另一腿做法相同。

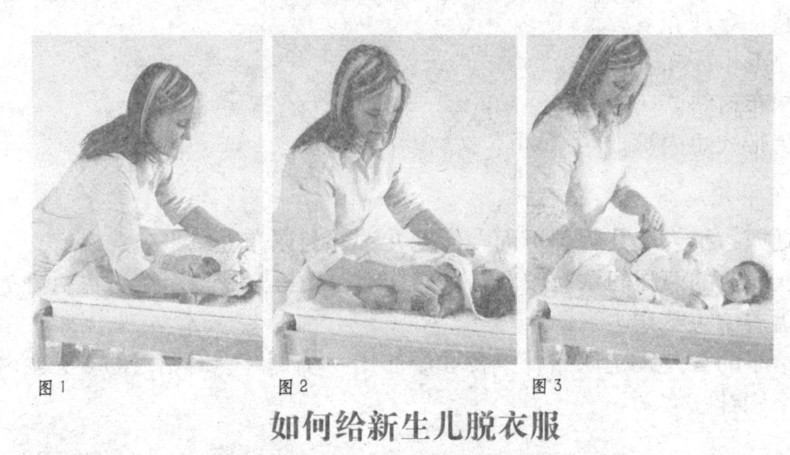

图 1　　图 2　　图 3

如何给新生儿脱衣服

1. 把婴儿放在平的表面上，从正面解开连衣裤套装。

2. 因为你可能要换尿布，先轻轻地把双腿拉出来。必要时换尿布。

3. 把婴儿的双腿提起，把连衣裤往上推向背部到婴儿的双肩。

4. 轻轻地把婴儿的右手拉出来。另一侧做法相同。

5. 如果你的婴儿穿着汗衫，把它向着头部卷起，握着婴儿的肘部，把袖口弄成圈形，然后轻轻地把手臂拉出来。

6. 把汗衫的领口张开，小心地通过婴儿的头，以免擦伤婴儿的脸。

如何护理新生儿的耳朵和鼻子

新生儿只能用鼻子呼吸，一旦被堵就会影响呼吸，严重的可造成呼吸困难。要经常注意孩子的鼻孔，为新生儿取出鼻垢和清除鼻涕。但动作要格外轻柔，切不可碰伤孩子的鼻腔黏膜。

孩子总是在不停地动，所以要用手固定好孩子的头部，用棉签轻轻在鼻腔里转动清除污物，不要过深。遇到固结的鼻垢和鼻涕，不可硬拨、硬扯，而应设法吸出。可滴一滴奶水进鼻腔，待鼻垢软化后用棉签蘸出。

耳道内的污垢也采用棉签旋转的方法取出，但注意，仅限于较浅的部位，不能插进过深，防止损伤鼓膜和外耳道。

如何给新生儿布置房间

新生儿一天中大多数时间是在睡觉，所以要为孩子准备一个较为安静的房间。

进出的人少、窗户朝南光照好、通风好、不潮湿、周围环境比较安静的房间最适宜。有条件的话，最好婴儿和母亲有专用的房间，条件不允许的话可在房间内条件较好的位置为婴儿设一个角，以保证孩子的健康及安全。

不要将孩子的床铺放在日光直接照射的地方，或光线从正面照射到眼睛的位置。房间的空气要新鲜，要经常通风，但又不要让风直接对着床吹。扫地、擦桌要湿扫、湿擦，避免空气中尘土飞扬。房间内要禁止吸烟。

如何调节新生儿的环境温度

新生儿对环境温度的要求比较高。环境温度太低，为维持正常的体温，需耗用体内较多的热能，这就会使孩子的生长发育受到影响。如果新生儿体温经常处于36℃以下水平，并伴有酸中毒，就容易发生皮下组织硬肿和出血等，常可危及生命。与此相反，如果环境温度过高，或保暖过度，小儿又会有发热、脱水等现象。因此，环境温度过低或忽冷忽热对新生儿都是非常不利的。正常新生儿房间的温度在20 ~ 24℃。要经常注意小儿面色及皮肤温度，以了解保暖是否适当，以及时调节房间温度。孩子皮肤发凉，体温低于正常表明保暖不够，可增加盖被或用热水袋保暖，热水袋水温不宜过高，50 ~ 60℃较为合适。热水袋应放在棉垫下或棉被外，防止烫伤。被子也不可过厚过重，避免影响孩子正常的呼吸。如果小儿皮肤温度过高，潮红，有可能是保暖过度，要适当减少衣、被。要控制好室内湿度，不要过分干燥或潮湿，二者对新生儿都是不利的。

另外，使用电风扇及空调的家庭要注意，不论天气如何热都不要将风扇直接对着孩子吹。夏季使用空调要注意调节室内温度，与外界温差不应超过4 ~ 5℃。

如何预防新生儿感染

新生儿抵抗力弱，容易受细菌感染，所以在触摸和护理前一定要洗手，注意经常保持清洁是非常必要的。患感冒时最好不要接触孩子，万不得已时应戴上口罩。

母亲接触孩子的机会最多，母亲的卫生常会影响孩子的健康。所以，母亲要常洗澡，勤换内衣。

要经常保持孩子衣着清洁，经常换床单，经常晒被褥。

母亲在产后需要很好地休息以便恢复体力，新生儿也需在安静的环境里睡觉，同时新生儿抵抗力弱也容易感染疾病。所以，亲朋好友前来探望要尽可能减少喧哗，缩短时间，诸如亲吻、贴脸等亲昵的方式对新生儿来说都是不利的。出生后1个月内，不应带孩子去人多的地方。

如何给婴儿洗澡

1. 解下宝宝的尿布，然后清洗宝宝的臀部。先用尿布的边角，然后用浸湿的棉布（从前向后擦）：给宝宝洗澡前要先好好地清洗宝宝的臀部，以免弄脏洗澡水。（见图1）

2. 现在给宝宝涂沐浴液，先涂身体，然后是头发。建议你开始时用浴用手套（柔软、防滑）。当你熟练后，可以直接用手给宝宝涂沐浴液。不要怕给宝宝的头涂沐浴液，囟门没有那么脆弱，它能够承受正常压力。（见图2）

3. 将宝宝放入水中之前，请先洗净你沾满沐浴液的双手，用胳膊肘（皮肤的敏感处）测试水温。这样的测试并非是没有用的，它可以避免将孩子放入过热或过冷的水中。（见图3）

4. 将左手放在宝宝的脖子后，右手放在他的脚踝处，抱起宝宝，然后把他轻轻地放入水中。如果这时候宝宝有些紧张（通常每次更换位置时，婴儿都会出现紧张的情绪），可以和他讲话，你轻柔的声音和动作将很快使他平静下来。（见图4）

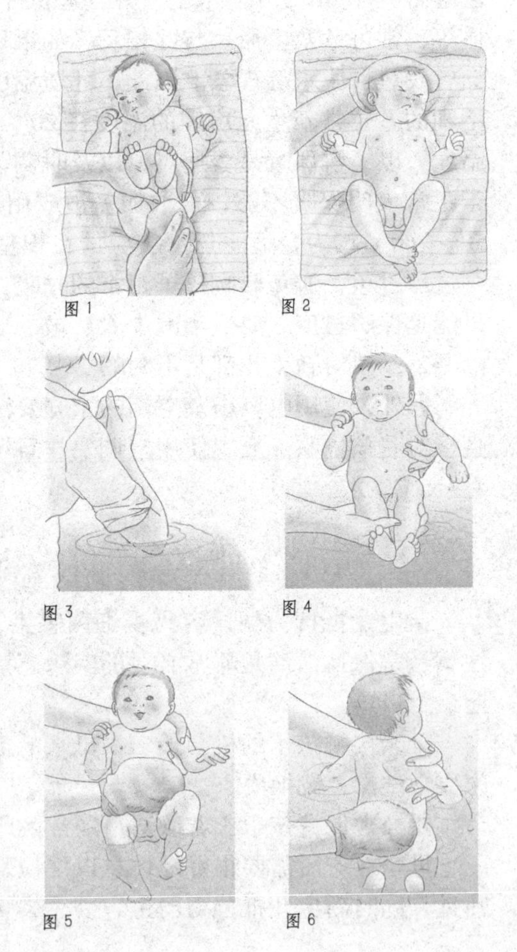
图1 图2 图3 图4 图5 图6

5. 现在，用左手紧紧地抱住孩子，用右手为他清洗，不要忘了头发和耳朵后部。当你觉得你已经习惯了抱住在水中的宝宝，而且他已经喜欢上洗澡时，你可以让他在水中嬉戏一会儿。（见图5）

6. 几天后，当你可以很熟练地抱住在水中的宝宝时，你可以让他腹部贴在水中——婴儿通常都喜欢这种姿势。（见图6）

7. 用刚介绍过的方法（见图4）将宝宝从水中抱出来，并把他放在浴巾上。从头发开始，仔细将宝宝擦干，注意仔细擦干有褶皱的皮肤，

尤其是胳膊下、腹股沟、大腿、膝盖等处的皮肤。（见图 7）

8. 可以通过无摩擦地轻拍宝宝的皮肤来使他的皮肤变干。然后他会为自己变干净了而感到很高兴，可以让他赤着身子胡乱动动。这也是给宝宝做做按摩或让他做“体操”的好时机。（见图 8）

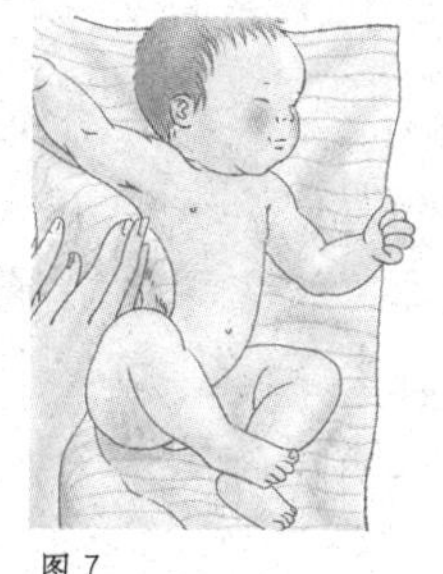
图 7

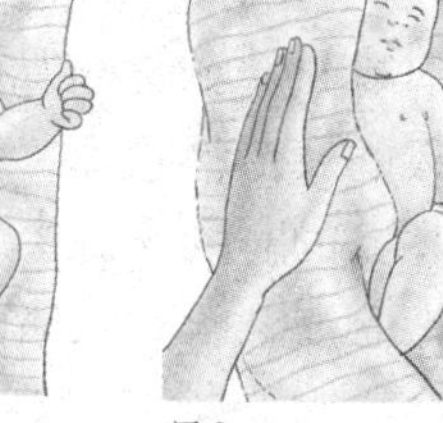
图 8

如何给婴儿进行海绵擦身浴

1. 在椅旁准备一盆温水，把一条干毛巾覆盖在你的膝上。把婴儿的上半身衣服脱下，但要把他的双腿盖住。然后轻轻地用肥皂洗婴儿身体的前面。

2. 把湿毛巾拧去些水分，清洗掉肥皂沫并抹干净，一定要做到把所有皮肤皱褶里的肥皂清洗干净。把婴儿的皮肤揩干，应该特别揩干皮肤皱褶的地方。

3. 把婴儿往前靠在你的手臂上，以便你能够洗你的婴儿的背部，轻洗和揩干。给婴儿穿上干净的内衣。

4. 如果你想清洁婴儿的头发，一定要在给其穿上内衣以前进行。用海绵蘸上水擦洗你的婴儿的头，然后用婴儿洗发剂小心轻洗。

5. 脱去婴儿下半身衣服，然后拿掉婴儿的尿布，用婴儿洗剂清洗包尿布部位。

6. 用一块湿的布洗净双腿和双脚，揩干，包上干净的尿布。最后给婴儿穿衣服。

如何保护婴儿的皮肤

新生婴儿不需用香皂，因为它是一种脱脂剂，而婴儿的皮肤又是娇嫩的，需保留所有的天然油脂，因此，在婴儿大约 6 周之前仅可用清水清洗。之后，可用你选择的任何肥皂——你可能想试用一种特制的香皂液，它仅需简易地加在洗澡水中而无须漂洗掉。一定要做到用一只手蘸上肥皂液沿着皮肤皱襞和皱褶来回洗净，然后清洗干净。彻底拭干皮肤——任何潮湿的皱褶都会引起刺激，绝不能使用粉剂。

如何保护婴儿的指甲

新生婴儿在 3 ~ 4 周时不必剪指甲，除非他的指甲刮他的皮肤。指甲在软的时候是非常容易剪的，因此，当你把婴儿从浴盆里抱起来的时候，就可用事先放在你身旁的圆头剪刀给他剪指甲。但是，如果你害怕给你的婴儿剪指甲的话，请试试在他睡着的时候进行。

如何使婴儿睡熟

当婴儿在睡觉的时候会分泌很多的成长激素。医学研究表明：睡好觉能把一天的疲劳消除掉，第二天就会显得很有精神。

睡着的时候体温会下降。

抱着婴儿睡觉的时候，婴儿与妈妈紧贴在一起，所以手跟脚都会变得暖暖的。

不只是婴儿如此，当大人睡着的时候，身体也会变热。这是因为手跟脚血管的扩张，使体温能够散发出去所产生的现象。

冬天时人睡在椅子上就会感冒的说法是有根据的，因为睡着时不把身体盖上的话，体温就会散发。所以外出的时候，婴儿在途中睡着了也没关系，但记住一定要带毛巾或是可包身体的毛毯。当感觉婴儿快睡着的时候盖上使他不至感冒。如果是夏天，只要盖上薄的毛巾就可以了。

趴睡有哪些好处

以前的婴儿一般都是仰着睡的，但是新流行的“趴睡”也开始受到重视。这是因为趴睡的小孩睡眠时间较长，对婴儿来说趴睡的优点有：

1. 比较不容易吐奶。

2. 就算是吐奶了也不会塞在支气管里，不会有危险。

3. 头形比较好看。

4. 头部能比较快挺直。

因为有以上几点意义的存在，让仰睡的婴儿改成趴睡的医院也越来越多了。不管选择哪一种，均以使婴儿熟睡、心情好的方式为原则。虽然趴睡有很多好处，但若勉强婴儿趴睡而使他脸部通红，好像很痛苦的样子，也是不对的。

应一面观察婴儿的状况，一面慎重地选择睡觉的方式。趴睡的方式，最令人担忧的就是窒息。还有对于头部还没有力量的婴儿，他没有办法转动自己的脸。所以，让他睡在很柔软的棉被中时，趴睡的姿势会使脸部被柔软的被子挡着，这时候就会有危险，有使婴儿窒息的可能。所以请选用比较有弹性的垫子。婴儿的颈部在 4 个月左右能够直立，因此尽可能不要让宝宝离开你的视线。

培育新生儿的感觉

1. 出生第 1 周，睡时多，醒时少，而且醒时多在吃奶，所以教育便在喂奶时进行。孩子一生下来便具备了吸吮反射，乳头触及其唇舌便产生吸吮动作。吸吮时用乳头触其左面颊，让他向左扭转头部寻找奶头，随后把奶头放在高低深浅不同的位置，让他调整自己的位置去吸吮，这可启发新生儿的思维能力，从识别—反射—再识别而发展起来。接着发展其辨别能力，分别让他尝酸、甜、苦、辣各味，以及冷热温度。

2. 在喂奶时，播放优美的轻音乐，使之产生乐感、节奏感。用小型录音机播音乐，放在其耳后，并随时改变位置，训练他追寻声源及倾听能力，同时也训练其转颈动作。

3. 出生时，新生儿已有光感，应在房内安装各种彩色灯，光亮适度、柔和，光线不要直射，一时开灯一时关灯，以锻炼瞳孔扩张和收缩。从第2周开始，可用鲜艳有声响的玩具，分别一个个呈现在婴儿的眼前，再移动之，逗引婴儿凝视、追视等眼球协调活动。并引起应答反应，使之愉快。

4. 不管什么气味都让婴儿闻。洗澡时闻肥皂香，吃奶时闻奶香，闻菜香、料酒气味等。经常给婴儿洗脸洗澡，使其皮肤受到水温擦浴的刺激，还可经常用干净手指抚摸婴儿的全身皮肤，尤其要多而轻柔地摸新生儿的手指尖。

为何要多抱新生儿

有些指导育儿的读物反对家长多抱孩子，说是要培养孩子的独立性，给母亲更多的时间做家务或别的，其实这很不利于婴儿尤其是新生儿智力发展。别说是婴儿，就是大人，整天让你在那里动也不动地看着空荡荡的天花板，也会令人心烦。刚出生的婴儿，也是如此，即使你在他床上挂几个小玩具，可总是那么几样多没劲？而他自己刚刚来到这个世界，一切对他都是那么陌生，那么新奇？他却不会抓不会走，于是便用哭声告诉你，“抱抱我，我要看看这个世界！”当你把他抱起来的时候，他会对周围的一切看个没完。多新鲜，多奇妙？他会高兴得手舞足蹈。你满足了他的愿望，你这也是在对他进行教育，这是他一生智力开发的第一步，周围诸多的事物，对婴儿的大脑提供了丰富的刺激。孩子的眼界扩大了，见识多了，虽然他不一定看得懂，不知道都是些什么事物，但对这么小的婴儿来说，从眼睛到耳朵接受的这些信息就足够了。

宝宝在你怀里更会感受到你温暖的母爱和父爱，从而感受到生命的美好和幸福，这对宝宝未来性格和情感发展也是大有益处的。相反，如果像有些人说的，“尽量不抱，抱惯了就放不下了”，孩子哭也不理不抱，不仅会使孩子失去许多发展智力的机会，也会增加宝宝的挫折感。渐渐地宝宝不哭了，宝宝知道怎么哭也没有用，这个世界真冷漠，真无情。他沉默了……

请多抱抱你的小宝宝，给你的宝宝展示一个美好的多彩世界，让你的宝宝感受到爱。那么，会不会出现抱惯了放不下的情况呢？也许会有的，但这也是可以避免的，那就是在你的宝宝躺着的时候多逗你的宝宝玩，多变换你的宝宝小床周围的布置，多和你的宝宝“说话”，但这些都不能代替“抱”的作用。

所以，以新生儿期开始，就应该多抱孩子，多和孩子“交谈”。

防止新生儿窒息

会引起新生儿窒息的原因

引起新生儿窒息的原因是多方面的，常见的如下：

1. 出生前母亲方面的原因。母亲有严重贫血，严重心、肺疾病，也就是说孕母本身就处于低氧状态。

脐带血流中断也可致胎儿缺氧，如并非罕见的脐带扭转、打结、缠颈等。

2. 出生时因头盆不相称或胎位不正。头盆不相称或胎位不正均可造成难产，或产程过长，羊膜早破。

临产前使用麻醉剂或镇静剂亦可引起新生儿窒息。曾有一位麻醉师目睹其妻子分娩时的痛苦而给了他妻子一针吗啡，结果引起新生儿呼吸抑制，发生新生儿窒息。

还有，就是在出生时经产道吸入羊水及血液阻塞呼吸道而发生窒息。

必须强调的是，虽然剖宫产不经产道，但也不是绝对安全的，这是因为胎儿因缺乏经产道时的正常节律性刺激也易发生窒息。

3. 出生后新生儿罹患某些疾病。在新生儿患病中，如吸入性肺炎或新生儿肺发育不良，严重青紫型先天性心脏病等，这些疾病本身即存在低氧血症。

新生儿窒息的表现

新生儿窒息是胎内缺氧的延续。胎内缺氧时对胎儿来说先是心跳加快，以后逐渐变慢。胎心每分钟超过 160 次或在 100 次以下。胎儿缺氧时孕母所感觉到的胎动十分剧烈。胎儿缺氧时，其肛门括约肌松弛而排胎粪进入羊水中，此胎粪又被胎儿吸入并阻塞呼吸道发生窒息。所以即使胎位正常而羊水中有胎粪污染，也说明胎内缺氧。

新生儿窒息分两型：婴儿娩出后皮肤色青紫叫青紫型；皮肤苍白叫苍白型。

诊断新生儿窒息

临床上根据新生儿心跳的强弱、肌张力及反射的改变，用一种评分方法即新生儿阿氏评分法判断新生儿窒息的轻重，并作为诊断的标准。一般生后 1 分钟及 5 分钟分别进行评分，其标准见表 1。

5 项总和 10 分者表示情况良好；出生后 1 分钟内评分 7 分以下 5 分钟时为一般；评分为 8 分以下为异常；低于 4 分为重度窒息；4~6 分为中度窒息，此时需要密切监测并采取必要的措施。

多年临床实践证明，阿氏评分标准是最好的一种方法，各地区都在应用，对早期发现新生儿窒息有很大帮助。

表 1 新生儿阿氏评分标准

项目	0 分	1 分	2 分
心跳次数	无	小于 100 次	大于 100 次
呼吸情况	无	呼吸浅表，哭声弱	佳，哭声响亮
肌肉张力	松弛	四肢稍屈曲	四肢可活动
弹足底反应或用导管插鼻孔反应	无	有些动作如皱眉	皱眉、咳嗽或打喷嚏
皮肤颜色	紫或苍白	躯干红，四肢红	全身红

新生儿窒息的护理

清洁呼吸道

这是首要的抢救措施，也是抢救要过的第一关。出生后第一次呼吸前必须将口腔及咽、鼻、喉及气管内滞留的羊水黏液清除。

具体方法是将新生儿置头低位（倾斜 15° ~ 30°），用手轻压其胸壁沿气管向头端顺抹即可促进液体从口流出，并同时用吸管插入咽喉部很快吸出。吸管前端应圆钝并带有侧孔。如使用电动吸引器时负压不要太大，以免损伤黏膜。插管动作要轻、要快，不可将导管长时间停留在一个地方。如吸后仍无呼吸则赶快用新生儿喉镜，并根据体重选用粗细长短不同的导管将深部堵塞的黏稠的羊水或胎粪吸出。如找不到喉镜可用手指引导将导管插入。

建立呼吸

要注意的是，在未吸之前不可刺激让婴儿哭。将吸出物的量、色和性质详细记录下来。

当清理呼吸道后仍未恢复呼吸，可用指弹击脚心使新生儿啼哭，如仍无呼吸可做人工呼吸。

吸氧

在人工呼吸数分钟后，呼吸无好转，心率小于每分钟 100 次者，可用气囊面罩复苏器加压给氧法，并继续观察呼吸及心率，如心率仍无增加可应用气管插管加压给氧。

胸外心脏按压

如心率小于每分钟 100 次，且对吸入纯氧呼吸无反应的新生儿，应进行心脏按压。具体做法：急救者用两手拇指放在婴儿胸骨下 1/3 处，两手掌及其余四指托住婴儿背部，拇指在前进行按压，速度为每分钟 100 次。

药物疗法

如呼吸已建立而肤色好转但心率仍慢、肌张力仍低，可给 5% 的碳酸氢钠每千克体重 3 ~ 5 毫升，加等量 5% 的葡萄糖缓慢静脉注入，一般在 5 ~ 10 分钟内注完。目前国际上强调禁用呼吸兴奋剂，除非因产妇接受麻醉剂而引起窒息者可用。有人主张在窒息新生儿娩出 60 分钟内，除采用上述方法外，再每千克体重给苯巴比妥 10 毫克静脉注射。据国外观察，用此法抽搐的发生率、死亡率及神经系统后遗症均能明显降低。

在抢救过程中应注意保暖

维持体温在36℃以上，室温在32 ~ 35℃为好。给抗生素预防感染，要记录把尿次数及尿量，以估计窒息儿的肾功能。

窒息恢复后的监测

窒息恢复后24 ~ 48小时内务必严密监护婴儿心率及呼吸，以免再度发生窒息，延误治疗。

新生儿常用的人工呼吸方法

口对口人工呼吸

婴儿头后仰，急救者吸一口气，一手捏婴儿鼻孔，另一手托其下颌向前使气道通畅。急救者对准患儿口内，呼出空气，使患儿上胸部或腹部稍稍升起，然后放开鼻孔，将患儿头稍侧转，让肺部自然弹回呼气状态。如此反复每分钟20次，急救者的口与患儿的口之间应隔上几层纱布以防小儿感染。

手托法

婴儿平卧，急救者手托婴儿背部，慢慢抬起，使其胸部向上挺起，脊柱极度伸展，然后慢慢放下，每5分钟重复一次，直到有呼吸为止。

预防新生儿窒息

预防新生儿窒息的具体措施是：

1. 定期产前检查，早期诊断并及时治疗高危孕妇，那种视产前检查可有可无，或发生问题听天由命的做法是十分有害的。

2. 临产时监测胎儿在子宫内情况，如听胎心等，对尽早发现胎儿窘迫行之有效，这需要有能力的专科医院或专科医生。

3. 一经发现胎儿心率变慢或加速，立即给孕妇吸氧并给5%的葡萄糖40毫升静脉注射。

4. 在胎儿娩出前做好一切抢救准备工作。

上述这些内容大部分是容易做得到的，切记为好。

引起新生儿颅内出血的因素

窒息

重症窒息时婴儿大脑缺氧。缺氧时直接损伤了毛细血管内皮细胞，使其通透性增加，可以把血液渗透到血管外，引起颅内出血。血液可流入脑室或蛛网膜下腔或脑内。

产伤

急产、臀位产、产钳助产、负压吸引及胎头过大、头盆不相称等皆可使胎儿在分娩过程中头部受挤压、牵拉引起颅内血管撕裂。多见于体重较大的第一胎。

救治与护理新生儿颅内出血

保持绝对安静

患儿保持绝对安静可防止继续出血。这一点务必请陪护的爸爸妈妈和其他家属高度重视，积极配合。大哭可加重出血。尽量少惊动患儿，一切操作均须轻柔迅速。

注意保暖

保暖可有利于患儿安静，保持代谢，又可防止并发症发生。

体位要求

头肩抬高位，并右侧卧以防误吸。

保持呼吸道通畅

必要时吸痰，缺氧时吸氧。

补充营养

不能口服者应用鼻饲管喂养或静脉输注葡萄糖溶液补充热量，帮助度过危险期，一般为 7 天。

止血药

连用 3 天维生素 K 及维生素 C，有条件时可输少量新鲜血。

控制惊厥

惊厥是颅内出血的一个表现，反复发生惊厥又能诱发再出血，形成恶性循环。可用安定及苯巴比妥。

如何处理脂漏性湿疹

从皮肤腺分泌出来的东西，在眉毛和头发中会结成疮痂之湿疹，使用刺激性少的婴儿香皂每天清洗，然后再用棉花棒蘸上橄榄油后一点一点擦拭下来。严重的时候，会长出水泡，水泡破裂后就跟着痒起来了。

过敏性体质的婴儿，有时也会因而转化成过敏性皮炎，此时请到医生那儿接受诊治。

预防的方法是使用泡沫香皂轻柔地洗净后，再仔细地用水将香皂沫冲干净，不让它残留在皮肤上。

如何治疗新生儿黑吐症

新生儿黑吐症是新生儿期维生素 K 摄取不足所造成的疾病，在出生后 2 ~ 3 天突然吐出血来，并排出黑色的血便，皮肤亦呈现出大块的紫斑。

此时要给新生儿注射维生素 K，并饮用维生素 K 的糖浆，授乳的妈妈尽量食用纳豆等含维生素 K 丰富的食品。

此外，婴儿出生时喝到母体内混在羊水中的血而造成的“假性新生儿黑吐症”的情形也是有的，这时就不需要担心了。

什么叫新生儿假死

新生儿假死指刚出生的婴儿既没有哭声也没有呼吸的状态。

如果只是一瞬间的假死状态，马上就开始呼吸的话，就没有什么问题；若是长时间持续假死状态的话，就有可能是死亡，或是脑受到伤害，此时就必须由医生施行复苏。

什么叫分娩麻痹

分娩麻痹是指分娩时，婴儿的颜面或手足其中一部分的神经一时呈麻痹状态，在出生后 6 个月内大部分都能恢复，恢复慢的话，就要在整形外科接受电气疗法，而麻痹的部分就要施行按摩了。

什么叫新生儿奶癣

孩子生下后不久在两侧颊部长出了红色的疹子，逐渐融合在一起，范围增大，波及眉区、耳朵周围，个别人累及躯干和四肢。疹子多了可以渗出液体，表面糜烂破溃，甚至引起化脓感染。疹子有明显的痒感、灼热感，致使孩子哭闹不安，影响睡眠，这种情况称为“奶癣”，是由母亲的乳汁接触婴儿面部的皮肤而引起的。医学上则称之为“婴儿湿疹”。

引起奶癣的原因

引起“奶癣”的主要原因是：患儿具有先天的过敏体质，即指患儿由于血液中某些免疫成分的含量特殊，使机体对外来的刺激过于敏感，而发生过敏反应。尤其对异体蛋白质更是这样。而患儿吃牛奶后更易患病。这种过敏性反应如不及时治疗或治疗不当，可使皮疹反复发作，即成年后只要进食如鱼、虾一类的异体蛋白质食物也会复发，有的甚至会引起哮喘或其他较严重的过敏疾病。除了异体蛋白质外，灰尘、花粉、动物的毛、空气中的真菌等都可以引起过敏反应，医学上统称为“过敏原”。

怎样预防新生儿奶癣

我们应从过敏体质和过敏原两方面着手预防这一疾病的发生。

1. 要尽量避免外界的不良刺激，不要在婴儿的卧室驯养动物，春天外界空气的花粉较多，不应带婴儿到野外或花草多的地方去，洗澡及清洗衣物应注意用一些刺激性较小的肥皂，婴儿的衣服要避免用化纤及毛制品。在饮食中，牛奶要反复多煮几次，充分破坏过敏蛋白质，如仍不行则改用羊奶或豆奶，母亲在哺乳期间则不应吃鱼虾等易致敏的食物。在孩子患“奶癣”时，暂不打防疫针，并严格与一些患有疱疹等疾病的人隔离。

2. 可以适当做一些“脱敏”治疗，可带孩子到医院，在医生的指导下诊治，使其机体的“高敏状态”得到缓解。

对奶癣患儿的治疗，应在医生的指导下进行。

如何防治新生儿脓疱病

新生儿脓疱病是一种急性化脓性皮肤病。这种病传染力极强，易自身接触感染及互相传染，常在新生儿室流行。感染源多来自母亲、保姆或医务人员不洁净的手。另外，婴儿所用的衣服、尿布、包被等被污染也会引起该皮肤病。

此病多发生在皮肤皱褶处、包尿布区域及头部。尤其在气候炎热或冬天包裹太多及皮肤出汗多时更易发生。

脓疱病若能及时正确治疗可很快痊愈，否则可迁延不愈，甚至发展为大脓疱或导致大片表皮剥脱，极易并发脑膜炎、脓毒败血症等以致死亡。

预防脓疱病的主要方法是加强对新生儿的护理，接触新生儿的人员要常用肥皂及水洗净手，注意新生儿皮肤的清洁卫生，勤洗澡，更换衣服及尿布，大便后应清洗外阴。对皮肤已有感染的患儿要积极治疗。

如何防治新生儿破伤风

新生儿破伤风是由破伤风杆菌从脐部侵入引起的一种急性感染性疾病，民间称为“脐风”。因发病多在出生后 7 天左右，又称“七日风”。临床表现以牙关紧闭为特征，故又名“锁口风”。新生儿破伤风的发病原因是由于用未消毒的剪刀、线绳切断脐、结扎脐带，或接生者的手未消毒，致破伤风杆菌侵入伤口，若伤口用不消毒的棉花或布料包裹，或用泥灰涂抹，则会加速细菌的繁殖，产生的大量破伤风毒素被吸收进血液，导致全身肌肉强直性痉挛。患儿常常不能张口吸奶，以后反复扩展，最终多死于喉痉挛、窒息或肺炎。

预防新生儿破伤风的最佳方法，就是用无菌法接生，即一切断脐、接生、护理脐部的用具和接生员的手都必须进行严格的消毒处理。若已用错误方法接生，则及早暴露脐部并用双氧水清洗、脐周用破伤风抗毒素封闭注射，这样对防止新生儿破伤风的发生会有一定效果。

如何防治新生儿鹅口疮

新生儿的口腔内，如见到膜状的、奶块样的白色小块，用棉棒擦不掉，且伴小儿啼哭（尤在吸吮时），应该考虑是口腔内的白色念球菌感染，俗称鹅口疮。

新生儿鹅口疮绝大部分是由于小儿经过母亲患有霉菌性阴道炎的产道时所感染，其次是由于人工喂养时奶嘴等消毒不严。鹅口疮是可以治愈的，为预防新生儿鹅口疮，产妇应在分娩前治愈霉菌性阴道炎，大力提倡母乳喂养，避免不必要的长期大量用抗生素。

如何防治新生儿肺炎

肺部受到细菌、病毒、霉菌、支原体感染，或异物吸入等所引起的炎症叫作肺炎。肺炎分为支气管性肺炎和大叶性肺炎两大类。新生儿因免疫机制不全，抵抗力低下，在娩出过程中，经过母亲的产道吸入羊水，或出生后着凉、感冒，很容易发生肺炎。

新生儿肺炎常见的症状是发热、哭闹、拒奶、呕吐、吐白沫和气急等，严重时可见鼻翼扇动、面色苍白、唇周青紫、呼吸困难、脉搏快速，如不及时治疗，可导致死亡。

得了肺炎应该立即到医院治疗。

如何治疗新生儿溶血症

新生儿溶血病如能早诊断、早治疗，大多数是可以治愈的。

如新生儿出生后 24 小时内出现黄疸，这肯定是不正常的。要立即请医生检查。如确诊为母子血型不合，应积极抓紧治疗。要在医生密切观察下测定血中间接胆红素上升的速度，并按病情用药。

如何防治新生儿臀红

臀红在医学上称为尿布疹或臀部红斑，是婴儿常见的皮肤病。主要是由于尿布上沾有大小便、汗、未洗净的洗衣粉或肥皂，与皮肤摩擦后造成的，表现为尿布区域的红色小皮疹，呈片状分布，有时也可蔓延到会阴及大腿内外侧。臀红可根据局部病变的红肿速度，分为Ⅰ度、Ⅱ度、Ⅲ度。Ⅰ度：皮肤表面红肿。Ⅱ度：皮肤未破溃，但红肿严重。Ⅲ度：皮肤已破溃、糜烂。

臀红主要是由于大小便后不及时更换尿布，或使用橡皮布、塑料布致使尿液不能蒸发，受大便中产氨杆菌作用而放出氨，刺激皮肤所致。此外肠内普通变形杆菌、类白喉杆菌及其他微生物存在于碱性尿液中，也同样可刺激皮肤，而诱发和加重臀红。

预防臀红主要是勤换尿布，每次便后忌用热水和肥皂洗臀部，宜用温水冲洗臀部及外阴部并轻轻擦干，涂些滑石粉。

如发生了臀红，应按下列方法治疗：

1. 一定要勤换尿布，勤洗外阴，尤其在大便以后。

2. 发生臀红应于换尿布后在外阴处涂上紫草油或鞣酸软膏。

3. 有糜烂者可用普通灯泡照射患处，使局部干燥，照射时必须有专人守护，避免烫伤和防止小便溅到灯泡上引起爆炸。

4. 如果天气暖和，还可以使臀部暴露，这样容易使皮肤保持干燥。

如何处理小儿痱子

1. 如痱子发生在头颈部，需要把头发理短、理薄些，或改变发型，把头发往后梳，不要把头发留在前额。小婴儿应剃光头发。

2. 用温热水及碱性小的婴儿皂洗澡，待擦干后，扑上婴儿爽身粉。

3. 勤换尿布，宜穿宽大的棉布内衣，随时保持皮肤的干燥。有些家长怕孩子着凉，给孩子捂得很严实，孩子一哭就出很多汗，这更容易长痱子。经常躺着的小儿，还应及时更换枕巾，并应经常给孩子翻身。

4. 痱子形成小脓疱后，应用75%的酒精擦破后涂上1%的龙胆紫。必要时，还可服小量清热解毒中药及抗生素。痱子不能随便用手挤，否则可造成感染扩散。痱子如不及时处理，可发展成脓疱疹和疖肿，也就是痱毒，严重时还可引起败血症，危及生命，尤其是新生儿。

5. 炎热天不要让小儿大声哭闹，以免大量出汗，应置小儿于阴凉通风处。

如何预防新生儿感染

新生儿很容易因皮肤、黏膜、脐带残端、呼吸道、消化道等处有细菌侵入而致感染。由于新生儿免疫功能不健全，抵抗力低下，故感染后不容易控制，常扩散蔓延而发生败血症等，可造成严重后果。

因此，预防新生儿感染是很重要的。在护理中主要应注意以下几点：

1. 新生儿居室必须有充足的阳光与流通的空气，要温暖、舒适。打扫房间时最好轻轻地打扫，以免尘土飞扬。

2. 新生儿出生后应尽量减少亲戚、朋友的探望，特别是患有感冒、各种传染病的人，更不应接触新生儿。

3. 奶瓶、奶嘴及装奶的用具要每日消毒，用后开水清洗，奶头不要用手抓摸，吃剩的奶最好不要再给新生儿吃，必要时还应再次煮沸。

4. 母亲及其他接触新生儿人员的手要洁净，接触新生儿前及换尿布后必须用肥皂清水洗手，千万不要用手接触自己的鼻孔、口腔、面部后再去摸新生儿，因这些部位都会有细菌，有可能会带给新生儿。

5. 要避免面对新生儿谈笑、咳嗽，更不要去亲吻新生儿面颊部，以防造成感染。

6. 给新生儿换尿布、穿衣服、洗澡时，均应注意保暖，避免受凉。

7. 新生儿期应接种卡介苗以防感染结核病。

新生儿要进行哪些预防接种

新生儿出生后，一般在 2 天内就能进行卡介苗接种（卡介苗是一种预防结核病的菌苗），目前多用皮内接种法，可在脐带脱落后接种。

在新生儿期接种卡介苗的原因为：

1. 出生 3 个月以上的小儿要接种卡介苗，必须先做结核菌素试验，才能接种。新生儿出生后，由于与外界尚未接触，感染的机会少，因此不必做结核菌素试验就可以接种。

2. 卡介苗接种后，要经过 4 ~ 8 周，人体才能产生对结核菌的免疫力。接种越早，获得免疫力也越早，受感染的机会就越少。

目前，有些国家已研制成功乙型肝炎疫苗及乙肝高效价免疫球蛋白。对于乙肝携带者的母亲，尤其是当她的 e 抗原呈阳性时，婴儿在出生后的 8 ~ 24 小时内接种此疫苗，或同时接种乙肝免疫球蛋白，可阻断母婴传播，使新生儿不至成为乙肝携带者。

如何预防新生儿败血症

新生儿败血症是指细菌侵入血液，并在血液中繁殖所引起的一种全身性感染性疾病。由于新生儿的抵抗力低，屏障功能差，免疫物质不足，细菌很容易侵入机体，引起败血症。新生儿得了败血症以后，早期症状很不典型，表现为全身的常见症状，如体温升高、哭闹或多睡、面色苍白或发紫、呼吸快或不规则、吃奶不好或溢奶、呕吐腹泻等。凡是新生儿出现上述的某些症状时，妈妈必须加以注意，及时请医生诊治。

在治疗上，除了应用适宜的抗生素外，还应加强护理，注意给患儿保暖，供给足够的营养和水分。如新生儿不能吃奶，可用鼻饲的方法喂养，必要时可进行输液。

为了预防新生儿败血症，我们应做到下面几点：

1. 注意孕期卫生，严防疾病感染，以免累及胎儿；分娩应尽可能到医院，避免产后感染。

2. 新生儿出生后，要加强护理，特别要注意保持新生儿脐部、皮肤和黏膜的清洁卫生，严禁使用未经消毒的针挑刺“马牙”“螳螂嘴”等。

3. 当妈妈患有乳腺炎、败血症或其他严重疾病时，要暂停给小儿喂奶，可将奶液挤出煮沸后再喂。

4. 如无特殊情况，提倡用母乳喂养婴儿，因母乳中含有生长因子和抗体，有利于增强婴儿的抗病能力。

如何预防新生儿发热

新生儿的体温调节功能尚不成熟，在患感染性疾病，气候炎热或室温过高又不通风，包裹过厚或喂水不足时，均可引起发热，过高时还可导致抽风。

新生儿发热时严禁吃小儿退热片、阿司匹林和APC等退热剂，因为它们常可引起新生儿青紫、贫血及便血、吐血等，甚至造成脑内出血，有的因抢救不及时还会死亡。因此，对于新生儿的发热，最简便而行之有效的方法，就是物理降温法。体温在38℃以下时，一般无须处理；体温在38 ~ 39℃时，可将新生儿的衣襟松开，暴露在室内，通过皮肤散热，或枕冷水袋，并多喂水，多可使体温下降；如果体温在39℃以上的小儿，可用75%的酒精加一半水，或用加一倍水的白酒，用纱布蘸着擦颈部、腋下、腹股沟、四肢等，很快就可以达到退热的目的。但在降温过程中，必须注意一旦体温开始下降，就应取消降温措施，防止降温过度。

炎热的夏天因喂水不足引起的发热，除了以上处理外，还可每隔2小时给孩子喂温开水或5%的糖水5 ~ 10毫升，一般数小时最多1天以内就可以退热。对于发热的新生儿，除了物理降温外，还必须找出发热的原因，进行对症治疗。

男婴睾丸鞘膜积液要治疗

有的男婴出生后可见到较大的阴囊，其内积有液体，叫作睾丸鞘膜积液。

正常情况下，睾丸鞘膜腔内积有少量液体，起到润滑作用。如果液体量积贮过多则形成鞘膜积液。

睾丸鞘膜积液一般无明显症状，在B超下，宫内睾丸鞘膜积液是很常见的，出生后数周或数月内能自然吸收、消失，无须治疗。

随着年龄增长，如果睾丸鞘膜积液仍未消失，或伴有坠胀感，行动不便，检查时透光试验阳性，可以到医院进行鞘膜积液穿刺术或鞘膜切除术。

什么叫隐睾症

男性胚胎7周时，原始生殖腺分化成睾丸，随着胚胎的发育，睾丸逐渐下降至阴囊内。如果在下降过程中，因精索过短，腹膜后纤维粘连，腹股沟管发育异常，垂体功能不足及睾丸引带未缩短而形成不正常等因素，使睾丸未下降到阴囊，停留在腹腔或腹股沟管等处，出生后在一侧或双侧阴囊内未能见到睾丸存在，叫作隐睾症。

隐睾症对身体是有害的，由于腹腔比阴囊温度高，致使阴囊不能产生精子，若两侧隐睾，可导致不育症。

对药物有特殊反应的新生儿

容易导致胆红素增高的药物

某些药物与游离胆红素竞争性地与白蛋白结合，而使血中游离胆红素浓度增高致高胆红素血症，甚至出现核黄疸，故新生儿有黄疸时下列药应慎用或禁用：抗生素类药、镇静镇痛抗风湿类药、强心类药、维生素类药。

慎用有氧化作用的药物

初生婴儿红细胞内高铁血红蛋白还原酶活性低，而且血中所含血红蛋白较易氧化，所以一些有氧化作用的药物如硝基化合物等可诱发高铁血红蛋白血症。新生儿应慎用有氧化作用的药物，主要有氯丙嗪、磺胺类和对氨基水杨酸。

易引起溶血的药物

诱发葡萄糖 -6 磷酸脱氢酶缺乏性溶血，先天性红细胞葡萄糖 -6 磷酸脱氢酶缺乏的新生儿用下列药物可产生溶血：水溶性维生素 K、磺胺类、阿司匹林、抗疟药和氯霉素及新生霉素等抗生素。

易过敏的外用药

新生儿皮肤黏膜吸收作用强，某些外用药、滴眼药、滴鼻药都可引起严重反应。

禁用药物

新生儿禁用西药：氯霉素、磺胺（小儿安）、阿司匹林。

禁用中成药：六神丸、一捻金、一粒丹、至宝定、救急散等。上述药因含有朱砂成分，如经常用可致中毒。

新生儿要避免滥用抗生素

抗生素不是价格越贵、剂量越大越好

给新生儿用抗生素，家长们是舍得花钱的，这是可以理解的；但不是越贵越好，更不是剂量越大越好。科学的用药原则是根据病情及可能的病原菌选用疗效好、不良反应小的抗生素。

一般均为联合用药

多以两种抗生素合用。治疗一般感染与败血症、化脓性脑膜炎不同，后者宜大剂量，长疗程，以使感染彻底得到控制。

一般不主张用抗生素预防感染，但在新生儿结膜炎或婴儿室发生金黄色葡萄球菌或鼠伤寒沙门菌感染流行时应选用抗生素做预防性的药。

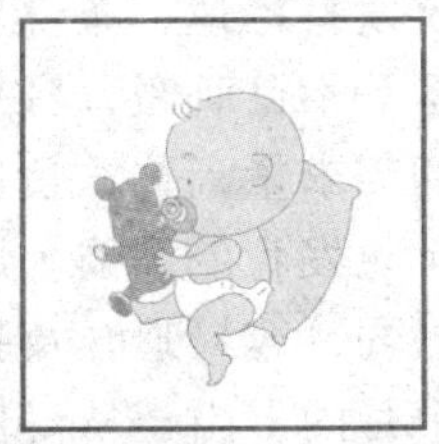

第三章

婴儿期的养育

婴儿期

小儿由出生后 28 天起到 1 周岁止的这一段时期称为婴儿期，也叫乳儿期。

婴儿期的特点

婴儿期的特点主要表现为：

1. 小儿体格发育在这一时期最快，周岁时的体重为出生时的 3 倍，身高为出生时的 1.5 倍。

2. 中枢神经系统发育迅速，条件反射不断形成，但由于皮质功能尚未成熟，遇到高热、毒素等不良刺激，容易扩散而发生抽风等神经症状。

3. 身体对营养的需求量高，饮食仍以母乳或牛乳为主，可逐渐添加辅助食品，以满足婴儿生长发育的需要。缺乏营养时，易患佝偻病和贫血；喂养不当时，因消化能力弱，容易呕吐及腹泻。

4. 婴儿在前 6 个月内，由于从母体获得抗体，故对麻疹、白喉等有一定免疫能力；6 个月后，免疫抗体逐渐消失，感染机会大为增加，因此应积极开展卡介苗、麻疹减毒活疫苗等预防接种。

2 个月婴儿的生理特点

身体发育

体重

儿童发育的重要指标。正常婴儿，满月时的体重比出生时增加约 1 千克，到第 8 周，又增加约 1 千克，每天大约增加 30 克。

身高

孩子满月时比出生时增加 3 厘米左右，因为从比例上看，体重发展更快些，因此孩子长得胖了。到第 8 周，还要增加 3 ~ 4 厘米。有的孩子长得稍快些，有的稍慢些，只要孩子精神很好、健康，小的差异不必在意。

头围

男婴约 38.4 厘米，女婴约 37.5 厘米。

胸围

男婴约 37.8 厘米，女婴约 37.0 厘米。

坐高

男婴约 37.9 厘米，女婴约 37.3 厘米。

1 个多月的孩子，一逗会笑，面部长得扁平，阔鼻，双颊丰满，肩和臀部显得较狭小，脖子短，胸部、肚子呈现圆鼓形状，小胳臂、小腿也总是喜欢呈屈曲状态，两只小手握着拳。

动作发育

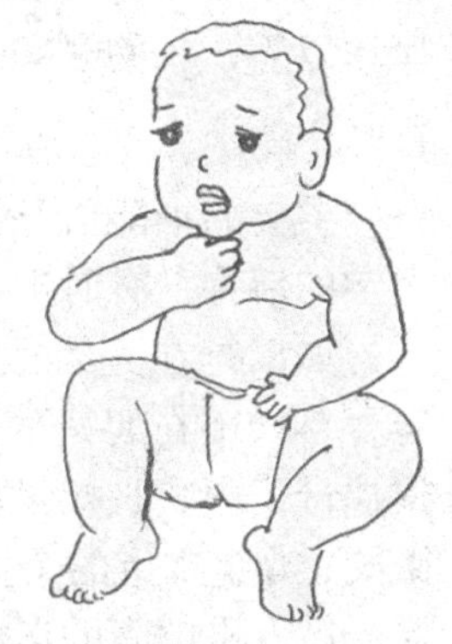

孩子在8周时，俯卧位下巴离开床的角度可达45°，但不能持久。要到3个月时，下巴和肩部才能都离开床面抬起来，胸部也能部分地离开床面，上肢支撑部分体重。孩子俯卧时，家长要注重看护，防止因呼吸不畅而引起窒息。孩子双脚的力量在加大，只要不是睡觉吃奶，手和脚就会不停地动，虽然不灵活，但他动得很高兴。

从出生到2个月的孩子，动作发育处于活跃阶段，孩子可以做出许多不同的动作，特别精彩的是面部表情逐渐丰富。在睡眠中有时会做出哭相，撇着小嘴好像很委屈的样子。有时又会出现无意识的笑。其实这些面部动作都是孩子吃饱后安详愉快的表现。

对声音的反应

孩子经过1个多月的哺育，对妈妈说话的声音很熟悉了，如果听到陌生的声音他会吃惊，如果声音很大他会感到害怕而哭起来。因此，要给孩子听一些轻柔的音乐，对孩子说话、唱歌的声音都要悦耳。婴儿玩具的声响不要超过70分贝，生活环境的噪声不要超过100分贝。孩子很喜欢周围的人和他说话，没人理他的时候会感到寂寞而哭闹。

婴儿此时的听力有了很大发展，大人跟他说话婴儿能做出反应，对突然的响声能表现出惊恐。到8周时，有的婴儿已能辨别声音的方向，能安静地听音乐，对噪声表现出不满。

感觉发育

1个多月的孩子，皮肤感觉能力比成人敏感得多，有时家长不注意，把一丝头发或其他东西弄到孩子的身上刺激了皮肤，他就会全身左右乱动或者哭闹表示很不舒服。这时的孩子对过冷、过热都比较敏感。以哭闹向大人表示自己的不满。两只眼睛的运动还不够协调，对亮光与黑暗环境都有反应，1个多月的孩子很不喜欢苦味与酸味的食品，如果给他吃，他会拒绝。

视觉发育

孩子能看见活动的物体和大人的脸。将物体靠近他眼前，他会眨眼，这叫作“眨眼反射”，这种反射一般出现在1个半月到2个月。有些斜视的孩子在8周前可自行矫正，双眼能一致活动。

睡眠

婴儿发育不完全，容易疲劳，因此年龄越小睡眠时间越长。1个多月的孩子，一天的大部分时间是在睡眠中度过的。每天能睡18 ~ 20个小时，其中约有 3 个小时睡得很香甜，处在深睡不醒状态。余下的时间，除了吃喝、撒尿以外，玩的时间并不多。

心理发育

宝宝的本能就是会吸吮，在宝宝吃饱后将其竖直抱在怀中并轻轻地拍拍宝宝的后背，有时宝宝会打几个嗝出来，之后宝宝会有一种满足感。

如果是在光线微暗的房间里宝宝就会睁开眼睛，喜欢看母亲慈爱的笑容，喜欢躺在妈妈的怀抱中，听妈妈的心跳声或说话声。所以在育儿开始，提倡母子皮肤直接早接触、多接触、早喂奶、多吸吮、多抚摸、多交谈、多微笑，尊重宝宝的个性发展，让宝宝充分享受母爱，让宝宝的心理健康发展，对今后人格健康的形成起着重要作用。

通过以上与宝宝的交流，也正是触觉、动觉、听觉、视觉、平衡觉综合训练刺激的过程，对脑发育过程提供了信息和促进其发育的营养素。

对于刚出生的宝宝来说，除了吃奶的需要，再也没有比母爱更珍贵、更重要的精神营养了。母爱是无与伦比的营养素，这不仅是因为从子宫内来到这个大千世界感觉到了许多东西，更重要的是在心理上已经懂得母爱，并能用孩子化语言（哭声）与微笑来传递其内心情感。宝宝最喜欢的是母亲温柔的声音和笑脸，当母亲轻轻在呼唤宝宝的名字时，宝宝就会转过脸来看母亲，这是因为孩子在子宫内时就听惯了母亲的声音，尤其是把宝宝抱在怀中，抚摸着宝宝并轻声呼唤着逗引他时，他就会很理解似的对你微笑。宝宝越早学会"逗笑"就越聪明。这一动作，是宝宝的视、听、触觉与运动系统建立神经网络联系的综合过程，也是条件反射建立的标志。

2 个月婴儿的合理喂养

2 个月婴儿喂养特点

对 2 个月的婴儿仍应继续坚持母乳喂养。无条件哺乳的，仍应每隔 4 小时喂奶 1 次，每天喂 6 次，牛奶喂养的孩子奶量每次 100 毫升左右，即使吃得多的孩子，全天总奶量也不能超过 1000 毫升。如果孩子仍吃不饱，可以加婴儿米粉，每 100 毫升奶中加 3 ～ 5 克即可，放在奶中一起熬熟。

2 个月婴儿的辅食仍是果汁、菜水，每次 1 ～ 2 匙，每天 1 ～ 2 次。

对混合喂养和人工喂养的孩子，应酌量添加蔬菜和新鲜的果汁，用以补充牛奶在加工过程中损失的维生素 C。一般每日 2 次，在喂奶间隙喂入。

鲜鱼肉可代替乳类喂哺

鱼是人类的重要食品之一，含有丰富的蛋白质，以单位重量计算，鱼肉的蛋白质含量超过牛奶与鸡蛋，和牛肉相当。在蛋白质氨基酸组成方面，鱼肉蛋白比牛肉等更接近于儿童的营养需要。鱼类肝脏还含有维生素 A、维生素 D 和一定量的维生素 B_{12}，鱼肉含钙量一般也较畜类高。对小儿生长发育来说，鱼肉完全能满足所需的多种营养素。

此外，鱼肉是动物肉类中最容易消化的一种，肌纤维较细，组织结构特别柔软，进食之后，容易受到消化液的作用，故消化吸收率较高。

根据鲜鱼肉所具备的这些条件，上海市儿童医院曾经做了以鱼肉代乳类食品喂养婴儿的试验，结果证明婴儿从1个半月起即可用鱼肉喂哺。鱼肉对促进婴儿生长发育的作用与奶粉相比，有过之而无不及。食用的方法是：将鱼洗净去其内脏，整条蒸熟，去皮、去骨后研碎，混入乳儿糕中加糖或盐，调成稀糊状用奶瓶喂食。初食时量宜少些，随着婴儿的成长逐渐增加食量，制成厚糊状，用匙喂哺。对无法用母乳喂哺，而又不能保证牛乳、奶粉或其他代乳食品供应的地区，可以用鲜鱼肉来代替或补充。

腹泻时的喂养

婴儿腹泻以夏、秋多见，其发病原因除肠胃道受细菌感染外，主要是由喂养不当、天气太热或突然受惊引起。如果未按时添加辅食或喂养不定时，一旦食物变化较多，小儿肠道不能适应，也会引起消化不良而腹泻。对婴儿腹泻，除要注意衣着、用药物治疗外，饮食调理也非常重要。

以牛奶为主食的婴儿患腹泻时，要根据腹泻、呕吐、食欲和消化情况来确定饮食治疗方案。如病情较重，每日腹泻超过10次，并伴有呕吐现象，应暂时停喂牛奶，即禁食6～8小时，最长不超过12小时。

禁食时可用胡萝卜汤或焦米汤代替，间隔时间和每次用量均与喂牛奶时相同。这些食物易于消化，能减轻肠道的负担。腹泻情况如有好转，逐渐改用米汤、冲淡的脱脂牛奶、稀释的牛奶，最后恢复原来的饮食。如婴儿腹泻情况并不严重，每日腹泻五六次或七八次，比正常多2～3次，无呕吐。此时可暂用1～2天米汤，以后用冲淡牛奶或以牛奶和水各掺半的浓度，或制成2份牛奶1份水的浓度，使婴儿肠道逐步适应。当大便恢复正常后即可改用原有的牛奶浓度。

如婴儿偶然出现腹泻，而且病情也轻，则只需用冲淡牛奶喂1～2天即可，以后恢复正常牛奶饮食。冲淡牛奶时最好用米汤，因为米汤没有发酵作用，能减少酸对肠道的刺激，有利于腹泻的治愈。

腹泻时期，无论病情轻重，辅助食品应全部停止添加，至痊愈后再逐步恢复。

2个月婴儿的日常照料

剪指甲

婴儿的指甲长得很快，10天能长1毫米。婴儿的指甲长容易抓破皮肤。但婴儿的指甲小，不好剪，要用小的指甲刀剪，每次少剪些，最好在洗完澡时剪。

防窒息

小婴儿自己不能照顾自己，因而家长要特别注意婴儿是否呼吸通畅，防止窒息的发生。

1. 不要给婴儿玩羽绒等软枕或软靠垫。
2. 婴儿不会翻身时，不要俯卧睡眠。
3. 婴儿枕不要太软，以防陷进去妨碍呼吸。
4. 不要把硬币、豆类、小糖粒、纽扣等给小婴儿玩，以防误入呼吸道。
5. 不要让婴儿玩塑料袋类，以防套在头上，遮住口鼻造成窒息。
6. 不要让孩子含着糖块，以防误入呼吸道。

尿布的清洗

尿布上如有粪便，先将粪便冲掉，然后用肥皂洗净，不要用洗衣粉等洗净剂。将洗好的尿布用开水泡一会儿，放在日光下晾晒。

不要用塑料布

有人用塑料布包垫尿布，这样虽然尿不易渗出湿了被褥，却使孩子的臀部遭受浸渍，不仅易发生臀红，还会因不透气、湿度高而发生霉菌感染。

尿布不要太长

尿布太长易包过脐部，尿布湿后盖在脐部，易引起脐部感染。通常女婴的尿往下流，尿布在腰背部垫长一些，叠得稍厚一些；男婴尿向上，腹部垫厚一些即可，尿布一般为 55 厘米见方，叠成四层三角形或八层长方形使用。

良好的睡眠习惯

从新生儿期起就要注意培养孩子良好的睡眠习惯。良好的睡眠习惯首先是按时睡觉，自然入睡。

有的妈妈对孩子“爱不释手”，孩子吃饱后还要把孩子抱在怀里，摇晃着、拍着，或是让孩子叼着乳头、空奶嘴，这都不是好习惯。妈妈一定注意在孩子睡前不哄、不拍、不抱、不摇，更不要吃东西、叼奶头。到该睡的时候，把孩子放到床上让他自己睡。小婴儿还没有养成按时睡的习惯，可给他放些轻柔的催眠曲，使孩子建立起睡眠的条件反射。等到孩子养成按时入睡的习惯时，就不必放音乐了。

良好的排便习惯

从孩子 2 个月起就应该训练其良好的排便习惯，使其按时排便，排便最好在清晨或晚上临睡前，早晨排便最好，晚上大便可使孩子夜里睡得踏实。饭前大便可使孩子吃得好，但不要饭后大便。妈妈先观察孩子排便的情况，然后根据孩子的情况，有意识地让其定时排便。

婴儿 2 个月时可训练其排尿习惯。在孩子睡前睡后、饭前饭后、出去回来时可以把尿。给孩子把尿时妈妈发出一些声音，使孩子对排尿形成条件反射，以后妈妈发出这种声音孩子便有尿意。训练一段时间后，白天就不用尿布了，睡前尿一次，夜里把一次尿，夜里就不会尿床了。

孩子哭有原因

婴儿通过安静的行为表示爱，通过哭来表示害怕、不适、痛苦。

孤独

大人离开，剩他一人时会哭。

饥饿

饿了的婴儿会不停地哭，喂奶能使他安静下来。

烦躁

孩子在烦躁时遇到别人引逗会不耐烦地哭。

疼痛

疼痛及肠胃不适会引起孩子啼哭。

温度

室温过低婴儿会哭，并且不能睡眠。

裸体

婴儿不喜欢脱光衣服，穿上衣服会停止啼哭。

尿布湿

尿布湿了不舒服他会哭。

睡眠

睡眠中孩子被惊醒会啼哭。

中断喂奶

孩子没吃饱会大哭。

加辅食

孩子第一次加某种辅食拒吃时会哭。

2个月婴儿的智力开发

婴儿感觉器官的发育规律

2～6个月的孩子最喜欢吃，不管好吃不好吃、能吃不能吃，拿过来就往嘴里塞，先吃吃看，用嘴辨别一下就知道了。原来，他是用嘴尝试来识别各种事物，嘴是认识工具。这个阶段发育速度仍很快，一个月一变样。

孩子喜欢看美的东西。不仅能盯住进入眼帘的东西，还会主动追随物体移动的去向，东张西望地寻找周围好看的东西。开始学会用眼睛涉猎周围的信息。

3个月找人，以后寻找成人手里摇动着的

玩具，再后便会积极寻求周围各种活动的、发亮的、色彩鲜艳的有趣味的东西。很会欣赏，看到以后情绪欢快，有时会手舞足蹈，以表达内心的感受。学会自己哄自己。

婴儿期视觉发育的规律是：

最初只能用眼睛追随在其面前按左右方向移动的东西，东西移动的速度不能太快。而后才能追视向各种方向移动的东西。

能注视某个物体的时间很短，距离很近。如把烛光放至距离 2 ~ 3 步远的地方，能够注视，再远些就看不见了。两三个月能够注视在房间里较远的地方走动着的人，注视时间可达 2 ~ 3 分钟。

对不同形状的东西，注视时间也不同。有个试验：让婴儿看 3 个不同的头像，第一个是人脸的画像；第二个是把人脸的五官胡乱颠倒；第三个只是类似人脸的外部轮廓，顶端涂上黑色。出生 4 天 ~ 6 个月的婴儿，注视第一个图形——人脸的时间最长，而对乱七八糟的头像注视时间最短。可见，小家伙真会看，还能看出好坏，此项试验说明，乳儿期的视觉能力很强，并且出现明显的选择性。

喜欢听语音：乳儿期的孩子对语音反应更为积极。每当听到说话声或摇铃声时，就要积极扭头寻找声源，当宝宝正在哭闹时，只要妈妈大声同宝宝说说话，宝宝很快就会安静下来，成人忙着给宝宝准备尿布、奶瓶时，常常可先同他说话。3 ~ 4 个月，逐渐能够分辨不同的语音：和蔼可亲的，还是训斥的；妈妈的，还是生人的，都能辨别。高兴时喜欢用自己的声音玩耍，不断发出一些喉声，好像在唱歌。

婴儿的视、听能力发展，对认识能力的发展起着重要的作用。因此，根据上述规律，创造良好条件，精心引导孩子多看、多听，及早进行视、听能力训练，为说话、观察等能力的发展打好基础。

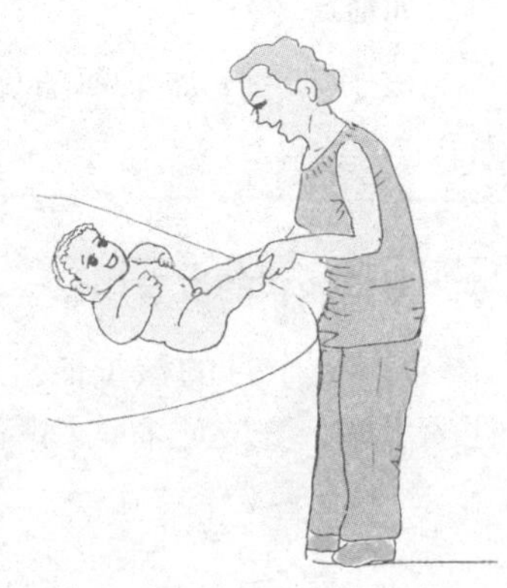

帮助孩子做婴儿操

准备活动：孩子仰卧在床上，妈妈一边轻轻抚摩孩子，一边轻柔地跟孩子讲话，使孩子很愉快、很放松，就像做游戏一样。

第一节　伸展运动

做二八拍

预备姿势：妈妈双手握住孩子腕部，拇指放在孩子手心里，让孩子握住，孩子两臂放在身体两侧。

方法：

1. 妈妈拉孩子两臂到胸前平举，拳心相对。

2. 妈妈轻拉孩子两臂斜上举，手背贴床。

3. 复原（1）的动作。

4. 复原成预备姿势。

5. 重复以上动作。

提醒：孩子两臂前平举时，两臂距离与两肩同宽。妈妈动作要轻柔，斜上举时要轻轻使孩子两臂逐渐伸直。

第二节　扩胸运动

做二八拍

预备姿势：同第一节。

方法：

1. 妈妈轻拉孩子两臂，向身体两侧放平，拳心向上，手背贴床。

2. 两臂胸前交叉，并轻压胸部。

3. 同（1）的动作。

4. 还原成预备姿势。

5. 重复以上动作。

第三节　上肢屈伸运动

做二八拍

预备姿势：同第一节。

方法：

1. 妈妈将孩子左臂向上弯曲，孩子的手触肩。

2. 还原成预备姿势。

3. 妈妈将孩子右臂向上弯曲，孩子的手触肩。

4. 还原成预备姿势。

5. 重复动作。

第四节　双屈腿运动

做二八拍

预备姿势：孩子仰卧，两腿伸直，家长两手握住孩子脚腕。

方法：

1. 妈妈将孩子两腿屈至腹部。

2. 还原成预备姿势。

3. 同（1）的动作。

4. 还原成预备姿势。

5. 重复动作。

提醒：孩子屈腿时两膝不分开，屈腿时可稍稍用力，使孩子的腿对腹部有压力，有助于肠蠕动，屈、伸都不能用力过大，以免损伤孩子的关节和韧带。

第五节　翻身运动

做二八拍

预备姿势：孩子仰卧，妈妈将孩子四肢摆正。

方法：

1. 妈妈一手握住孩子的两脚腕，另一手轻托孩子背部，然后稍用力，帮助孩子从身体右侧翻身，成为俯卧位，同时将孩子的两臂移至前方，使孩子的头和肩抬起片刻。

2. 再将孩子两臂放回体侧，妈妈一只手握住孩子两脚腕，另一手插到孩子的胸腹下，帮助孩子从俯卧位翻回仰卧位。

3. 同（1）动作，但孩子身体从左侧翻身。

4. 同（2）动作。

5. 重复动作。

提醒：妈妈帮孩子做操时要轻柔、缓慢，翻身或俯卧时逗孩子练习抬头。

第六节　举腿运动

做二八拍

预备姿势：孩子仰卧，两腿伸直，妈妈握住孩子膝部，拇指在下，其余四指在上。

方法：

1. 妈妈将孩子两腿向上方举起，与腹部成 90° 角。

2. 还原成预备姿势。

3. 同（1）动作。

4. 还原成预备姿势。

5. 重复动作。

提醒：孩子两腿上举时，膝盖不弯曲，臀部不离床。

第七节　体后屈运动

做二八拍

预备姿势：孩子俯卧，两臂放前方，两肘支撑身体，妈妈两手分别握住孩子脚腕。

方法：

1. 妈妈轻轻提起孩子双腿，使其身体与床成近似 45° 角。

2. 还原成预备姿势。

3. 妈妈轻轻握住孩子肘部，将上体抬起，使其身体与床成近似 45° 角。

4. 还原成预备姿势。

5. 重复动作。

提醒：提腿和抬肘时，孩子身体要直，不能歪斜，以免损伤脊柱。这一节难度较大，须在孩子有一定体能时再做。做这一节时，妈妈也要小心、轻柔，不要勉强。

第八节　整理运动

妈妈两手轻轻抖动孩子的两臂和两腿，或让孩子在床上自由活动片刻，使全身肌肉放松，不要做完操立刻抱起孩子。

注意事项：

1. 做操前，妈妈要洗净手，摘下戒指、手表，以免划伤孩子。

2. 做操时，妈妈的动作一定要轻柔，态度要亲切，一边做一边与孩子说笑。

3. 做操时，孩子尽量穿少些。

4. 做操时如能放些音乐更好。

5. 做操要在孩子进食半小时到 1 小时以后为好，做完操将孩子放在小床上休息，然后哄其入睡。

6. 2 ~ 4 个月的孩子可先学这套操的前 4 节，随着孩子长大，再逐渐一节一节增加到做 8 节。

2 个月婴儿的亲子游戏

一动就响

妈妈用一宽布条，一端系在能发声响的玩具上，一端系在孩子的裤腿上。然后将玩具吊在床上方，孩子腿一动，玩具就发出声响。

目的：激发孩子的自我意识。

看看是什么

用硬纸片画黑白线条或几何形状，孩子此时对黑白反差大的图片更有兴趣。将图放在距孩子眼睛 20 ~ 30 厘米处，让孩子注视数秒。

目的：发展孩子的知觉与注意力。

声音在哪里

妈妈拿一个彩色的、较大些的花铃棒，一边摇一边慢慢移动，从孩子左边到孩子右边，再从右边到左边，开始孩子的眼跟着玩具转，而后是头随着玩具从左到右，从右到左。

目的：训练孩子的视听定向。

妈妈在哪里

妈妈经常俯身对孩子微笑，让孩子看妈妈的脸，然后妈妈转向另一边，轻轻叫孩子的名字，引导孩子将头转过去看妈妈。

目的：训练孩子的追视能力。

摸一摸

拿一件柔软的玩具放在孩子手里让他摸，然后放在他眼前让他看。

目的：发展孩子的视觉和触觉。

听见了吗

用小铁盒或小塑料盒内装绿豆数颗，在孩子睡醒高兴时，于孩子身后 30 厘米处摇动，发出声响，看孩子有无反应。孩子听力正常，可有相应的面部反应。如无反应，可重复几次，仍无反应，应请医生检查。

目的：检查孩子的听力。

读歌谣

妈妈将孩子抱在怀里，一边轻轻地摇，一边口中念儿歌：

小白兔

小白兔，白又白，
两只耳朵竖起来，
爱吃萝卜爱吃菜，
蹦蹦跳跳真可爱。

不管孩子懂不懂，只要他在听。妈妈声音柔和，儿歌押韵，就可培养孩子的语感。

目的：培养孩子的语感。

教说话

把孩子抱在怀里，将孩子脸对着妈妈，发出“爸——”“妈——”的音，并让孩子看见妈妈发音的口形，让孩子模仿发音。

目的：发展孩子的语音。

一碰就响

在孩子吃饱睡好以后，抱着他，拉着他的手去触摸玩具，特别是一碰会发出声音的玩具。妈妈一边说,“真好听”“多好看呀。”

目的：发展孩子的触觉。

踢被子

男孩子比较好动，将他仰卧在床，他会两腿轮番踢，好似踏自行车。妈妈可在孩子身上放小薄毯，让孩子踢，踢掉再放上，反复踢。孩子会高兴得手舞足蹈，从而能够活动全身。玩时妈妈不要离开，防止孩子将毯子盖在头上。

目的：训练孩子的下肢运动。

蹦蹦跳跳

扶孩子腋下，让他站在妈妈腿上，举着孩子让他蹦，逐渐发展成他主动蹦，妈妈帮助他。蹦的同时妈妈可有节奏地说：“蹦蹦跳，蹦蹦跳。”

目的：发展孩子的腿部力量。

几个小手指

孩子吃饱后躺在床上，妈妈轻轻按摩孩子的手指，并把其小手张开、合拢。

目的：发展孩子手的感觉。

握握手

让婴儿握住妈妈的手指，妈妈一边轻轻摇晃一边唱歌。记住摇晃的幅度不要太大。

目的：锻炼孩子的握手能力。

拉拉看

将一副挂铃挂在孩子床上，妈妈抱着孩子，拉着他的手拍打挂铃发出声响，再把一根能牵动挂铃的绳放在孩子手里让他握住。孩子握住后不自主地拉动，挂铃发出声响，他会很高兴。

两手抓

将两个玩具放在桌子上，让孩子两手一手抓一个玩。

目的：训练两只手。

拿着玩

妈妈抱孩子在怀里，将一个能响的玩具用松紧带挂在孩子胸前，让他拿着玩。玩后妈妈要记住摘下玩具。

目的：训练手眼协调。

抓一抓

将孩子放在沙发上，用枕头靠好。拿花铃棒摇着递到他眼前，引逗他伸手抓。

目的：锻炼腰背肌肉，练习抓握。

3 个月婴儿的生理特点

身体发育

体重

2个月的男孩体重可达6.0千克，女孩可达5.4千克，每天增长25 ~ 30克。

身长

男孩此时约 60.3 厘米，女孩约 58.9 厘米（由于体重增长比身高增长速度快，所以孩子比较胖）。

头围

男孩平均头围 39.8 厘米，女孩平均头围 38.6 厘米。

胸围

男孩平均胸围 40.0 厘米，女孩平均胸围 38.7 厘米。

坐高

男孩平均坐高 40.0 厘米，女孩平均坐高 39.0 厘米。

动作发育

孩子仰卧时，大人稍拉他的手，他的头可以自己稍用力，不完全后仰了。他的双手从握拳姿势逐渐松开。如果给他小玩具，他可无意识地抓握片刻，要给他喂奶时，他会立即做出吸吮动作，会用小脚踢东西。

语言发育

孩子在有人逗他时，非常高兴，会笑，并能发出“啊”“呀”的语音。如发起脾气来，哭声也会比平常大得多。这些特殊的语言是孩子与大人的情感交流，也是孩子意志的一种表达方式，家长应对这种表示及时做出相应的反应。

感觉发育

当听到有人与他讲话或有特别的声响时，孩子会认真地听，并能发出咕咕的应和声，会用眼睛追随走来走去的人。

如果孩子满2个月时仍不会笑，目光呆滞，对背后传来的声音没有反应，应该检查一下孩子的智力、视觉或听觉是否发育正常。

睡眠

第3个月的孩子比第2月时睡眠时间要短些，一般在18小时左右，白天孩子一般睡3 ~ 4觉，每觉睡1.5 ~ 2小时，夜晚睡10 ~ 12小时，白天睡醒一觉后可以持续活动1.5 ~ 2小时。

心理发育

第3个月的孩子喜欢听柔和的声音。会看自己的小手，能用眼睛追踪物体的移动，会一边发出“啊”“呀”的声音一边笑，表现出天真快乐的反应。对外界的好奇心与反应不断增长，开始用咿呀的发音与你对话。

第3个月的孩子脑细胞的发育正处在突发生长期的第二个高峰的前夜，不但要有足够的母乳喂养，也要给予视、听、触觉神经系统的训练。每日生活逐渐规律化，如每天给予俯卧，抬头训练20 ~ 30分钟。宝宝睡觉的位置应有意识地变换几次。可让宝宝追视移动物，用触摸抓握玩具的方法逗引其发育，可做婴儿体操等活动。

这个时期的宝宝最需要人来陪伴，当他睡醒后，最喜欢有人在他身边照料他、逗引他、爱抚他，与他交谈玩耍，这时他才会感到安全、舒适和愉快。

3个月婴儿的合理喂养

3个月婴儿的喂养特点

婴儿在这一时期的生长发育是很迅速的，食量增加，当然每个孩子因胃口、体重等差异，食入量也有很大差别。做父母的，不但要注意到奶量多少，而且还要注意奶的质量高低。母乳喂养要注意提高奶的质量，有的母亲只注意在月子中吃得好，而忽略哺乳期的饮食或因减肥而节食，这是错误的。孩子要吃妈妈的奶，妈妈就必须保证营养的摄入量；否则，奶中营养不丰富，直接影响到婴儿的生长发育。

3个月是孩子脑细胞发育的第二个高峰期（第一个高峰期在胎儿期第

10 ~ 18 周），也是身体各个方面发育生长的高峰，营养的好坏关系到今后的智力和身体发育，因此一定要提高母乳的质量。

为婴儿加喂辅食

婴儿加喂辅食的时间

婴儿在满 3 个月之后，就不能单纯只靠母乳喂养了，为了保证婴儿的营养，就应适当增加一些辅助食品，以促进婴儿消化系统的不断完善。

另外，孩子在第一年身体长得最快，光靠吃奶达不到逐步增加营养的需要。到 6 个月时已出牙，为了锻炼孩子的咀嚼能力，要逐步给孩子吃菜末儿、肉末儿、米粥、饼干、馒头片等，这些食物中水分少，营养素浓缩，能满足孩子生长发育的需要。食物从液体逐渐过渡到半固体及固体，也为孩子将来断奶打下了基础。

婴儿辅食主要制作方法

1. 苹果泥：将苹果洗净后，切成两半，用小勺轻轻刮取果肉部分，即可得到苹果泥。

2. 香蕉泥：取熟透的香蕉去皮后放入碗中，用不锈钢小勺背用力挤压、搅烂即为香蕉泥。

3. 鱼泥：将鲜鱼去内脏洗净，放入锅内蒸熟或加水煮熟，去净骨刺，放入调味品，挤压成泥。可调入米糊（奶糕）中食用。

4. 豆腐：将煮熟的嫩豆腐稍加些盐搅碎，加入粥或蛋黄中喂食。

5. 蛋羹：将整蛋搅匀，加入温水半小杯、酱油 1 茶匙、盐少许，待锅内水开后再上锅蒸 8 ~ 10 分钟即成，应在正餐中喂，不要在两餐之间喂食。

6. 肝泥与肉末儿：将煮熟的瘦肉或动物肝脏用干净的刀在砧板上剁成泥，加调料和水少许蒸成肉饼或肝糕直接喂食，或放在粥或面里喂食。

7. 红枣小米粥或玉米面粥：将红枣洗净，煮烂去皮去核，压成枣泥，放在煮好的小米粥或玉米面粥中再煮沸即成。

8. 肉末儿菜粥：瘦肉 50 克，青菜两棵，植物油 10 克，酱油、精盐、葱姜末儿各少许。将肉洗净去筋、剁成细末儿，青菜洗净切碎。锅内加入植物油，油热后下入肉末儿不断煸炒，放入葱姜末儿，再加入少许酱油炒至全熟即成肉末儿。将炒好的肉末儿及碎菜加入熬好的米粥内煮沸。待温后即可喂食。

婴儿大脑发育的营养保证

婴儿从第 3 个月起脑细胞发育逐渐趋向高峰。为促进脑发育，除了保证足量的母乳外，还需要给母亲添加健脑食品，以保证母乳能为宝宝的发育提供充足的营养。

常用的益智健脑食品有：动物脑、肝、血，鱼肉，鸡蛋，牛奶；大豆及豆制品；核桃、芝麻、花生、松子、各种瓜子；金针菇、黄花菜、菠菜、胡萝卜；橘子、香蕉、苹果；红糖、小米、玉米。

微量元素的补充方法

添加含铁丰富的食物

婴儿出生 3 ~ 4 个月后，体内贮存的微量元素基本消耗殆尽了，特别是铁已基本耗尽，仅喂母乳或牛奶已满足不了婴儿生长发育的需要，因此需要添加一些含铁丰富的食物。鸡蛋黄是比较理想的食品之一，它不仅含铁多，还含有小儿需要的其他各种营养素，比较容易消化，添加起来也十分方便。

一般可采用下面几种方法给孩子添加蛋黄：

（1）取熟鸡蛋黄 1/4 ~ 1/2 个，用小勺碾碎，直接加入煮沸的牛奶中，反复搅拌，牛奶稍凉后喂哺婴儿。

（2）取 1/4 ~ 1/2 个生鸡蛋黄，加入牛奶和肉汤各一大勺，混合均匀后，用小火蒸至凝固，稍凉后用小勺喂给婴儿。

给婴儿添加鸡蛋黄要循序渐进，注意观察婴儿食用后的表现，可先试喂 1/4 个蛋黄。3 ~ 4 天后，如果孩子消化很好，大便正常，无过敏现象，可加喂到 1/2 个，再观察一段时间无不适情况，即可增加到 1 个。

补充足够的钙

婴儿在 6 个月以内，每日需要钙 600 毫克，6 个月以上的婴儿每日需钙 800 毫克。一般来说，婴儿从食物中（母乳、牛奶等）只能摄取到钙需要量的一半。例如母乳喂养的小婴儿，全部吃母乳，每 100 毫克母乳中含钙 34 毫克，即使每天能吃进 700 毫升母乳，钙的含量也不足 250 毫克。因此，为了满足婴儿骨骼、牙齿的正常发育和全身正常代谢的需要，还要另外补充宝宝需要量一半的钙。

给婴儿补钙有两个途径，一是在婴儿食物中添加钙，如市售的配方奶粉、婴儿营养奶米粉、奶麦粉等都含有钙；二是用钙剂补充。后者是目前普遍采用的方法。那么选择哪种钙剂好呢？选择钙剂时，一要看钙剂的含钙量；二要看钙剂的溶解度，只有易溶于水的钙剂吸收才会好；三要看是否纯天然，是否安全无毒无副作用；四是价格适宜。

补充钙剂的同时应该补充维生素 D，这样钙才能很好地吸收和利用，否则喂进的钙大部分就由肠道排泄了，起不到应有的作用。

维生素 E 的补充方法

维生素 E 是一种抗氧化剂，它与氧游离基发生作用，起到清除氧游离基的作用，稳定了细胞，因而有治疗生长痛的作用。维生素 C 也是一种抗氧化剂，适当应用也有裨益。维生素 E 剂量为每次 5 ~ 10 毫克，每日 3 次，一般 1 ~ 2 个月后孩子不会再感到下肢疼痛。疼痛完全消失后再服用一段时间予以巩固。

锌的作用及补充方法

锌虽为微量元素，但参与很多重要的生理活动，与蛋白质、核酸及 70 多种酶的合成有关。婴儿期每日需锌 3 ~ 5 毫克，人乳中锌的含量高于牛乳，初乳含量尤高，鱼、肉、虾等动物性食物也含锌丰富，故一般不易发生锌缺乏。乳母营养不足和未给婴儿按时增加辅助食品等均可造成锌缺乏。缺锌影响婴幼儿生长发育，挑食的婴儿常可因锌缺乏而出现食欲减退，生长停滞。缺锌的婴幼儿一般表现食欲差、生长慢、容易感冒，不少孩子还有反复的口腔溃疡和脂肪泻。在味觉敏感度的测定中发现锌缺乏的孩子，一半以上对甜、酸、苦、咸四种基本味觉都很不敏感。缺锌还会给免疫功能带来不良影响，因此缺锌的孩子容易咳嗽、发烧、腹泻、头疖等。

预防缺锌的关键是合理安排膳食。乳品一般锌含量不足，孕妇、哺乳母亲应注意营养的全面摄入及按时为婴儿添加辅食，这是预防婴儿缺锌的主要措施。要保证肉、鱼、蛋类动物性食物与粗粮及蔬菜的供给。发酵食品，如馒头、面包等能促进锌吸收，要鼓励孩子食用。婴儿在 4 个月后可添加番茄、鱼、虾、肉泥、黄鱼小馅饼等，这些食物均含丰富的锌。

钙与磷的比例及补充方法

足够的钙磷能促进骨骼、牙齿的生长和坚硬。婴儿体内的钙约占体重的 0.8%，到了成年以后达到 1.5%，婴儿每日约需钙 600 毫克、磷 400 毫克。婴儿缺乏钙磷，可患佝偻病及牙齿发育不良、心律不齐和手足抽搐、血凝不正常、易于流血不止等症。

钙与磷摄入的比例 1 ∶ 1.5 较为相宜。钙与磷过高或过低，都会影响其吸收。母乳中钙磷比例较为适当，故母乳喂养的婴儿患营养不良的佝偻病者明显少于人工喂养的婴儿。一般婴儿配方奶粉，钙磷比是 1.2 ∶ 1。维生素 D 能调节钙磷代谢，促进骨骼和牙齿的正常生长，对生长期的婴幼儿极为重要。所以说，维生素 D 摄入的多少也会影响到婴儿体内的钙磷比例。

我国婴幼儿的膳食容易缺钙，而磷不缺乏。婴儿 6 个月后添加辅助食物时应多选用大豆制品、牛乳粉、蛋类、虾皮、绿叶蔬菜等，用这些原料制成的食物如牛奶大米糊、牛奶玉米粥、鸡蛋面条、豆豉牛肉末儿、豆腐糕、鸡蛋羹、苋菜水等，均是良好的钙磷来源。

碘、铜、硒等微量元素补充方法

碘缺乏时可引起甲状腺肿大，即“大脖子病”。孕妇缺碘会使胎儿生长迟缓，造成智力低下，甚至发生克汀病（呆小病）。一般来说，碘来自海产品，海带和紫菜中含碘丰富。现在用碘强化食盐，发病率大大降低，成人每日需碘 100 ~ 200 微克，孕妇、乳母、婴幼儿应适当增加碘的摄入量。

铜与造血、婴幼儿发育有关。婴儿大约每天每千克体重需 0.05 ~ 0.1 毫克铜。一般来说，铜来自动物肝、牡蛎、肉、鱼、豆类等食物中，大多数动物和植物性食品中都含有铜。长期腹泻、肠吸收不良及因病不能进食采用肠道外供给营养时可发生铜缺乏症。缺铜的婴儿主要表现为白细胞减少、贫血、面色苍白、厌食、腹泻、肝脾肿大及生长发育停滞。可口服 1% 的硫酸铜液，每天 1 ~ 2 毫升。

硒是动物性食物的重要成分，其主要功能在于组成谷胺甘肽过氧化物酶，参与代谢，先天性愚型、克汀病、心肌病患儿中硒含量降低，而小儿糖尿病硒含量升高。有报告说硒对致癌物能起抑制作用。

另外，钠、钾、氯、镁等也都是人体不可缺少的矿物质，它们在体内与酶、激素、维生素、核酸等一起维持生命的代谢过程。

有利于保护婴儿眼睛的食物

多吃点养肝明目的食物

猪肝：能补肝、养血、明目，每 100 克猪肝含维生素 A 8700 国际单位。可用猪肝 100 克、枸杞子 50 克共煮熟，食肝喝汤。

羊肝：味甘苦，性凉，能益血、补肝、明目，尤以青色山羊肝最佳。可用羊肝做羹，肝熟放入菠菜，打入鸡蛋，食之。

山药：常食之，既可粥食，又可做菜，还能蒸吃。

青鱼：鱼中佳品，滋肾益肝，对视物模糊效果较佳，可常做菜食之。

蚌肉：味甘咸，性寒，滋阴、养血、明目，可炒食或煮汤。

鲍鱼：虽称作鱼。其实乃是一种单壳贝类，其营养和药用价值都非同异常，其壳称“石决明”，有平肝明目之效。用时研末儿，同猪肝共煎，有益于眼。

常食富含胡萝卜素的食品

胡萝卜素是维生素 A 的前身，在人体内能转变成维生素 A。维生素 A 有维持眼睛角膜正常，不使角膜干燥、退化及增强在无光中视物能力等作用，此类食品主要有青豆、南瓜、西红柿、胡萝卜、绿色蔬菜等。

多吃富含维生素 B_2 的食物

维生素 B_2 能保证视网膜和角膜的正常代谢，若缺乏，则易出现流泪和眼发红、发痒等症状。一般来说，瘦肉、扁豆、绿叶蔬菜含维生素 B_2 较多，应多吃一点。

常吃富含维生素 A 的食品

因为维生素 A 缺乏，可致角膜干燥、怕光、流泪，重者眼睛结膜变厚，甚至夜盲或失明。鸡蛋黄、羊奶、牛奶、黄油各种油类，肝脏、苋菜、菠菜、韭菜、青椒、红心白薯及水果中的橘子、杏子、柿子等含维生素 A 较多，可多吃。

其他

含有维生素 C 的食物对眼睛也有益，因此，应该在每天的饮食中，注意摄取含维生素 C 丰富的食物，比如，各种新鲜蔬菜和水果，其中尤其以青椒、黄瓜、菜花、小白菜、鲜枣、生梨、橘子等含量较高。

钙对眼睛也是有好处的，钙具有消除眼睛紧张的作用。如豆类、绿叶蔬菜含钙量都比较丰富。烧排骨汤、酥鱼、糖醋排骨等烹调方法可以增加钙的含量。

上述一些食品对保护小儿眼睛非常有效，要多吃一些，尤其是眼功能差时更要注意。而辛辣、太热、肥腻之食，不利于眼睛，最好少食。

3个月婴儿的日常照料

给宝宝按摩

1. 室内要温暖，不要在有电话的房间，可放一些轻松舒缓的音乐。
2. 把孩子放在柔软的毛巾上。
3. 妈妈先按摩孩子的头顶、脸颊、额头，再按摩耳侧。
4. 从胸顺肋按摩。
5. 在肚脐周围做环形按摩，先由左向右，再由右向左。
6. 用手指揉孩子脊柱两侧，从颈部到尾椎。
7. 按摩腿部，从大腿到膝，从小腿到踝，轻轻拿捏。
8. 按摩胳膊如腿的手法。
9. 按摩力度的大小，依孩子感觉的程度。

妈妈应多抚摸孩子

1. 在孩子吃饱或睡醒以后，妈妈坐在婴儿床边用手抚摸孩子的胸、背、四肢，同时与孩子说笑。

2. 在孩子哭闹时，可抱起孩子，将孩子头贴在妈妈左胸前，一边让孩子听妈妈心跳的声音，一边用手抚摸他。

3. 将孩子抱在怀里，抚摸他的头部、小手、小脚。

4. 父母接触孩子前，一定要洗手，不要从外边一进门就用手抚弄孩子。

5. 妈妈的指甲不要太长太尖，不要戴戒指、手表。

6. 可隔着衣服抱紧孩子，并轻拍、抚摸。

7. 抚摸孩子对父母也是有益的，抚摸时父母会感受和增加对孩子的爱。

8. 抚摸孩子时，父母也放松了自己。

给婴儿穿脱衣服

1. 婴儿躺在床上，妈妈将手从袖口伸入，另一只手将婴儿的手送入袖中。
2. 握住婴儿小手，将袖子拉至孩子肩膀处。
3. 一只手撑开裤腿，另一只手将小脚送入裤口。
4. 穿连衣裤时，将连衣裤在床上放好，先穿腿，后穿上身。
5. 脱裤子时，妈妈一只手握住婴儿膝部，另一只手往下拉裤腿。
6. 脱上衣时，一只手握住婴儿肘部，另一只手拉住袖口。然后一只手稍稍抬起孩子的头背部，另一只手迅速将衣服从孩子身体下抽出。

正确抱孩子

1. 把孩子的头靠在妈妈的左肘弯处，手臂支撑孩子的肩和背，手腕和手抱住孩子。
2. 右手支撑孩子的臀部及背部。
3. 将孩子头靠在妈妈肩膀上，身体贴在妈妈胸部。
4. 妈妈的脸与孩子的脸相距 20 厘米，让他清楚地看到妈妈的脸。
5. 妈妈要向他微笑。
6. 将孩子放下时首先注意支撑孩子的头部。
7. 不要只托住孩子的颈或背，使孩子的头过度向后仰。

给婴儿洗脸

1. 用纱布或小毛巾由鼻外侧、眼内侧开始擦。
2. 擦净耳朵外部及耳后。
3. 用较湿的小毛巾擦嘴的四周。
4. 擦洗下巴及颈部。
5. 用温毛巾擦腋下。
6. 张开婴儿的小手，用较湿的毛巾将婴儿的手背、手指间、手掌擦干净。

3 个月婴儿的智力开发

成长环境与综合感官训练

3 个多月的婴儿对周围的环境更有兴趣了，他喜欢用目光追随移动的、颜色鲜艳明亮的玩具，特别是红色。对暗淡的颜色冷漠、不感兴趣，更喜欢立体感强的物体。

3 个多月的婴儿视觉与听觉比以前灵敏了许多，此时，可以在孩子床的上方 25 ~ 50 厘米处悬挂色彩鲜艳的玩具，如各种彩色气球、彩色布球具、灯笼、哗啦棒、花手帕等，但注意不要总将这些玩具挂在一起，要经常变换位置，以免引起孩子斜视。逗孩子玩时，可将玩具上下左右摇动，使孩子的目光随着玩具移动的方向移动，左右可达 45° 。这样做是促进孩子视觉发育的好方法，但应注意不要让强光直射孩子的眼睛。

为了促进孩子的听觉发育，可以给孩子多听音乐。当妈妈的也可以给孩子多哼唱一些歌曲，也可以用各种声响玩具逗孩子。声音要柔和、欢快，不要离孩子太近，也不要太响，以免刺激孩子引起惊吓。剧烈的响声，会对孩子产生不良刺激；而轻快悦耳的音乐，可使孩子精神愉快并得到安慰。每天给孩子做操时，可以给孩子播放适宜的乐曲，优美的旋律对孩子的智力发育十分有利。如果孩子经常自己躺在一边没人理睬，对他的要求不主动理解，没有哄逗，就会影响其心理发育，其表情会变得呆板，反应相对迟钝。

抓东西

孩子从 3 ～ 4 个月时起，就会试着抓东西。这时可每日将他抱在怀里，用玩具或食物逗引他伸手抓。不要把东西放在他抓不着的地方，只要能抓到手，游戏的目的就达到了。孩子把东西抓到后要让他玩一会儿，然后慢慢从他手中拿出，再让他伸手抓。如果他不放手，就多让他玩一会儿。也可以在童床上悬挂两件玩具，使孩子躺在床上伸手抓。要注意玩具要常变换，使孩子感到新鲜，还要注意绳子不可太长，以免缠绕在孩子手臂上。

孩子大一点，能俯卧或能挺胸坐在妈妈怀里时，可把玩具放在他伸手能抓到的地方，让他主动抓来玩。然后把玩具换个地方，让他转头转身去找。每当孩子抓到玩具后，他会很高兴，妈妈要用语言、微笑、爱抚鼓励他。这一小小的成功，对孩子来说，是了不起的大事，是长了一个很大的本领。他自己也会很高兴。

这个游戏，可训练孩子手眼协调，他去抓东西，是他会使用手去探索周围事物的第一步。还可以锻炼孩子的头、颈、上肢的活动能力，特别是手的动作。

玩这个游戏，要注意以下问题：

1. 要注意让孩子抓的东西一定要清洁卫生，因为孩子抓到手后，常常会放在手里玩一会儿，或是放在嘴里啃。玩具或物品还要安全，不要选小颗粒、小球，以免孩子咽下去；不要过于锐利；要无毒无害。

2. 让孩子抓的东西要常变换、多种多样，这样使他提高感知能力，如硬、软、光滑可增加触觉；颜色、形状、大小可训练视觉；水果、点心可增加他的嗅觉；有声音、有音乐的玩具可训练听觉等。

动作训练方案

每个孩子发育的情况不同，可请医生为婴儿设计适合于孩子的训练方案，以下是专家为 3 个月大的孩子设计的动作训练方案：

1. 当孩子要某个东西时，妈妈用话语和动作鼓励他自己去抓，并将东西放在适合孩子的距离之内。

2. 当孩子随意碰到某个玩具时，妈妈指示他去抓它。

3. 用语言提示孩子注意某一物体，并引逗他去抓。

4. 当孩子抓住玩具后妈妈要表扬和鼓励。

5. 妈妈反复教孩子使用手指抓东西的动作。

6. 鼓励孩子用双手。

7. 帮助孩子结合爬练习抓握。

在孩子 6 个月前，要给他足够的动作训练，这对他今后的生活有全面的影响。

3 个月婴儿的亲子游戏

找妈妈

让孩子卧在床上，妈妈拿着色彩鲜艳的玩具，如花球、彩色的绒娃娃等，放在孩子眼前 30 厘米处，让孩子注视玩具。片刻，将玩具移到一边，并对孩子说："来，看这里，看这里。"训练孩子学习转头用眼睛找寻物品。

以后，妈妈可逐渐站在离孩子稍远的地方，摇动带声响的玩具，或轻声呼唤孩子的名字，吸引孩子转头寻找妈妈。当孩子转头寻找到妈妈时，妈妈要夸奖他、亲亲他，以此来鼓励他。

目的：培养母子感情。

藏猫猫

妈妈把孩子抱在怀里，爸爸用方巾遮住脸，然后突然拉下方巾，叫孩子的名字，逗他笑。再把方巾放在孩子脸上，看他会不会拉下方巾逗爸爸笑。

目的：诱发愉快情绪。

灯

孩子室内的灯不要太亮，离孩子远些。每天开灯的时候妈妈就说"灯"。几天以后，妈妈说"灯"，孩子就会用眼看灯。

目的：发展认知能力。

声音在哪儿

妈妈左右手各拿一个会响的玩具，一会儿左手的出声，一会儿右手的出声，让孩子专心听，分辨不同的声音。

目的：培养听力。

你好

妈妈将手指放在孩子手心，让孩子握住，然后轻轻摇动，口中说："你好，你好。"或说："摇啊摇，摇啊摇，摇到外婆桥。"孩子会很愉快。

目的：发展触觉和手的技能。

用脚蹬

将一块厚纸板式三合板用松紧带系在小床栏上，将板触到孩子脚底，让孩子用脚蹬。蹬后板弹回，触到孩子腿他会再蹬。

目的：锻炼腿部运动。

会踢球了

把一个球挂在大床上，妈妈抱着孩子坐在一边，把住孩子的脚，轻轻地使他的脚碰球，两条腿挨着踢。反复以后，孩子就能主动伸出脚去踢球了。

目的：练习腿的动作。

找一找

妈妈拿小拨浪鼓跟孩子玩，然后拿着玩具走到孩子看不见的地方，摇响玩具，孩子会转头去找。

目的：练习感知能力。

拉过来

在拖拉玩具的绳端绑上一个环，妈妈先拉着玩具走，表现得非常愉快。然后将环放在孩子手里，让他拉住玩具。

目的：练习抓握。

玩水

妈妈抱孩子坐在浴盆里，放一些玩具在水上漂浮，让孩子拍打热水，抓玩具。母子两人都舒服愉快。

目的：锻炼肌肉。

用脚踢

将一个滚动后能发声的球或其他玩具放在孩子脚边。开始时孩子无意碰到它，它发着声音滚开了。妈妈把球仍放在孩子脚边，反复以后，孩子就会主动用脚踢球了。

目的：增加运动。

走起来

孩子坐在妈妈膝盖上，妈妈手扶孩子腋下，将孩子慢慢往后放倒，再往前托起。

目的：练习平衡。

抬头

让宝宝趴在大床上，妈妈与他头顶头趴下。妈妈拉住孩子的小手抚摸，孩子抬起头来看妈妈，妈妈对他微笑并说话。孩子抬头片刻就累了，可休息一下再玩，玩的时间几分钟即可。

目的：练习俯卧抬头。

学倒立

孩子俯卧，抓住他的双踝慢慢提起来，孩子会用双臂支撑，呈倒立姿势，片刻轻轻放下。

目的：训练上臂。

注意：此游戏要轻柔，以孩子用力为主，适可而止，不要猛地拉住孩子腿倒过来。

4个月婴儿的生理特点

身体发育

体重

这一阶段婴儿长得最快，到这个月月底，婴儿的体重可增加1倍，男婴平均为6.93千克，女婴平均为6.24千克。

身高

身高比体重的增长速度要慢一些，这时男婴平均身高约64.55厘米，女婴平均身高约61.53厘米，看上去比较胖。

头围

这时头围与胸围大致相等。男婴平均头围约41.25厘米，女婴平均头围约39.9厘米。头围的增长是有规律的，头围过小或过大，都要请医生检查，小头畸形、大脑发育不全、脑萎缩等头围过小，脑积水、脑癌、巨脑症等头围过大。

胸围

男婴平均胸围约41.7厘米，女婴平均胸围约40.5厘米。

坐高

男婴平均约41厘米，女婴平均约40.4厘米。

动作发育

4个月的孩子，头能够随自己的意愿转来转去，能够坐着。让孩子趴在床上时，大人扶着孩子的腋下和髋部时，他的头已经可以稳稳当当地抬起，下颌和肩部可以离开桌面，前半身可以由两臂支撑起。当他独自躺在床上时，会把双手放在眼前观看和玩耍。扶着腋下把孩子立起来，他就会举起一条腿迈一步，再举另一条腿迈一步，这是一种原始反射。到6个月时，扶他直立，他的下肢能支撑他的全身。

抬头，就是在孩子仰卧时，用双手抓住孩子的两只手腕，轻轻拉起，在拉起孩子上身的同时，孩子的颈部撑着头，使头也跟着抬了起来。

手的活动范围扩大了，孩子的两只手能在胸前握在一起，经常把手放在眼前，这只手拿那只手玩，那只手拿这只手玩，或有滋有味地看自己的手。这个动作是4个月大孩子动作发育的标志。

语言发育

4个月的孩子在语言上有了一定的发展，逗他时会非常高兴，并发出欢快的笑声。当孩子看到妈妈时，脸上会露出甜蜜的微笑，嘴里还会不断地发出咿呀的学语声，似乎在向妈妈说着知心话。

感觉发育

4个月的孩子视觉有了发展，开始对颜色产生了分辨能力，对黄色最为敏感，其次是红色，见到这两种颜色的玩具很快能产生反应，对其他颜色的反应要慢一些。这么大的孩子就已经能认识奶瓶了，一看到大人拿着它就知道要给自己吃饭或喝水，会非常安静地等待着。在听觉上，发展也较快，已具有一定的辨别方向的能力，听到声音后，头能顺着响声转动180° 。

睡眠

4个月的孩子每日睡眠时间是17 ~ 18个小时，白天睡3次，每次2 ~ 2.5个小时。夜里可睡10个小时左右。

心理发育

4个多月的孩子喜欢从不同的角度玩自己的小手，喜欢用手触摸玩具，并且喜欢把玩具放在口里试探。能够用咕咕噜噜的语言与父母交谈，有声有色地说得挺热闹。会听自己的声音。对妈妈显示出格外的偏爱，离不开。

此时，要多进行亲子交谈，如跟孩子说说笑笑给孩子唱歌。或用玩具逗引，让他主动发音，要轻柔地抚摸他、鼓励他。

4个月婴儿的合理喂养

4个月婴儿喂养特点

4个月的孩子食入量差别较大，此时仍希望能坚持纯母乳喂养。如果人工喂养，一般的孩子每餐150毫升就能够吃饱了，而有的生长发育快的孩子，食奶量就明显多于同龄儿童，一次吃200毫升还不一定够，有的还要加婴儿米粉等。当孩子能吃一些粥时，可将奶量减少一些，但是这么大的孩子还是应该以奶为主要食品。

4个月的孩子除了吃奶以外，要逐渐增加半流质的食物，为以后吃固体食物做准备。婴儿随年龄增长，胃里分泌的消化酶类增多，可以食用一些淀粉类半流质食物，先从1 ~ 2匙开始，以后逐渐增加，孩子不爱吃就不要喂，千万不能勉强。加大米粥等食物的那一餐，可以停喂一次婴儿米粉。

4个月的孩子容易出现贫血，这是因为从母体带来的微量元素铁已经消耗掉，如果日常食物比较单一，便满足不了身体生长的需要。因此要在辅食中注意增补含铁量高的食物，例如蛋黄中铁的含量就较高，可以在牛奶中加上蛋黄搅拌均匀，煮沸以后食用。

为补充体内维生素C，除了继续给孩子吃水果汁和新鲜蔬菜水以外，还可以做一些菜泥和水果泥喂孩子。在添加辅食的过程中，要注意孩子的大便是否正常及有没有不适应的情况，每次添加的量不宜过多，使孩子的消化系统逐渐适应。

喂养时间可在上午6∶00、10∶00，下午2∶00、6∶00，晚上10∶00，

夜间可以不喂，在两次喂食之间加喂一次鲜水果汁等。

辅食的制作方法

西瓜糊：将西瓜去子，用小勺在容器中碾碎。对于夏天的孩子有消暑利尿作用。

香蕉粥：取香蕉、牛奶各适量，放入锅内煮，边煮边搅，成为香蕉粥，关火后加入少许蜂蜜。这对小儿便秘尤为适用。

梨酱：将梨洗净去皮核，切成薄片，与适量冰糖、水共煮，煮成糊状，研成泥。对咳嗽的小儿有一定功效。

橘子糊：将橘子瓣去内皮及核，放入容器中，加入少许蜂蜜进行搅拌。其中维生素 C 的含量较高。

鱼泥：婴儿可开始吃鱼泥。将从市场买来的鱼，去鳞、鳃，剖开取出内脏、洗净。将鱼肉放入锅内，加水适量，加少许盐、葱、姜、料酒，用微火煨 30 分钟后取出，去骨、刺，剩下的鱼肉捣碎、烂，即成鱼泥。也可以把洗净的鱼装入盘中，加上述的调料，上锅以火蒸 20 ~ 30 分钟后取出，去骨去刺，留鱼肉，用勺背碾成鱼肉泥，因婴儿从未吃过鱼肉，初次吃 4 ~ 6 克，可以单以鱼泥加开水调成糊状喂食，也可以把鱼泥加入米糊中调匀服用，或调入稀粥中食用。3 ~ 4 天后无反应，可增加量，逐渐加至 10 ~ 15 克。间隔 3 ~ 4 天适应后，慢慢再加量。增加量的多少主要根据婴儿食欲及粪便症状。只要无不良反应，就可适当增加。

牛奶忌与钙粉同哺

人工喂养的小儿到了 3 个月后便开始加喂一些钙片或钙粉，以防止小儿缺钙。应当注意的是钙粉不能和牛奶一起喂。因为钙粉可以使牛奶结块，影响两者的吸收。有些父母为了方便、省事，常喜欢把钙粉混合到牛奶中一起给孩子吃，这样的补钙方法是不科学的。

4 个月婴儿的日常照料

预防孩子睡偏头

孩子出生后，头颅都是正常对称的，但由于婴幼儿时期骨质密度低，骨骼发育又快，所以在发育过程中极易受外界条件的影响。如果总把孩子的头侧向一边，受压一侧的枕骨就变得扁平，出现头颅不对称的现象。

1 岁之内的婴儿，每天的睡眠占了一大半甚至 2/3 的时间，因此，预防小儿睡偏了头，首先是要注意孩子睡眠时的头部位置，保持枕部两侧受力均匀。另外，孩子睡觉时容易习惯于面向母亲，在喂奶时也把头转向母亲一侧。为不影响孩子颅骨发育，母亲应该经常和孩子调换睡眠位置，这样，孩子就不会总是把头转向固定的一侧。

如果孩子已经睡偏了头，家长应用上述方法进行纠正。若孩子超过了 1

岁半，骨骼发育的自我调整已很困难，偏头不易纠正，会影响孩子的外观美。

为宝宝选择合适的枕头

婴幼儿枕头长度应与其肩宽相等或稍宽些，宽度略比头长一点，高度约5厘米。枕套最好用棉布制作，以保证柔软、透气。枕芯应有一定的松软度，可选荞麦皮或蒲绒的，塑料泡沫枕芯透气性差，最好不用。质地太硬的枕头，易使小儿颅骨变形，不利于头颅的发育；弹性太大的枕头也不好，小儿枕时，头的重量下压，半边头皮紧贴枕头，会使血流不畅。木棉枕、泡沫枕通风散热性能差，不适合夏天使用。

父母在为孩子选择枕头时，要从高度、硬度、通风散热、排汗、不变形等各方面综合考虑。

孩子睡觉的正确姿势

1. 小婴儿可以仰卧睡。

2. 大婴儿最好侧卧，长大了最好“卧如弓”。

3. 侧卧以右侧卧为好，如此有利于胃中食物向十二指肠移动，减少对心脏的压迫。

4. 不要蒙头睡。

5. 孩子仰卧睡时要把孩子手放在身体两侧，不要放在胸上。

6. 婴儿喜欢朝光亮的方向睡，妈妈要注意帮孩子转换体位，以免头型发育不端正。

温水擦身有利宝宝

因为孩子小，所以水的温度不能太低，以35℃左右略低于体温即可，用天然海绵或塑料泡沫吸水后，在孩子胸背、四肢轻轻擦，每次5分钟。可促进全身血液循环，预防感冒。

适合婴儿的床

婴幼儿应该睡硬床，有的家长让孩子睡软床、铺厚垫、用软枕，害处有三：

1. 容易造成婴儿窒息，因为太软的床、枕不益于孩子滚动，当被褥等堵住口鼻时，孩子难以挣扎。

2. 不利于孩子骨骼发育。

3. 不利于孩子练习翻身、坐起、站立、爬和迈步。

4个月婴儿的智力开发

婴儿手的精细动作发育

1. 最初看得见抓不着，三四个月能按照视线去抓已经看见的东西。

2. 最初无意地摇晃东西，以后学会做出应答性效果动作，如双手敲玩具听响声玩很高兴。

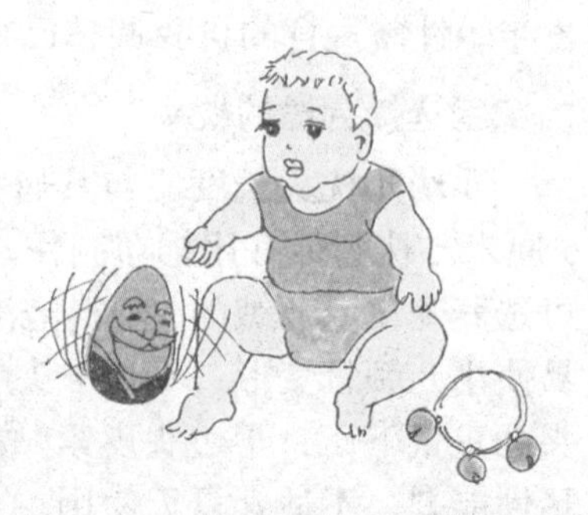

3. 最初虽然有动作目标，但一行动起来就掺杂多余动作，如手去拿皮球，脚也跟上来，他还分不清哪个动作有用，哪个动作没用。

4. 开始只会拿一样东西，虽然看到另一件喜欢的东西，想拿却不会拿了，只好把手里的东西扔下再去拿那件，6 个月以后逐渐能双手同时拿住一件物品，会坐以后，手眼才能更加协调，与此同时，大拇指也就同其他 4 个指头分工，互相配合协作，逐渐掌握取物的方法，由笨手笨脚变得灵活起来。

进行空气浴

1. 婴儿小时可在室内、室温不低于 20℃时，孩子穿衣在室内做婴儿操。

2. 孩子身体强壮些后，可到户外。

3. 可根据季节及天气情况选择适宜的时间。

4. 孩子的衣服逐渐减少，天气好时，气温较高，可只穿短衣裤。

5. 每次从 2 ~ 3 分钟开始逐渐延长。

目的：让孩子的皮肤暴露在空气中，锻炼身体。

适合宝宝的玩具

1. 色彩要鲜艳，色块大，不乱。

2. 无毒无污染。

3. 玩具上尽量少有小装饰物，如果有眼睛，应是不易摘下来的那种。

4. 易于清洗消毒。

购买玩具方案

玩具是孩子的玩具，要孩子喜欢玩才行。孩子的智力发育、性格、兴趣爱好不同，喜爱的玩具也不同。以下仅供参考。

新生儿：八音盒、会动带响声的玩具。

3 个月：颜色鲜艳、能发声的玩具。

4 个月：用手捏便会叫的塑胶玩具。

5 个月：能让孩子用手抓住的玩具。

6 个月：长毛绒玩具，孩子能拿住即可，不要太大。

8 个月：图片、镜子。

10 个月：积木、简单的插接玩具。

12 个月：拖拉玩具。

13 个月：汽车、球。

24 个月：玩水和沙土的玩具、画画用的文具。

4个月婴儿的亲子游戏

看看妈妈的脸

妈妈把孩子抱在胸前，对着孩子的脸做各种表情，并向他微笑。

目的：促进表情发展，丰富情感交往。

不倒翁

不倒翁是一件传统玩具，现在有各种形态，但道理都是一样的。给孩子玩不倒翁，让孩子体会推得重就摇动幅度大，推得轻就摇动幅度小，但总不会倒。

目的：引起孩子的好奇心。

外面真奇妙

把宝宝抱到户外，让他看眼前的景物，妈妈反复地跟他说话，讲周围的事物，每次2～3分钟。

目的：发展视觉，开阔眼界。

节奏感训练

放一曲轻柔舒缓的音乐，妈妈把孩子抱在怀里，嘴里哼着曲，并按节拍迈着舞步前后旋转。

目的：发展听觉和节奏感。

看口形

妈妈向孩子发出“啊”“喔”的声音，并让孩子看到妈妈的口形，孩子有时也会模仿，做出相应的口形，逐渐发出声音。

目的：促进语言发展。

“斗斗飞”

把孩子放在怀里，妈妈双手握住孩子双手，使孩子握拳伸出食指，将孩子两食指相碰再离开，同时妈妈说：“斗、斗、斗、斗、飞。”反复玩，使孩子一听到妈妈念“斗斗飞”，就会把两食指相碰。

目的：发展言语动作协调。

拍拍打打

将色彩鲜艳、能发声的玩具挂在孩子胸上方伸手能抓到的地方，使孩子拍打、抓握。玩完后摘下来，下次玩时再挂上。

目的：发展触觉与手眼协调。

握住

妈妈拿一个会发声的塑料环放在孩子手中，有时他不抓握，只握住他的小拳头。妈妈可抚摸他的手背到手指。这样孩子张开手，再把玩具放在他手中让他握住。

目的：发展触觉和手的技能。

听听自己说什么

把孩子“咿咿啊啊”的声音录下来，在孩子高兴时放给他听。

目的：促进孩子发声的兴趣。

拉过来

让孩子坐在桌旁，妈妈把一件玩具放在他够不着的地方让他拿。见他拿不到，妈妈就用一根布条系在玩具上，把布条的一端交到孩子的手里让他拉。孩子将玩具拉过来很高兴。

目的：发展孩子解决问题的能力。

抓一个

将各种玩具放在桌子上，妈妈抱孩子看，然后让他伸手去抓，抓到什么妈妈就说这个玩具的名字。然后跟他一起玩这个玩具。

目的：训练手抓能力与手眼协调。

小鼓咚咚

给孩子买一只小鼓，妈妈一只手拿鼓，一只手拿锤，敲给孩子看。然后让孩子模仿。

目的：训练两只手的配合。

荡起来

把孩子放在毛巾被上，爸爸妈妈拉住毛巾被四角，将孩子抬起离床面20厘米，轻轻来回摇荡。

爸爸将孩子抱在怀里，坐在秋千上，由妈妈轻轻地小幅推动。

目的：训练平衡能力。

试着翻

孩子仰卧，把孩子的左腿放在右腿上，妈妈手托孩子腰部，使孩子转身，成俯卧。将玩具放在孩子眼前，引逗他抬头片刻，再翻过身来。然后把孩子的右腿放在左腿上往左翻。

目的：练习翻身和俯卧抬头。

说儿歌

妈妈轻轻地叫孩子的名字，跟他轻声说话，给他念儿歌。

虫虫飞

虫虫飞，虫虫飞，
飞到南山喝露水，
露水喝不到，
回来吃青草。

5 个月婴儿的生理特点

身体发育

体重

5 个月的男婴约 7.5 千克，女婴约 6.8 千克，每天增长 25 ~ 30 克。

身高

男婴约 65.4 厘米，女婴约 63.8 厘米。

头围

男婴约 42.3 厘米，女婴约 41.2 厘米。

胸围

男婴约 42.6 厘米，女婴约 41.6 厘米。

坐高

男婴约 42.7 厘米，女婴约 41.5 厘米。

动作发育

5 个月的孩子所做的各种动作较以前熟练了，而且能够呈对称性。将孩子抱在怀里时，孩子的头能稳稳地直立起来。俯卧时，能把头抬起并和肩胛成 90° 角，拿东西时，拇指较前灵活多了。扶立时两腿能支撑住身体。

牙齿

有的孩子已长出了 1 ~ 2 颗门牙。

语言发育状况

这个时期的孩子在语言发育和感情交流上进步较快。高兴时会大笑，声音清脆悦耳。当有人与他讲话时，他会发出咯咯咕咕的声音，好像在跟你对话。此时孩子的唾液腺正在发育，经常有口水流出嘴外，还出现把手指放在嘴里吸吮的毛病。

听觉发育状况

这段时期的婴儿，其听觉能力有了很大发展，5 个月以后的婴儿已经能集中注意倾听音乐，并且对柔和动听的音乐声表示出愉快的情绪，而对强烈的声音表示出不快。听到声音能较快转头，能区分爸爸、妈妈的声音，听见妈妈说话的声音就高兴起来，并且开始发出一些声音，似乎是对成人的回答。叫他的名字已有应答的表示，能欣赏玩具中发出的声音。

感觉发育状况

5 个月的孩子对周围的事物有较大的兴趣，喜欢和别人一起玩耍。能识别自己的母亲和面庞熟悉的人及经常玩的玩具。

心理发育状况

5 个月的孩子喜欢父母逗他玩，高兴了会开怀大笑，会自言自语，似在背书，咿呀不停。会听儿歌且知道自己叫什么名字。能够主动用小手拍打眼前的玩具。见到妈妈和喜欢的人，知道主动伸手找抱。对周围的玩具、物品都会表示出浓厚的兴趣。

睡眠

5个月的孩子睡眠时间每天为16～17个小时，白天睡觉，每次睡2～2.5个小时；夜间睡10个小时左右。

5个月婴儿的合理喂养

5个月婴儿喂养特点

5个月的孩子，由于活动量增加，热量的需求量也随之增加，以前认为只吃母乳就能满足孩子生长发育的需要，现认为纯母乳喂养已不能满足孩子生长发育的需要。

如果必须人工喂养，5个月的孩子的主食喂养仍以乳类为主，牛奶每次可吃到200毫升，除了加些糕干粉、亨氏米粉、健儿粉类外，还可将蛋黄加到1个。在大便正常的情况下，粥和菜泥都可以增加一点，可以用水果泥来代替果汁，已经长牙的婴儿，可以试吃一点饼干，锻炼咀嚼能力，促进其牙齿和颌骨的发育。

本月在辅食上还可以增加一些鱼类，如平鱼、黄鱼、巴鱼等，此类鱼肉多，刺少，便于加工成肉泥。鱼肉含磷脂、蛋白质很高，并且细嫩易消化，适合婴儿发育的营养需要，但是一定要选购新鲜的鱼。

在喂养时间上，仍可按第4个月的安排进行，只是在辅食添加种类与量上略多一些。

婴儿夜啼的母亲饮食

小儿夜啼是指非因身体不舒服而引起每夜啼哭，甚至通宵达旦，有的每夜定时啼哭，哭后仍然安静入睡者，称为“夜啼症”。

小儿夜啼与母亲的饮食忌口有很大的关系，如母亲经常进食油炸辛辣油腻之品，辛辣刺激，肥甘之味易生湿热，内热经乳汁进入小儿体内，可使邪热乘心。中医认为心热为阳，阳为人身的正气，因小儿正气未充，至阳则阳衰，阳衰则无力与邪热相搏，正气不能战胜邪热，则邪热乘心而致小儿夜间烦躁啼哭、睡喜仰卧，见火或光亮夜啼更严重，同时还可见到小儿烦躁闷热、口中气热、手腹发热、面赤唇红、小便短赤、大便秘结等症状。有的母亲喜食生冷寒性食物也可影响小儿阳气，导致寒邪内侵。中医认为诸脏属阴，夜则阴盛，阴盛则阳衰，阳衰则阴寒凝滞，或阳为阴寒所郁，不得伸展，白天表现为睡喜伏卧、四肢欠温、面色青白、口中气冷等。夜间则表现为啼哭不休，一般在清晨3时后停息。

5 个月以后的婴儿除了喂菜汤外，还应喂食菜泥、水果泥。

菜汤的喂法

取新鲜绿色蔬菜或胡萝卜 50 ~ 100 克洗净，切碎。锅内加少许水煮沸后将蔬菜或胡萝卜加入，继煮 7 ~ 8 分钟煮熟烂。倒入清洁的漏瓢中，去汤后用匙背压榨成细末过瓢孔，去除粗纤维。剩下的倒入碗中即可食用。

4 ~ 6 个月的婴儿初次吃菜汤可从少量开始，第一次吃 20 ~ 30 克菜汤，适应了再增加至 40 ~ 50 克。

菜泥的喂法

先将新鲜的蔬菜如菠菜、小青菜、胡萝卜、空心菜等，选任何一种取 50 ~ 100 克，洗净，切碎。往锅内放水，煮沸后将切碎的菜放入锅内。继以大火煮沸 6 ~ 7 分钟停止，开锅将菜及汤倒入消毒的漏瓢内，漏下的菜汤盛入碗中，加少许盐即成菜汤，供食用。

初次吃菜泥的婴儿可从少量开始，第一次可喂 1/2 汤匙（10 ~ 15 克），第 2 天如无不良反应增加到 1 汤匙（20 克），3 ~ 4 天后无不良反应可增至 2 汤匙（30 ~ 40 克）。

水果泥的喂法

新鲜苹果 50 克，糖 10 克，将苹果去皮，切碎，以大火煮软后，加入糖，放入清洁的铁筛内，用匙压迫过小孔，即成苹果泥。简单的苹果泥的做法：也可以将苹果洗净，削去皮，以小匙慢慢地刮，刮下的即成苹果泥，开始每次喂 1/2 汤匙，以后渐增，小儿腹泻时吃点苹果泥有止泻作用。

5 个月婴儿的日常照料

不要强制孩子不哭

婴幼儿大脑发育不够完善，当受到惊吓、委屈或不满足时，就会哭。哭可以使孩子内心的不良情绪发泄出去，通过哭能调和人体七情。所以哭是有益于健康的。

有的家长在孩子哭时强行制止或进行恐吓，使孩子把哭憋回去。这样做使孩子的精神受到压抑，心胸憋闷。长期下去，会精神不振，影响健康。

当孩子哭时，家长要顺其自然。孩子哭后就能情绪稳定、喜笑如常了。

茶水喂药不利

茶是中国人最喜欢喝的饮料，具有提神、助消化和防癌等作用。尽管茶水有这些优点，但是不宜用茶水给孩子喂药。这是因为茶叶里含有鞣质，鞣质略带酸性，遇到某些药物，可引起化学变化，改变药性或发生沉淀，影响药物吸收，产生副作用。所以说不能用茶水给孩子喂药。

不能用电风扇直吹小儿

在酷暑盛夏季节，可不可以给孩子吹电风扇呢？由于年龄越小的孩子体温调节中枢越不完善，所以婴儿既怕热也怕冷。电风扇不断地吹会使孩子感冒、腹泻、消化不良。因而天气很热，电风扇也不要直接对着孩子吹，更不能离孩子很近，吹的时间也不能过长；还要避免风流固定在一个方向，最好是让风扇摇头旋转，风量开到最小，形成柔和的自然风，促进人体散热。

帮宝宝擤鼻涕有讲究

幼儿不会自己擤鼻涕，妈妈为他擤鼻涕时要轻快，妈妈不要随便给孩子挖鼻孔、掏耳朵，这都是不良习惯。妈妈帮助孩子擤鼻涕时，要擤完一个鼻孔，再擤另一个鼻孔。两个鼻孔一齐擤，孩子又不会用力，容易损伤耳内鼓膜。

5 个月婴儿的智力开发

社交能力的发展

会对人笑

两三个月以后孩子很好玩，会逗人，很喜欢让人抱。有时一面吃奶，一面盯住妈妈的脸，有时还要放开奶头笑起来，逗得妈妈非常高兴。有时也转向周围的人，设法逗引旁人或观看旁人的活动，竟忘记吃奶。

孩子吃饱睡足，可自由地挥动手脚，或把小脚丫扳进嘴里啃起来，玩得真够快乐。如果成人逗引他，同他说话，不仅微笑，还要咯咯地大笑起来。初生只会哭，现在学会笑。笑比哭好，哭是消极情绪反应，笑却是积极情绪，有助于神经系统健康发育，有助于消化，有助于精神健康。

会看脸色

两三个月以后，吃饱了还要哭，不紧不慢的哭声是在喊人跟他玩，此时不只是生理需要，更需要心理上的满足，有人同他交流就高兴，又说又笑，人一走又哭又闹。他哭得对，因为在与人交流中学习说话，学习认识，学习情感的交流，交流是心理发展的重要条件。因此，成人不该离开孩子，更不能把孩子独自丢下，让孩子孤独一人会感到不安、枯燥无趣。

六七个月，会看脸色，逐渐能分辨出温和还是严肃的表情，亲切的声音还是训斥的怪腔。对温柔而亲切的态度就做出微笑或高兴反应，对严肃的态度就要惊恐、躲避或大哭。

认生

3 个月以内不认人，谁抱都满意，只要抱就有安慰。五六个月，尽管你抱过他、亲过他，可没经常同他在一起，他也要把你当生人对待，拒绝你的喜爱，或用大哭回答你，好像把他抱跑似的。只有自己身边的人才是最可信赖的亲人。

社会性反应能力对心理活动的发展、良好习惯的培养、性格的形成都有重要作用。因此，父母、亲人，要多多亲热地与孩子交往，努力发展他们的社会性反应能力。

会翻身了

婴儿到了 5 个月就会学翻身了，但这时多数婴儿，只会从仰卧位翻到侧卧位，或从俯卧位翻到侧卧位。6 个月时才能灵活地做翻身的动作。翻身使孩子随意变动体位，扩大了视野，促进了智力的发展。帮助孩子早日学会翻身，对他的发育是十分有益的。孩子会翻身后，必须放在有床栏的床上，以防摔伤。

手眼协调能力

5 个月的婴儿手眼协调能力增强，他不仅能观察周围的事物，而且会把看到的东西用手抓起来，把抓起来的东西放在眼前，反复看。而且会从这只手倒到另一只手。手眼的协调，使孩子在玩弄物体的过程中，感觉到物体的特征，从中学到很多东西。

5 个月的婴儿能发出一些元音和简单辅音拼出的音如“ma”“ba”“da”等。能对周围人对他说话做出反应，听到声音会很灵敏地寻找说话的人，当父母跟他说话时他会很高兴，也滔滔不绝、大声地发声。耳聋的婴儿在发声上与正常婴儿没有什么不同，只是他们听不到自己的声音和别人的反应，发声的兴趣才逐步消失。

喜欢看图

当孩子视觉发展以后，彩色图片对他有足够的吸引力，妈妈可以通过图片教他认识事物。开始时可将孩子抱在怀里给他看一些简单的画。这些画色彩简单明快，画中的物要大而清楚，比如画上只是一只猫、一条鱼、一个杯子。在看图片时，妈妈要告诉孩子图片上东西的名称，告诉他图片上主要的颜色，并可就图片的内容编个儿歌、小故事说给孩子听。如果是小动物，就学着动物的声音叫几声：“小猫喵喵喵。”“小狗汪汪汪。”“小鸭呷呷呷。”增加游戏的乐趣。也可讲解图片：“小猴吃桃，猴子最爱吃水果。小猴淘气，爱上树。”等等。不要担心孩子听不懂，慢慢他会明白的。

妈妈跟孩子一起看图可教会他不少东西，图片中的内容可由简单到复杂，一张图片中可有多种物品和事物，帮助孩子认识世界。看画也是练习语言发展的手段，妈妈边看边说，让孩子听着各种不同的声音，他也慢慢学着发声。家长应了解，小婴儿注意力集中时间很短，孩子显得不爱玩了，不要勉强。

能坐着玩

孩子 5 个月时可让他靠在妈妈身上，或背坐在大沙发上玩，开始时，他坐不了多大一会儿就会倒下，慢慢的坐的时间长了，能放手稳坐十来分钟，就可以训练他自己独自坐着玩了。当然，如果独坐在沙发上要有人在旁边看着，孩子歪倒时给他扶好，注意不要摔下来。坐得再稳当些以后，可以将孩子放在地毯上，让他拉着妈妈的手起坐，注意妈妈不要用力拉他，小心拉得孩子关节脱臼。

孩子靠坐在妈妈怀里，可用新鲜玩具逗引他，让他伸手拿不到，使上身随着抬高，不再靠在妈妈身上，然后把玩具给他，能坐以后，让他两只手拿玩具，或拍手，训练坐得平衡。还要训练他点头、摇头，这样可逐渐帮他坐稳。

这个游戏，可训练孩子的躯体肌肉，使背胸、腰肌发育，支撑整个上身。人要学会坐，必须保持体位平衡，这要有中枢神经系统的调节才能做到，孩子能独坐后才能使两手活动更加自由，从而促进手的进一步发育和手眼协调的发展。两手活动的增加，使孩子的许多想法得以实现，又促进了脑的发育，孩子独立行动的本领与认识都增强了。

5个月婴儿的亲子游戏

说你好

妈妈将孩子抱在怀里，左手拿一个毛绒玩具或木偶玩具，对孩子说："小熊来了，小熊来看羊羊。"然后用玩具的腿拍拍孩子的头。让孩子握住玩具，妈妈说："你好！你好！"

目的：与孩子说话。

说再见

家里来了客人，或爸爸妈妈出门，要教孩子"再见"。孩子不会说时，大人抱着他，挥动他的手，大人口中说："再见。"会说话以后，他就能主动摇手并说"再见"。

目的：理解简单语言。

怎么响

给孩子买一个音盒玩具，妈妈抱着孩子舒服安静地听，反复几次，孩子就知道启动开关就能响。

目的：训练听力。

哪儿响

把孩子放在地毯上，将一个定时器或闹钟上好铃，铃声闹起来，妈妈问孩子："哪响了？是什么声音？"孩子会做出寻找的相应动作。妈妈把闹钟拿来，对孩子说："这是闹钟。"

目的：训练听力。

学翻身

将孩子仰卧在地毯上，用玩具引逗孩子，从仰卧到俯卧，再从俯卧到仰卧，反复翻身打滚。

目的：训练翻身。

递来递去

妈妈和孩子坐在床上，妈妈给孩子一块积木，待他拿好后，再递给他一块。他也许将右手拿着的积木放在左手，右手再去接新积木。也可能扔下手里的积木，再接新积木。妈妈引导他将积木换手接新的。

目的：培养手的能力。

往外拿

妈妈把玩具装进纸袋，将纸袋交给孩子。如果他不知怎么办，妈妈可示范从开口处往外拿，并告诉他玩具都在口袋里，引逗他一件一件往外拿。

目的：练习拿东西。

听音乐

妈妈选择一个节奏鲜明的音乐，抱着孩子一起听，并随着音乐打拍子。

目的：训练节奏感。

球跑了

让孩子俯卧，妈妈将一滚就发声的球放在孩子手边，孩子伸手触球，球滚开了。妈妈将球滚过来，孩子会有追球的动作。

目的：练习俯卧。

听音乐

给婴儿听的音乐要舒缓、优美，孩子不适合听流行歌曲、摇滚乐等。以下乐曲可供家长选用：

1.《圣母颂》

2.《摇篮曲》

3.《春江花月夜》

4.《梦幻曲》

指鼻子

孩子坐在妈妈膝盖上，妈妈念歌谣：

拍手掌，看我摸，
我不摸呀你别摸，
我摸耳朵你也摸耳朵，
我摸鼻子你也摸鼻子，
我摸眼睛你也摸眼睛，

我摸脑壳你也摸脑壳。

妈妈念到什么，要求孩子在自己脸上指什么。

手指游戏

妈妈抱着孩子，妈妈念歌谣：

一个指头按电钮，

两个指头捡豆豆，

三个指头解扣扣，

四个指头提网兜，

五个指头握一起，

攥个拳头有劲头。

妈妈念到哪个手指，让孩子伸出哪个手指。

6个月婴儿的生理特点

身体发育

体重

这时孩子体重增长速度减慢，每天增长 20 ～ 26 克，6 个月的男婴的平均体重为 7.97 千克，女婴平均体重为 7.35 千克，由于个体因素不同，有的孩子胖些，有的瘦些。不要因自己的孩子比别人瘦就拼命喂，只要孩子健康，瘦些也是正常的。

身高

6 个月的孩子身高发育较快，男婴的平均身高为 66.7 厘米，女婴的平均身高为 65.9 厘米。

头围

男婴平均头围约为 43.1 厘米，女婴平均头围约为 41.9 厘米。

胸围

男婴平均胸围约为 43.4 厘米，女婴平均胸围约为 42.0 厘米。

坐高

男婴平均坐高约为 43.5 厘米，女婴平均坐高约为 42.3 厘米。

动作发育

6 个月的婴儿肌肉发育增快，手脚的运动能力增加，对眼前的东西，都喜欢伸手抓上一把，并且会两手一齐抓。大多数孩子还不会用手指拿东西，只能用手掌和手指一起大把抓。当然孩子手的发育也有差异。

随着视觉和运动能力的发展，孩子不仅能看周围的物体，而且会把看到的东西准确地抓到手里。抓到手里以后，还会翻过来倒过去地仔细看，把东西从这只手换到另一只手。

6 个月的孩子会用一只手够自己想要的玩具，并能抓住玩具，但准确度还不够，往往一个动作需要反复好几次。洗澡时很听话并且还会打水玩。

6 个月的孩子还有个特点，就是不厌其烦地重复某一动作，经常故意把手中的东西扔在地上，捡起来又扔，可反复 20 多次。也常把一件物体拉到身边，推开，再拉回，反复动作。这是孩子在显示他的能力。

6 个月的孩子懂事多了，口水流得更多了，在微笑时流涎不断。如果让他仰卧在床上，他可以自如地变为俯卧位，坐位时背挺得很直。当大人扶助孩子站立时，能直立。在床上处于俯卧位时很想往前爬，但由于腹部还不能抬高，所以爬行受到一定限制。

感觉发育

6 个月的孩子会用表情表达他的想法，能辨别亲人的声音，能认识妈妈的脸，能区别熟人和陌生人，不让生人抱，对生人躲远，也就是常说的“认生”了。

这时的孩子视野扩大了，对周围的一切都很感兴趣，妈妈可以有意识地让孩子接触各种事物，刺激他的感官发育。

孩子能比较精确地辨别各种味道，对食物的好恶表现得很清楚。能够注视较远活动的物体，如汽车等。能静静地听他喜欢的音乐，对叫他的名字有答应的反应，喜欢带声音的玩具。

睡眠

6 个月的孩子每昼夜睡 15 ~ 16 个小时，夜间睡 10 个小时，白天睡 2 ~ 3 觉，每次睡 2 ~ 2.5 个小时。白天活动持续时间延长到 2 ~ 2.5 个小时。

心理发育

6 个月的孩子睡眠明显减少了，玩的时候多了。如果大人用双手扶着宝宝的腋下，孩子就能站直了。6 个月的孩子可以用手去抓悬吊的玩具，会用双手各握一个玩具。如果你叫他的名字，他会看着你笑。在他仰卧的时候，双脚会不停地踢蹬。

这时的孩子喜欢和人玩藏猫猫、摇铃铛，还喜欢看电视、照镜子、对着镜子里的人笑，还会用东西对敲。宝宝的生活丰富了许多。

家长可以每天陪着宝宝看周围世界丰富多彩的事物，你可以随机地看到什么就对他介绍什么，干什么就讲什么。如电灯会发光、照明，音响会唱歌、讲故事等。各种玩具的名称都可以告诉宝宝，让他看、摸。这样坚持下去，每天 5 ~ 6 次，开始孩子学习认一样东西需要 15 ~ 20 天，学认第二样东西需 12 ~ 16 天，以后就越来越快了。注意不要性急，要一样一样地教，还要根据宝宝的兴趣去教。这样，5 个半月时就会认识 1 件物品，6 个半月时就会认识 2 ~ 3 件物品了。

语言发育

6 个月的孩子，可以和妈妈对话，两人可以无内容地一应一和地交谈几分钟。他自己独处时，可以大声地发出简单的声音，如“ma”“da”“ba”

等。妈妈和孩子对话，增加了婴儿发声的兴趣，并且丰富了发声的种类。因此在孩子咿咿呀呀自己说的时候，妈妈要与他一起说，让他观察妈妈的口型。

6个月婴儿的合理喂养

6个月婴儿喂养特点

为了孩子的健康，希望做妈妈的坚持母乳喂养到6个月。

如条件不允许可人工喂养，奶量不再增加，每天喂3 ~ 4次。每次喂150 ~ 200毫升。可以在早上6:00、上午11:00、下午5:00、晚上10:00各喂1次奶。上午9:00 ~ 10:00及下午3:00 ~ 4:00添加两次辅食。

6个月的孩子每天可吃两次粥，每次1/2 ~ 1小碗，可以吃少量烂面片，鸡蛋黄应保证每天1个，每日要喂些菜泥、鱼泥、肝泥等，但要从少到多，逐渐增加辅食。

6个月小儿正是出牙的时候，所以，应该给孩子一些固体食物，如烤馒头片、面包干、饼干等练习咀嚼，磨磨牙床，促进牙齿生长。

开始断奶及过渡方法

婴儿在将近半岁时，就可以逐渐断奶，这需要一个过程，并不是马上断奶改喂其他食品的，而是给婴儿吃些半流体糊状辅助食物，以逐渐过渡到能吃较硬的各种食物的过程。

让婴儿从吃母乳或牛奶转成吃饭，需要半年左右的时间。逐渐让婴儿从吃母乳或牛奶转成习惯于吃饭，这个过程应有一个喂易消化的软食的时期，即半断奶期。

半断奶期吃的食物就是代乳食，但它绝不是非要特别制作婴儿专用食物不可，大人平常吃的食物中，适合这时期婴儿吃的是很多的，稍经加工即可，如熟的鸡蛋、豆腐、薯类、土豆泥、鱼肉及肉丝等。实际上，最好的代乳食就是尽量利用大人所做的部分饮食。

在喂代乳食时，应让婴儿上身直立，用东西撑住他，让婴儿坐着吃饭。

小食品制作方法

1. 蛋黄粥：大米2小匙，洗净加水约120毫升，泡1 ~ 2小时，然后用微火煮40 ~ 50分钟，再把蛋黄碾碎后加入粥锅内，再煮10分钟左右即可。

2. 面包粥：把1/3个面包切成均匀的小碎块，和肉汤2大匙一起放入锅内煮，面包变软后即停火。

3. 水果麦片粥：把麦片3大匙放入锅内，加入牛奶1大匙后用微火煮21 ~ 30分钟，煮至黏稠状，停火后加切碎的水果1大匙（可用切碎的香蕉加蜂蜜，也可以用水果罐头做）。

4. 奶油蛋：蛋黄1/2个、淀粉1/2大匙加水放入锅内均匀混合后上火熬，边熬边搅拌，熬至黏稠状时加入牛奶 3 匙，停火后放凉时再加蜂蜜少许。

5. 牛奶藕粉：藕粉或淀粉 1/2 大匙、水 1/2 杯、牛奶 1 大匙一起放入锅内，均匀混合后用微火熬，边熬边搅拌，直到出现透明糊状为止。

一日饮食安排

要安排好婴儿一天的饮食，关键一点是要合理搭配好准备喂的食物，父母最好能看些营养学方面的科普书，掌握一些有关营养的常识，这样安排起来就比较合理，不然就会有些盲目。

这个月龄的孩子，饮食上仍以奶为主，同时适当喂些谷类食物，每天保证有水果、蔬菜、动物性食物。每天的食物尽量不要重复，让婴儿吃得不枯燥，保持旺盛的食欲。每个婴儿对食物的爱好是不同的，可以说是有天生的喜厌，父母没有必要严格按食谱上所说的那样去做，应该根据孩子的爱好去安排饮食，如果把婴儿不爱吃的食物硬塞到他的嘴里，这样喂养是不会成功的。给婴儿喜欢吃的食物，这是顺利地添加辅食的一个诀窍。下面举一个例子供参考：

早晨 6 点：母乳。

上午 9 点：奶糕 1/2 ~ 1 块，加 1/4 ~ 1/2 蛋黄。

中午 12 点：母乳、少量鱼肉、菜汤。

下午 3 点：半个香蕉。

下午 5 点：烂粥半碗加少许菜泥。

晚上 8 点：母乳。

晚上 11 点：母乳。

嘴对嘴喂食不卫生

成人口腔里有许多细菌，通过嘴对嘴喂食，就会把细菌带给孩子。尤其是患肺结核、肝炎、伤寒、痢疾、口疮、龋齿、咽喉炎的人，更容易把病菌带给孩子造成传染。小儿的身体抵抗力弱，很容易因此而患病。另外，嚼过的食物势必妨碍孩子的唾液和胃液的分泌，降低孩子食欲和消化能力，自幼导致孩子胃肠消化能力不强，阻碍生长和发育。另外，经常嘴对嘴喂小儿，使小儿形成一种依赖性，并习惯成自然，不利于锻炼其咀嚼能力和使用餐具的能力，也不利于培养其独立生活能力。

半岁以内不宜多饮果汁

果汁的特点是维生素与矿物质含量较多、口感好，因此乐于为宝宝接受，但最大的缺陷在于没有对宝宝发育起关键作用的蛋白质和脂肪。如果喝很多果汁，由于果汁抢占了胃的空间，因而正餐摄入减少，而正餐（如母乳或牛奶）才有宝宝所需的蛋白质、脂肪，宝宝饮果汁可破坏体内营养平衡，导致发育落后。年龄越小，此种现象越易发生。6 个月以上者也要限制饮用量，以每天不超过 100 毫升为妥。

婴儿不宜喝豆奶

婴儿不宜喝豆奶。豆奶是健康饮品，对此人们已达成了共识。然而，美国专门从事转基因农产品与人体健康研究的人士曾指出：喝豆奶长大的宝宝，成年后患甲状腺或生殖系统疾病的风险系数较大。对于成年人，经常食用大豆是极为有益的，大豆能使体内的胆固醇降低，保证体内激素的平衡等。然而，婴儿食用大豆则会产生相反的效果。婴儿对大豆中高含量抗病植物雌激素的反应与成人完全不同。成年人所摄入的一般植物雌激素可在血液中与雌激素受体结合，从而可防止乳腺癌的发生；而婴儿摄入体内的植物雌激素只有 5% 能与雌激素受体结合，使其他未能吸收的植物雌激素在体内积聚，这样就有可能对每天大量饮用豆奶的婴儿将来的性发育造成危害。营养素齐全、促进健康发育的牛奶无疑是更好的选择。

6 个月婴儿的日常照料

婴儿口水多属正常

小儿 6 个月左右，由于出牙的刺激，唾液分泌增加，而小儿又不能及时咽下，这时就会出现小儿流口水的现象，这是一种正常现象。这时要注意给小儿戴围嘴，并经常洗换，保持干燥。不要用硬毛巾给孩子擦嘴、擦脸，而要用柔软干净的小毛巾或餐巾纸来擦。

小儿在出牙时，除流涎外，还会出现咬奶头现象，个别小儿还会出现低烧，这都是正常现象，家长不必担心。

磨牙床

6 个月的孩子抓到物品后，喜欢放在嘴里啃，这为他日后自己进食打下基础。妈妈要鼓励他，不要见他往嘴里放以为不卫生就呵斥他，而是积极为他创造条件：经常给他把手洗干净，给他一些饼干、水果片、馒头干，这些食物可以帮他摩擦牙床。

孩子有了这种爱好以后，妈妈要检查一下他的用品和玩具：

1. 婴儿玩具要经常刷洗，保持卫生。
2. 不让孩子玩涂漆的、有锐边的铁玩具，如小铲、汽车等。
3. 给婴儿买软硬不同的、不同质地的玩具。
4. 不要让他拿到直径 2 厘米以下的小物品，以免他将小物品塞入身体。

长牙后的护理

6 个月的孩子开始长牙了，先长下面的门牙，再长上面的门牙。有的孩子长得晚一点，并不能说明身体有什么病。刚长出的牙还不能吃饭用，因此不能给孩子硬食，但咬起母亲的乳头来还是很厉害，妈妈不要让孩子含着乳头睡觉。

坐婴儿车

6个月的孩子会坐了，可以经常坐在婴儿车里出去玩。带孩子出去散步，妈妈要注意尽量走平坦的路，不要太过颠簸，在购婴儿车时，要买车轮大些、座位高些的车。有的车座位很低，孩子离地面太近，很不卫生。

6个月婴儿的智力开发

翻身练习

孩子四五个月时，在床上或在地毯上、户外铺上席子，让他仰卧。妈妈用一个新鲜的玩具，逗引孩子注意，让他伸手去抓。然后将玩具放在孩子一侧，跟他说："看它跑了，跑到这边来了。"孩子的眼盯着玩具，头也会转过去，他会伸出上臂去抓玩具，抓不到他会努力，妈妈可帮助他侧身，他再一努力，可变为俯卧。

孩子翻过身来，虽然他得到妈妈一点帮助，但终究是成功了。这时要将玩具给他玩，高兴地拥抱他，亲亲他，夸赞他说："你真棒！"孩子会感觉到他做了一件让你高兴的事，他也会愉快，发出声音表示高兴。玩这个游戏时可将玩具放在孩子左侧或右侧，使他练习向两侧翻身。玩这个游戏，可训练孩子翻身，仰卧、俯卧互换姿势，这是学爬的第一步，是动作发育的重要过程。翻身可促进头、颈、上肢、下肢各部分肌肉发育，训练动作协调和平衡。俯卧看到了另一片天地，扩大了孩子的视野，促进脑的发育。

教宝宝再见

孩子喜欢和自己熟悉的人待在一起，但家长要多给他接触陌生人的机会。比如妈妈在与别人谈话时抱着他，让他听，并向他介绍："这是阿姨。""这是叔叔。"可以让邻居、朋友逗孩子玩，让他们抱抱，使孩子渐渐养成不怕陌生人的习惯。让孩子尽早和小朋友接触，对孩子非常有好处。孩子不会说话，此时唯一能表达的是用手表示再见。妈妈要在别人离去的时候讲这句话并做手势，逐渐让孩子懂得这句话的意思，以后让孩子在别人离去时打出再见的手势来。

学习"再见"的目的是让孩子多与陌生人接触，这是孩子进入社会的第一步，也是学会与人交往的开始。人不能脱离社会，他需要学习与别人接触交往的知识。在独生子女家庭里，有些父母忽视孩子早期的社会交往，把孩子关在家里只与父母或老人接触，不少孩子患自闭症或有自闭倾向，影响孩子心理健康。家长要让孩子有见陌生人、听陌生人声音、与他人接触、一同玩耍的乐趣，使他感觉到与他人接触的愉悦。另外，在与陌生人的交往中，孩子知道了有许许多多没见过的人，知道其他人对他也很友善。这样对孩子随年龄增大逐渐不依恋父母很有好处。他从小接触社会，就不会对陌生人产生恐惧心理，有利于培养其开朗、喜欢交往的性格。

说话欲强

语言是人们交往的工具、智力活动的武器。言语是人们运用语言的过程，是在交往中学会的。小孩子说话是先听懂才会说，先模仿才发音。

乳儿期已有学话的心愿，开始积极交往。但学话有个过程，出生时，为了得到足够的氧气，用力呼吸，气流冲向声门、声带和口腔，就发出哭声，但这不是语言。两三个月，吃饱睡醒时，便快活地发出“a—a，e—e,m—m”的音调，像在说什么，特别是有人在旁边，更常常喜欢发这些音，这是他的需要得到满足以后的表现，而不是语音。

四五个月开始用声音吸引别人的注意，但还不能理解词汇。当听到成人说话时，虽然转过头来，但还听不懂在说什么。六七个月逐渐理解一些简单的词义。如烫、拿、吃、香等与自身有直接利害关系的单音词。成人说话时，他努力看着你的面容、口型动作，随之做些口腔动作模仿，但只是唇舌动。还发不好音，模仿多了，听得多了，就会“说话”。因此，成人说话时要尽力让孩子看清口型，有意引导他模仿。孩子在模仿语音时很高兴，应保护这种积极性。

6个月婴儿的亲子游戏

爸爸在哪儿，妈妈在哪儿

孩子坐在中间，爸爸坐左边，妈妈坐右边。爸爸妈妈都拉着孩子的手。先引导孩子看爸爸，然后爸爸说：“妈妈在哪儿？”孩子转头看妈妈，妈妈问：“爸爸在哪儿？”孩子转头看爸爸。

目的：增进家庭欢乐。

玩娃娃

妈妈抱个布娃娃，做爱抚状，然后交给孩子，让他抱抱。

目的：培养情感。

小熊哪里去了

将孩子放在地毯上，用毛巾把玩具盖住放在他身边，问他：“小熊哪去了？”妈妈做寻找状，然后拉开毛巾说：“哇，在这里。”

目的：快乐。

找玩具

孩子在他的小床里，妈妈当他的面藏一件玩具，比如藏在枕头下、被子里，然后让孩子找出来。也可同时藏两三件，让他都找出来。

目的：训练理解能力。

户外玩

把孩子抱到户外，让他看小朋友们玩，这对他来说既是游戏又是学习。

目的：学观察。

走来走去的玩具

买一件电动玩具，打开表演给孩子看。看着电动玩具自己在地上走来走去，孩子很高兴。

目的：训练观察力和注意力。

骑大马

让孩子坐在妈妈腿上，妈妈颠动腿部，一边颠一边念歌谣：

骑大马，呱哒哒，
一跑跑到外婆家。
见了外婆问声好，
外婆对我笑哈哈。

目的：训练语感。

5个小朋友

妈妈做5个小纸卷，在一头用彩笔画上小动物、植物等，然后把纸卷套在孩子手指上。妈妈可以扳着孩子的手指，彼此谈话做游戏或讲故事。

目的：发展言语能力。

向前爬

把孩子放在地毯上，脚蹬住家具或墙壁，妈妈叫他到妈妈这里来。孩子会用脚蹬住墙做努力的动作。

目的：练习爬。

搭积木

给孩子积木，引导他叠起来，看他能叠多高。

目的：练习手的精细动作。

放球

给孩子几个乒乓球和两个盒子，让他把球放进盒子里。

目的：训练手指功能。

7个月婴儿的生理特点

身体发育

体重

7个月的男婴约8.4千克，女婴约7.8千克。

身高

此时男婴约 68.8 厘米，女婴约 67.1 厘米。

头围

男婴约 44.3 厘米，女婴约 43.8 厘米。

胸围

男婴约 44.0 厘米，女婴约 42.8 厘米。

坐高

男婴约 44.1 厘米，女婴约 43.1 厘米。

牙齿

婴儿开始萌出下前牙。

动作发育

7 个月的孩子会翻身，如果扶着他，能够站得很直，并且喜欢在扶立时跳跃。把玩具等物品放在孩子面前，他会伸手去拿，并塞入自己口中。7 个月的孩子已经开始会坐，但还坐不太好。

语言发育

7 个月的孩子的听力比以前更加灵敏了，孩子能分辨不同的声音，并学着发声。

感觉发育

7 个月的孩子已经能够区分亲人和陌生人，看见看护自己的亲人会高兴，从镜子里看见自己会微笑，如果和他玩藏猫猫的游戏，他会很感兴趣。这时的小儿会用不同的方式表示自己的情绪，如用哭、笑来表示喜欢和不喜欢。

睡眠

7个月的孩子一昼夜需要睡 15 ~ 16个小时，一般白天睡3次，每次1.5 ~ 2个小时，夜间睡 10 个小时左右。

心理发育

7 个月的孩子，运动量、运动方式、心理活动都有明显的发展。他可以自由自在地翻滚运动；如见了熟人，会有礼貌地哄人；向熟人表示微笑，这是很友好的表示。不高兴时会用噘嘴、扔摔东西来表达内心的不满。照镜子时会用小手拍打镜中的自己。经常会用手指向室外，表示内心向往室外的天然美景，示意大人带他到室外活动。

7 个月的宝宝，心理活动已经比较复杂了。他的面部表情就像一幅多彩的图画，会表现出内心的活动。高兴时，会眉开眼笑、手舞足蹈，咿呀作语。不高兴时会怒发冲冠，又哭又叫。他能听懂严厉或亲切的声音。当你离开他时，他会表现出害怕。

情绪是宝宝的需求是否得到满足的一种心理表现。宝宝从出生到 2 岁，是情绪的萌发时期，也是情绪、性格健康发展的敏感期。父母对宝宝的爱，对他生长的各种需求的满足及温暖的胸怀、香甜的乳汁、富有魅力的眼光、甜蜜的微笑、快乐的游戏过程等，都为宝宝心理健康发展奠定了良好基础，为其智力发展提供了丰富的营养。

7个月婴儿的合理喂养

7个月婴儿喂养特点

不管是母乳喂养还是人工喂养的孩子，在7个月时每天的奶量仍不变。3 ~ 4次喂食。辅食除每天给孩子两顿粥或煮烂的面条之外，还可添加一些豆制品，仍要吃菜泥、鱼泥、肝泥等。鸡蛋可以蒸或煮，仍然只吃蛋黄。

在小儿出牙期间，还要继续给他吃小饼干、烤馒头片等，让他练习咀嚼。

婴儿的主要消化特点

婴幼儿的消化系统娇嫩，与成人相比有较大的差异。

从消化器官上看，婴儿口腔黏膜柔软，面颊部脂肪发育较好，舌短而宽，有助于吸吮乳头。

婴儿的胃贲门（胃的入口）括约肌发育不完善，关闭作用不强；幽门（胃的出口）肌肉发育良好，但由于自主神经调节功能不成熟，易紧闭，在吸饱奶后略受震动或吞咽过多空气，都容易吐奶。新生儿及婴儿阶段，胃容量甚小，婴儿每次哺乳量容易超过胃的平均容积，哺乳量过多，容易引起呕吐。婴儿胃的排空时间因食物种类不同而异，水为1 ~ 1.5小时，母乳为2 ~ 3小时，牛乳为3 ~ 4小时。

婴儿肠管总长度为身长的6倍（成人为4.5倍），有利于食物消化吸收。

从消化的另一个系统——消化液上看，新生儿的唾液腺发育不全，唾液分泌量较少，3 ~ 4个月时，唾液腺逐渐发育完全，唾液分泌量增加，淀粉酶含量增多，消化淀粉的能力增强。

婴儿的胃液成分与成人基本相同，有胃酸、胃蛋白酶、胃凝乳酶和脂肪酶。婴儿的胃液分泌功能，与成人相比，明显不全，但完全能消化人乳。婴儿的胃蛋白酶有凝乳作用，可使乳汁凝固，有利于消化。

肠消化液内有胰蛋白酶、脂肪酶和淀粉酶。肠液从婴幼儿时起，已含肽酶、乳糖酶、麦芽糖酶、蔗糖酶和脂肪酶等，加上胆汁的乳化作用，使食物消化完全。食物经过小肠，除了不能消化的部分外，都已分解成为最简单的物质（氨基酸、单糖、甘油、脂酸等）而被吸收。

至于1 ~ 3岁的幼儿消化系统也比较娇气，需要在饮食上做出必要的照顾。3岁之后的儿童消化系统已渐渐接近成人，但是在营养上也有特殊之处，应予以注意并加以调解，使儿童得到合理、完善的饮食。

不宜给婴儿断奶的情况

婴儿如有以下情况不宜断奶：

该婴儿从未添加过辅食，消化道对断奶后食品没有适应的能力，如果采用突然断奶会给婴儿带来不利，引起消化紊乱、营养不良，影响小儿生长发育。

婴儿患病期间不应该断奶。断奶时母婴的身体都发生变化。小儿患病时，再加断奶，将使病情加重或造成营养不良。

炎热的夏天不宜断奶。夏天天气炎热，小儿消化能力差，稍有不慎，就可以引起消化道疾病，故不应断奶。

哺乳期妇女月经来时的哺乳

产妇在产后月经的恢复是一个自然的生理现象。恢复的时间有早有晚，早的可在满月后即来月经，晚的要到小儿1岁后才恢复。不论月经在什么时候恢复，都不是断奶的理由。

一般来说，产后月经的恢复与母亲是否坚持母乳喂养有一定关系。哺乳时期越长，吸吮乳头的次数越多，或婴儿越大刺激乳头的吸吮力越强，都有利于血浆内催乳激素的水平增高，这对抑制月经恢复最能起作用。如果较早停止哺母乳，血浆内催乳激素的水平降低，抑制月经的作用减退，月经也就很快恢复。

来月经时，一般乳量减少，乳汁中所含蛋白质及脂肪的质量也稍有变化，蛋白质的含量偏高些，脂肪的含量偏低些。这种乳汁有时可引起婴儿消化不良症状，但这是暂时的现象，待经期过后，就会恢复正常。因此，无论是处在经期还是经期后，都无须停止喂哺，还应坚持一定阶段的母乳喂养。

7个月婴儿的日常照料

看护孩子要仔细

孩子会爬会站以后，危险就增多了。他会在小床里转来转去，会从车里爬出来翻到地上，摔重了会留下终身残疾。孩子的床要有护栏，孩子在车里不能离开人，有时发生事故就在一瞬间。孩子和父母睡一床，孩子要睡里边。把孩子放在大床上，光靠用枕头和被子挡是挡不住的。

小粒的食物不要给孩子吃，也不要让孩子拿到这类食物。有时妈妈抱着孩子一边聊天一边吃花生，很容易让孩子拿到一颗放进嘴里。花生吸进气管造成婴儿死亡的事常有发生。

孩子烫伤的机会也增加了，饭桌上一桌饭菜，孩子一把抓住台布，就可能把饭菜扣在自己身上。妈妈烫完衣服把熨斗放在一边，没想到孩子会去摸上一把。热水瓶放在墙角，或是一杯热水都能造成小儿的烫伤。有人把热粥的锅放在墙角，不想孩子坐进去造成烫伤。

家里的水缸、水桶、鱼缸、澡盆都对孩子造成威胁。妈妈给孩子洗澡时去接电话，把孩子单独放在澡盆里，澡盆的底是滑的，孩子一滑就可能出危险。孩子扒着水桶往里看，脚底一滑就能头朝下栽进水桶。

小儿不能吃冰棍、糖葫芦，也不能自己拿筷子和勺，一旦戳进去，会造成严重伤害。

现在薄的塑料袋在家里到处都是，孩子如果抓到塑料袋，有可能套在头上造成窒息。妈妈要把家里的塑料袋收好，不要让孩子拿到，曾有一个孩子端起装着玉米面的小盆，因站不稳，在往后摔的时候将盆扣在脸上，张口一吸，将玉米面吸进气管窒息而死。

做妈妈的一定要心细，要处处呵护自己的宝宝，容不得有丝毫的闪失。

教宝宝学爬

孩子开始学爬。开始时看着像爬实际是往后倒，再过一段时间就不往后退了，但还不会往前爬，而是转，然后才会往前爬。如果七八个月时赶在了冬天，因为孩子穿得多，可能学得慢一些。另外胖孩子学得也慢一些。

乳牙萌出前

小儿在 7 个月左右开始长牙。乳牙萌出前几天孩子可能会有一些异常的表现，如：哭闹、口涎增多、喜欢咬手指和硬的东西、睡眠不好、食欲减退等，有的还有低热、轻度腹泻，局部牙龈可能充血、肿大。一般来说，以上现象持续 3 ~ 4 天，乳牙就穿破牙龈萌出了。

这个时期的口腔保健主要由母亲来完成。在喂奶以后和晚上睡觉以前，母亲用纱布蘸温水轻轻地擦洗孩子的口腔黏膜、牙龈和舌面，除去附着在这些部位的乳凝块，达到清洁口腔的目的。当然，母亲在为孩子做这种口腔擦洗前应该认真地洗手，长的指甲应剪短，擦洗的时候动作要轻柔，不能损伤小儿的口腔黏膜。

这种哺乳外的口内刺激，可以使母亲对孩子口腔内乳牙萌出的情况有及时地了解，对小儿的牙龈形态有所认识，同时也可以增强小儿大脑的感受性。

7 个月婴儿的智力开发

肢体训练

1. 训练全身活动，利用翻身运动锻炼宝宝头、颈、身体及四肢肌肉的活动。

宝宝仰卧，可用一个他感兴趣的玩具，引逗他翻身运动，从仰卧变为侧卧，到俯卧，再从俯卧到侧卧到仰卧。这是让宝宝练习翻身运动。请注意做好保护。

2. 传递积木，训练手与上肢肌肉动作，培养用过去的经验解决新问题的能力。训练双手传递功能。

让宝宝坐在床上，妈妈给他一块积木，等他拿住后，再向同一只手递第二块积木，看他是否将原来的积木传到另一只手里，再来拿这块积木。如果他将手中的积木扔掉再来拿这块积木，就要引导他先换手，再拿新积木。

动作训练

家长可以抓住孩子的双手，帮助他练习竖起来的动作，一是从俯卧位或仰卧位爬起来坐下；一是从直立状态坐下。家长还可以把孩子扶坐在自己的膝上，或放在特别的座位里，使他不会前后左右倾斜，保证坐姿正确。但也不要让孩子坐的时间过长，以防脊柱弯曲。

家长扶着孩子腋下让他站在大人腿上跳跃，或扶小儿双手使之随力站起试做踏步的姿势，都能够锻炼小儿的骨骼和肌肉，加快动作发育。

7个多月的孩子已经能够由仰卧位翻转成俯卧位，但也有的孩子还翻不好，家长应该助他一臂之力，使他学会翻身。当孩子会翻身后，家长千万注意看好孩子，不要让其从床上摔下来，最好给床加上床栏。

如果孩子能熟练翻身，家长可以训练孩子往前爬，在开始爬的时候，家长可以把一只手顶住孩子的脚掌，使之用力蹬，这样孩子的身体可以往前移动一点。然后，再把手换到孩子另一只脚下，帮助他用力前进，使小儿慢慢体会向前爬的动作。发育较好的孩子很快就能够学会爬。

为了锻炼孩子手的活动能力，可以给他一些纸，让他去撕，这能够训练他手指的灵活性。

语言训练

7个多月的孩子已经能够喃喃发音，这时，要多和孩子说话、交谈。让孩子观察大人说话时的不同口型，为以后说话打下基础。

7个多月的孩子能够知道自己的名字，如果叫他没有反应，家长应该告诉他：“××是你的名字，这是叫你啊！”然后再叫他，如果他有反应就鼓励他，抱抱他或亲亲他，反复几次，孩子听到他的名字就会有反应了。

家长要教孩子认识身体的各部位，比如和孩子一起玩游戏，教他指出自己身体上的部位，告诉他：“这是手，这是脚，这是耳朵，这是鼻子……”这样反复教他几次后再问他：“手在哪儿？”让他指出来。

看看镜子里是谁

妈妈抱着孩子对着大镜子看，让孩子的手能摸到镜子，指着镜子里的孩子说：“这是宝宝，这是一个乖宝宝。”开始孩子会很奇怪，他会摸镜子里的孩子，继而看到妈妈抱着一个孩子，他会不乐意地拍打镜子里的孩子。妈妈就要反复告诉他，这就是欢欢（孩子的名字）。每天抱孩子照镜子，他就明白镜子里是自己，不再忌妒了。

以后，可以抱孩子在镜前，指着孩子的鼻子说：“这是欢欢的鼻子。”摸摸孩子的耳朵说：“这是欢欢的耳朵。”让孩子在镜子里看见自己的鼻子和耳朵是什么。等他熟悉了以后，再告诉他哪里是他的嘴、眼、头发、手、脚等。以后再让他摸着妈妈的身体玩。也可以要求他指出自己的手、嘴在哪里。如果他指不出来或错了，也不要批评他。如果孩子根本不会，那说明你太心急了，教得太快，要从头慢慢来，孩子小，学会一点东西，要反反复复练习几天，才能再学新内容。

以后，这个游戏可花样翻新，妈妈或爸爸可以对着镜子做出各种表情，比如笑，告诉孩子：妈妈笑了，妈妈高兴，妈妈喜欢。如果孩子能模仿妈妈的表情，那就更好了，一定要很热烈地抱抱他，让他感觉到他学会了一件大事。父母要学会表扬和鼓励自己的孩子，使他感到愉悦、自信。可以用食物，但更多的是情感。食物、玩具的奖励满足的是孩子的欲望，而情感的鼓励使他有愉悦、兴奋的感觉，这种感觉才是将来孩子向上奋进的动力。

这个游戏让孩子从镜中认识自己，认识自己身体的各个部位。由于视、听、触觉同时使用，使孩子更易记忆。在镜子中使孩子了解了人面部表达感情时的样子，他会学习模仿，使面部表情丰富起来，不会长成一个面部呆板的人。

练习用杯子喝水

随着孩子逐渐长大，应该引导他使用杯子和碗进食，一是可以训练孩子手的能力；二是从吃奶向吃饭转变。开始时可在杯里、碗里少放些水或食物，让他下手抓碗里的食物吃。等到孩子使用熟练了，就可以让其完全用杯子喝水，为了使孩子学习用杯子，可常换不同颜色的杯子，让孩子感兴趣。

咬人

孩子长牙以后，喜欢咬硬一点的东西，拿玩具也放在嘴里啃。有的孩子喜欢咬人，咬人不一定是恨，也许是高兴，咬住就不松口。对孩子咬人的习惯不要大惊小怪，越是当一回事，孩子会越得意。家长可以给孩子一些硬的食物吃，如馒头干、饼干等。尽量把孩子情绪调整好，使他愉快。几个月的孩子还不懂道理，他咬人就把他放在一边，不要理他。

7 个月婴儿的亲子游戏

藏猫猫

孩子在地毯上玩，妈妈坐在沙发上看报，妈妈说：“妈妈在哪儿？”然后从左边探头来说：“在这呢！”过一会再从右边探出头来。

玩水

将孩子放在浴盆中，放上35℃左右温水，水深至孩子胸前。妈妈给他一个充气鸭子。孩子会在水中拍打嬉戏，妈妈一边跟他玩一边念儿歌：

肥皂肥皂，
像块糕糕，
轻轻擦擦，
变成泡泡。

看看里面是什么

给孩子带盖的纸盒，里面装一些东西。妈妈把盒子摇摇发出声响，孩子会想办法将盒子打开。

目的：培养好奇心，练习手指。

抠洞

做一个纸盒，纸盒六面画上图案，并剪出小洞，让孩子用手指抠洞玩。

目的：练习手指动作。

拍拍手

妈妈与宝宝面对面坐，握住他的小手边拍边说："拍拍手。"反复做几次以后，叫他"拍拍手"，孩子不用妈妈就自己拍手。

目的：训练模仿能力。

8个月婴儿的生理特点

身体发育

体重

8个月婴儿体重增长已经趋缓，同样月龄的孩子体重的差异也加大。男婴平均体重约为8.8千克，女婴平均体重约为8千克。如果孩子太瘦，如婴儿只有6千克多，应请医生检查。

身高

8个月男婴平均身高为70厘米，女婴平均身高为68厘米。

头围

男婴平均头围为44.6厘米，女婴平均头围为43.5厘米。

胸围

男婴平均胸围为44.7厘米，女婴平均胸围为43.8厘米。

坐高

男婴平均坐高为45厘米，女婴平均坐高为43.7厘米。

牙齿

如果下面两个门牙还没有长出，这个月就会长出来了。如果已经长出来，上面的两个门牙也就快长出来了。

动作发育

8个月的婴儿各种动作开始有意向性，会用两只手去拿东西。会把玩具拿起来，在手中来回转动。还会把玩具从一只手递到另一只手或用玩具在桌子上敲着玩。仰卧时会将自己的脚放在嘴里啃。8个月的孩子不用人扶能独立坐几分钟。

孩子手指的活动也灵巧多了，原来他手里如果有一件东西，再递给他一件东西，他便把手里的扔掉，接住新递过来的东西。现在他不扔了，他会用另一只手去接，这样可以一只手拿一件，两件东西都可摇晃，相互敲打。这时孩子的手如果攥住什么会不轻易放手，妈妈抱着他时，他就攥住妈妈的头发、衣带。对孩子的这一特点，妈妈可以给他一件正适合他攥住的玩具。另外，他也喜欢用手捅，妈妈抱着他时他会用手捅妈妈的嘴、鼻子。

8个月的孩子对周围的事物越来越感兴趣。他喜欢摸摸、敲敲，能拿到手的东西便放在嘴里啃。

语言发育

8个月的孩子能听懂妈妈的简单语言，妈妈说到他常用的物品时，他知道指的是什么。他能够把语言与物品联系起来，妈妈可以教他认识更多的事物。妈妈想让孩子认识一件东西，可先让他摸摸、看看，吃的东西可尝尝，先让他懂得了，然后反复告诉他这件东西的名字。

感觉发育

孩子在6个月以后对远距离的事物更感兴趣了，8个月时则观察得更细。对拿到手的东西则反复地看，更感兴趣。此时应常带孩子到户外去，让他看各种小动物、行人和车辆、树和花草，以及小孩，这些都是婴儿喜欢看的。

心理发育

8个月的宝宝已经习惯坐着玩了。尤其是坐在浴盆里洗澡时，更是喜欢戏水，用小手拍打水面，溅出许多水花。如果扶他站立，他会不停地蹦跶。嘴里咿咿呀呀好像叫着爸爸、妈妈，脸上经常会显露幸福的微笑。如果你当着他的面把玩具藏起来，他会很快找出来。喜欢模仿大人的动作，也喜欢让大人陪他看书、看画，听“哗哗”的翻书声音。

年轻的父母第一次听宝宝叫爸爸、妈妈是一个激动人心的时刻。8个月的宝宝不仅常常模仿你对他发出的双复音，而且有50% ~ 70%的孩子会自动发出“爸爸”“妈妈”等音节。开始时他并不知道是什么意思，但见到家长听到叫爸爸、妈妈就会很高兴，叫爸爸时爸爸会亲亲他，叫妈妈时妈妈会

亲亲他，孩子就渐渐地从无意识的发音发展到有意识地叫爸爸、妈妈；这标志着宝宝已步入了学习语音的敏感期。父母们要敏锐地捕捉住这一教育契机，每天在宝宝愉快的时候，给他朗读图书、念念儿歌和绕口令。

睡眠

8个月和7个月时差不多，孩子每天仍需睡15～16个小时，白天睡2～3次。如果孩子睡得不好，家长要找找原因，看孩子是否病了，给他量量体温，观察一下面色和精神状态。

视觉发育状况

婴儿在6～7个月以后，远距离知觉开始发展，能注意远处活动的东西，如天上的飞机、飞鸟等。这时的视觉和听觉有了一定的细察能力和倾听的性质，这是观察力的最初形态。这时期的婴儿，对于周围环境中新鲜的和鲜艳明亮的活动物体都能引起注意。拿到东西后会翻来覆去地看看、摸摸、摇摇，表现出积极的感知倾向，这是观察的萌芽。这种观察不仅和动作分不开，而且可以扩大小儿认知范围，引起快乐的情感，对发展语言有很大作用。但是，婴儿的观察往往是不准确的、不完全的，而且不能服从于一定的目的和任务。

听觉发育状况

在这个阶段开始的时候，幼儿对于声音虽然有反应，但是，他还不能明白话语的意思。你也许会觉得幼儿已能领悟别人在叫他的名字，其实，那是因为他熟悉你的声音特性的缘故，才会做出他的响应。但是，到了这个阶段快要结束的时候，幼儿对于话语就会表现出选择性的反应，对于说英语或汉语的幼儿家庭来说，幼儿们的最初语汇几乎都是相同的，而且也是可以预料的语汇：妈妈、爸爸、再见等。

在这个阶段的前半部分时间里，幼儿对于话语本身并无显著的兴趣，他们只是对于自己玩弄出来的咯咯声音感兴趣，同时对于你在和他接触时所发出的一些简单声音会有反应动作。可是，幼儿嘴里含有唾液所制造的声音，和幼儿平常的声音并不一样。在这个时候，幼儿不论是单独一人，还是和别人在一起，都是兴致勃勃地耍弄口水声音（他会制造不同声音，同时也会改变声音的特性）。

8个月婴儿的合理喂养

8个月婴儿喂养特点

从孩子8个月起，母乳开始减少，有些母亲奶量虽没有减少，但质量已经下降。所以，此时必须给孩子增加辅食，以满足小儿生长发育的需要。

从本月起，母乳喂养的孩子每天喂3次母乳（早、中、晚），上、下午各添加一顿辅食。人工喂养的孩子每天需750毫升牛奶，分3次喂，上、下

午各喂一顿辅食。

孩子 8 个月时，消化蛋白质的胃液已经充分发挥作用了，所以可多吃一些蛋白质食物，如豆腐、奶制品、鱼、瘦肉末儿等。孩子吃的肉末儿，必须是新鲜瘦肉，可剁碎后加作料蒸烂吃。

应该注意，增加辅食时每次只增加一种，当孩子已经适应了，并且没有什么不良反应时，再增加另外一种。此外，只有当孩子处于饥饿状态时，才更容易接受新食物。所以，新增加的辅食应该在吃奶前，喂完辅食之后再喂奶。

预防婴儿断奶综合征

断奶，传统的方式往往是当决定给孩子断奶时，就突然中止哺喂，或者采取母亲与孩子隔离几天等方式。如果此时在孩子断奶后没有给予正确的喂养，孩子需要的蛋白质没得到足量供应，长此下去，往往造成婴幼儿的蛋白质缺乏，可出现小孩反应迟钝；表情淡漠；头发由黑变棕、由棕变红；容易哭闹；哭声不响亮；细弱无力；腹泻等症状。这种孩子脂肪并不少，看上去营养还可以，并不消瘦，但皮肤常有浮肿，肌肉萎缩，有时还可见到皮肤色素沉着和脱屑，有的孩子因为皮肤干燥而形成特殊的裂纹鳞状皮肤，检查可发现肝脏肿大。这些都是由于断奶不当引起的不良现象，医学上称为“断奶综合征”。

其实，有些妇女把断奶理解为一个截断过程是错误的。孩子如突然断奶而改喂粥及其他辅食时，心理上和精神上的不适应要比消化道的不适应更为严重。如果母亲因断奶而与孩子暂时分开，则孩子精神上受到的打击更大。蛋白质摄入不足和精神上的不安会使孩子消极，抵抗力下降，易患发热、感冒、腹泻等病。预防断奶综合征的关键在于合理喂养和断奶后注意补充足够的蛋白质。

每日每千克体重 1 ~ 1.5 克蛋白质，同时多吃些新鲜蔬菜和水果来补足维生素，这样孩子就会很快好转和痊愈。

婴儿断奶后的饮食

小儿的肠胃消化功能较差，刚刚断奶以后还不能和正常儿童一样进固体食品。在小儿已习惯用的各种辅食的基础上，逐渐增加新品种，使小儿有一个适应的过程，逐渐把流质、半流质改为固体食品。这一时期的饮食调理非常重要，密切关系着以后的营养状况，家长必须重视这件事，妥善安排。

断奶后必须注意为孩子选择质地软、易消化并富有营养的食品，最好为他们单独制作。在烹调方法上要以切碎烧烂为原则。通常采用煮、煨、炖、烧、蒸的方法，不宜用油炸。有些家长为了方便，只给孩子吃菜汤泡饭，这是很不合理的。因为汤只能增加些滋味，里面所含的营养素极少，经常食用会导致营养不良。有的家长以为鸡蛋营养好，烹调方法又简便，每天用蒸鸡蛋做下饭菜，这也不太妥当。鸡蛋固然营养价值较高，孩子也很需要吃，然而每天都用同样方法制作，时间久了，会使孩子感到厌烦，影响食欲而产生拒食的现象。

进餐次数以每天 4 ~ 5 餐最好，即早、中、晚三餐，午睡后加一次点心。如小儿较弱，食量少，也可在上午 9 时左右加一次点心。至于每餐的量，应特别强调早餐“吃得饱”。因为小儿早晨醒来，食欲最好，应给以质量较好的早饭，以保证小儿上半天的活动需要。午饭量应是全日最多的一餐。晚餐宜清淡些，以利睡眠。

那么，每天各种食品应吃多少呢？下面的量可做参考：

蔬菜：应以绿叶菜为主，每天至少占 50%，一日总量为 50 ~ 75 克。以后日渐长大，量应增到 100 克。

豆制品：每天 25 克左右，以豆腐和豆腐干为主。

鸡蛋：每天 1 个，煮、蒸、炖、炒蛋均可。

肉、鱼、脏腑类：每天 50 ~ 75 克，不同品种，轮换使用。

豆浆或牛奶：每天 500 毫升，1 岁半以后可减到 250 毫升。

粮食：每天的主食为大米、面粉，共需 100 克，随着年龄的增长渐增。

水果：此项食品可根据家庭情况灵活掌握，如条件许可，做补充部分的蔬菜量。但并非吃了水果就不必吃蔬菜，因为它们的营养价值是不同的。

油、糖：一般每种每天 10 ~ 20 克即足。

婴儿贪食的原因

婴儿头 12 个月发育比较迅速。开始学步时，发育速度放慢。此时，他们对周围的环境、事物发生浓厚的兴趣，但难以意识到环境对他们的限制，因而易于发生事故或中毒。

孩子总是往嘴里放东西，很多父母误认为孩子饿了，他们赶忙主动给孩子食物，而这些食物多半被孩子拒绝。这是因为学步婴儿在不断长牙，他们的牙床间歇地发痒和疼痛，孩子往嘴里塞好多东西可能就是试图减轻牙痒和牙疼带来的不舒服。婴儿的这种吃法表现是多种多样的：他们会自己选择食物吃，学哥哥、姐姐的样子吃，等等。这是孩子发育过程中的一个特定阶段。在这个阶段，孩子多吃点也不会超重，更不会饿着自己。

婴儿不宜多吃蜂蜜

蜂蜜是营养丰富的滋补品，但蜂蜜在生产、运输和储存等一系列过程中，极易受到肉毒杆菌的污染。而肉毒杆菌适应环境的能力甚强，既耐严寒，又耐高温，能够在连续煮沸的开水中存活 6 ~ 10 小时。因此，即使经过一般加工处理的蜂蜜，也仍有一定数量的肉毒杆菌胞芽存活。这些胞芽无法生长和释放毒素。然而，这些胞芽一旦进入婴幼儿体内，尤其是进入1岁以下的婴儿体内，因婴幼儿的免疫系统尚未成熟，它们便迅速发育成肉毒杆菌，并释放出大量的肉毒素。这些毒素毒性甚强，据说1毫克即可致万名婴儿于死地。另据调查，目前婴幼儿急死症中，有5%的婴儿是因肉毒素中毒而引起死亡的。所以，婴幼儿最好不要多吃蜂蜜，尤其是1岁以下的婴儿，不宜食用蜂蜜。

8个月婴儿的日常照料

用洗发液类物品时应注意

随着科学的发展，各式各样的洗发用品层出不穷，用起来香味四溢。但不知大家注意到没有，任何洗发用品都有含碱性的化学物质。有的人对某种化学物质过敏，当使用这种洗发液时就会出现痒感。有的人洗发时不小心，把洗发水弄到眼睛里，结果出现眼睛疼痛、流泪、怕光、不敢睁眼等症状，检查眼睛时可发现角膜被损伤，进一步发展将影响角膜的透明度，出现混浊，影响视力。

所以在使用这些物品时，千万不要弄到孩子眼内，如不小心进了眼内，要立即用清水冲洗干净，以免化学品长时间刺激眼组织，引起眼损伤。如遇到此情况时，应上医院治疗。

要注意孩子的眼睛

7 ~ 8个月的孩子，如果在爬动和玩玩具的时候，与同龄的孩子相比表现得笨手笨脚，动作迟缓，这时就要注意孩子的视力是否有问题，请医生帮助诊断一下。

孩子大便干燥的护理

大便干燥的孩子平时应多饮温开水，多吃蔬菜和水果。另外，要训练孩子养成定时排便的习惯。

如果孩子已经两天没有大便，而且很不舒服、哭闹、烦躁，家长可以用肥皂条或“开塞露”塞入小儿肛门，塞药时让小儿向左侧躺着，左腿伸直，右腿弯曲，药物挤入肛门之后，不要马上起来，稍过几分钟，让药物充分作用，然后再去排便。但是，这些方法不要常用，不要养成靠药物排便的习惯。

另外，对较小的婴儿，除非医生允许，一般不要随便服用泻药。

使孩子睡得好的方法

1. 白天要让孩子有充分的运动，使他的精力充分发泄。
2. 睡前不要玩得太兴奋。
3. 晚上可给孩子洗澡，使其身心舒畅。
4. 如果孩子有午睡习惯，晚上可适当晚点睡。

5. 爸爸晚上回来喜欢与孩子玩，应将午睡时间延长些，晚上时间宽裕些。

防止意外事故

意外事故发生的经过非常快，非常突然，往往来源于小小的疏忽，但完全可以避免。

1. 不要让婴儿一个人待在洗澡盆里，一小会儿也不行，很浅的水就能把婴儿淹死。

2. 室内的门和柜子门不要用玻璃的。

3. 不要用桌布。

4. 将室内的电线架高，否则电线可能勒死孩子。

5. 抽屉和碗柜里不要放化学制剂、打火机。

6. 水壶里的开水 1 小时后仍能烫伤孩子。

7. 把电熨斗放在高处。

8. 外出时在汽车里给孩子系上安全带或安装儿童安全座椅。

8 个月婴儿的智力开发

动作训练

8 个月的婴儿已能独立坐了，应该开始训练他爬。爬是一种全身的运动，可以锻炼孩子胸、腹、腰和上、下肢各组肌群，为今后站立做准备。爬可扩大孩子认识范围，增加孩子的感知能力，促进其心理发展，爬对孩子来说，并不是轻而易举的事情。有些孩子不爱活动，可以在他面前放些会动的、有趣的玩具，启发、引逗他爬。

学习匍行会促进脑发育。家长可以采用游戏方法训练宝宝爬行，如让宝宝俯卧，用两臂支持前身，腹部着床，可用双手推着孩子的脚底，向前爬。在他前面用玩具逗引他，并使他学会用一只手臂支撑身体，另一只手拿到玩具。

当孩子会爬之后，就要为他爬创造条件，如把他放在有床栏的大床里或放在地毯上，让他自由活动。

教孩子懂道理

8 个月的婴儿已经知道控制自己的行为。这时，凡是他的合理要求，家长应该满足他；而对于他的不合理要求，不论他如何哭闹，也不能答应他。比如，他要扭动电视机按钮、玩电灯的开关……家长就要板起面孔，向他摆手，严肃地告诉他“不行”。关键的不是怕电视机坏了和电灯绳断了，而是要使孩子节制自己的行为，知道有些事可以去做，而另一些事不可以去做。家长要使孩子从小养成讲道理的习惯，以免长大后成为无法无天的“小霸王”。

手指动作的发育

五指分工：半岁以前，抓东西总是大拇指和其他四个指头伴在一起。现在已经掌握了拿东西的典型动作，可以学会使用工具，会做简单劳动了。

双手配合：以前两只小手总是单干，现在能够互相配合、协调活动，将这只手里的东西换到另一只手里，将两手玩具对敲，感到极为有趣、快乐。

重复动作：婴儿晚期很喜欢做重复动作，而且往往是同时运用两种物体的动作。比如，把小盖盖在瓶子上、拿下来，再盖上，再拿下来……把球扔到地板上、捡起来再扔、再捡还扔……这样极单调无味的动作，竟能重复20多次、40多次，非但不觉无聊，反倒非常好玩。据分析，这样的重复动作，正是小婴儿在思考，头脑里已经产生概括，从而弄懂了两件物体间的关系、自己与物的关系，对动作的效应产生乐趣。从此，他的小手变得勤快，特别喜欢动，什么都要拿拿、摸摸、碰碰，摆弄摆弄。不像从前那么好吃，什么东西都用嘴辨认，现在手又成为认识客观事物的工具，很多物品要经过双手的触摸、拿动，从而产生感知。

试用工具：半岁以后，手的动作灵活复杂，开始要试用工具，想拿勺自己吃饭，拿杯自己喝水，伸手自己穿鞋、穿袜、穿衣……尽管姿势不对，效果不好，只能比比画画，吃不进嘴里，穿不到脚上，但总不甘心失败，非得试试不可。成人不理解他的心愿，伸手阻拦，会伤害了小婴儿的自信心。应该助一臂之力，让孩子感到自己做事的喜悦。双手越练越精巧，手指尖上练智慧。根据这个规律，成人应创设条件，多给练习机会，让孩子得到满足。那些包办代替的妈妈，将要压抑孩子的智慧发展。

鼓励孩子走路

孩子会爬会坐，接着便能在妈妈的辅助下站起来，然后能自己独自站立了。首先让孩子扶着牢固的小桌子、床栏站立，以后可让他独自站立片刻，当他跌倒时，赶快将他扶住，这样每天练几次，当他独站得好时就鼓掌，当着大家表扬他。可以试着让孩子扶着床栏去拿稍远些的玩具。比如“欣欣你看，小熊向你招手呢，你过去跟它玩！”或是妈妈站在床的另一头，说：“欣欣，来，往这边走！”多次训练以后，孩子就可以慢慢扶着向前迈步了。最初他走不稳，腿一软就摔倒，但他会自己爬起来。以后不但能扶着走稳，速度也快了。这时妈妈可以牵着他的一只手臂，拉着他慢慢走。妈妈的手臂是软的，比扶着家具走难度大。

这个游戏主要是锻炼下肢肌肉及全身协调动作，使孩子从坐、爬到站、扶走、独行。当他能够站立、行走后，活动范围扩大了，动作范围有了一个大的飞跃。行走的训练有时要延续几个月，妈妈每日与孩子玩一会儿，不要操之过急。

8 个月婴儿的亲子游戏

钻山洞

爸爸趴在地毯上，双臂支撑，腹部抬高，妈妈让孩子“钻山洞”，从爸爸腹下爬过去，爸爸仰卧在地毯上，妈妈说：“爬大山。”让孩子从爸爸身上爬过去。

目的：培养亲情。

揉纸

给孩子不同的纸，注意不要用比较脆的纸，如铜版纸。让孩子揉、撕，他会感觉到不同的声音。

目的：练习手指。

掏出来

将一只空盒子剪几个洞，洞的大小以孩子的手能伸进去并能拿出玩具为宜。在盒里放几件玩具或物品，让孩子从盒里摸东西出来。

目的：练习拿东西。

撕纸

妈妈将画报用缝纫机轧直径 10 厘米的圆形，然后将孩子抱在怀里，妈妈先拿一张撕下圆形来给孩子看，最后让他自己学会将圆形撕下来。

目的：发展手的精细动作。

小鸟飞

在户外，妈妈扶孩子站立，让他学小鸟扇动两臂。

目的：锻炼四肢。

挑绳子

桌子上放粗细两根不同的绳子，一根系着玩具，一根没有。妈妈让孩子拉绳子，反复拉，孩子就能记住哪根绳上有玩具。

目的：训练记忆力。

敲敲响

妈妈把塑料盒、铁罐、玻璃碗等扣在桌子上，给孩子一根小棒，让他随意敲打。

目的：感受不同东西发出不同声响。

小熊呢

在盒子内放 10 件玩具，其中有小熊，妈妈对孩子说：“小熊呢？小熊藏哪儿了？宝宝把它找出来。”让孩子将小熊从玩具中挑出来。

目的：认识物品。

里面有什么

将手帕、布头、孩子的小袜子之类放进空面巾纸盒，让孩子一件一件扔出来。

目的：自由玩耍。

扶着站

婴儿会扶站以后，可以给他婴儿一张矮桌子，可以扶站，也可以钻到桌下爬。

目的：练习站和蹲。

9个月婴儿的生理特点

身体发育

体重

男婴约重9.1千克，女婴约重8.4千克。

身高

男婴身高约71.5厘米，女婴身高约69.9厘米。

坐高

男婴坐高约45.7厘米，女婴坐高约44.6厘米。

头围

男婴头围约45.1厘米，女婴头围约43.9厘米。

胸围

男婴胸围约45.2厘米，女婴胸围约44.4厘米。

牙齿

9个月的孩子大部分已经出牙，有些孩子已经出了2 ~ 4个牙齿。

动作发育

9个月的孩子不仅会独坐，而且能从坐位躺下，扶着床栏杆站立，并能由立位坐下，俯卧时用手和膝趴着挺起身来；会拍手，会用手挑选自己喜欢的玩具玩，但常咬玩具；会独自吃饼干。

语言发育

9个月的孩子能模仿大人发出单音节词，有的孩子发音早，已经能够发出双音节“妈妈”“爸爸”了。

心理发育

9个月的宝宝看见熟人会用笑来表示认识他们，看见亲人或看护他的人便要求抱，如果把他喜欢的玩具拿走，他会哭闹。对新鲜的事情会感到惊奇和兴奋。从镜子里看见自己，会到镜子后边去寻找。

9个月的宝宝一般都能爬行，爬行的过程中能自如变换方向。如坐着玩已会使用双手递玩具，相互对敲或用玩具敲打桌面。会用小手拇指和食指对捏小玩具。如玩具掉到桌下面，知道寻找丢掉的玩具。知道观察大人的行为，有时会对着镜子亲吻自己的笑脸。

9个月婴儿的合理喂养

9个月婴儿喂养特点

9个月婴儿的喂奶次数应逐渐从3次减到2次，每天500毫升左右鲜奶已足够了，而辅食要逐渐增加，为断奶做好准备。

9个月的婴儿应增加一些土豆、白薯等含糖较多的根茎类食物，增加一些粗纤维的食物，但要把粗的老的部分去掉。9个月的小儿已经长牙，有咀嚼能力了，可以让他啃硬一点的东西。

断奶后婴儿的喂养

宝宝在9～10个月就可以断奶了，饮食也大部分固定为早、午、晚一日三餐，主要营养的摄取已由奶转为辅助食物。不过，完全断奶后，一定要注意宝宝的饥饱问题和饮食标准，不能或多或少、或这或那。一日三餐都只吃一样的婴儿是很少的。三餐中总有一餐要比所列的量吃得少些或多些，这些都属正常。

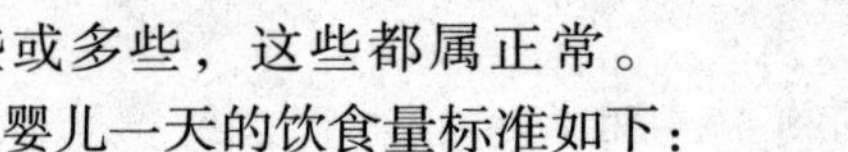

婴儿一天的饮食量标准如下：

鸡蛋——1个；

蔬菜——大匙为2匙半；

食油——1天3～4匙；

点心、牛奶、水果、饼干等，以不影响三餐饭为好。

晚9点喝牛奶

另外，这个时期可以让孩子练习用杯子喝牛奶，每天喂牛奶400毫升左右。用作辅助食物的种类可大大增多，可以让孩子吃各种各样的食品。

可喂的食品：

1. 淀粉质：面条、软饭、面包、通心粉、薯类、热点心、饼、燕麦粥等。

2. 蛋白质：牛奶、脱脂奶粉、乳酪、蛋、肉、鱼、豆腐、豆类等。

3. 蔬菜水果：四季蔬菜水果，特别要多吃些红色、黄色、绿色的。

4. 海藻类：紫菜、海带、裙带菜等。

5. 油：黄油、人造乳酪、花生油、黄油、芝麻油、菜油、核桃油等。

如婴儿还不习惯咽硬食，可以比大人吃得软些、烂些，味道稍淡些。

米、面食品搭配喂养

面食的做法花样比较多，可以经常变换。用米、面搭配使膳食多样化可引起孩子对的食欲。从营养角度分析，面粉的蛋白质、维生素 B_1、维生素 B_2 的含量都比米要高，而且不同粮食的营养成分也不全相同，如用几种粮食混合食用，可以收到取长补短的效果。所以，每天的主食最好用米、面搭配，或不同的品种搭配。

补钙误区

由于钙对人体有重要的作用，有些商家利用人们对补钙的渴望，在推出自己的产品时往往夸大其作用，给消费者以误导。研究表明，人体对各种钙补品的吸收率只能达到 40%，而有的厂家将高达 99% 以上的动物实验结果直接用于人体吸收率加以宣传，欺骗消费者。因此购买时必须弄清产品的钙含量、吸收率、有无副作用等，不能轻信“高效、高能、活性”等词。

另外，补钙虽然重要，但并非多多益善，对于不同年龄的人有不同的标准，要严格遵照中国营养学会推荐的中国人每日钙的供应量。如果一个正常人每天补钙超过 2000 克，不仅造成浪费，且还会产生副作用。

科学家曾追踪调查发现：宝宝摄取热量为 1000 卡的食物中，每含有 100 毫克的钙，他们的收缩压就会降低 2 毫米汞柱。由于宝宝年龄小，舒张压的变化不易测出。现代医学认为，动脉血压是循环功能的一个重要指标，血压偏低，血流迟缓，影响肌体组织的血液供应，妨碍正常活动尤其对头部影响更大。宝宝处在发育期，如前期血压偏低，不仅精力不集中，思维迟钝，智力低下，而且还容易患心脏病，因此宝宝切不可过量补钙。

9 个月婴儿的日常照料

室内安全看护

孩子会爬以后，他活动的范围大了，本领也大了，他会攀爬，会扶着移动。这时他还不懂得什么会对他造成伤害，不知道保护自己，因此妈妈要特别注意。

1. 凡是孩子容易碰撞的家具棱角，要包上海绵、厚棉制品等。
2. 如果有条件，空出一个房间或角落，让孩子玩耍。
3. 组合式家具要固定好。
4. 除去柜子等家具能使孩子攀爬、抓、跳的把手等。
5. 室内楼梯应加护栏。
6. 桌、椅、床要远离窗子，防止孩子爬上窗子。
7. 孩子的床栏应高过婴儿的胸部，小推车的护栏也要高些。
8. 注意卫生。把孩子爬的场所打扫干净，因为孩子不只会爬，还会把东西放嘴里啃。

9. 不要让他一个人独自四处爬。

10. 窗户要有护栏，不要让孩子上阳台。

11. 不要让孩子上厨房和餐厅，特别是有热菜、热汤时。

12. 桌子上不要放桌布，以免他拉下来，让桌上的东西砸着他。

13. 把热水瓶放到孩子碰不到的地方。

14. 不要给他筷子、勺、笔等，以免他放到嘴里摔倒。

15. 收好药品、洗涤用品。

16. 电源电器要安全。

17. 坐便盆的注意事项：

（1）最好不在吃饭时大便。

（2）冬天可先用热水把便盆热一下，再让孩子坐，以免冷刺激引起孩子大小便抑制。

（3）不要让孩子坐在便盆上玩。

（4）不要在孩子坐盆时给他食物和水。

（5）孩子大便的地方要明亮，卫生间的环境尽量布置得舒服优雅些。

（6）揩擦肛门要从前向后。

（7）不要用擦了肛门的纸再擦女孩会阴部。

（8）大便后要用温水给孩子清洗肛门。

（9）孩子如发生肠炎或痢疾，便盆要用 1% 的漂白粉液浸泡 1 小时。

（10）便盆用后要洗净。

婴儿勃起是自然反应

有的妈妈给儿子洗澡时，忽然看见孩子的阴茎勃起了，这会使年轻的妈妈吓一跳：这么小的孩子怎么就这样？其实婴幼儿的勃起与成人的勃起不同，是自然反应，在他尿急时、睡觉时，都可能发生勃起。洗澡时，因小阴茎不受尿布包裹，又受到热水的冲击，这个特别敏感的器官自然就勃起了。儿子性器官敏感，是正常的反应，妈妈应放心才是。

有的妈妈因怕抚弄儿子阴茎引起勃起，洗澡时便不给孩子洗。实际上勃起没有关系，不洗阴茎会使阴茎和包皮内藏污纳垢，引起炎症。

妈妈都很关心儿子的阴茎，有的因孩子太胖，就担心阴茎太小了。这种担心根本没有必要，孩子脂肪厚，有一段阴茎没有露出来。另外，阴茎大一点小一点，只要性功能正常，并没有关系。真正有危害的，倒是妈妈的这些多虑影响日益懂事的孩子，给他的性心理落下了阴影。

9 个月婴儿的智力开发

动作训练

9 个月的孩子已经爬得很好了，家长应该训练他站起来。

开始先训练他扶栏杆站立。站立是行走的基础，只有当孩子的肌肉和骨骼系统强壮起来时，才能扶栏杆站立，并逐渐站稳。开始，孩子站不起来，家长不要着急，可以给他帮帮忙，但要让他逐渐学会用力。当孩子能够扶着栏杆站起来的时候，家长要表扬他，称赞他，让他反复地锻炼，一直到能够很熟练地一扶栏杆就站起来，并且站得很稳。

要继续训练孩子手的动作，如让他把瓶盖扣到瓶子上，把环套在棍子上，把一块方木叠在另一块方木上……家长可以先做示范动作，然后让孩子模仿去做。在反复的动作中，发现物体之间的关系，促进智力发育，同时也锻炼手的灵活性和手眼的协调。

感知能力的训练

可用多彩的玩具和孩子感兴趣的物品，引导小儿去摆弄，边玩边看，提高感知能力。

语言训练

教小儿把动作与相应的词联系起来，如说“再见”，一边说一边让孩子摆手，大人也边说“再见”边向他摆手，使孩子把摆手的动作和再见联系起来，逐渐懂得这个词的意思。还可以教他拍手“欢迎”、点头“谢谢”等。训练他按照家长的话做出相应的动作，加深对语言的理解。

走来走去真快乐

在周岁前后孩子就会独站，要让他站在安全、平整、清洁的地毯或草地上，周围要收拾好，不要有会损伤他的东西。要把药瓶、化妆品、清洗剂之类的东西放在高处，不要让孩子拿到，在给孩子穿衣、洗澡、说话时可让他站着，这时他的注意力集中在活动上，可延长站立的时间。孩子能站稳，就鼓励他走。妈妈摇动玩具说：“欣欣真棒，欣欣自己来拿。”他就会克服困难摇摇摆摆往妈妈身边走。在独站和独走的游戏中，妈妈一定要在他身边随时帮助他，鼓励他，给他保护又给他勇气，不能让他跌痛了，对行走产生恐惧。而要让他自信、勇敢。在户外，要给孩子穿上厚底鞋；在室内地毯上，可以不穿鞋。请注意，软床不适合孩子学爬和行走。

这个游戏主要是训练孩子下肢的站和走的能力，使他能在没有依靠的情况下，自己逐渐掌握身体与四肢的平衡和协调。要鼓励孩子有信心和勇气，不怕摔倒，要让孩子感到自由行走非常愉快。

9 个月婴儿的智能发育

开始冒话

孩子出生后半年开始“打打”“爸爸”地学说话。在双手活动中、多次感知下，将事物或动作与相应的词语建立了联系。特别明显是连续重复音节，喜欢发出各种声音，音节比较清楚。当他喊出“爸爸爸……”时，爸爸听了非常高兴，说他的孩子会叫爸爸了。其实他不是叫爸爸，在他嘴里发出的音节还不代表什么意义。高兴时还可喊出一连串的音节，如阿—杰杰、呵妈妈，听起来像在说话，但不知说什么。

模仿发音

七八个月模仿发音，正如鹦鹉学舌，一会儿爸爸，一会儿妈妈、帽帽、哥哥……无所指地乱说。有时连续几天发同一字音，不管什么东西，他都用这个音来代替，如说出“舅舅”。指火柴、椅子、杯子……都说是“舅舅”。小婴儿的发音器官某些部位不易调节，难发的语音还不易模仿。

接近周岁时，更喜欢自己叨叨话，学成人读书的样子，咦咦啊啊说个不停，拉长声音，好像说话，又像唱歌，说得兴致勃勃。自己很起劲儿，别人却一句也听不明白，是给他自己用的。爸爸妈妈应该为他高兴，孩子正在努力学习，刻苦训练的精神十分可贵，要好好表扬鼓励。

理解词义

在大人的教育下，婴儿逐渐学会把一定的语音和某个具体事物联系起来。比如，你问“灯”呢？他用手指着灯，问他的鼻子、眼睛、嘴、耳朵都在哪，一样一样都指得准确。实验证明，5 个月可听到“再见”一词做摆手动作，10 个月所说“欢迎”一词做鼓掌动作。问他甜不甜，他就咂咂小嘴表示很甜。

真正把词与该事物联系起来，要一个很长的过程，有待多次训练，反复把词与物联系起来，才能形成牢固的神经联系。

学说话

半岁后开始用不同的声音招呼别人和对待自己。招呼人时常用“唔唔”“唉唉”，一般到了周岁可清楚地叫声妈妈。

先懂后说

孩子说话的规律是先听懂，然后才会说。周岁以前，听懂的词很多，会说得很少，想说说不出来。这时正是需要掌握语言的阶段，要成人多多同他交谈。

9 个月婴儿的亲子游戏

照镜子

妈妈抱孩子在穿衣镜前，指着他的脸反复叫他的名字，指着孩子的五官让他认识。然后问他："妈妈在哪？"

目的：认识身体。

钻山洞

大纸箱开几个口，让孩子钻来钻去，爬进爬出。

目的：训练身体的柔软性。

开抽屉取物

将孩子的玩具放进一个有滑道的抽屉里，关好抽屉让孩子取出来。有滑道的抽屉比较轻，易于拉开。

目的：训练手臂。

爬楼梯

将台阶或楼梯擦干净，让孩子往上爬。

目的：锻炼四肢。

10个月婴儿的生理特点

身体发育

体重

10个月的孩子体重增长不是太快，有时可能不增长。孩子活动量增大，身体长高，也不像小婴儿那样胖乎乎的了。10个月的男婴平均体重9.4千克，女婴平均体重8.8千克。

身高

10个多月的男婴平均身高约73厘米，女婴平均身高约71厘米。

小儿身体的高低与营养状况有密切的关系，但同时也受到遗传、性别、母亲健康状况、生活环境等多种因素的影响。所以，身高不够正常标准的小儿，不一定都有病，很可能是由于父母身材矮，孩子个头也不高。7 ~ 12个月的小儿身高平均每月增长1.2厘米左右。

头围

男婴平均头围约45.6厘米，女婴平均头围约44.5厘米。

胸围

男婴平均胸围约47.5厘米，女婴平均胸围约46.7厘米。

坐高

男婴平均坐高约46厘米，女婴平均坐高约45.2厘米 。

牙齿

小儿乳牙开始萌出时间，大部分在6 ~ 8个月时，最早可在第4个月时，晚的可在第10个月时。

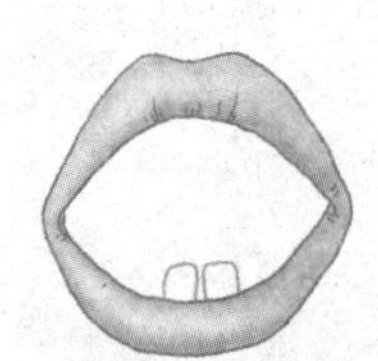

图1：最先长出的牙齿一般是下门牙，不同的孩子长牙的年龄有差别，一般为4～5个月大。

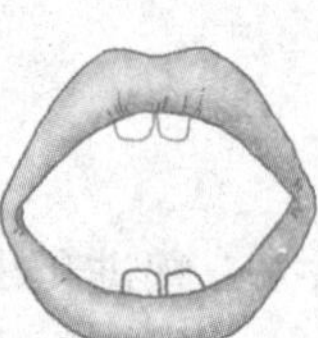

图2：4～6个月大，开始长出上门牙。

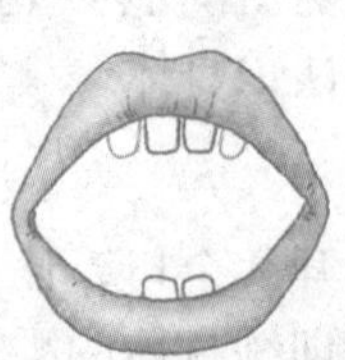

图3：6～12个月的时候（一般来说），开始长出上门牙两侧的2颗牙。

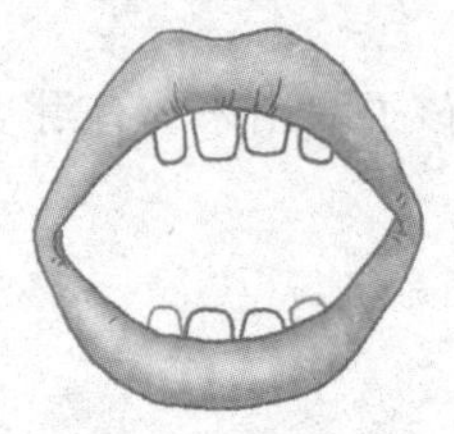

图4：接着长出两侧的下门牙，总共8颗牙。

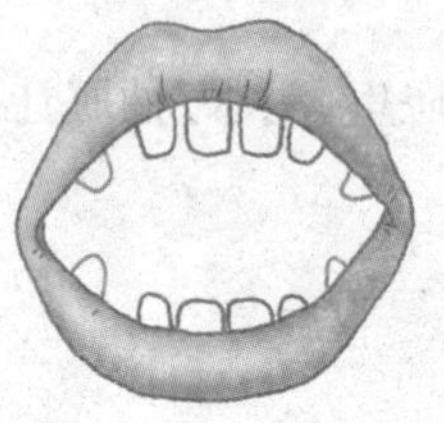

图5：12～18个月时，长出4颗小白齿。

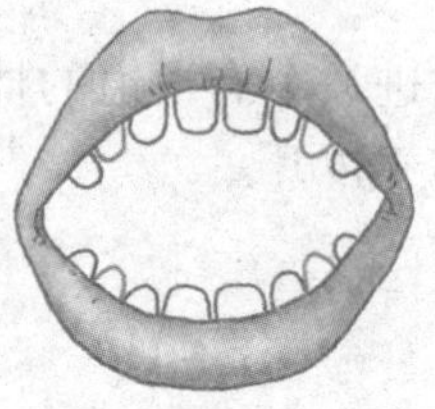

图6：12～24个月时，长出4颗犬齿。

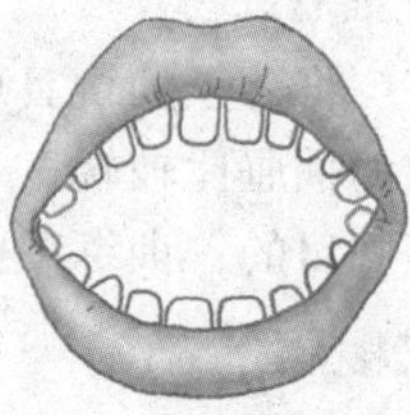

图7：24～30个月时，长出另外4颗小白齿。

动作发育

10个月的孩子能够坐得很稳，能由卧位坐起而后再躺下，能够灵活地前、后爬行，爬得非常快，能扶着床栏站着并沿床栏行走。这一段时间孩子的动作发育很快，有的孩子从会站到会走只需一个多月的时间，有的学爬只是很短的时间，孩子就不喜欢爬了，他要立起来扶着走。这段时间的运动能力孩子的个体差异很大，有的孩子慢些。因此，家长不要将动作发育的指标看得太死，也不要把自己的孩子与别人做比较。

10个月的孩子会抱娃娃、拍娃娃，模仿能力加强。双手会灵活地敲积木，会把一块积木搭在另一块积木上，会用瓶盖去盖瓶子。

语言发育

能模仿发出双音节如“爸爸”“妈妈”等。女孩子比男孩子说话早些。学说话的能力并不表示孩子的智力高低，只要孩子能理解大人说话的意思，就说明他很正常。

心理发育

10个月的孩子知道自己叫什么名字，别人叫他名字时他会答应，如果他想拿某种东西，家长严厉地说：“不能动！”他会立即缩回手来，停止行动。这表明，10个月的小儿已经开始懂得简单的语意了，此时大人和他说再见，他也会向你摆摆手；给他不喜欢的东西，他会摇摇头；玩得高兴时，他会咯咯地笑，并且手舞足蹈，表现得非常欢快活泼。

10个月大的孩子一旦想要什么，就非要拿到，他很喜欢看各种东西，好奇心较强烈。他更喜欢大人抱他，因为抱着他各处走，可以看到很多新东西。

10个月的宝宝在心理要求上丰富了许多，喜欢翻转起身，能爬行走动，扶着床边栏杆站得很稳。喜欢和小朋友或大人做一些合作性的游戏，喜欢照镜子观察自己，喜欢观察物体的不同形态和构造。喜欢家长对他的语言及动作技能给予表扬和称赞。喜欢用拍手欢迎、招手再见的方式与周围人交往。

10个月的宝宝喜欢别人称赞他，这是因为他的语言行为和情绪都有进展，他能听懂你经常说的表扬类的词句，因而做出相应的反应。

宝宝为家人表演游戏，大人的喝彩称赞声，会使他高兴地重复他的游戏表演，这也是宝宝内心体验成功与欢乐情绪的体现。对宝宝的鼓励不要吝啬，要用丰富的语言和表情，由衷地表示喝彩、兴奋，可用拍手，竖起大拇指的动作表示赞许。大家一齐称赞的气氛会促使孩子健康成长。这也是心理学讲的"正性强化"教育方法之一。

可以给10个月婴儿一些能够拆开、又能够再组合到一起的玩具，让他拆了再装、装了再拆，他会感到有意思。但是拆开的玩具一定要足够大，如果太小，孩子会把它放在口中吞下去或塞入耳朵眼和鼻孔里，发生危险。最好给他一个收藏玩具的大盒子或篮子，这样玩具比较容易保存。每次玩时，可以让孩子坐在大床上或地毯上，也可以让他坐在小桌子旁边的小椅子上玩。让他自己从玩具盒里拿出玩具，玩过之后再自己放回原处，当然，在开始训练他这样做的时候，大人要帮助他，逐渐形成习惯。再大一点儿，他就可以完全自己做了。这么大的孩子不仅喜欢玩具，对见到的物品也很感兴趣。妈妈可以把各种东西拿来跟他一起玩。孩子对会跑的玩具特别喜欢，也喜欢小推车、学步车。

睡眠

10个多月内孩子的睡眠和8个月时差不多，每天需睡14 ~ 16个小时，白天睡2次。正常健康的小儿在睡着之后，应该是嘴和眼睛都闭得很好，睡得很甜。若不是这样，就该找找原因。

10个月婴儿的合理喂养

10个月婴儿喂养特点

10个月的孩子每天早6：00、晚10：00吃两顿奶，上午、中午、下午吃3顿辅食。10个月的孩子仍以稀粥、软面为主食，适量增加鸡蛋羹、肉末儿、蔬菜之类。多给孩子吃些新鲜的水果，但吃前要帮他去皮去核。

强化食品的选择

我国家庭自制的断奶期辅食一般都不强化，如蔬菜汁、果泥、胡萝卜泥、肉泥、肝泥、肉菜糊等；我国食品厂生产的断奶期配方食品大多是多种营养素强化的，强化的营养素大都是断奶期婴儿比较容易缺乏的几种，如维生素A、维生素D、维生素B_2和钙、铁、锌、碘等矿物质。

应注意的是目前市售的以谷、豆类为基础的断奶期配方食品有两类：一类是按国家标准（GB）强化的配方食品；另一类则是超标准强化的特殊食品。有的配方食品超过国家标准（GB）规定的数倍量强化，食用时应注意说明，正常婴儿应限量食用。

婴幼儿强化食品是指为增加营养而加入了天然或人工合成的营养强化剂（较纯的营养素）配制而成的婴幼儿食品，选购时要注意包装说明、厂名、适用对象、方法和保存期、保存方法。要结合自己孩子的情况选购，最好能在保健医师的指导下使用，不可乱加。

关于婴儿食品和强化食品，我国已制定了标准（GB）及强化食品卫生管理法规。规定可以强化的食品范围及允许的强化品种和剂量。特殊的强化食品我国目前尚未制定法规，选购时均应严格按说明使用，不可过量，以免影响婴幼儿食欲和引起不良反应。

食用山楂食疗

由于小儿脾胃不足，对营养物质的吸收消化功能较差。因此，小儿宜多食能消食化积、散瘀行滞的山楂。常用的山楂食疗方如下：

1. 山楂汤：即山楂一味煎汤饮，尤宜于食肉不消的儿童。

2. 山楂饼：用山楂、白术各 120 克，神曲 60 克，均研末儿，蒸饼丸，梧桐子大，每服 70 丸。可治儿童食积。

3. 山楂粉：用山楂肉不拘多少，炒研为末儿，用蜜和砂糖拌，每服 3 ～ 6 克，水送服。尤宜于小儿痢疾赤白相兼者。

4. 山楂丸：茴香、山楂各等份，研细末，盐、酒调和，空腹热服，可治小儿小腹痛。

10 个月婴儿的日常照料

孩子的睡眠

睡眠能消除大脑的疲劳，使身体得到充分的休息。孩子如果睡眠不适，就会烦躁哭闹，食欲不佳，足够的睡眠是孩子健康成长的保证。

人的脑下垂体在儿童时期分泌一种十分重要的激素叫生长激素。这种激素在睡眠时分泌特别旺盛；在醒着的时候，分泌相对少些，因此孩子长个子主要是在睡眠的时间进行的，从生理需要上说，孩子睡眠的时间应该长一些。

孩子 10 个月以后，睡眠时间会减少，而且贪玩，这时要特别注意培养孩子良好的睡眠习惯，按时睡觉，按时起床。

培养良好的生活习惯

除了非常寒冷的天气之外，应该每天让小儿外出坚持户外活动，接受阳光、新鲜空气。日光中含有红外线，可使人全身血管扩张，感到温暖，抵抗力增强。日光浴可以促使皮肤制造维生素 D，帮助钙、磷吸收，使骨骼长得结实，可预防和治疗佝偻病。经常晒太阳，对小儿身体发育很有好处。

夏天晒太阳要注意防止中暑，不要在中午太阳最毒的时候出来。晒太阳时，最好给孩子戴上草帽，不要让阳光直射头部。

冬天晒太阳时，不要给孩子捂得太严，也不要衣服穿得太多，影响孩子活动。

注意护理女婴的生殖器官

家长很少关心到女婴的生殖器官，因为这些器官没有发育完全。实际上，女婴娇嫩的生殖器官特别容易遭受各种疾病的侵袭，给孩子带来的损害常常重于成人的妇科病。

女婴生殖器官发育未成熟，阴道黏膜较薄，阴道内酸度较成人低，感染的机会也多。发生感染后，女婴阴道内的白带也会增多。正常女婴的阴道，也有少量的渗出物，颜色透明，没有气味，如果孩子的白带发生异常，颜色发黄或发白，像脓液，有异味，量多，则有可能发生了炎症。如果白带增多呈乳凝块状，阴部发痒，有异味，还出现尿急、尿频、尿痛的症状，看上去发红，就有可能染上了滴虫、霉菌或淋病。如果白带多而且有臭味，有可能是幼童将异物塞进了阴道。当孩子发生生殖器肿瘤时，也可出现白带带血等变化。

预防女婴生殖系统感染非常重要，父母要注意以下问题：

1. 幼女不要穿开裆裤，可减少感染的机会。

2. 父母要教育女婴从小养成良好的卫生习惯。

3. 女婴洗会阴的盆要单用，不能与洗手、洗脚盆合用，更不能与母亲合用。

4. 女婴的毛巾、床单要单用，并经常洗晒、用开水烫。

5. 女婴大便后要用纸先拭净小阴唇，再用纸拭肛门。在清洗时也是先洗前边，后洗肛门。

6. 带孩子出外旅游或到公共场所，不要随便使用盆浴，使用不洁的毛巾、马桶、卫生纸。

7. 如果父母患有性病，要注意隔离和消毒，不要传染给年幼的女儿。

女婴生殖器官发生感染，要及时检查。这些疾病都有特效药物治疗，只要坚持用药，注意外阴清洁卫生，保持局部清洁干燥，穿宽松内裤，是可以治好的。

10 个月婴儿的智力开发

动作训练

10 个月的孩子如果已经能够扶着床栏站得很稳了，就训练他扶着床栏横着走。这看起来很简单，实际上也很不易，这毕竟是小儿跨出的第一步，但是须有这第一步，以后能够扶着床栏走来走去。开始家长可以拿着有趣的玩具在床栏的一头来引逗孩子，孩子为了拿到玩具，就会想方设法地移动自己的身体，如果失败了，家长要鼓励他；如果成功了，家长要赞扬他。

本月要继续训练孩子手的动作。如把小棍插进孔里，再拔出来；把玩具放在小桶里，再倒出来；两手同时拿玩具并将东西换手拿。锻炼小儿同时用两种物体做出两种动作，手眼协调一致。

大人可以通过游戏来训练孩子。当着孩子的面，让他眼睛看着，把玩具藏起来，然后告诉他“没了”，吸引孩子到处找，这样可以培养他追寻和探究的兴趣。

语言训练

10个月的孩子不但要教他听懂字音，而且该教他听懂词义，家长要训练孩子把一些词和常用物体联系起来，因为这时小儿虽然还不会说话，但是已经会用动作来回答大人说的话了。比如，家长可以指着电灯告诉孩子说：“这是电灯。”然后再问他：“电灯在哪？”他就会转向电灯方向，或用手指着电灯，同时可能会发出声音。这虽然还不是语言，但对小儿发音器官是一个很好的锻炼，为模仿说话打基础。

家长还可以联系吃、喝、拿、给、尿、娃娃、皮球、小兔、狗等跟孩子说简单词语，让他理解并把语言和物体与动作联系起来。

10个月婴儿的亲子游戏

插钥匙

每次妈妈抱孩子回家，把钥匙交给孩子，让他将钥匙插进锁眼，插入以后，妈妈将门打开，母子都很高兴。

目的：训练手的精细动作。

套环

给孩子选购一件套环玩具，可以是木的，也可以是塑料的。这件玩具有一根立柱，有几个环，孩子用环套在立柱上即可。孩子一边套，妈妈一边数：“一、二、三。”

目的：训练手眼协调能力。

表演

妈妈选择一个对话比较多的故事，反复讲熟以后，母子两人将这故事表演，各扮演一个角色。

目的：发展言语。

玩积木

妈妈和孩子玩积木，妈妈说:“把红色的都给我，把绿色的都给你。”或说:“把大块的都给你，把小块的都给我。”帮助孩子辨认。玩一次只能认一样。

目的：认识事物。

读书

妈妈可给孩子选购塑料制的图书和布制的图书。这些图书是专门给婴儿做的，无毒，不怕孩子撕和咬，又可以清洗。妈妈也可以买一些儿童手绢，缝成书给孩子读。

目的：提高孩子认物的能力。

戴帽子

妈妈准备各种各样的帽子，放一排，让孩子往头上戴。每戴一顶，妈妈就告诉他或问他:“这是什么？这是帽子。”使孩子懂得尽管大小样子不同，都是帽子。

目的：训练逻辑思维。

找苹果

给孩子买一套幼儿认知图片，让他找哪张是苹果，哪张是鸡蛋，也可让孩子把他认识的物品图片挑出来，并一一指认给妈妈看。

目的：训练记忆力。

指认鼻子和耳朵

妈妈和孩子对坐，妈妈说“鼻子”，两人一齐指鼻子，妈妈说“耳朵”，两人一齐指耳朵。然后让孩子说，妈妈跟着他指。

目的：认识身体。

踢球

将一个纸球挂起来，让孩子扶着栏杆用脚踢。

目的：练习独脚站和抬腿。

读唐诗

（一）早发白帝城

（李白）

朝辞白帝彩云间，千里江陵一日还。
两岸猿声啼不住，轻舟已过万重山。

（二）赠汪伦

（李白）

李白乘舟将欲行，忽闻岸上踏歌声。
桃花潭水深千尺，不及汪伦送我情！

11 个月婴儿的生理特点

身体发育

体重

11 个月的男婴约重 9.6 千克，女婴约重 9.0 千克。

身高

男婴身高约 74.2 厘米，女婴身高约 72.6 厘米。

头围

男婴头围约 46.0 厘米，女婴头围约 44.8 厘米。

胸围

男婴胸围约 49.9 厘米，女婴胸围约 48.8 厘米。

牙齿

11 个月的孩子一般出 4 ~ 6 颗牙齿，多为上边 4 颗前牙和下边 2 颗前牙。有的孩子才刚刚开始出牙，也是正常的。

动作发育

11 个月的婴儿能稳稳地坐较长时间，能自由地爬到想去的地方，能扶着东西站稳，拇指和食指能协调地拿起小的东西，会招手、摆手等动作。

语言发育

11 个月的孩子能模仿大人说话，说一些简单的词，已经能够理解常用语的意思，并会一些表示不同词义的动作。11 个月的孩子喜欢和成人交往，并模仿成人的举动，当他不愉快时他会表现出很不满意的表情。

睡眠

11 个月的孩子每天需睡眠 12 ~ 16 个小时。白天睡 2 次，夜间睡 10 ~ 12 个小时。家长应该了解，睡眠是有个体差异的，有的小儿需要的睡眠比较多，有的小儿需要的睡眠就少一些。所以，有的小儿到了 11 个月，每天还要睡 16 个小时。

记忆力发育状况

11 个月 ~ 1 岁的孩子已有明显的记忆力了，能认识自己的玩具、衣物，还能指出鼻子、眼睛、口、头等自己身上的器官，成人问他某件物品在哪儿时他也能用手指出来。1 岁左右的婴儿已开始有回忆能力，如孩子非常喜欢玩捉迷藏的游戏，就是利用回忆能力。

这个年龄的婴儿虽然已比较容易记住事物了，但记忆保持的时间很短，只有几天，时间一长就会忘记。

婴儿的记忆力与后天的培养训练有很大关系。受到良好训练的婴儿记忆力就强，否则相反。婴儿的记忆同兴趣也有很大关系，婴儿对有兴趣的事物就容易记住，没有兴趣的事物就容易忘记。

感觉发育状况

婴儿在1岁以前还不能意识到自己身体的存在，他会咬自己的手指，并因为咬痛了而放声大哭。但这一咬倒很有作用，婴儿感觉到咬自己的手指和咬别的东西在感觉上不一样，从而形成了最初的自我意识。

婴儿到1岁时，能把自己的动作和动作的对象区分开来，把主体与客观世界区分开来。如开始知道由于自己摇动了挂着的铃铛玩具，铃铛就会发出声音，并从中认识到自己跟事物的关系。有的父母还常常发现婴儿把床上的各种玩具一件件地抓起来扔到床外，一边扔还一边咿咿呀呀地说个不停，这是因为婴儿发现通过自己的小手可以让玩具“响了”“跑了”“飞了”，他们开始意识到自己的威力，感受到自己的存在和自己的力量，这就是自我意识的最初表现，这种现象的出现，在婴儿的自我发展过程中具有重要意义。

心理发育状况

11个月的宝宝喜欢模仿着叫妈妈，也开始学迈步学走路了。喜欢东瞧瞧、西看看，好像在探索周围的环境。在玩的过程中，还喜欢把小手放进带孔的玩具中，并把一件玩具装进另一件玩具中。

11个月后的宝宝在体格生长上比以前慢一点，因此食欲也会稍下降一些，这是正常生理过程，不必担心。吃饭时千万不要强喂硬塞，如硬让孩子吃会造成其逆反心理，产生厌食。

11个月婴儿的合理喂养

11个月婴儿喂养特点

11个月的孩子仍应每天早晚喂奶，三餐喂饭。

孩子出生之后是以乳类为主食，经过一年的时间要逐渐过渡到以谷类为主食。快1岁的孩子可以吃软饭、面条、小包子、小饺子了。每天三餐应变换花样，使孩子有食欲。

粥的制作

粥类的共同制法是取稻米、小米或麦片等约30克，加水3 ~ 4碗，浸1小时，置锅内煮1 ~ 1.5小时，煮至烂如糊即可。

为婴儿煮制的补充营养的粥是指在粥内加入一定数量的鱼、肉、蛋、蔬菜、豆制品等。大米、荤菜、蔬菜、豆制品比例为500克：（250 ~ 350克）：

（250 ~ 350 克）：（50 ~ 150 克），另加植物油 50 ~ 75 克。

常用的婴儿粥类的做法如下：

肉泥粥

取肉洗净，剁成细末儿，加入粥中煮熟，可适当加葱、姜、盐，滴几滴香油。

鱼粥

洗净去内脏的鱼（如青鱼、带鱼、鳗鱼等）整条蒸熟去骨刺压碎，将鱼肉研碎，拌入粥中煮熟，加适量食盐、葱，即成鱼粥。最好每周吃 1 ~ 2 次。

肝泥粥

洗净的猪肝用刀横刮，再刮取切面处泥状物，加酒、盐放入粥中煮透。也可适当加些调料。最好每周吃 1 ~ 2 次。

蛋花粥

将 1 只鸡蛋打碎放入已煮好的粥中，边搅边烧，煮沸后放盐和熟油。

芝麻、花生或核桃仁粥

芝麻、花生或核桃仁炒熟，研成面，加入粥中即可。

菜粥

将嫩菜叶如菠菜叶、油菜叶等洗净切碎，放在粥里煮熟。

糖麸水

取麸皮 1 碗、水 5 碗，加入 10% 的盐酸（食用）数滴，浸 1 ~ 2 小时后煮沸，滤去渣，加糖少许即成。每月可分 2 ~ 3 次饮用，对婴儿补充维生素 B_2、促进哺乳期妇女乳汁分泌均十分有益。

藕粉

取藕粉约 5 克，糖约 5 克，先用少许冷开水调和，再用沸水调成 1 小碗。

上述各种粥内最后都可以加入菜泥和豆制品煮熟再吃。

芋薯食品的制作

牛奶土豆

将土豆泥与牛奶一起搅拌，再加上胡萝卜泥与少许酱油即可。

肉土豆

将土豆泥与肉末儿放在锅里煮，加少许酱油、白糖，边煮边搅拌。

芝麻土豆

将土豆泥与熟芝麻、少许蜂蜜一同搅拌即可。

土豆丸子

将土豆泥与胡萝卜泥、鸡蛋调匀，加少许盐，做成丸子，在植物油锅中过一下，时间不宜长。

地瓜泥

将地瓜洗净去皮蒸熟，研成泥，加少许蜂蜜即可。

蒸地瓜

将地瓜与苹果洗净削皮去核，切成薄片，码放在小碗中上笼蒸熟，加少许蜂蜜即可。

含铁较高食品的制作

肝末儿蛋羹

将整块肝切成片，放入开水锅中焯一下，捞出，剁成肝末儿，放入碗内。再将鸡蛋磕入此碗中，加入葱末儿、细盐，放少量水调匀，在碗内蒸熟，加点香油即成。

炒三丁

将鸡蛋黄放入碗内调匀，倒入抹油的方盘内，上笼蒸熟，取出切成小丁。将豆腐、黄瓜切成丁。将热锅放点油，用葱姜末儿先炒，再放入蛋黄丁、豆腐丁、黄瓜丁，加适量水及细盐，烧透入味，勾淀粉汁即成。

麻酱拌茄泥

将茄子洗净去皮，切成小块上笼蒸熟。将麻酱加入细盐及适量水搅成糊状。将蒸好的茄块捣成泥，浇入调好的麻酱即成。

四彩珍珠汤

先将面粉放入盆内，用干净软帚蘸水拌入面粉中，边抖水边拌匀面粉，使之拌成小疙瘩。将肉块剁成肉末儿，菠菜用开水焯一下，控去水，切成小段，紫菜用温水泡软后撕碎，并准备好鸡蛋液。热锅放油，下肉末儿煸炒，放点葱、姜末儿及酱油，添入适量水烧开。再把小面疙瘩投入，用勺搅拌均匀，煮片刻。甩入鸡蛋液，放入菠菜、紫菜及适量细盐，稍煮即成。

含钙高食品的制作

肉末儿豆腐干油菜丝

将瘦肉剁成肉末儿，豆腐干（或豆腐片）切成小丝，油菜洗净切丝。热锅放点油，下肉末儿煸炒，随后放入葱花、豆腐干丝，添适量水，烧片刻，再投入油菜丝，翻炒片刻，加入细盐即成。

虾皮肉末儿青菜粥

将虾皮、瘦肉、青菜（大白菜、小白菜均可）分别洗净、切碎。锅内放适量油，下肉末儿煸炒，再放虾皮、葱花、酱油炒匀，添入适量水烧开。然后放入大米或小米，煮至熟烂，再放切碎的菜煮片刻即成。

虾皮菠菜骨头挂面汤

将虾皮洗净切碎，菠菜开水焯一下后，切成小段，紫菜泡后撕碎。热锅放点油，下虾皮、葱末儿、酱油，添入骨头汤，下挂面煮熟，放入紫菜、菠菜及适量细盐即成。

奶味软饼

取标准粉、黄豆粉、牛奶粉，其比例为 10 ： 1 ： 2。将黄豆粉用凉水化开后，充分加热煮沸，略放凉，再将沏好的奶粉倒入，并磕入鸡蛋，调匀备用。将晾凉的豆奶蛋汁倒入面粉中，加入适量细盐和水，充分调匀使成稀糊状。平锅加热后放点油，将面糊摊成软饼即成。

11个月婴儿的日常照料

婴儿不能看电视

婴儿的视力是一个发育的过程，电视机必须放在一定距离看，小婴儿还看不清。另外，电视图像不清晰，有颤动，孩子也不懂，还不如让他看人或看画片。让婴儿看电视会使孩子眼睛疲劳，视力降低，最好不看。如果要看，只能看几分钟。

婴儿不宜过早学走

婴儿从卧到坐，从爬到立要12个月左右，是不是孩子学走越早越好呢？不是的。不满周岁的孩子，骨骼和肌肉发育不健全，还很软，过早站立行走，足部负荷过重，会对脚造成损伤，严重的还会出现扁平足；下肢也会因负担过重，小腿变形。特别是胖孩子，更不宜早走路。

11个月婴儿的智力开发

智力游戏

认图片，训练识别能力、记忆力、理解力。家长可以先让宝宝看图，再让他看实物，经多次反复对比观看，孩子会很快认识哪张图片代表哪个实物。最后把他熟悉的几张图片和其他图片混在一起，再让他从中找出他熟悉的那几张图片。如果孩子做到了，就要大加赞扬，以增强宝宝学习的信心。

动作训练

11个月的孩子大部分动作仍是爬，有时扶栏站立和横走。身体很好的孩子，往往有独自站立的要求，扶着栏杆站立起来之后，会稍稍松手，以显示一下自己站立的能力，有时他能够站得很稳，甚至还会不扶任何东西自己站起来。这时，家长不要去阻止他，随他去站好了。为了训练他独自站立，家长可以先训练他从蹲到站起来，再蹲下再站起来。开始可以拉他一只手，使他借助一点力。独立站立是小儿学走的前奏。

家长要训练孩子配合大人穿衣服、穿袜子、洗脸、洗手和擦手等动作。因为这时小儿已经能够模仿大人动作了，手的动作也更加灵活了。

感官功能的训练

可以用多种人物及动物的色彩鲜艳的图片，让小儿观看，并结合看到的东西讲给他听，这时孩子虽然说不出，但完全看得懂。

语言训练

11个月婴儿已经能够听懂成人的话了，应该教他模仿成人发音。

模仿语言是一个复杂的过程，小儿要看成人的嘴，模仿口型，要听发音，注意发音过程中的口型变化，协调发音器官唇、舌、声带的活动，控制发声气流等。这么多的环节，需要听觉、视觉、语音、运动系统协调，任何一个环节发育差，都会给发音带来困难，家长教小儿说话时，一定要表情丰富，让孩子看清成人说话时的口型、嘴的动作，加深对语言、语调的感受、区别复杂的音调，逐渐模仿成人发音。此外，还可让孩子多听些儿童歌曲，使他们感受音乐艺术语言。

学会逗人玩

孩子有强烈地与人交往的需要，喜欢同成人玩。成人要他做什么，就乖乖地做什么，有时把手里的玩具或正吃得很香的东西送给你，可你真心实意地去接，他又把手缩回来，藏到背后，不想给你。喜欢用布把脸蒙上，藏猫猫玩，或面对镜子看自己的笑脸，喜欢与同龄孩子交往，咕咕地说些什么，或拉人家的衣角，或抓别人手里的玩具，也能把自己的东西给别人玩。这时自我意识开始萌发，不再扳自己的脚往嘴里塞，知道这脚是自己身体的一部分，而不是别的玩具，交往范围扩大了，更加活泼可爱了。

家长可创设条件，让孩子们共同做游戏，成人给他们唱歌听，同他们一起玩玩具，培养礼貌行为，发展社会交往能力。

教孩子学用工具

当孩子伸手拿什么拿不到时，妈妈可以帮助他，不是简单地替他去拿，而是引导他使用“工具”去拿。比如饭桌上有一块糖，孩子想拿够不着，这时他很急，妈妈不要替他拿，而是给他一根筷子或一个长柄勺。孩子可用勺把糖拨到近处拿到。如果孩子不明白，妈妈可以提醒他去做。如果小汽车跑到沙发下去了，怎么拿出来？妈妈可暗示孩子找他的长枪把汽车从沙发底下拨出来，一次不成功，鼓励他动脑另想办法。

帮助孩子利用“工具”来做他直接做不到的事，会使孩子的思维开阔，养成用脑筋思考问题的习惯。

撕纸训练

给孩子准备一个小凳子，妈妈和他一起坐在小凳子上玩。准备一些旧画报或报纸，注意纸不要太厚太脆太光滑，太脆的纸很锋利，可割破孩子的手，让孩子随意撕纸，因为周岁左右的孩子很喜欢撕东西。妈妈可以跟他一起撕，妈妈自然不能也随意撕，妈妈要撕成一定的形状。比如用绿纸撕成树的形状，用花纸撕成小孩子的形状，用红纸撕成球状等。撕好就给孩子看，一边跟他说话，一边教他撕。不管孩子撕得像不像，只要他不是胡乱撕，而是开始模仿妈妈，就应该得到表扬。

这个游戏可以训练孩子的注意力，使孩子的注意力集中时间延长。用手撕东西不管撕得好不好、像不像，都训练了十指，手指的发育对脑的发育有很好的刺激作用。

11 个月婴儿的亲子游戏

捉迷藏

捉迷藏是孩子百玩不厌的游戏，不仅会走的孩子能玩，1 岁以内的孩子也能玩。

孩子会爬以后将他放在地毯上，妈妈让孩子看着躲在他能看见的地方，然后叫他快点找妈妈。当孩子爬几步能看见妈妈时，要表扬鼓励他。

孩子学步时，妈妈可以躲到孩子能找到的地方，但要注意把周围收拾好，使孩子无障碍行走。

目的：训练孩子的智力。

数数给孩子听

妈妈抱着孩子做事时，不要忘记数数，比如吃饭时往饭桌上放碗，放一个数一个数；下楼梯时，下一级数一个数，让孩子熟悉数数的顺序。

目的：学数数。

抓住了

将玩具用绳拴住，妈妈拎着绳，使玩具在孩子面前晃动，让孩子去抓。

目的：训练平衡。

转来转去

妈妈坐在桌子的一面，将孩子放在桌子的另一面，让他扶着桌子站好。妈妈说："到妈妈这边来。"孩子会慢慢扶着桌边转过去。

目的：练走。

玩水

水是孩子百玩不厌的玩具。妈妈给孩子一盆温水，放进小瓶、小碗等，让孩子把水倒来倒去。这个游戏最适宜在夏天玩。

目的：学习水的最基本知识。

12 个月婴儿的生理特点

身体发育

体重

男婴约 9.9 千克，女婴约 9.2 千克。

身高

男婴约 76.5 厘米，女婴约 75.1 厘米。

头围

男婴约 46.3 厘米，女婴约 45.2 厘米。

胸围

男婴约 46.2 厘米，女婴约 45.1 厘米。

听觉发育状况

儿童的语言分为被动语言和主动语言。被动语言是指小儿能听懂别人的语言即别人的讲话，但是自己尚不会说话；主动语言是指小儿自己能说话表达意愿等。这个时期的小儿说话处于萌芽阶段，但被动语言却有了较快的发展。此时的婴儿尽管能够使用的语言还很少，但令人吃惊的是他们能够理解很多大人说的话。对成人的语言由音调的反应发展为能听懂语言的词义。如问婴儿："电灯呢？"他会用手指灯；问他"眼睛呢？"他会用手指自己的眼睛，或眨眨自己的眼睛；听到成人说"再见"，他会摆手表示再见；听到"欢迎、欢迎"的声音，他也会拍手。

感觉发育状况

这段时期的婴儿好奇心逐渐加强了，他们喜欢到处摸、到处看。

婴儿常常把家里的抽屉打开，把每件东西都拿出来看看、玩玩；如果有箱子，就会钻进去；他们还会把塑料袋套在自己头上，常常因为拿不下来而发急。如果忘记把墨水收起来，婴儿会把墨水泼得一塌糊涂。婴儿的这些行为是因为好奇，什么都想看个究竟，这对于开阔眼界、增长知识、探索周围世界是有很大帮助的。当然，婴儿的好奇心也会给婴儿带来不安全的一面，如婴儿由于爬楼梯而摔伤、碰倒热水瓶而烫伤等。

因此，在这段时期父母要更加留心地照顾好自己的孩子，最好把孩子活动的房间加以重新调整，把对婴儿有危险的物品放到孩子够不着的地方。不要盲目地制止婴儿的行动，当看到孩子将要干危险事情的时候，母亲就应该说"不行"来加以制止他，这对孩子是一种训练；如果孩子听从了母亲的话而停止了自己的行动，母亲应给予夸奖。

语言发育

12 个月的孩子喜欢嘟嘟叽叽地说话，听上去像在交谈。喜欢模仿动物的叫声，如小狗"汪汪"、小猫"喵喵"等。能把语言和表情结合起来，他不想要的东西，他会一边摇头一边说"不"。

这时孩子不仅能够理解大人很多话，对大人说话的语调也能理解。婴儿还不能说出他理解的词，常常用他的语音说话，一般来说妈妈能知道他说的是什么，此如他说"外"，意思是想到户外玩，妈妈此时要告诉他正确的话是怎么说。

睡眠

12 个月的小儿每天需睡眠 12 ~ 16 个小时，白天要睡 2 次，每次 1.5 ~ 2 个小时。

有规律地安排孩子睡和醒的时间，这是保证良好睡眠的基本方法。所以，必须让孩子按时睡觉，按时起床。睡前不要让孩子吃得过饱，不要玩得太兴奋，睡觉时不要蒙头睡，也不要抱着摇晃着入睡，要给孩子养成良好的自然入睡习惯。

心理发育

12 个月的宝宝喜欢和爸爸妈妈在一起玩游戏、看书画，听大人给他讲故事。喜欢玩藏东西的游戏。喜欢认真仔细地摆弄玩具和观赏实物，边玩边咿咿呀呀地说着什么。有时发出的音节让人莫名其妙。这个时期的孩子喜欢的活动很多，除了学翻书、讲图书外，还喜欢搭积木、滚皮球，还会用棍子够玩具。如果听到喜欢的歌谣就会做出相应的动作来。

12 个月的孩子，每日活动是很丰富的，在动作上从爬、站立到学行走的技能日益增加，他的好奇心也随之增强，宛如一位探察家，喜欢把房里每个角落都了解清楚，都要用手摸一摸。

为了孩子心理健康发展，在安全的情况下，尽量满足他的好奇心，要鼓励他的探索精神不断发展，千万不要随意恐吓孩子，以免伤害他正在萌芽的自尊心和自信心。

此时的孩子喜欢会动的东西，像汽车、鸟、小动物。还喜欢模仿，穿鞋、梳头、吃饭、洗脸等。孩子更喜欢看电视，他还看不清，看的是活动的、色彩鲜艳的画面，如广告、动画片等。但不能让孩子长时间看电视，因为孩子看电视是单方面的接受信息，不能对话，不能动手，不能参与，这对孩子的发育是不利的。

这个年龄的孩子能较短时间地记忆，妈妈教他什么，可能几天就忘了。记忆需要培养，孩子对感兴趣的东西就记得比较好，强迫他记的就容易忘。妈妈在训练孩子的记忆力时，一定不要忘了这一客观规律。

12 个月婴儿的合理喂养

1 岁孩子的喂养特点

1 岁左右的孩子逐渐变为以一日三餐为主，早、晚牛奶为辅，慢慢过渡到完全断奶。如果正好是夏天，为了不影响孩子的食欲，可以略向后推迟 1 ~ 2 个月再断奶，最晚不要超过 15 个月。

以三餐为主之后，家长一定要注意保证孩

子辅食的质量。如肉泥、蛋黄、肝泥、豆腐等含有丰富的蛋白质，是孩子身体发育必需的食品，而米粥、面条等主食是孩子补充热量的来源，蔬菜可以补充维生素、矿物质和纤维素，促进新陈代谢，促进消化。孩子的主食主要有米粥、软饭、面片、龙须面、馄饨、豆包、小饺子、馒头、面包、糖三角等。

要想孩子长得健壮，家长必须细心调理好孩子的三餐饮食，将肉、鱼、蛋、菜等与主食合理调配。这么大的孩子，牙齿还未长齐，咀嚼还不够细腻，所以要尽量把菜做得细软一些，肉类要做成泥或末儿，以便孩子消化吸收。

婴儿膳食的制作方法

混合菜糊

将土豆、胡萝卜洗净，上锅蒸熟去皮压烂成泥。番茄用开水烫去皮，切成碎块，放入锅中煸炒，再加上少许食盐与土豆、胡萝卜泥、肝泥和熟肉末儿一起炒熟后食用。

三鲜蛋羹

把1～2个鸡蛋打入碗中，加少许食盐和凉开水调匀，放入锅中蒸热，然后再切几个新鲜虾仁与炒好的肉菜末儿放进碗中搅匀，再继续蒸5～8分钟，停火后即可食用。

果羹

将苹果、百合、山药、梨、莲子洗净去皮去核切成小片加上琼脂一同放在火上加水煮熟，离火加白糖凉后食用，没有琼脂可用藕粉代替。

合理的营养配备

虽然此时的宝宝不再如以往一样生长得那么快，但从一个人生长的总过程来看，此阶段宝宝的生长仍是很迅速的。合理营养对于宝宝的健康成长绝不可少。合理的营养包含两方面，其一是提供足够生长需要的营养；其二是各营养成分之间比例要恰当，不要某种营养过剩，而某种营养又不足。

前一种情况做不到便会出现营养不良，可使宝宝的骨骼肌肉发育受阻，比如身体矮小、瘦弱等，这样宝宝的身体抗病能力也会下降，易得一些传染病，以及消化不良、腹泻等。此外宝宝脑重此时已达到了成人的75%，是脑发育的关键时期，直接影响到日后的智力活动和行为的发展，应十分注意。宝宝这时营养不良，蛋白质和热量及某些微量元素供应不足，脑细胞的数量就会减少，脑的重量降低，引起脑发育不良，宝宝的智力发展受到阻碍，甚至会导致智力衰弱，影响以后的学习和对社会的适应能力。

前一种情况容易引起家长的重视，但后一种情况却往往容易被忽视，比如现在的宝宝尤其是小胖子非常多，究其原因是营养过剩。这其实并非好事，也不意味着一定健康。饮食中含糖高的食品如巧克力、甜点心，以及高脂肪的食品吃多就容易引起肥胖症，肥胖症的害处是显而易见的。营养中如果蛋白质过多，会加重宝宝肝、肾的负担，造成肝肾功能不良，维生素A、维生素C、维生素D若过多则会引起维生素中毒。可见，尽管各种营养宝宝生长都必需，但过犹不及。宝宝一天的饮食可参考以下标准：

米或面150克，肉类40 ~ 50克，牛奶(或豆浆)250 ~ 500克，豆制品25 ~ 50克，鸡蛋1个，蔬菜水果150 ~ 250克，糖10克，油10克，水果150克。

一定要注意，宝宝的饮食中既要含有人体需要的一切营养及热量，同时各营养素之间应有合理的比例关系。蛋白质与碳水化合物的比例为1∶0.64。应提醒的是营养充分和合理是长趋势的，比如从1 ~ 2周内的饮食来看应达到上述要求，而并非每顿饭都应达到标准，大可不必因此而搞上七八个菜。

保持婴儿食品营养的方法

主食的烹调

精米、精面的营养价值不如糙米及标准面粉，因此主食要粗细搭配，以提高其营养价值。淘大米尽量用冷水淘，最多3遍，且不要过分用手搓，以避免大米外层的维生素损失过多。煮米饭时尽量用热水，有利于维生素的保存。吃面条或饺子时，也应连汤吃，以保证水溶性维生素的摄入。

肉食的烹调

各种肉最好切成丝、丁、末、薄片，容易煮烂，并利于消化吸收。烧骨头汤时稍加醋，以促进钙的释出，利于小儿补钙。

肉菜共烹调

先将肉基本煮熟，再放蔬菜，以保证蔬菜内的营养素不致因烧煮过久而破坏太多。

蔬菜的烹调

要买新鲜蔬菜，并趁新鲜洗好、切碎，立即炒，不要放置过久，以防水溶性维生素丧失。注意：要先洗后切，旺火快炒，不可放碱，少放盐，尽量避免维生素被破坏。

开始训练婴儿吃“硬”食

吃惯了流质的婴儿，虽长了几颗牙齿，也像是有了些咀嚼能力，但要吃“硬”食（固体食物），还应有个实习的过程。

让初为人母忐忑不安的是，什么时候才能让宝宝去学吃“硬”东西。因为人们担心，早了，怕不消化，或堵住嗓子眼儿发生意外；迟了，又担心不能摄入足够的营养，影响发育。就此，儿科专家向妈妈们建议：孩子在12

个月大时，就可以开始吃固体食物，因为在这个阶段，宝宝们通常已能掌握拿东西、嚼食物的基本技巧了。当然，在开始时可将固体食物弄成细片，好让孩子便于咀嚼。可以先吃去皮、去核的水果片和蒸过的蔬菜（如胡萝卜）等。

当婴儿已习惯吃这些“硬”东西后，便可以使食物的硬度“升级”，让他们尝试吃煮过的蔬菜，但不宜太甜、太咸或含太多的脂肪，以免“倒”了胃口，产生厌恶、拒食行为。

在让宝宝逐渐适应不同硬度的食物时要有耐心，不可过高估计他们牙齿的切磨、舌头的搅拌和咽喉的吞咽能力。固体食物应切成半寸大小，太大时很容易阻塞咽喉。

硬壳食物，至少要到 4 ~ 5 岁时才适宜吃。试吃时先破成 4 份，以防“囫囵吞枣”，酿成意外。

12 个月婴儿的日常照料

1 岁前的婴儿喝点什么好

由于婴幼儿胃肠功能弱，身体抵抗力差，因此，在选择饮品上，既要注意营养，又要注意卫生和容易消化。

对于完全以母乳喂养的幼儿，在 6 个月以前，一般不需要增加什么饮品；但对于喝牛奶及奶粉的孩子，以及 4 ~ 6 个月以后添加了辅食的孩子，则要适当增加饮品，以满足其身体的需要。那么，喝什么饮品好呢？

1. 豆浆：能提供一定量的植物蛋白，增加钙的补充。

2. 果汁及蔬菜汁：可给孩子提供一定量的维生素及矿物质。

3. 白开水：对胃肠无不良影响，小儿可常饮。

但无论什么饮料，在饮用前皆要加热煮沸，尤其是豆浆，煮的时间要长一些。此外，饮品不宜浓，以免对胃肠产生不良刺激。由于婴儿味觉器官未发育完全，味道清淡些并不妨碍他们饮用。

不要抱孩子在路边玩

我们提倡孩子多到户外玩，多晒太阳，但不赞成常抱孩子在路边玩。

马路上车多人多，孩子爱看。家长们认为，只要把孩子看好，不碰着孩子，在路边玩要很省事。其实，马路两边是污染最严重的地方，对孩子对大人都极有害。

汽车在路上跑，汽车排放的废气中含有大量一氧化碳、碳氢化物等有害物质，马路上空气中含汽车尾气是最高的、污染是最严重的。

马路上各种汽车鸣笛声、刹车声、发动机声等，造成噪声污染影响孩子的听力。

马路上的扬尘，含有各种有害物质和病菌、微生物，损害孩子的健康。

带孩子玩要，要到公园、郊外空气新鲜的地方去。

12个月婴儿的智力开发

动作训练

12个月的孩子如果已经站得很稳了，就该训练他跨步向前走。开始，大人可以扶着他两只手向前走，以后再扶一只手，逐渐过渡到松开手，让他独立跨步。如果孩子胆小，大人可以保护他，使他有安全感。开始练时，一定要防止孩子摔倒，以使孩子减少一些恐惧心理，等他体会到走路的愉快之后，他就会大胆迈步了。

若赶上冬季，刚开始学走路的孩子，衣服不要穿得太多、太厚，以免行动起来很不方便。孩子的鞋要轻、合适，不要太大或太小，训练孩子走路的地方要平坦，每次训练时间不要过长，不要太劳累。

识物训练

给宝宝两块积木、一个乒乓球，教他先把积木搭起来，再把乒乓球放在第二块积木上，但乒乓球总是会掉下来滚走，这时再给他一块积木放在第二块积木上，这次他成功了。这样可训练宝宝的观察力和肌肉的动作，认识物体的立体感、物与物之间的关系、圆形物体可以滚动的概念。

语言训练

对12个月的孩子，家长要给他创造说话的条件，如果孩子仍然使用手势、动作提出要求，家长就不要理睬他，要拒绝他，使他不得不使用语言。如果小儿发音不准，要及时纠正，帮他讲清楚，不要笑话他，否则他会不愿或不敢再说话了。

孩子模仿能力很强，听见骂人的话也模仿，12个月的孩子脑中还没有是非观念，他并不知道这样做对不对。当他第一次骂人时，家长就必须严肃地制止和纠正，让他知道骂人是错误的。千万不要因为孩子可爱，认为说出骂人的话也挺好玩，就怂恿他。这样，小孩会把骂人的事当作很好玩的事来干，养成坏习惯。

常带孩子户外活动

在孩子睡醒吃饱后，可带孩子到户外，坐在花园里，让他看小鸟、树叶、花朵、人、车、蓝天、白云，让他听街上各种声音：汽车喇叭声、风声、人声、鸟叫等，给他说一些儿歌。

独坐可使孩子背肌健壮，但孩子小不能坐得时间太长，独坐一会儿，妈妈要抱一会儿。观察周围事物是学习中非常重要的一环。孩子学着先观察周围的人物、事物，给予他十分丰富的感官刺激。母亲在旁跟他说话，教他识别事物、给他读儿歌，对孩子各方面能力发育都很有利。

训练孩子的注意力

孩子越小，注意力集中的时间越短。不论玩什么，他玩一会儿就烦了，实际上是他累了，这时他要休息换一个兴奋点。这时候做家长的一定要坚持一点，就是不论做什么一定有始有终。当孩子玩得开始显出厌倦时，妈妈要请他一起来收拾玩具。妈妈要给孩子准备一个较大筐来装孩子的玩具，收拾玩具时就叫孩子把玩具放进筐里。如果孩子不放，那就说：“小猫要回家，小狗要回家，我们把它们送回家去吧。”孩子会抱起玩具小狗放进筐里。或是哄孩子说：“妈妈放一个，你放一个，比一比好不好”，把收拾玩具也变成游戏，孩子就会愉快地参加了。开始孩子可能只拾一两个就不拾了，也可能放进这个又拿出那个。但只要他参加收拾，就要表扬他。他做得不好，但只要他做了就可以了。最后，妈妈要帮他把玩具筐放得整整齐齐，放在一个固定的地方。

拾玩具可以从小培养孩子爱护物品及管理自己东西的能力，使他习惯于在整洁的环境中有秩序地生活、工作，处理自己的事情，对他一生都是十分有用的好习惯。

拾玩具的过程可培养孩子手和全身协调动作，增强他们的体力和提高行动的效率。孩子和妈妈一同收拾玩具，孩子渐渐会用脑去想，先拿哪个，后拿哪个，怎样比妈妈拾得好。逐渐培养了他独立思考和独立工作的能力，慢慢地他就会从近到远有次序地来拾。

帮孩子保管玩具

孩子玩过玩具后，要及时洗手。

1. 不借别人的玩具玩。

2. 玩具要每周清洗、消毒，可先刷洗，然后用清洁剂浸泡，或在太阳下曝晒。

12 个月婴儿的亲子游戏

盖盖子

妈妈放好大、中、小 3 个杯子，把杯盖放在一边。妈妈先示范一次，将盖子盖在杯子上。然后叫孩子反复盖。

目的：发展思维活动，认识大小。

涂抹

给孩子一本旧挂历，让他在挂历反面用颜色随便涂抹，可以用手指，也可以用笔。妈妈要在一边看着，以免孩子把颜料吃下去。

目的：练习手的精细动作。

拉大锯

孩子坐在妈妈腿上，与妈妈面对面而坐。妈妈拉住孩子的双手，让孩子向后仰，再拉回来。妈妈在一拉一放同时念儿歌：

拉大锯，扯大锯，
姥姥家，唱大戏，
妈妈去，爸爸去，
小宝宝，也要去。

后仰及向前，是孩子主动动作，妈妈顺着孩子的劲儿，不要生拉硬拽，造成孩子脱臼。

目的：锻炼手臂及腕部肌肉。

追易拉罐

将空易拉罐里放一件东西，妈妈手拉着孩子，让孩子踢易拉罐。易拉罐滚动可发出响声，而且不像球那么滚动。

目的：练习走。

玩滑梯

妈妈带孩子到儿童乐园，选婴儿用的小滑梯（1 米以下高度），将孩子抱上去，或扶孩子爬上去，然后保护他滑下来。

目的：培养勇敢精神。

涂涂画画

给孩子几支油画棒，让他在纸上随意画。不一定会握笔，只能拿住画就行。也不要管他画成什么，只要画出来就赞扬他。

目的：培养写画的兴趣。

画圈圈

妈妈握住孩子的手，在大纸上用笔画圆。以后可让他自己画。

目的：练习画画。

学儿歌

小木床

小木床，四方方，
宝宝自己睡床上，
不用奶奶哄，
不用妈妈唱，
闭上眼，入梦乡，
梦里上天逛一逛。

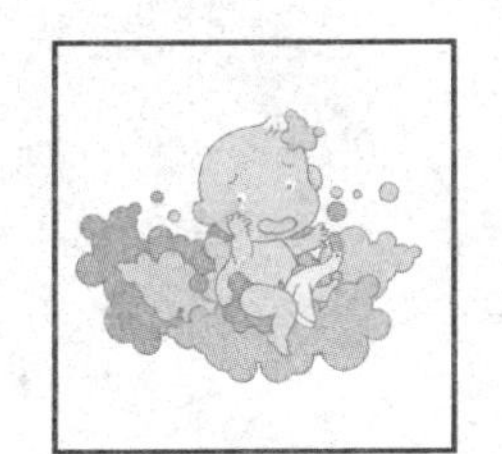

第四章

一至二岁幼儿的养育

13 ~ 14 个月幼儿的生理特点

身体发育

1 岁的孩子度过了婴儿期，进入了幼儿期。幼儿无论在体格和神经发育上还是在心理和智能发育上，都有了新的发展。

体重

男孩约 10.5 千克，女孩约 10.1 千克。

身高

男孩约 78.6 厘米，女孩约 77.1 厘米。

坐高

男孩约 47.4 厘米，女孩约 48.4 厘米。

头围

男孩约 46.6 厘米，女孩约 46.5 厘米。

牙齿

已长出 6 ~ 8 颗牙。

动作发育

周岁的孩子已经能够行走了，这一变化使孩子的眼界豁然开阔。周岁的孩子开始厌烦母亲喂饭了，虽然自己能拿着食物吃得很好，但还用不好勺子。他对别人的帮助很不满意，有时还大哭大闹以示反抗。他要试着自己穿衣服，拿起袜子知道往脚上穿，拿起手表往自己手上戴，给他个香蕉他也要拿着自己剥皮。这些都说明孩子的独立意识在增加。

语言发育

13 ~ 14 个月的孩子不但会说爸爸、妈妈、奶奶、娃娃等，还会使用一些单音节动词如拿、给、掉、打、抱等。发音还不太准确，常常说一些让人莫名其妙的语言，或用一些手势或姿态来表示。

睡眠

每天需 14 ~ 15 个小时，白天睡 1 ~ 2 次。

心理发育

13 ~ 14 个月的孩子，虽然刚能独自走几步，但是总想到处跑。喜欢到户外活动，观察外边的世界，他对人群、车辆、动物都会产生极大兴趣。喜欢模仿大人做一些家务事。如果家长让他帮助拿一些东西，他会很高兴地尽力拿给你，并想得到大人的夸奖。

这时的孩子更喜欢看图画、学儿歌、听故事，并且能模仿大人的动作，能搭 1 ~ 2 块积木，会盖瓶盖。有偏于使用某一只手的习惯。喜欢用摇头表达自己的意见。如果你问他喜欢这个玩具吗？他会点头或摇头来表达。你要问他几岁了，他会用眼注视着你，竖起食指表示1岁了。

对于1岁的孩子，虽然对学习很有兴趣，但教他知识时，一次只能教一种，记住后，再巩固一段时间，再教第二种。在日常生活上，如给他苹果、香蕉、饼干，要从1开始，竖起1个手指表示1，你还可以反过来问他，“是几个？”也让他学习你用语言表达1，并竖起食指表示1。这种方法可以发展数字概念思维。

1岁多的孩子在语言上、动作上进步很大，能够表情丰富地和妈妈爸爸交谈。喜欢牵着拖拉玩具到处走，喜欢参与家庭生活小事。如果冬天到室外玩，知道把帽子放在自己的头顶上。穿衣、脱衣时双臂可随大人做上下运动。知道拿东西给爸爸、妈妈。喜欢自己洗脸、洗手、洗脚。家长要抓住这一阶段儿童的心理特点，不失时机地培养孩子的独立生活能力。

这一年龄段的宝宝，虽然会说几个常用的词汇，但是，语言能力还处在萌芽发展期，很多内心世界的需求和愿望不会用关键的词来表达，还会经常用哭、闹、发脾气表达内心的挫折。这时，家长该怎么办呢？千万不要也用发脾气的方法对付孩子。应该尽量用经验和智慧来理解他的愿望，猜测孩子需要什么，尝试用不同方法来满足孩子，或者转移他的注意力，让他高兴起来，忘掉自己原来的要求。

让孩子有轻松愉快的情绪，就要对孩子不舒适的表示及时做出反应，让孩子感到随时处于关怀之中，这样孩子才会对环境产生安全感，对他人产生信任感。家长不要担心这样会把孩子“宠坏了”，其实，宝宝在家长的亲切关心下，得到安抚和愉快，有利于学习和探索新的事物。

13 ~ 14个月幼儿的合理喂养

1岁宝宝的饮食营养

以菜为主

宝宝幼儿期是仅次于婴儿期的发育阶段，和婴儿期一样，要充分注意宝宝的营养。这个时期，大部分宝宝都能从食物中摄取营养，只是尚不能充分消化这些食物。因此还必须做点适合宝宝吃的食物。

宝宝幼儿发育期需要大量蛋白质、脂肪、淀粉、维生素、矿物质等。其中动物蛋白（牛奶、肉、鱼蛋等）比较重要，因此，宝宝每餐都应该吃一点。豆类及其制品也是很好的蛋白质来源之一。总之，宝宝要多吃菜，每餐应相当于大人的2/3左右。

宝宝吃的菜饭不要太硬或太生，烧得烂糊些，多放点油。

多喝牛奶

鲜牛奶中含有丰富的蛋白质、矿物质、钙质等，在宝宝骨骼发育旺盛的幼儿期里，是不可缺少的营养。

在这个时期最好每天喝200 ~ 400毫升牛奶，即1 ~ 2瓶。可以在吃点心时喝，也可以当饮料给宝宝喝，还可以用于煮菜。

饮食时多时少

宝宝幼儿期是饮食时多时少、吃饭时爱玩的时期。高兴时就多吃些，不高兴时就吃得少些。有时只吃饭，有时一天到晚只吃水果。作为父母，还是应该让宝宝吃配有淀粉、蛋白质、脂肪、蔬菜和水果的营养全面的饭菜。

在这个时期，要尽量让宝宝自己动手吃饭。虽然宝宝还不太会用勺子，容易把饭菜洒在桌上，可在桌面铺上塑料布，并让宝宝知道饭菜洒在桌上不好。

关于宝宝挑食

1 岁以后，宝宝一般都会挑食，今天多吃一点，明天少吃一点，有时只吃这个，有时只吃那个，挑食过度就叫作偏食。宝宝不愿吃蔬菜时，可包在煎鸡蛋卷里或混在饭里，宝宝就能高高兴兴地吃下去。

点心

点心只是在宝宝三餐吃饱，但仍有食欲时才喂。有的妈妈见宝宝三餐饭菜没好好吃，就想喂点点心补补。其实，没有食欲时用不着喂。再说，点心也应该每天定时，不能随时都喂，让宝宝吃吃停停。可以用牛奶、水果、饼干及妈妈亲手做的食物作为点心。

1 岁宝宝吃点心的量

每天 1 小瓶鲜牛奶，相当于 700 卡热量。

上午 10 时喂 50 毫升果汁，下午 3 时喂 1 瓶鲜牛奶和相当于 50 卡热量的点心。

健脑食品种类

豆类

对于大脑发育来说豆类是不可缺少的植物蛋白质。黄豆、花生豆、豌豆等都有很高的营养价值。

糙米杂粮

糙米的营养成分比精白米多，黑面粉比白面粉的营养价值高，这是因为在细加工的过程中，很大一部分营养成分损失掉了。要给孩子多吃杂粮才能使营养成分适合身体发育的需要，搭配食用能使孩子得到全面的营养，有利于宝宝大脑的发育。

动物内脏

动物肝、肾、脑、肚等，既补血又健脑，是孩子很好的营养品。

鱼虾类及其他

鱼、虾、蛋黄等食品中含有一种胆碱物质，这种物质进入人体后，能被大脑从血液中直接吸收，在脑中转化成乙酰胆碱，提高脑细胞的功能。尤其是蛋黄，含卵磷脂较多，被分解后能放出较多的胆碱，所以小儿最好每日吃点蛋黄和鱼肉等食品。

婴幼儿忌用的食物

一般生硬、带壳、粗糙、过于油腻及带刺激性的食物对幼儿都不适宜，有的食物需要加工后才能给孩子食用。

1. 刺激性食品，如酒、咖啡、辣椒、胡椒等应避免给孩子食用。

2. 鱼类、虾蟹、排骨肉都要认真检查是否有刺和骨渣后方可加工食用。

3. 豆类不能直接食用，如花生米、黄豆等，另外杏仁、核桃仁等这一类的食品应磨碎或制熟后再给孩子食用。

4. 含粗纤维的蔬菜，如芥菜、金针菜等，因 2 岁以下小儿乳牙未长齐，咀嚼力差，不宜食用。

5. 易产气胀肚的蔬菜，像洋葱、生萝卜等，宜少食用。

6. 油炸食品。

另外，孩子都喜欢吃糖，但一定注意不能过多，否则既影响孩子的食欲，又容易造成龋齿。

学做几种饮料

杨梅汁

原料：鲜杨梅 500 克，白糖 250 克。

制法：

1. 将洗净杨梅放入碗内，用糖腌 1 ~ 2 日，腌出杨梅汁。

2. 杨梅汁放锅内置文火上煮沸离火，倒入消毒过的瓶内，晾凉，置冰箱待用。

3. 食用时，倒出适量杨梅汁，加入饮用水即可。

草莓汁

原料：新鲜草莓 500 克，白糖适量。

制法：

1. 将草莓洗净。

2. 将草莓放入清洁瓷罐内，用木棒将草莓捣烂压出汁，或用榨汁机榨汁。

3. 滤出草莓汁，置火上煮沸，装入清洁瓶中备用。

4. 将白糖加水煮成糖浆。

5. 食用时取草莓汁加糖浆兑水。

西瓜汁

原料：西瓜1个。

制法：

1. 将刀、勺、筷放锅中煮沸消毒。

2. 将西瓜洗净、揩干，把瓜置空锅中，切去瓜上1/6的部分。在瓜中心用筷子插1～3个洞，用勺慢慢刮瓜瓤，让瓜汁流入锅中。

葡萄汁

原料：紫葡萄1000克。

制法：

1. 将葡萄洗净捣烂。

2. 将葡萄煮沸。

3. 过滤。

4. 将葡萄汁放入冰箱。

乌梅汁

原料：干乌梅250克，白糖250克。

制法：

1. 将乌梅洗净，加水煮软，去核留肉。

2. 白糖加水煮成糖浆，加入乌梅肉煮成浓汁。置瓶中，放入冰箱。

白萝卜汁

原料：白萝卜1000克，食盐少许。

制法：将萝卜刨成细丝，榨汁，加少许糖，置冰箱中。

香蕉乳汁

原料：熟香蕉1个，鲜奶250克，白糖适量。

制法：

1. 香蕉去皮，压成泥，加鲜奶、白糖。

2. 倒入消过毒的容器中，盖好，置冰箱中。

13～14个月幼儿的日常照料

让宝宝哭个够

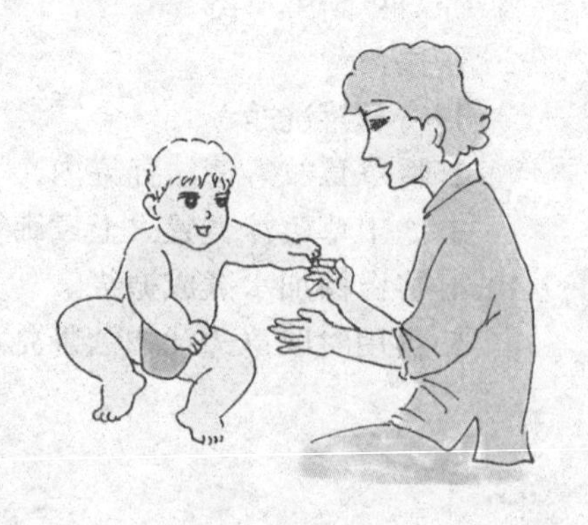

宝宝的生理发育皆未完善，需借助一定的运动量以促进其身体全面成长。新生儿和婴儿只能躺在床上舞动四肢，这是远远不够的，还必须借助啼哭加大运动量。

婴儿随着生长发育，特别是哭与笑的动作及随意运动的发展，啼哭的内涵发生变化，其运动成分越来越多。

喂养过量导致宝宝体重增加过快，新生儿和婴儿初期对此有防御的本能反应，表现为反流和哭闹。反流是将多余的食物排出体外；哭闹是借助啼哭消耗体内多余的热量，以达到全身营养的平衡。

不必担心宝宝离开父母时的啼哭会挫伤宝宝的情感，假如见宝宝哭闹就抱，要不了几天，准会你一抱他就不哭，不抱则哭。

13 ~ 14 个月的宝宝需要声音

利用身体的各个部位发出几种不同的声音（拍手、拍肩、跺脚等），让宝宝按照顺序模仿。还可以躲到另一房间去做，让宝宝重复这一游戏。

准备两套相同的能发声的物体（日常生活用具或乐器都可以），你一套，宝宝一套，用自己的那一套发声物体发出各种不同的声音，然后让宝宝按照你的发声顺序，模仿发出同样的声音。

宝宝不肯洗脸怎么办

1. 应该把盥洗东西放在宝宝够得着的地方。

2. 让宝宝选择用具。让宝宝自己挑选洗盥用品，宝宝用起来会更有兴趣。例如，一两岁的宝宝喜欢印动物、小人头的毛巾。给宝宝使用无刺激性的香皂，以免刺激眼睛，从而让其觉得洗脸很愉快。把用剩下的小皂头切成小片缝在小口袋里，制成一个“自动”香皂器，让宝宝用手指蘸着皂液把手和脸洗干净，宝宝会觉得很好玩。

3. 奖励宝宝。在洗澡间贴一张图表，宝宝每次饭前便后都洗手，就在上面画个红色的勾；当宝宝把脸和手洗得干干净净坐在饭桌前时，就可赢得一张笑脸贴在图上；另外，当分数攒够一定数目后，奖励宝宝一个他喜欢的玩具或者他爱吃的点心。

4. 妈妈监督。妈妈扮成一位检察官或巡警，宝宝盥洗完毕后就仔细检查，只要妈妈演得很滑稽，宝宝就会对此乐不可支，觉得这件事很好玩。如果宝宝洗得很干净，应该马上表扬他。

5. 进行惩罚。如果宝宝能够独立盥洗却不肯这样做，就该让宝宝尝点苦头了。

怎样对付不肯吃早饭的宝宝

让宝宝效仿你

每天早上坐在桌旁津津有味地吃饭，你的宝宝无疑也会受影响而这样做。

使早餐变得有趣

让宝宝有充足的时间悠然自得地进餐，使吃饭成为一种消遣，而不仅仅是为了补充营养。宝宝愿意有自己的饭碗和茶杯，喜欢帮着你在烤面包上用黄色奶油画出小人头，或者给薄煎饼加上奶油和樱桃，再在上面用果酱画图画。

和宝宝一起筹划早餐

让宝宝帮着计划一周的早餐，或带他去商店购买食品，那么宝宝胃口会更好。当然营养搭配还须把关。

改变传统的早餐

不愿吃传统的早餐，可以变些花样。如把牛奶和冰淇淋搅拌在一起，让宝宝吃流质的早餐，在苹果上涂花生酱，用奶酪烤土豆。只要营养适当，不必拘泥食品的形式。

早餐的量少一些

如果宝宝更喜欢午餐，可以让宝宝中午多吃一些，而早晨少吃些，只要早餐提供了充足的热量就行。

食物要多样化

不断变换早餐的食品，防止宝宝吃厌了。如果宝宝突然不想吃以前喜欢的食品时，不要强迫他。可放到一边，过一会儿再拿给宝宝吃，或者把它同其他食品配起来吃，不要总是固定给宝宝吃那几种东西。

宝宝吃早餐要有伴

不应该把宝宝一个人留在那里吃饭，宝宝会觉得寂寞而无精打采，而且也不安全。即使你不能守在旁边，也要经常到房间里去看看。要让宝宝有个“伴”。你可以给他一个“小伙伴”陪他坐在桌旁，洋娃娃或卡通动物玩具都可以扮演这个角色。一本卡通画册或电视也能起到这个作用。

小礼物

和宝宝一起选一种食品，然后根据宝宝的饭量把它分好后重新装在干净的塑料袋里。每一个袋里放上一件小礼物，如彩色粘贴画、参观图书馆的入场券、小装饰品等。宝宝把袋里的食品都吃光了，就可以赢得袋里的小礼物。

建城堡

早饭时宝宝每吃一口，就给他一块积木，等宝宝吃完了，就可以用得到的积木搭一座城堡。如果宝宝愿意，也可以一边吃一边把得到的积木搭成城堡。

画太阳

宝宝每吃一口饭，就让他在纸上画上一道，当宝宝吃饱饭时，这张纸也画满了。也可以先画一个圆圈表示太阳，每吃一口饭，就画上一道阳光，当太阳画好时，宝宝就能得到一种奖励，如带宝宝去公园玩等。

记时

用闹钟催促吃饭不用心且速度慢的宝宝加快速度。先按宝宝平时吃饭的速度上好闹钟，鼓励宝宝在铃响之前吃完。然后逐渐缩短时间，每天早上减少一两分钟，直到时间合适为止。

训练宝宝排便

宝宝白天大小便时知道喊人要到 1 岁半或 2 岁左右，那时的宝宝大脑神经系统成熟，是能控制大小便的年龄。在 1 岁半以后，宝宝大便一般都在早饭以后或晚睡以前，每天按时让宝宝坐在便盆上或到厕所去排便。

宝宝室外游玩的场所

1 ~ 2 岁的宝宝除了吃饭、睡觉就是玩耍。小孩子和大人不同，玩就是学习，也可以说是他们的生活。宝宝通过玩耍，可使身体的各种机能发达起来，学到许多知识，增加社会意识，丰富思想感情。

在大人看来，玩泥巴、玩水是纯粹的孩子气，但对于宝宝来说，这样的体验是非常重要的。所以要让宝宝在外面尽情地玩耍。当然，1 岁多的宝宝出去玩耍时，妈妈应该一直跟在身边，以防意外发生。

掌握宝宝学步的最佳时机

宝宝什么时候学走步好呢？一般说来，宝宝在 10 个月 ~ 1 岁 8 个月期间开始学习走路都属于正常年龄范围，但具体到每个孩子身上，这种说法就显得有些笼统了。下面，我们为家长们介绍一种简单的判断方法：

宝宝想迈步的时候，一定是在支撑物的帮助下进行的，支撑物可以是妈妈的手，也可以是学步车等。

当宝宝刚刚能够离开支撑物站立时，家长切忌急于求成，让宝宝马上独立行走，而应当让宝宝继续在支撑物的帮助下练习。

只有当宝宝离开支撑物，能够独立蹲下、站起并能保持身体平衡时，才真正到了宝宝学步的最佳时机。

具备一定的腿部力量是蹲下、站起并保持身体平衡的前提，因此，在宝宝学步前要适当地增强他们的腿部肌肉力量。

教宝宝自己走路

一般宝宝在 1 岁时，就开始学习走路了。对宝宝来说，最初的良好行走体验是非常重要的，所以家长在教宝宝走路时，一定要注意：

1. 保护好宝宝。最初练习行走的时候，家长一定要注意保护好宝宝。待宝宝步法灵活以后，可以撒开手，与宝宝相隔约 50 厘米。当宝宝迈出第一步时，要认识到这是非常可喜的一步，标志着宝宝将要走向独立，家长这时要给予鼓励，说一句“宝宝真棒”，这样可以激发宝宝走下去的信心。

2. 练走路时，一定要选择平坦的路面。若是在开始学走路时，宝宝由于路面不平而被绊倒，会挫伤宝宝学走路的积极性，使宝宝害怕走路，不愿离开大人的手。

3. 激发宝宝走路的兴趣。当宝宝能走几步的时候，可让宝宝在地上玩球，当球向前滚动时宝宝自然有追的欲望，完全不会顾及摔倒，可能连续迈出几步，这样就会增长宝宝的信心。

4. 在宝宝练习走路的过程中，不可能一跤不摔。当宝宝摔倒时，家长要鼓励宝宝不哭，勇敢地站起来，这对培养宝宝的坚强意志非常重要。

在宝宝学走路的时候，父母应该予以帮助，下面提出一些具体做法，以供参考：

1. 父母应该从宝宝学走第一步起，就让他有个正确的姿势。行走能促进宝宝血液循环，加快呼吸，锻炼下肢肌肉，同时宝宝开始走路以后能迅速成长。

2. 室内空气新鲜。如果天气不允许宝宝在室外学习行走，那就一定要保持室内空气新鲜。走路加快了宝宝的呼吸，所以要在宝宝下地走路之前，就先把窗户打开。

3. 当教孩子学走步时，父母应该站到宝宝身后，两手托住宝宝的腋窝，不要牵着宝宝的两只手。因为婴儿的关节很娇嫩，容易脱臼。如果牵着宝宝的手，一旦宝宝摔倒，父母就会不由自主地猛拽他一下，极易把宝宝的关节拉脱臼。妈妈可以做一条两寸宽的环形带子，套在宝宝身上，从后面拽住带子，帮他行走。也可以给宝宝买一辆学步车，但是不要让宝宝在车里待太长时间。

4. 只要宝宝能走几步，就要让他每天练习一下，走走路，但是走路的时间不能过长。当宝宝能走稳，可以满屋子来回走时，可教他用脚尖走路，这可以强健宝宝的足弓。

5. 当宝宝学会行走之后，可让他光着脚在沙滩或草地上行走。这样能使脚掌得到锻炼，也有利于脑的发育；但是，不能长时间光脚走路。

13 ~ 14 个月幼儿的早期培育

13 个月孩子的发育水平

1 岁左右的孩子，各方面较从前都有了进步，再不能只让孩子玩玩彩球、彩带，摇摇哗啷棒了。这时教育的重点应放在接触生活实际、了解周围环境、发展认人识物的能力、独立行走的能力及语言表达的能力上。

1 岁左右的孩子能站立了，但行走还不够稳，这时可以给孩子买几样带轮子或带声响的玩具。如学步车、小推车、一拉就叫的小木鸭等，以提高孩子学走路的兴趣。在这一阶段孩子视野开阔了，所见到的、听到的、接触到的各类事物都比以前增加了许多，但记住的还不多，会说出来的就更少了。因此需要大人反复地教，把玩具或某种东西放在他的面前，告诉他这个东西叫什么，是做什么用的，鼓励孩子说出来。如在吃饭前把桌子放好，再摆上吃饭用具筷子、勺、碗等，教孩子认识，再结合可口的饭菜，能很快增加孩子的理解能力和记忆能力。这样孩子学起来容易，如果用一些很抽象的词教孩子，没有实物，孩子不易接受。

1 岁以后，家长要帮助孩子学会认识事物，可以到动物园去看看各类动物。1周岁左右的孩子，对一些事物非常喜欢，不但想看，而且还想摸。家长可让他摸摸家养的猫、兔、小鸟，但不要用动物吓孩子。

在实际生活中还有许多知识需要家长认真坚持教孩子学习。比如，孩子每天吃水果之前，家长可把苹果、梨、香蕉、橘子等水果拿给孩子看，给他讲其形状、颜色、味道等，然后再给孩子吃。另外，还可以给孩子选购一些婴儿画册，要内容简单、色彩鲜艳、图形较大的，一边看一边讲给孩子听，时间不能太长，一般5 ~ 10分钟即可。在孩子学走路的过程中，免不了要摔跤，有时还把衣服弄得很脏，父母不要责怪孩子，要鼓励孩子，让他自己站起来，勇敢地继续往前走。在教孩子学说话时，不要操之过急，更不要恐吓。因为学习说话并不是教得多学得多，这要靠语言中枢神经的发育逐步成熟。当然如果到了语言中枢发育成熟阶段，没有人教孩子说话，他也是不会说话的，如果教孩子说话过于着急，甚至恐吓，容易使孩子形成“口吃”。

这么大的孩子，可以与大人玩简单的游戏了，孩子们都爱玩捉迷藏，一旦捉到，孩子会很兴奋。把玩具藏到不易找到的地方，让孩子自己去找，他会很认真地寻觅，他会东转转、西瞅瞅，经过自己的努力，终于找到了，他会表现得极为高兴，连喊带叫。这些令孩子愉快而有趣的游戏可以锻炼孩子的智能和身体感觉，体验空间的位置，这是发展孩子空间知觉的重要方法。

1周岁的孩子，手更加灵活了，不但能抓住东西，而且还能松开，这也是一大进步。还能用拇指和食指准确地捏取大米花或线绳，能把一块积木搭在另一块积木之上，还会把小玩具放在小桶里收起来。

在这一段时间，主要训练孩子独自站立、蹲下、迈步及走路。在冬季，室内要尽量安排出宽敞安全的活动区，注意将花盆、热水瓶、火炉放好，防止碰烫着孩子；电插孔要封好，防止孩子小手放进插孔内触电。天气好时，最好在室外活动。

13 ~ 14个月幼儿的亲子游戏

听口令

在日常生活中和游戏时，妈妈要留心，经常给孩子一些指令，命令他去做什么，如“再往前走三步”“把板凳拿过来”“拿一个苹果”等。

目的：锻炼孩子对语言的理解，让孩子习惯听从命令。

学翻书

给孩子买一些纸张比较厚但软而不脆的书，妈妈给孩子讲，让孩子自己翻页。

目的：练习手的精细动作。

当医生

给孩子一个娃娃、一套医生用具。让孩子当医生，妈妈抱娃娃看病，或孩子抱娃娃看病，妈妈当医生。模仿医生用体温表量体温，用听诊器听诊，用注射器打针。

目的：模仿角色。

包糖

平时把糖纸留下，放在书中压平，玩时让孩子用橡皮泥做糖的样子，用糖纸一块一块包起来。

目的：练习手的精细动作。

找东西

用一块桌布把几样物品盖起来，这几件东西是妈妈特意找来让孩子猜的，如茶壶、杯子、勺、笔等。这些东西不全盖住，每样东西露出一小部分，如茶壶、杯子的把、勺子的头、笔的笔帽等。然后妈妈让孩子一样一样猜："丫丫，你猜猜这是什么？"孩子有的能猜出来，有的不能猜出来。猜错了不要紧，可以让他再猜。

这个游戏可以让孩子锻炼从物品的某部分特点来认识物品的整体，训练了孩子的观察力和记忆力，使他学会了"认识事物要注意这个事物的形态"。

发音训练

如果孩子 j、k、g 发音困难，妈妈可反复给孩子讲下面的故事，帮助他练发音。

有一天，鸡妈妈、鸡爸爸和小公鸡一家三口开家庭演唱会，请来鸭子做观众。

鸡妈妈第一个开口唱："咯咯咯，咯咯咯……"（妈妈问孩子："丫丫，你学一学鸡妈妈怎么唱。"）

鸭子听了说："鸡妈妈你唱得太好了，我也唱一曲。"于是她"嘎嘎嘎，嘎嘎嘎"地唱起来。（妈妈问孩子："丫丫，你会学鸭子唱吗？"）

小公鸡跳着说："鸭阿姨唱得真好听，鸭阿姨你听我唱，叽叽叽，叽叽叽"（妈妈问孩子："丫丫，你会唱叽叽叽、叽叽叽吗？"）

最后，鸡爸爸不慌不忙走过来，高声唱道："喔喔喔，喔喔喔……"大家一齐拍手："真好听，真好听！"

一起来玩大皮球

妈妈和孩子相隔 1 ~ 2 米面对面站好，妈妈将一个大皮球向孩子滚过去，孩子抓到它，再向妈妈推回来。开始时孩子拿到球可能不肯再给妈妈，他怕球滚走了就回不来了。妈妈可向他讲，游戏就是他推给妈妈，妈妈再推给他。这样来回滚球玩，两人都会玩得很高兴。孩子玩一会儿就会感觉到两人玩的确比一个人抱着球跑来跑去更有趣。当孩子接球的技术进步以后，二人的距离就可渐渐拉开，可从用手推球到用脚踢。

这个游戏使孩子尝到与伙伴合作的乐趣，初步建立起与别人一起玩更好的概念，为将来的社会交往打下基础，在游戏中，没有二人的合作不能玩下去，也使孩子懂得了要与他人合作。玩皮球能促进上下肢和身体协调配合的功能。

拉小车

孩子会走以后给他一个拖拉玩具是传统游戏，这个游戏可增强孩子学走的兴趣。过去有简单的小鸭车，现在有各种有声响的玩具，色彩鲜艳，更能引起孩子的兴趣。

推车走

用童车将孩子带到平坦的户外，让孩子下来自己推着车走。孩子还走不好，把握不了手推和迈步的协调关系，因此妈妈还要帮他扶着车。

目的：练走。

到公园去

妈妈带孩子到公园散步，妈妈要常提出问题，然后自己说答案，比如："这是什么？""这是花。""这花是什么颜色？""这花是红色的。""那人是谁？""那人是老爷爷。"等，启迪孩子思考。

学儿歌

（一）

小白兔

小白兔，
真灵巧，
红眼睛，
白皮袄；
前腿短又小，
后腿长又高，
走起路来蹦又跳。

（二）

一个瓜

金瓜瓜，
银瓜瓜，
院里瓜棚结满瓜。
瓜瓜落下来，
打着小娃娃。
娃娃叫妈妈，
妈妈抱娃娃。
娃娃怪瓜瓜，
妈妈笑娃娃。

学唐诗

静夜思

（李白）

床前明月光，疑是地上霜。

举头望明月，低头思故乡。

注释：

在一个寂静的夜晚，皎洁明月的光辉洒落下来，映照在床前的地面上，好像是铺了一层白霜。抬起头来仰望圆圆的月亮，低下头来，不免想起自己的家乡。

这首诗是描写诗人在静静的夜里，不能入睡，思念故乡的心情。

讲故事

（一）大萝卜

小熊种了一个很大很大的萝卜，它舍不得吃，每天围着萝卜转来转去。这个大萝卜干什么用呢？它灵机一动，住在里面多美呀。

小熊把萝卜掏空了，开了个门，开了个窗，又在里面放了一张小木床，新屋子雪白雪白的，亮堂堂的。

小狗、小猫、小松鼠、小猴子听说小熊搬进新房，都来祝贺。大家在屋外又唱又跳，多快活呀。玩着玩着，忽然小猴看见房子动了起来，怎么回事呀？

大家跑到屋后面一看，啊，原来是馋嘴的小兔子把大萝卜咬了一个大洞。

（二）不再骄傲的蝴蝶

蝴蝶长了一对美丽的翅膀，整天四处飞呀飞。一天，它见到山鹰，问："山鹰，你的翅膀怎么那么难看，还长得那么大？"山鹰说："翅膀好看并不一定飞得远。我的翅膀虽然难看，但能飞得很高。"说着，山鹰一下子飞到云彩上面去了。

蝴蝶也学着山鹰的样子，拼命想飞得高一些。可是它飞得浑身是汗，也飞不了太高。

蝴蝶自从和山鹰比本领以后，才知道自己也有缺点，生怕再出丑。

几天以后，山鹰来找蝴蝶，蝴蝶说："山鹰，你的本领实在太大了，为什么还要来找我呢？"山鹰说："你的翅膀长得也特别好看，大家夸你呢！"

蝴蝶听了以后，心里美滋滋的。于是，它和山鹰一起到野外去找小伙伴玩，大家可开心了。以后，蝴蝶又和好多小动物交上了朋友。大家都说："蝴蝶不再骄傲了。"

15 ~ 17 个月幼儿的生理特点

身体发育

体重

男孩约 11.7 千克，女孩约 11.1 千克。

身高

男孩约 78.8 厘米，女孩约 77.7 厘米。

头围

男孩约 47.0 厘米，女孩约 47.0 厘米。

胸围

男孩约 47.4 厘米，女孩约 47.3 厘米。

坐高

男孩约 49.7 厘米，女孩约 48.8 厘米。

牙齿

可长出 9 ~ 11 颗乳牙。

动作发育

孩子经过前一阶段的努力，小步独自走得稳当了，不但在平地走得很好，而且很喜欢爬台阶，下台阶时知道用一只手扶着下。此时，家长不要阻止孩子，要鼓励他，同时注意在旁边保护他。这样的活动既锻炼了身体，又促进了智力发育，使手、脚更协调地运动。这么大的孩子会用杯子喝水了，但自己还拿不稳，常常把杯子的水洒得到处都是。吃饭的时候，孩子常喜欢自己握匙取菜吃，但是还拿不稳。这么大的孩子平衡能力还比较差。

语言发育

孩子的词汇增多了，会说“谢谢”“你好”“我们”“再见”等词了。孩子对语言学习有一种特殊的热情，特别喜欢与成人说话或听别人说话，即使相同的话也喜欢听好几遍，不厌其烦。

睡眠

每日睡眠时间仍为 14 ~ 15 个小时，白天睡 1 ~ 2 次。

心理发育

孩子的知识在增长，脾气在增大，当不如意时，他会扔东西，发脾气，表示不服从。当孩子发脾气时，不要呵斥他，小孩子的注意力很容易分散，用别的事情吸引他，其会很快忘掉不愉快的事情。

1 岁多的宝宝，路走得稳了，活动范围大了，随之而来的是其独立意识开始萌生。喜欢将空盒子、小桶等有空间的容器装满玩具。在日常生活中，喜欢模仿成人的动作、语气。喜欢玩球，会做把球举过头抛起来的游戏。喜欢和大人一起做认眼、耳、鼻、口、手等认识人体器官的游戏。家长应尽量设置一个满足宝宝需要的活动环境，让他的好奇心得到满足。

父母的温情和爱抚在1岁多的孩子眼中已经不如以前那么重要了，你的关照可能变成了一种限制，会引起他的不耐烦，在安全范围内，家长要适当地放手让孩子自由活动。

宝宝的路越走越稳，话也多了，与外人交往也多了，这正是鼓励他与别的小朋友交往的好时机。开始孩子不知道怎样与别的小朋友交往，但通过与新面孔的接触、交往、交换玩具等简单活动，宝宝能得到很多乐趣。每星期最好有2 ~ 3次机会与他的同龄小朋友一起玩耍，让宝宝用自己的独特方式接触别人，大人要多鼓励，千万不要加以干涉，宝宝经过尝试，会找到自己更合适的方法。

不要对孩子过度保护，小朋友之间发生小冲突，这是正常现象，大人不必多加指点，让孩子自己学会处理冲突。如果两个孩子抢玩具，家长也不要以成人的礼貌心理，强迫自己的孩子放弃自己心爱的玩具，让孩子保卫自己的权利，这也是社会交往的基本规则。这也会为孩子今后的性格形成打下良好的基础。

15 ~ 17个月幼儿的合理喂养

15个月幼儿的喂养特点

随着孩子乳牙的陆续萌出，咀嚼消化的功能较以前成熟，在喂养上与前两个月相比略有变化，每日进时次数为5次，三餐中间上下各加一次点心。有条件的还可以继续每日加1个鸡蛋和1瓶牛奶。

孩子的膳食安排尽量做到花色品种多样化，荤素搭配，粗细粮交替，保证每日能食入足量的蛋白质、脂肪、糖类及维生素、矿物质等。

培养孩子良好的饮食习惯能使孩子保持较好的食欲，避免孩子挑食、偏食和吃过多的零食。为了保证维生素C、胡萝卜素、钙、铁等营养素的摄入，孩子应多食用黄、绿色新鲜蔬菜，如油菜、小菠菜、胡萝卜、番茄、甜柿椒、红心白薯。萝卜、白菜、芥菜头、土豆等蔬菜所含维生素、矿物质虽较黄、绿色蔬菜低，但也具有不可缺少的营养价值。每日还要吃一些水果。含维生素C较多的水果有柑橘类、枣、山楂、猕猴桃等。

哪些食品含钙多

对于小孩来说，奶类是其补充钙的最好来源，500毫升母乳含钙170毫克，500毫升牛奶含钙600毫克，500毫升羊奶含钙700毫克，奶中的钙容易被消化吸收。蔬菜中含钙质高的是绿叶菜，如大家熟悉的油菜、雪里蕻、空心菜等，食后吸收也比较好。给孩子食用绿叶菜，最好洗净后用开水烫一下，这样可以去掉大部分的草酸，有利于钙的吸收。豆类含钙也比较丰富，每100克黄豆中含360毫克的钙质，每100克豆皮中含钙254毫克，含钙特别高的食品还有海带、虾皮、紫菜、麻酱、骨髓酱等。

营养与智力发育

许多科学家对不同国家儿童的智力发育与营养关系进行了研究，发现营养不足的孩子的反应能力、想象力、智力都不如营养良好的儿童。日本的科学家曾对6对1 ~ 3岁的双胞胎进行过对比研究，给每对中的一个改善蛋白质的质与量（补充了几种必需的氨基酸），经过两三年后，补充氨基酸的孩子与没补充的相比其智力要高出10倍以上。营养差的孩子认知事物反应慢，思维的能力偏低，记忆力和语言表达能力均差，自然影响孩子的学习成绩。如果发现孩子营养不良，家长应及时采取措施，在医生的指导下给孩子制定合理的食谱，改善营养状况。

食谱举例

蜜糖饼

原料：面粉250克，牛奶2.5杯，鸡蛋3个，奶油3汤匙，盐少许，糖适量，蜂蜜。

制法：

1. 将3个蛋黄加半杯牛奶拌匀，加盐、糖和面粉。
2. 再加热奶油搅匀，逐渐倒入牛奶，同时加入打散的蛋白。
3. 平底锅抹油，将调好的料制成薄饼，吃时放蜂蜜。

苹果饼

原料：面粉250克，牛奶或水2杯，鸡蛋2个，油2汤匙，糖1汤匙，盐少许，酵母25克，苹果3 ~ 4个。

制法：

1. 用温热牛奶将酵母化开，加油、鸡蛋、糖、盐调匀，加入面粉。
2. 将面发酵。
3. 苹果去皮去核，切薄片，掺到发面中。
4. 把面盛到加热油的平锅煎烤。

南瓜、西葫芦、胡萝卜饼

原料：面粉1000克，蔬菜1000克，鸡蛋2个，糖1 ~ 2汤匙，醋或酸奶2汤匙，盐少许，苏打1/2茶匙，油适量。

制法：

1. 新鲜南瓜、西葫芦、胡萝卜去皮切小块，放在锅里加少量水煮熟，绞成泥。
2. 鸡蛋打散，与盐、醋或酸奶一起加入菜泥中。
3. 加面粉和苏打调匀。
4. 放平锅煎熟。

干酪果馅薄甜饼

原料：面粉29克，干酪牛奶2.5杯，鸡蛋3个，糖1/2汤匙，盐1/4汤匙，热油1汤匙。

制法：

1. 鸡蛋打散，加盐、糖及牛奶半杯，搅拌后，再加面粉，调成面糊，加入剩余的牛奶。

2. 用平锅摊成薄饼，只煎一面，取出，放干酪、苹果馅，卷起。

饼干

原料：面粉3杯，鸡蛋2～3个，油20克，糖少量，苏打1/2茶匙。

制法：

1. 将鸡蛋打散，加糖，抽打发白，放入热油、苏打搅匀。加入面粉制成较硬面。

2. 把面团放入搅面机中搅一遍，然后做成饼干状。

3. 放入烤盘，入烤箱烤熟。

苹果甜饼

原料：鸡蛋6个，苹果300克，糖2匙。

制法：

1. 苹果用冷水洗净，切块去核，加少许水入烤箱烤热，压成泥，加糖，放锅里熬成酱。

2. 将蛋白打出泡沫，加入热果泥，拌匀，倒入模子，入烤箱烤10～15分钟，烤至微红鼓起，撒上糖。

面拖苹果

原料：苹果500克，热油2～3匙，黄油2汤匙，盐1/4杯，糖1汤匙，面粉1/2杯，鸡蛋4个，牛奶1/3杯。

制法：

1. 将油熔化，打入蛋黄搅匀，加入1汤匙牛奶，放入面粉和1汤匙糖、盐，搅匀后加入剩余牛奶。

2. 蛋白打起，放入搅拌。

3. 苹果去皮核，切片，撒上糖，放20～30分钟。

4. 将苹果蘸上调好的料，放入平锅煎好，再入烤箱烤5分钟。

一周食谱

星期一

红豆沙粥、点心、牛奶、烂饭肉末、碎菜胡萝卜、茄汁虾仁、点心、蛋丝面汤、烂饭、鱼圆烧豆腐、鳝丝、点心、牛奶、水果。

星期二

白粥、咸蛋、牛奶、番茄葱丝面、红烧牛肉末、鲜豆腐、酸奶、烂饭、葱油炒蛋、碎豆腐干、酱爆土豆丁、牛奶、饼干、水果。

星期三

牛奶、菜肉包子、小面包、鲜果汁、鸡蛋饼、烂饭、鸡蛋青菜虾皮汤、天鹅豆腐、红烧带鱼、菜面、酿西红柿、牛奶、饼干、水果。

星期四

蛋花粥、牛奶、烂饭、炒肝末豆腐、豆沙酥饼、木樨菜花、鸡汤肉末煨饭、炒蘑菇、酸奶、水果。

星期五

山药红枣粥、点心、牛奶、肉末豆芽煨面、蒸鲜豆腐、糖醋圆白菜、烩水果、烂饭、鲜肉末胡萝卜、奶油烧菜花、酸奶、水果、饼干。

星期六

馄饨、鲜果汁、饼干、虾仁菜面、土豆泥、水果、饼干、烂饭、藕圆、红烧平鱼、蛋皮豆腐、牛奶。

星期日

白扁豆粥、小肉菜包、煎面包盒、饺子、肝泥、酸奶、蛋糕、烂饭、番茄虾仁、水果。

学做几样菜

茄汁虾仁

原料：虾仁、青豆、细盐、味精、白糖、白醋、番茄酱、黄酒、干生粉、水生粉、葱末、姜末、鸡蛋、汤、油。

制法：

1. 将虾仁洗净沥干水分，放入盛器内，加细盐、蛋清、干生粉拌和上浆。青豆下沸水锅氽一下捞起，待用。

2. 锅内加生油，待油烧至六成热时，将虾仁下锅，用勺轻轻搅散至熟，连油倒入漏勺沥去油。

3. 趁热锅加少量生油，下葱、姜末炝锅，即将番茄酱倒入。炒至油呈红色时，加黄酒、汤、细盐、味精、白糖、白醋搅和。待烧沸后下水生粉勾芡、淋上少许生油推匀，加青豆、虾仁翻炒几下，盛起装盘便成。

特点：色艳鲜美，酸甜爽滑。

金丝豆腐

原料：豆腐、土豆、油菜叶、鸡蛋、白糖、面粉、淀粉、食盐、味精、食油。

制法：

1. 将土豆洗净去皮切成丝，用凉水泡着。油菜洗净切成长丝。豆腐切成片，炸成金黄色，放入食盐、味精浸一会儿。

2. 油锅烧热，放入土豆丝猛炸一下，炸成金黄色时捞出，拌上白糖放在盘中。油菜丝也放油中猛炸一下，炸酥捞出拌上食盐。

3. 鸡蛋放入面粉、淀粉拌匀。

4. 油锅烧热，豆腐蘸鸡蛋糊下锅炸成金黄色时捞出。

5. 取一个大盘子，用土豆丝做成圆形，油菜丝围在外面一圈，豆腐做几何图案摆在土豆丝上即成。

特点：甜咸鲜香。

藕圆

原料：鲜藕、葱、姜、味精、精盐、干淀粉。

制法：

1. 将藕节切去，藕皮刮干净，洗净沥干。用擦子将藕擦成蓉状，置盆中。

2. 藕蓉里加入适量精盐、味精、葱花、姜末、干淀粉，搅拌成藕馅。

3. 手蘸清水，将藕馅做成圆球形或扁圆形，然后把藕圆煎熟，蒸熟或炸熟均可。

注：藕蓉里掺入肉蓉成藕肉蓉，味更鲜美。

炒土豆泥

原料：土豆、胡萝卜、葱、姜、精盐、米醋、味精少许、芹菜、植物油。

制法：把土豆放水中煮熟，稍晾剥去皮制成泥，胡萝卜削去皮洗净煮熟制成泥，葱、姜切末，芹菜炒几下，放入土豆泥和胡萝卜泥一起炒透，再放入剩下调料调好口味即可。

特点：鲜香嫩软，微酸利口。

糖醋圆白菜

原料：圆白菜、花椒数粒，精盐、食油、白糖、醋少许。

制法：

1. 白糖、醋放入碗内，调匀待用。

2. 油放入炒锅烧至八成热放入花椒，待炸出香味时放入圆白菜，将圆白菜炒至发亮时，加盐及调好的糖醋调料，翻炒几下就可以起锅盛入盘内。

特点：味道甜酸适度，略带花椒香味。

合理摄入脂肪食品

脂肪是产热量最高的营养物质，1 克脂肪可以产生 9 千卡的热量，它比蛋白质或糖类氧化时所产生的热量要高出 1.25 倍。当人体从食物中摄入热量过多时，其可以在体内转化为脂肪，并且以脂肪组织的形式贮存起来，成为体脂。可以这样说，脂肪组织是贮存能量的燃料库，在人体营养物质供应不足或需要突然增加时，就可以随时动用它，以保证对机体热量的供给。脂肪组织还有保暖作用，皮下脂肪层可以防止体温的散失，维持人体的正常体温。脂肪组织还具有保护组织和器官的功能，例如心脏的周围、肾脏的周围，肠管之间都有较多脂肪组织，它可以防止这些器官受到外界的震动和损害。脂肪还是一种良好溶剂，促使人体吸收脂溶性维生素如维生素 A、维生素 D、维生素 E 等。

一些类脂质，如磷脂和胆固醇是形成人体细胞的重要物质，尤其在脑和神经组织中最多，是维持脑和神经系统功能不可缺少的物质；胆固醇又是胆汁的主要成分，缺乏时会影响对脂肪的消化。

脂肪能够使人增加食欲，如果膳食中缺乏脂肪，小儿往往食欲不振，体重增长减慢或不增长，皮肤干燥、脱屑，易患感染性疾病，甚至发生脂溶性维生素缺乏症；脂肪摄入过多，小儿易发生肥胖症。因此，小儿膳食中脂肪摄入要适量。

迄今为止脂肪的每日供给量，尚无统一规定，我国儿童营养学专家认为儿童脂肪供给量一般占每日热量供给量的25% ~ 30%为宜。

脂肪进入人体后，被分解成脂肪酸。食物中的脂肪酸分为饱和脂肪酸和不饱和脂肪酸两类，有一些不饱和脂肪酸不能在人体内合成，即称其为必需脂肪酸。母乳和植物油中的不饱和脂肪酸含量高，母乳喂养和服用含有植物油的婴儿配方食品可以摄入较多的必需脂肪酸，所以，它们是脂肪营养价值高的食品。

油炸食品不宜多吃

油炸食品中炸薯条、炸土豆片是小儿极喜爱的小食品，目前自选商场内还提供各种各样的供油炸制的半成品食物，例如鸡块、羊肉串等，它们为家庭制作油炸食品提供了极大的方便。这样一来，孩子吃油炸食品的机会越来越多了。但是，如果让小儿经常食用，对小儿的正常发育是很不利的。因为油炸食品在制作过程中，油的温度过高，会使食物中所含有的维生素被大量地破坏，使宝宝失去了从这些食物中获取维生素的机会。如果制作油炸食物时反复使用以往使用过的剩余油，里面会含有10多种有毒的不挥发物质，对人体健康十分有害。另外，油炸食物也不好消化，易使孩子的胃部产生饱胀感，从而会影响宝宝摄取其他食物的兴趣，影响宝宝的食欲。

如果你想给宝宝吃炸油饼或炸油条，还要注意“铝”的摄入问题。我们知道，在制作油饼、油条的过程中必须加入明矾，明矾中含有铝的成分，铝的化合物是会很容易被人体吸收的。铝化合物到了体内，如果沉积在骨骼中，可使骨质变得疏松；如果沉积在大脑中，可使脑组织发生器质性改变，出现记忆力减退、智力下降；如果沉积在皮肤中，可使皮肤弹性降低，皮肤褶皱增多等。

此外，铝还会使人食欲不振和消化不良、影响肠道对磷的吸收等。因此，家长不要经常用油条做小儿的早餐，各种油炸食物不宜多吃。

15 ~ 17个月幼儿的日常照料

怎样对付宝宝打妈妈

分析宝宝的发展时期

2岁前的宝宝，其认知发展阶段处于感知运动时期，宝宝的语言能力刚刚萌芽，正在牙牙学语，掌握的那几个有限的词汇不足以帮助他们很好地表达自己的感受和要求，与外界交流主要是通过宝宝的感觉和动作方式，表达自己的喜怒哀乐和要求也是通过动作，不像成年人或大一些的宝宝可以通过语言。你的宝宝生气时打自己的头、用头撞墙撞门、揪你的衣服或打别人等，都是在用动作来表达自己的愤怒，这正是这个年龄阶段宝宝的特点。宝宝个性很强，表现的就更加充分一些。只是这些动作不太恰当，不是伤害自己，就是伤害别人，任其发展下去，会给宝宝的身体造成危害，也会影响宝宝和别人的交往。

选择这些动作作为表达愤怒的方式并不是宝宝的过错，1 岁多的宝宝没有能力去鉴别哪些动作是有害的，哪些又是无害的，更不会知道这样的动作可能给自己带来什么样的危险。这些是非对错的判别需要成年人去教给宝宝，只是教的方式要符合宝宝的年龄特点，也就是说，是宝宝有能力接受的。宝宝也是人，也有喜怒哀乐，生气时也要有发泄的渠道和方式。既然不允许宝宝打自己，也不能打别人，那我们就应该教给宝宝合适的方式。在教育宝宝的过程中，成年人往往忽略了一点，就是在不许宝宝这样或那样时，不告诉宝宝可以怎样，弄得宝宝很是茫然，以后什么也不敢做了，缩手缩脚的，唯恐又招致大人的一顿责骂。宝宝探索世界的愿望和精神就这样被扼杀了，给宝宝的个性发展造成不利的影响。

好好想好对策

既然不能不让宝宝生气，又不能让宝宝生气时打自己或打别人，那就应该在限制宝宝不好的行为的同时教给宝宝怎样做才是好的。可以尝试以下方法：

替代物

可以让宝宝打枕头、沙袋之类的软东西，或是买一些小的气球让宝宝去踩等一些无害的方式。

讲道理

待宝宝气消后一定要对宝宝说：以后生气时不能打自己的头，打多了小脑瓜会变得不聪明的；也不能往墙上和门上撞，那样头会破、会流血，小脑瓜会受伤，人就会变傻了；也不能打妈妈或是别人，别人也会疼的，会不高兴的，以后该不爱和宝宝一起玩了。说的时候可以做出很疼的样子，给宝宝一个直接的经验，加深宝宝对别人疼痛的理解。

训练语言能力

随着宝宝的年龄增大，语言功能的逐步完善，训练宝宝通过言语来表达他的感受和需要，告诉宝宝有什么要求和不快就说出来，妈妈和你共同解决。

成人要注意自己的行为

在训练和改变宝宝不好的行为过程中，需要提醒的是，宝宝周围的成年人，要注意自己生气时的表达方式，不能动手打宝宝或是打别人，1 岁的宝宝已经有很强的模仿能力，许多行为很可能就是从周围成人那里学来的。对宝宝从别的渠道，如电视或同伴处看到的不好的行为，要予以否定，告诉宝宝这样做是不对的，妈妈不喜欢这种行为。

让自己的宝宝快乐是天下所有妈妈的心愿，当宝宝的需求得到满足时，宝宝自然是快乐的。只是有些妈妈以为让宝宝吃好的、穿好的就可以了。吃穿只是宝宝成长和发展的基本需要，除此以外，儿童还有许多心理发展需求。比如说 1 岁多的宝宝，刚刚学会走路，非常愿意展示自己的行走能力，也想寻求更广泛的活动空间，需要从妈妈那儿获得更多的安全感等。这还需要我们做妈妈的多学一些儿童心理学知识，更多地了解不同年龄阶段宝宝成长过程中的心理特征和需求。

宝宝衣着式样

便于穿脱

1 岁宝宝可以逐渐培养自己穿、脱衣服，宝宝的衣服不要有许多带子、纽袢和扣子，内衣可为圆领衫，外衣钉 2 ~ 3 个大按扣即可，使得宝宝容易穿脱。

不影响活动

1. 上衣要稍长，以免宝宝活动时露出肚子着凉。
2. 不宜过于肥大、过长使宝宝活动不便；不宜太瘦小影响动作伸展。
3. 衣领不宜太高太紧，以免影响宝宝呼吸，限制头部活动。最好穿背带裤，因松紧带太紧易影响呼吸运动、骨骼发育；太松则裤子易掉下影响宝宝活动。
4. 女孩不宜穿长连衣裙，最好穿儿童短裤，以免宝宝活动时摔倒引起事故。

如何避免宝宝淘气与受气

1. 第一种是类似于宝宝害怕穿白大褂的医生和护士的现象。有些宝宝只要见了穿白大褂的就哭就躲，宝宝为什么会这样害怕呢？宝宝患病去了几次医院后，他们便得到这样的经验：穿白大褂的人一来，就要打针，就要遭受皮肉之苦，白大褂就等于打针。打针这种疼痛是任何一个人都不喜欢的，何况是小宝宝？白大褂因为与打针这样的疼痛体验相联系而变得可怕的现象，心理学叫作经典性条件反应，其基本原理是：一种中性刺激（白大褂）如果总是伴随让人害怕（打针）的刺激，多次结合以后，本来不害怕的东西（白大褂）也变得让人害怕。同理，一件平常的东西如果总是伴随令人愉快的刺激，也会感到它的可爱。还有的宝宝怕黑、怕上幼儿园等，就是因为成人总是不断地告诉宝宝，天黑了，老虎、大灰狼就出来咬人了，黑总是与一些不愉快的体验联系在一起，宝宝很快就学会了怕黑。

2. 第二种学习方式类似于动物驯化。要想教会小狗跳圈，每次小狗跳过去后，主人就会给小狗一根香肠；跳不过去什么也没有，还可能遭受到惩罚。经过多次训练后，小狗知道，要想得到好吃的香肠，就必须跳过圈去。在这里，香肠成为了对跳圈行为的一种奖励，这种学习方式，心理学叫作操作性条件反应。基本的原理就是：一种行为反应，你若希望它经常出现，就奖励它；反之，一种行为反应（如一些坏习惯），你若希望它减少甚至消失，你就惩罚它。奖励和惩罚就是对宝宝行为的强化，宝宝的很多行为习惯就是这样形成的。

3. 第三种形式是通过模仿，心理学叫观察学习。宝宝最善于模仿，宝宝对模仿的对象和事物是没有鉴别能力的，宝宝看见了也就学会了，不会因为某种行为不好或是受到惩罚就会停止学习和模仿。因此对宝宝能接触的环境和媒介一定要严格筛选。

抢东西是一种不友好的交往方式，会妨碍宝宝与别人的交往关系，有这种行为的宝宝常常会受到大家的排斥。但对于1岁多的孩子而言，这种行为习惯还未定型，当然，如果持续下去不予纠正，就很难说了。抢东西的行为是后天学会的，学习的方式主要是通过前面介绍的操作性条件反应和观察学习。当儿童之间发生了争抢东西的行为，而抢东西的行为没有被制止，抢东西的宝宝可以继续占有东西，妈妈虽然没有夸奖宝宝，但妈妈的默认也是一种奖励，实际上等于告诉宝宝这是一种有效的行为。得到了奖励的行为，反复几次后，宝宝也就学会了抢东西。被抢的宝宝看到抢东西可以满足自己的要求又不会被惩罚，无意中也记住了这种行为方式，当他下次遇到想要的东西时自然也会出手去抢。经历过这种情形的宝宝，不管是抢东西的宝宝还是被抢的宝宝，都学会了用抢的方法去占有自己喜欢的东西。当儿童第一次需要别人归还他的东西时，他并不知道应该怎样做，他需要学习，需要成人的帮助。

我们知道，一个人情绪的好坏，会直接影响这个人的中枢神经系统功能。一般来讲，就餐时如果能让孩子保持愉快的情绪，就可以使他的中枢神经和副交感神经处于适度兴奋状态，会促使孩子体内分泌各种消化液，引起胃肠蠕动，人也就有了饥饿感，为接受食物做好准备。接下来就是有机体可以顺利地完成对食物的消化、吸收、利用，使得孩子从中获得各种营养物质，孩子的身体也随之得到了很好地生长和发育。

如果孩子进餐时生气、发脾气，就容易造成孩子的食欲不振，消化功能紊乱，而且孩子因哭闹和发怒失去了就餐时与父母交流的乐趣，父母为孩子制作的美餐，既没能够满足孩子的心理要求，也达不到提供营养的目的。因此，家长要创造一个良好的就餐环境，让孩子愉快地就餐，才能提高人体对各种营养物质的利用率。如此说来，愉快地进餐是孩子身心健康的前提，是十分重要的。

如何对待食欲不振的孩子

孩子出生后的第二年，食欲会有所下降。一方面是由于孩子身体的生长速度缓慢了下来，使得他对食物的需要量不那么大了；另一方面是因为一些其他因素干扰了他的食欲。例如，随着活动范围的扩大，他对食物的兴趣被转移了；随着独立意识的萌芽，使得他不那么听话了；随着味觉功能的进步，他会挑肥拣瘦了等。

1 岁以后，伴随走路、说话方面的进步，孩子变得好奇好动，环境中的大小变化都能引起他的兴趣，因而吃饭时候容易分心。他经常会被周围的其他人或事所打扰，影响吃饭的速度，有时甚至只顾看热闹，停下来不吃，使得喂他吃饭的父母十分不满。

如果孩子的运动量不够，他的食欲也会不好。有些父母很少让孩子外出活动和进行锻炼，孩子没有机会消耗体力，自然就少有饥饿感，使孩子看着饭却不想吃，懒洋洋地无精打采。

此外，缺乏微量元素锌，或在治疗疾病的过程中吃了影响肠胃正常功能的药物，或暂时换了环境引起孩子的情绪不稳定等，都会影响孩子的食欲。孩子长牙时嘴里会感到不舒服，饭量往往不及平时的一半。如果父母没注意到这些情况，只顾责怪孩子不好好吃饭，会使孩子原本只是身体上的不舒服，又平添些心理上的烦恼。

如果父母忽略了孩子成长过程中的这样一些规律性的东西，就可能与孩子发生冲突。许多孩子面对父母费尽心机准备的各种食物就是没有胃口，如果在喂孩子吃饭的时候，你总是本着“多吃一口是一口”的宗旨强迫孩子进食，你一定要问问自己，这样做会不会使孩子伤了胃口；如果在喂孩子吃饭的时候，你管不住自己的脾气，时不时地想训斥孩子的时候，你一定要问问自己，这样做会不会使孩子没了胃口；如果在喂孩子吃饭的时候，你担心孩子坐不住，想借助于电视来吸引孩子，让孩子边吃边看电视的时候，你一定要问问自己，这样做会不会分散了孩子对食物的注意力，反倒可能影响了孩子的胃口呢？

如何对待挑食的孩子

经常挑食的小儿，会造成某种或几种营养素的缺乏，会直接影响小儿的健康和正常的生长发育。所以，家长一定要帮助小儿纠正挑食的坏习惯。

1. 家长应该努力为小儿习惯吃各种食物创造条件，即使家长自己不吃的某种食物，也要给孩子做，教给孩子吃，绝不能因自己不吃而影响孩子。

2. 合理安排小儿膳食，品种多样化，饮食花样不断地更新，烹调过程注意食物的色、香、味、形俱全，以引起小儿对食物的兴趣。其中，特别注意将新添加的食品或孩子不喜欢吃的食品，要与他喜爱的食品搭配到一起食用，耐心地诱导孩子吃。

3. 对于孩子所喜爱的食品，不能上顿、下顿接着吃，在保证营养需要量的基础上，要花一些心思合理安排孩子的食谱，还要注意变换烹调方式，引起孩子对食品的兴趣，以防“吃腻”了。

4. 家长不能以某种食物（孩子喜欢挑着吃的食物）作为对孩子的奖励，

这样会助长小儿挑食的毛病。

15 ~ 17 个月幼儿的早期培育

增加孩子玩耍的内容

15 ~ 17 个月的孩子，活动范围增大，家长可以给孩子选择一些小铲、小桶、小圆环等玩具，从而增加孩子玩耍的内容，开发孩子的智力。为了锻炼他手脑协调能力，在家长的监护下，可以用一个小瓶装上一些五颜六色的扣子，让孩子将扣子倒出来再装进去。还可给孩子准备两个方盒，里面放一些小木棍和小玩具，把球投进一个较大的箱内，看谁投进得多。这样通过弯腰、蹲下、站起、举手等动作的训练，达到促进大脑发育和体能的锻炼。

语言训练

在语言上，孩子在学说话的时期，常以词代替意思，大人很难理解，只有孩子自己知道。比如叫“妈妈”，可能是要妈妈与自己一块玩，也可能是要吃的或喝的；说“上外”，可能是要上外边玩，也可能要到商店买吃的，影响与成人的思想交流。因此，大人们从一开始教孩子说话时，不要用小儿语教。所谓小儿语是指“猫猫”“狗狗”“吃饭饭”“喝水水”等。这样教习惯了，对以后说话的准确性有影响。所以从一开始就要教孩子说完整准确的句子，开始说一些很短的句子，以后再说长一点的，慢慢就会提高孩子的语言表达能力和语言准确性。

在教孩子说话过程中，从一些孩子喜闻乐见的方式入手。可以给孩子戴上一个小狗的头饰，让他汪汪叫，问他：“你是谁”？他回答：“是小狗。”大人可以纠正他说：“我是小狗。”孩子会跟着学说一遍。家长再问：“你喜欢吃什么呀？”孩子会说：“骨头。”家长可以教他：“我爱啃骨头。”这样反复说几次、玩几次就能掌握了。又比如可以结合一些动作教孩子说话，让孩子学小白兔蹦蹦跳跳，大人问他：“你是谁呀？”孩子回答：“兔。”大人可以教他说：“我是小白兔。”家长问他：“小白兔怎么走路呀？”孩子会说：“蹦蹦。”家长可以教他说：“一蹦一跳地走路。”孩子会跟着学。有的孩子学得慢一些，家长千万不要吓唬他、责备他，要耐心，以免孩子内心紧张，有负担，反而对孩子语言发育不利。有的操之过急会引起口吃。

总之，教孩子学东西方法要多样化，以他喜欢的形式来教，增进孩子的兴趣和主动性，这样才更容易学会。

幼儿良好记忆培养的方法

所记材料必须富于趣味性

年龄越小，趣味性越浓。对小孩子来说，没有趣味，也就没有记忆。兴趣是幼儿记忆的推动力。生动有趣的事物容易形成兴奋点，留下牢固的痕迹。

多种感官协同记忆

要幼儿记住的东西，就该让他们多种感知，使各种感官从一个目标接受刺激，在大脑皮层的各个相应区域同时兴奋，形成多方面的信息联系，联系通路越多，痕迹越巩固，记忆的保持越长久。

多用重复记忆法

幼儿记东西需要多重复，重复就是对神经联系的强化，使记忆不断巩固。

常用联想法

联想即回忆、再现，联想能力即记忆的准备性。通过联想旧的帮助识记新的，发挥联想在记忆中的作用。

认识自己

妈妈和孩子面对面而坐，妈妈指着自己的嘴巴说："这是我的嘴。"孩子要跟随妈妈指着自己的嘴也说："这是我的嘴。"妈妈指着自己的鼻子说："这是我的鼻子。"孩子也指着自己的鼻子说："这是我的鼻子。"孩子动作慢一些不要紧，不要错。错了妈妈要帮助他纠正，再指一回看。这样五官、手、脚、头、发等，一点点学习。玩时妈妈要注意，要玩得高高兴兴，不管孩子会不会，不能急；如果孩子做得好，要表扬.也可边玩边笑边唱儿歌。训练孩子学会说出自己身体各部分的名称，使他学会把每一事物都和说话联系在一起，懂得词汇里所含的意义。让他逐渐认识自我，自己与别人分开，逐渐形成个性。

学说话

1 岁多的孩子还不能讲完整的句子，他能理解妈妈的话，但他讲不出那么多词汇。妈妈与孩子讲话时要注意自己的语言，说话要简洁完整，使孩子能听懂能模仿，不要随便说："拿过来。""站那边去。"而是说："把小狗熊拿过来。""你站到门外去。"

孩子没有那么多词汇，也不会将词汇连贯起来，他说的话常常是："饿""花儿""公园"，妈妈要帮他把句子补齐："丫丫饿了""花儿真好看""妈妈和丫丫上公园"，并让孩子复述一遍。家长切记不要随着孩子说："丫丫吃包包""丫丫上楼梯"等，一定要用标准的句子和词汇教孩子说话。

15 ～ 17 个月幼儿的亲子游戏

玩积木

玩积木时，将积木叠起来，看孩子能叠几层，然后将积木排起来，排成长队。

目的：练习手的动作。

听口令

让孩子站好，听妈妈口令，妈妈说“矮了”，他就蹲下去；妈妈说“高了”，他就站起来。

目的：练习反应速度。

开口说

当孩子有什么要求时，他会做出表示，但没有用语言，妈妈要鼓励他用简单的词汇表达出来，而不是轻易满足他。

目的：鼓励孩子开口说话。

认红色

妈妈拿一个红色的球，告诉孩子这是红色，再把各种玩具放在他面前，让他将红色的挑出来，如红色的积木、布块、瓶盖等。一次只能玩一种颜色。

目的：学习抽象概念，发展概括能力。

扔飞机

用彩纸折成飞机，妈妈先扔几次，然后孩子会模仿着扔。

目的：练习上臂。

玩塑料瓶

给孩子一个空塑料瓶，让他把木块、塑料块投进瓶里，再倒出来，反复玩耍。

目的：练习手的精细动作。

听指令做事

妈妈把一件物品放在孩子一边，然后要求他：“帮妈妈把小球拿过来。”或“帮妈妈把小球放那边去”。

目的：训练孩子按大人的要求做。

捡树叶

妈妈和孩子各拿一个小篮子，到户外干净的广场上捡飘落在地上的树叶，两人比赛，看谁捡得多。

目的：练习动作准确性。

开商店

妈妈和孩子玩买卖东西的游戏，准备各种零碎物品和用纸片做的“钱”，母子俩一个买一个卖。

目的：角色游戏，让孩子理解物的所属关系。

跳下来

让孩子站在 10 ~ 15 厘米处往下跳。

目的：练习平衡和跳跃。

逛动物园

带孩子到动物园，让孩子认识几种他在图书上认识的动物。

目的：认识动物。

猜猜看

妈妈一只手里有糖，一只手里没糖。有糖的手握得大些，让孩子猜哪只手里有糖。

目的：练习判断。

学动物叫

妈妈可准备几只动物玩具，或是识字卡片中的动物图片，给孩子讲学动物的叫声或儿歌。

目的：发展语言能力，练习发音。

练习发音

孩子如果发不好 z（滋）、sh（师）的音，妈妈可教他读以下儿歌：

三个小胖子，
穿衣扣扣子。
红红帮冬子，
冬子帮玲子。
互相来帮助，
都是好孩子。

学唐诗

（一）夜宿山寺

（李白）

危楼高百尺，手可摘星辰。
不敢高声语，恐惊天上人。

注释：

山上寺庙的楼很高很高，从楼上一伸手就可以把星星摘下来。我不敢大声说话，只怕惊动天上的仙人。

诗人用童话般的想象和夸张的笔法描写山寺的高耸。

（二）江雪

（柳宗元）

千山鸟飞绝，万径人踪灭。
孤舟蓑笠翁，独钓寒江雪。

注释：

重叠的群山被大雪覆盖着，看不见飞鸟的影子，所有道路上没有行人的踪迹。只有寒冷的江面上，孤零零一条小船，坐着头戴斗笠身披蓑衣的老渔翁，冒着风雪独自在江上垂钓。

学儿歌

（一）好孩子，真正乖

好孩子，
真正乖，
能做的活儿自己来，
结纽扣，
解鞋带，
脸手洗得格外白，
人人夸我好乖乖。

（二）喔喔喔

喔喔喔，
公鸡鸣，
宝宝睁开大眼睛。
早早起床小乖乖，
贪睡不起大懒虫。

讲故事

（一）猴子盖房

雨天，猴子们因没有房子，浑身被淋湿，冻得发抖，它们一致决定明天搭个暖和的房子。

第二天，太阳出来了，它们快乐地晒着太阳、打闹着，把昨天暴雨和盖房子的事忘得一干二净。

晚上，又下起大雨，它们再一次下决心，早晨就开始盖房子。

当太阳升起后，它们又把盖房的事忘了。

就这样时间一天天过去了，直到现在它们还是没有房子。

（二）小白兔和小灰兔

老山羊在地里收白菜，小白兔和小灰兔来帮忙。

收完白菜，老山羊把自己种的白菜送给它们，小灰兔收下了白菜，说："谢谢你！"小白兔不要白菜，说："你送我一些菜籽吧。"老山羊送给小白兔一包菜籽。

小白兔回到家里，把地翻松了，种上菜籽过了几天，白菜长出来了。

小灰兔把老山羊送的白菜拿回家里。

它天天不干活，饿了就吃老山羊送的白菜。过了些日子，白菜就吃完了。

小灰兔没吃的了，又到老山羊家里去要白菜。

它看见小白兔挑着一担白菜给老山羊送来。小灰兔很奇怪，问道："小白兔，你的菜是哪儿来的？"小白兔说："自己种的。只有自己种，才有吃不完的菜。"

和孩子一起做游戏

许多家长把和孩子一起做游戏看作是“哄孩子”，其实“哄孩子”只是一个方面，更主要的是通过游戏了解孩子，帮助孩子学习。

1. 在与孩子一起游戏时，要观察孩子是否合群，是主动还是被动。

2. 做游戏时，父母不要敷衍孩子、应付孩子，也不要指挥孩子，要作为参加游戏的一员平等地玩。

父母应知道，和孩子一起全家做游戏，不仅可享受天伦之乐，而且也增进了夫妻感情。

3. 家长要精心设计一些游戏，甚至准备些道具，在游戏中教育孩子。

18 ~ 21 个月幼儿的生理特点

身体发育

体重

男孩约 12.2 千克，女孩约 11.5 千克。

身高

男孩约 82.3 厘米，女孩约 81.6 厘米。

头围

男孩约 47.5 厘米，女孩约 47.5 厘米。

胸围

男孩约 49.0 厘米，女孩约 47.5 厘米。

坐高

男孩约 50.6 厘米，女孩约 50.7 厘米。

牙齿

此时大约萌出 12 颗牙，已萌出上下尖牙。

感觉运动的发育

1 岁半的小孩已经能够独立行走了，还会牵拉玩具行走、倒退走，会跑，但有时还会摔倒。有意思的是，他能扶着栏杆一级一级地上台阶，可却常常喜欢四肢并用在楼梯上爬。让他下台阶时，他就向后爬或用臀部着地坐着下，1 岁半的孩子会用力地扔球，会用杯子喝水，洒得很少。能够比较好地用勺子，开始自己吃饭。

给他玩积木，他会把 3 ~ 4 块积木叠在一起。

语言、适应性行为发育

1 岁半的孩子开始认真地学习语言、翻动书页、选看图画，能够叫出一些简单物品的名称；能够指出方向；能够说 4 ~ 5 个词汇连在一起的句子如：“在桌子上。”会有目的地说“再见”；能够按要求指出眼睛、鼻子、头发等。

1 岁半的孩子注意力集中的时间仍很短，他不会坐下来安静地听你讲 5

分钟故事。

1 岁半的孩子对陌生人会表示新奇，很喜欢看小朋友们的集体游戏活动，但并不想去参与，爱单独玩。女孩子常会像大人一样抱着布娃娃，开始模仿大人做家务如铺床、扫地。

因不用奶瓶吃奶，1 岁半的孩子更喜欢吸吮手指了，特别在睡觉之前，躺在床上，一边吸吮手指，一边东张西望。

1 岁半的小孩喜欢规律的生活，他们对所有突然变化都会表示反对，比如，从奶奶家搬到姥姥家居住，他会不适应，会哭闹；或者去幼儿园、托儿所，他们也需要很多天来适应。

睡眠

1 岁半的孩子每天需要睡眠 12 ~ 13 个小时，夜间 10 个小时左右。午睡一次 2 ~ 3 个小时。

心理发育

18 ~ 21 个月的幼儿活动范围、活动花样又较前丰富了许多，喜欢爬上爬下，喜欢模仿大人做事，如擦桌子扫地等，喜欢模仿着做广播操等活动。如果家长耐心教他数数、念儿歌，宝宝会很有兴趣地学，他地会跟着大人的节奏说出每句儿歌的最后一个押韵音。这个时期是教孩子说话的好机会，家长不要错失良机。

宝宝的语言能力在天天进步，在与大人日常生活、游戏、交流的同时，学会了不少词句，从 1 岁左右只会说一个词，到 20 个月时，宝宝大约会用 20 ~ 30 个词语。这时他在自己玩玩具时，也开始自言自语了。他在搭积木时会小声叽叽咕咕，家长可参与到孩子快乐的游戏中，跟他对话交谈。这时切忌不与他对话，因为可能会耽误孩子学话。家长要习惯用规范的发音与孩子对话，要善于抓住一切机会鼓励孩子大胆说话。

18 ~ 21 个月幼儿的合理喂养

吃糖过多害处多

糖，几乎人人爱吃，特别是儿童。而有些家长疼爱孩子，怕孩子热量不够，常把糖当零食给孩子吃，一会儿给孩子一块糖果、一会儿给孩子一块巧克力或甜点心。其实吃糖过多是有害的。害处多表现在如下几个方面：

1. 摄入过多的糖之后，过多的糖在体内可以转化为脂肪，导致小儿肥胖，成为心血管疾病的潜在诱因。

2. 糖只能供给热量，而无其他营养价值。每天吃糖多时，吃其他营养素势必减少，导致体内蛋白质、维生素、矿物质均缺乏，极易造成营养不良。

3. 多吃糖之后，将会给口腔内的乳酸杆菌提供有利的活动条件。糖滞留在口腔内，容易被乳酸杆菌分解而产生酸，使牙齿脱钙，诱发龋齿的形成。

4. 糖吃多了，小儿就不想吃饭了；患了龋齿之后，孩子咀嚼时会疼痛，咀嚼无力，也影响食欲，日子长了，就会因进食量减少而发生营养缺乏。

5. 糖吃多了，易使胃酸产生过多，使胃受刺激而患胃炎。

6. 吃惯甜食的小儿，往往不喜欢无甜味的食品，长期下去，也会导致食欲不振。

宝宝不宜多吃巧克力

巧克力是一种以可可豆为主要原料制成的糖制品，它的味道香甜，食后回味无穷，很受小儿的喜爱。如果你想了解小儿多吃巧克力好不好，就必须先了解巧克力的营养价值到底有多大。巧克力主要成分是糖（每 100 克含 65.9 克糖）和脂肪（每 100 克含 27.4 克脂肪），因此，巧克力提供的热量比较高，每 100 克纯巧克力的总热量可达 530 ~ 550 千卡。许多舞蹈演员、运动员、重体力劳动者在消耗热量较多的情况下吃巧克力，可供给能量，振奋精神。但是巧克力含蛋白质很少（每 100 克仅含 5.5 克蛋白质），含维生素也非常少，而这些营养素同样是小儿生长发育中所必需的。

过量吃巧克力还有许多对小儿不利的因素，如糖分过高，通过体内的新陈代谢会转变成脂肪被贮藏，加上巧克力的脂肪成分过多，均会使小儿发胖；巧克力中含脂肪较多，这些脂肪在胃中停留的时间较长，不易被小儿的胃肠消化、吸收，就会有饱腹感而影响食欲，再好的饭菜他也吃不下去，打乱了良好的进餐习惯，直接影响了小儿的营养摄入和身体健康；巧克力是不含纤维素的精制食品，吃多了可致便秘；巧克力中的草酸，会影响钙的吸收；巧克力中的可可碱具有强心和兴奋大脑的作用，小儿多吃后会哭、吵、多动和不肯睡觉。此外，它还会诱发口臭和蛀牙。由此可见，小儿不宜多吃巧克力。

夏季宝宝饮食的注意事项

夏季由于天热，宝宝都不愿意吃饭，如若调养不慎，宝宝容易患肠胃炎、中暑、苦夏等病症。

夏季宝宝的饮食应该注意以下两点：

荤素搭配，保持营养平衡

夏季气温较高，出汗多，容易使宝宝体液失去平衡。另外，由于宝宝体内消化酶的分泌减少，胃肠蠕动减弱，易使其消化功能下降，还会使蛋白质分解加速。妈妈此时给小儿配膳应多选择含蛋白质、维生素、矿物质等较丰富的食物，如瘦肉、鱼、蛋、豆制品、新鲜蔬菜、瓜果海带等。妈妈应该根据宝宝自身营养状况，选择相应的食品，荤素搭配，保持营养平衡。

饮食三宜与三忌

三宜：

（1）食物适当咸些。宝宝出汗过多，排出的盐分往往超过摄入量，易出现头晕、乏力、中暑等症。在菜饭中适当多放些盐，可补充宝宝体内盐分的丢失。但不宜吃盐过多，否则有害无益。

（2）菜肴适宜用醋。夏季人体需要大量维生素 C，在烹调时放点醋，不仅味鲜可口，增加食欲，还有保护维生素 C 的功效。醋有收敛止汗、助消化的功效，对夏季宝宝肠道传染病，有一定预防作用。

（3）用膳必有汤。汤的种类很多，易于消化吸收，且营养丰富，并有解热祛暑等作用。夏季小儿进食，更应该有菜有汤、干稀搭配。

三忌：

（1）忌狂饮。宝宝大量喝水，能冲淡胃液而影响消化功能，还会引起反射性排汗亢进等。

（2）忌多吃冷食。宝宝偏嗜冷食如雪糕、冰制品等，会损伤脾脏，引起食欲不振、腹痛腹泻、消化不良等症。

（3）忌喝汽水过量、过急。宝宝过多饮用汽水，会降低消化与杀菌能力，使脏腑功能降低，影响食欲。

切记宝宝冷食要适量

父母如果让宝宝在夏季吃优质、适量的冷食，可以使宝宝健康愉快地度过酷暑。夏天的高温会使宝宝的唾液和胃液分泌减少，导致食欲不振。面食用冷食可使宝宝感到凉爽，并能调节消化系统的功能。

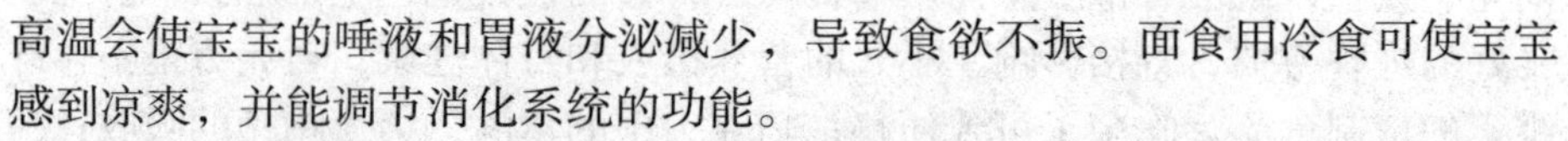

冷食虽能防暑降温，但宝宝吃冷食过多会使胃肠骤然受凉，引起胃肠不规则收缩，导致腹痛。冷刺激也会使胃肠道蠕动加快，血流减少，使食物未能很好地吸收便被排出体外，容易引起宝宝消化不良。冷食中的牛奶、糖、淀粉等营养成分进入消化道以后，需占用一定量的消化液去进行消化，从而影响宝宝正常饮食消化吸收。冷食中的营养成分与正餐食物相比，实在少得可怜，不能满足宝宝的营养需要。

值得注童的是，1 岁以内的宝宝过饮冷食，还容易引起肠套叠。肠套叠的早期症状为阵发性腹痛，可引起宝宝阵发性哭闹，并伴呕吐，在腹部能摸到肿块，发现这些情况后应该去医院就诊，以免引起肠坏死。炎热的夏天，父母要为想吃冷食的宝宝选择优质的冷食，如冰淇淋、雪糕等，或其他专为儿童制成的冷饮。父母特别要注意不要让宝宝多吃，以免影响宝宝的健康。如果宝宝因为口渴要吃冷食，父母应设法让宝宝少量多次地喝点温开水，冷食并不能解渴。父母应该避免让宝宝在刚吃完饭或刚喝完热水之后立即食用冷食，防止宝宝腹痛。

1～2 岁宝宝夏季一日食谱

入夏以后，气温升高，宝宝容易食欲不好，妈妈要精心为宝宝设计食谱，以保证宝宝的营养供给。

早点：牛奶150毫升；白糖10克。

早餐：大米肉菜粥50克；香蕉20克。

午餐：蛋黄软饼50克；鸡蛋番茄汤；西瓜20克。

晚餐：蛋黄粥50克；苹果20克。

晚点：牛奶150毫升；白糖10克。

大米肉菜粥

原料：大米50克，瘦肉末20克，小白菜20克(切碎)，胡萝卜10克(切碎)。

制法：

1. 将大米洗净，煮粥。
2. 将肉末、菜末下油锅炒熟，加适量的味精，拌入粥中。

蛋黄软饼

原料：面粉50克，鸡蛋黄1个，植物油3克。

制法：

1. 将蛋黄调匀，加入适量温水、细盐及花椒粉，倒入面粉调成稀粥状。
2. 热锅放油，将面糊倒入晃匀，两面烙熟。

炎热的夏季，妈妈应该注意的是，肉类和鱼类等含蛋白质高的食品容易变质，因此，在给宝宝制作饭菜时，一定要选用新鲜的鱼、肉，并要现吃现做，避免让宝宝吃隔夜食品。还要给宝宝多吃新上市的各种蔬菜和水果，使宝宝有食欲，获得全面的营养。

不能缺少的物质——无机盐

人体内含有许多种无机盐，虽然需要的数量不多，每天只有几克、几毫克甚至几微克，但这些盐类在身体的体液中可以解离出来的各种离子都有着各自的特殊功能。它们虽然不能为人体供给热量，但是对于维持人体正常生理机能来说却是不可缺少的物质。人体内的无机盐分为常量元素和微量元素两类，常量元素有钙、磷、钠、钾、氯等；微量元素有铁、锌、铜、碘等，每种元素在调节生理机能方面都有着极其重要的作用，缺乏或者太多都会造成人体功能失调，甚至危及人的生命。无机盐中与婴幼儿关系最大的有钙、铁、钾、碘、锌、钠等数种。

钙是骨骼和牙齿的主要成分，并与神经、肌肉的正常生理功能有关，如果供应不足或钙的吸收不良均会发生佝偻病，严重低钙者会发生抽风、肌肉震颤或心跳停止。

钠、钾、氯是调节人体的体液渗透压、水和电解质平衡、酸碱平衡的主要元素。众所周知，食盐的主要成分是钠和氯，被人体吸收之后的钠和氯离子对保持体液渗透压力的稳定性起着决定性作用，渗透压过高或过低都会发生机体功能紊乱甚至危及生命。缺乏钠离子时，就会造成体液渗透压过低，则将出现尿多、浮肿、乏力、恶心、心力衰竭等；钠离子含量过高时，又会造成体液渗透压升高，这时人就会发生口渴、少尿、肌肉发硬、抽风、昏迷甚至死亡。而体内钾离子过多或过少都会发生全身肌肉无力、瘫软、心跳无力、心力衰竭、精神萎靡不振、嗜睡、昏迷甚至死亡。婴幼儿时期的孩子如果出现严重的呕吐、腹泻，常导致钠、钾离子的丢失，家长要在医生的指导下，及时给孩子补充才行。

铁是人体血红蛋白和肌红蛋白的重要原料，铁摄入不足，就会发生缺铁性贫血而影响氧气的运输，影响生长发育和智力的发展。锌在人体内可构成50多种酶，还构成胰岛素，促进蛋白质合成和生长发育，缺锌的小儿会患矮小症、贫血、生长停滞、皮肤损伤。碘维持甲状腺的正常生理功能，是制造甲状腺素的原料，缺乏时引起甲状腺功能低下，导致小儿体格发育异常和智力障碍。

无机盐是生活的必需品，更是人体健康不能缺少的物质，在婴幼儿的膳食中，家长必须注意适量补充无机盐。

含钙丰富的食物

钙是体内含量最丰富的元素之一，是人体必需的重要营养元素，婴幼儿时期正处在长骨骼、长牙齿的阶段，所以对钙的需要更显得重要。

因为婴幼儿身体所需的钙只能从食物中摄取，所以要增加钙的摄入量，首先应采用的方法就是要多食含钙丰富的食品。奶类是含钙丰富的食品，母乳中每500毫升含钙170毫克（钙磷比例合适，易吸收），500毫升牛奶含钙600毫克,500毫升羊奶含钙700毫克，而且它们所含的钙容易被人体吸收；绿叶蔬菜含钙质较高，如油菜、雪里蕻、空心菜等，食后吸收也比较好，蔬菜中的草酸与钙结合成草酸钙，影响钙的吸收，给孩子食用绿叶菜时，最好在洗净后用开水烫一下，这样可以去掉大部分草酸，有利于钙的吸收。海产品、豆类及豆制品含钙也比较丰富，每100克黄豆含钙360毫克，每100克豆皮含钙284毫克，此外，芝麻酱含钙也较多。蛋白质可促进钙的吸收，还应多吃些富含蛋白质的食物，特别是动物性食物。

春季，幼儿对钙质的需求量增大，父母要及时给孩子添加含钙丰富的食品。因为入冬后婴儿很少直接接触阳光，维生素D易缺乏；春季气温回升，小儿户外活动增加，晒太阳时间增多，日光中的紫外线能大大促进孩子体内维生素D的合成，促进骨骼加速钙化，但血钙大量沉积于骨骼，会使血钙下降，此时，如果孩子从食物中摄取的钙不足或不能及时补充钙，易导致低钙惊厥。如出现低钙惊厥时靠从食物中来补钙就有点远水不解近渴了，此时就需要给予钙剂补钙，从医生处得到处方，通过静脉或口服钙剂补钙。为了帮助钙的吸收，对2岁以下的小儿还应该补充维生素D制剂，尤其北方冬季小儿户外活动减少，接触紫外线减少，身体内自行合成的内源性维生素D减少，需供给维生素，制剂预防量400～600单位／天，直到2岁以后春天来临。如有佝偻病表现者需请儿科医师根据病情给予治疗量的维生素D。

现将适于1岁半幼儿的多钙菜肴介绍如下：

虾皮紫菜蛋汤

先将虾皮、紫菜用清水洗净，切碎，鸡蛋磕入碗内打散，香菜择洗干净，切成小段，备用；再将炒锅置于火上，放油烧热，下入葱、姜末略炸，放入虾皮略炒，添加水 200 毫升，烧沸后，淋入鸡蛋液，放入紫菜、香菜、香油、精盐，盛入碗内，放温即可食用。

奶味软饼

取面粉、黄豆粉、牛奶粉，其比例为10∶1∶2，将黄豆粉用凉水和开后，充分加热煮沸，略放凉，再将和好的牛奶粉倒入，并磕入鸡蛋，调匀备用。将晾凉的豆奶蛋汁倒入面粉中，加入适量细盐和水，充分调匀使其成稀糊状，平锅加热后放点油，将面糊制成软饼即可。

孩子要少吃零食

由于人们生活水平的提高，很多家庭孩子想吃什么就买什么，家里也经常准备很多糕点、汽水、可乐、巧克力、话梅糖等，给孩子养成了爱吃零食的习惯。零食吃得多，扰乱了孩子胃肠道的正常消化功能，降低了正餐时的食欲。零食吃得越多，孩子越不正经吃饭，饭吃得越少。长期下去，造成恶性循环，孩子会出现营养不良、消瘦，严重的会影响生长发育。家长须注意少给孩子吃零食，特别是饭前不要给零食，让他感到饥饿，正好吃饭。另外，要给孩子安排好一天的活动，不要让他把注意力总放在吃零食上。只有改变吃零食的习惯，才能多吃饭，保持身体健康。

儿童多吃鱼有好处

鱼类的可食部分是鱼肌，鱼肌含有较多的优质蛋白质，与牛肉、猪肉一样，其必需氨基酸的含量及其相互间的比值都和人体需要的值相近，尤其是与儿童需要的值相近。鱼肌中含有的钙、磷，亦有助于儿童的骨骼生成和大脑发育。

鱼肉由肌纤维较细的单个肌群组成，肌群之间存在着相当多的可溶性成胶物质，这种物质使鱼肉易被消化吸收，人体对鱼的吸收率高达 96%。

18 ~ 21 个月幼儿的日常照料

为宝宝创造良好的睡眠环境

睡眠是使神经系统得到休息的最有效措施，所以在婴儿生长发育过程中保持足够的睡眠是非常重要的。睡眠不仅要有足够的时间，还要有足够的深度，即睡得沉、睡得香。所以父母要为孩子创造一个良好的睡眠环境。

1. 保持室内空气新鲜。夏季应开门窗通风，但应避免孩子睡在直接吹风的地方，冬季也应根据室内外温度，当小儿入睡后定时开窗换气。新鲜的空气会使小孩入睡快、睡得香。

2. 室温以 18 ~ 25℃为宜，过冷过热都会影响睡眠。

3. 卧室有睡眠的气氛，窗帘拉上，灯光要暗一些，降低收音机、电视机的音量，大人应尽可能避免高声谈笑，室内安静无噪声。如果孩子睡了一觉醒来哭闹，可以安慰一下，但不要亮灯，更不要逗孩子玩儿，或抱起来摇晃，大人应该设法让孩子尽快地安静下来才对。

4. 被、褥、枕要干净、舒适，应与季节相符。不要盖太厚的被子，燥热会妨碍睡眠，更不要穿棉衣或太多的衣服睡觉，如果孩子尿湿了需要及时更换。

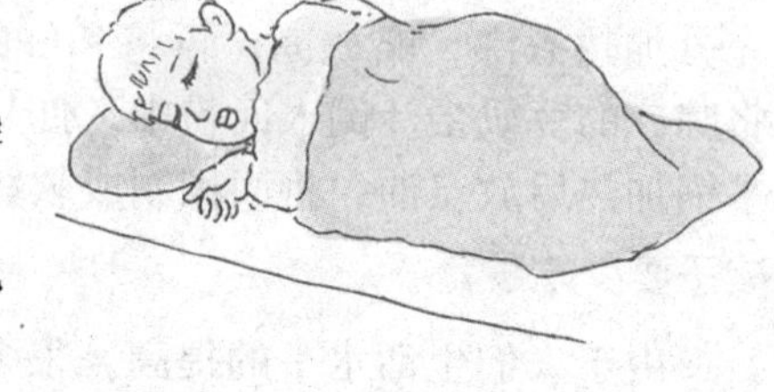

5. 让婴幼儿单独睡在小床上。

6. 大人禁止在室内吸烟，以免污染空气，造成小儿被动吸烟。

7. 睡前禁止小孩做剧烈活动，以免小孩过度兴奋，难以入睡。

使宝宝养成良好的睡眠习惯

当父母每天哄孩子睡觉时，你是否意识到这一切都有意无意地在培养着一种习惯呢？如果训练得好，就会养成好习惯，否则就养成坏习惯。比如有的孩子睡眠习惯不好，白天睡，夜里闹，或吃手、吃假奶头才能入睡等，因此，家长应重视良好睡眠习惯的培养。

1. 按孩子的月龄，合理安排小儿睡眠的时间和次数。一般来说，从孩子会走开始，每晚睡眠时间应保证在 10 ~ 12 个小时。

2. 每天要在同一个时间安排孩子上床睡觉。大脑皮层有一种特性，叫动力定型。经常按一定时间睡眠，形成了动力定型，这样孩子自然而然地就养成了适宜的生物钟，小儿到了这个时间就会很容易自动入睡。

3. 晚餐不要吃得太饱，睡前不要吃零食，也不要饮水过多，以免因为夜间尿多而影响睡眠。

4. 养成睡觉前洗脸、洗手、洗脚、洗屁股的习惯，再换上松软、宽大的睡衣，临睡前漱口或刷牙。

5. 要让小儿在自己的小床上自然入睡，不应采取摇、拍、抱、哼小曲、命令、吓唬等办法使孩子入睡。如果孩子醒来呼唤你，你要等待几分钟，让孩子明白这是睡觉的时间，给他自己入睡的机会，也可站在孩子的身边不远处，让孩子放心入睡。

6. 预防和纠正不良的睡眠习惯，如吃手、咬被角等，绝不能斥责小儿。可在孩子入睡前，让孩子在床上抱抱小玩具熊或其他玩具，这些东西会有助于孩子进入睡眠状态。

7. 要保持正确的睡眠姿势，侧卧最好。

让宝宝健康地过夏天

在夏天，宝宝（特别是 2 岁以下的婴幼儿）调节体温的中枢神经系统还没有发育完善，对外界的高温不能适应，加上炎热气候的影响，胃肠道分泌液会减少，容易造成消化功能下降，很容易得病。所以妈妈要注意夏天的保健工作，让宝宝健康地过好夏天。

衣着要柔软、轻薄、透气性强

宝宝衣服的样式要简单，像小背心、三角裤、小短裙，既能吸汗又穿脱方便，容易洗涤。

衣服不要用化纤的料子，最好用布、纱、丝绸等吸水性强、透气性好的布料，这样宝宝不容易得皮炎或生痱子。

食物应既富有营养又讲究卫生

夏天，宝宝宜食用清淡而富有营养的食物，少吃油炸、煎烹等油腻食物。

夏天给宝宝喂牛奶的饮具要消毒。

鲜牛奶要随购随饮，其他饮料也一样。放置不要超过 4 小时，如超过 4 小时，应煮沸再服用。察觉到变质，千万不要让宝宝食用，以免引起消化道疾病。另外，生吃瓜果要洗净、消毒，水果必须洗净后再削皮食用。夏季，细菌繁殖传播很快，宝宝抵抗力差，很容易引起腹泻，所以，冷饮之类的食物不要给宝宝多吃。

勤洗澡

每天可洗 1 ~ 2 次澡，为防止宝宝生痱子，妈妈可用马齿苋（一种药用植物）煮水给宝宝洗澡，防痱子效果不错。

保证宝宝足够的睡眠

无论如何，也要保证宝宝足够的睡眠时间。夏天宝宝睡着后，往往身上会出许多汗，此时切不要开电风扇，以免宝宝着凉。既要避免宝宝睡时穿得太多，也不可让宝宝赤身裸体睡觉。睡觉时应该在宝宝肚子上盖一条薄的小毛巾被。

补充水分

夏天出汗多，妈妈要给宝宝补充水分。否则，宝宝会因体内水分减少而发生口渴、尿少。西瓜汁不但能消暑解渴，还能补充糖类与维生素等营养物质，应给宝宝适当饮用一些，但不可喂得太多而伤其脾胃。

营养好智商就会高吗

做父母的都希望自己的孩子聪明，智商超群，这也符合优生优育的客观要求。孩子的智商高低与先天遗传、后天营养等因素有着密不可分的关系。

科学证明，智商高低与脑细胞数量多少成正比，而脑细胞的多少又与营养有关系。尤其是胎儿时期第 26 周和出生后 1 年的时期内，脑细胞发育很快。因此，孕期的妇女要注意补充营养，哺乳期的妈妈也要多方面调剂膳食，以使乳汁养分充足。如果营养不良，必然会使婴儿脑细胞数目增加受到影响，进而影响孩子的智商。

多吃粗粮有好处

现在，多数家庭的食谱中，精米、细面、鸡鸭鱼肉占了主导地位，而五谷杂粮在餐桌上几乎见不到。当然这可以说明人们的生活水平提高了，饮食的质量和结构发生了较大变化。但是从医学角度和人体营养的合理上来看，还是要多吃一些粗粮。

粗粮含有人体所需要的碳水化合物、无机盐、B族维生素和纤维素，当然也包括热量。粗粮中的营养成分是细粮无法替代的。餐桌上应该多一些黄面、黑面的食物。

不要强迫孩子吃

有的母亲每顿饭都紧盯着孩子，催促他“再吃一口，再吃一口”。

儿童在玩耍的时候，心情轻松，食欲旺盛。但是，当他坐到餐桌前，看到那么丰盛的菜肴，再感受到母亲那进攻的态势，食欲一下子就消失了。

尽管他努力想吃，可是吃不下。他精神异常紧张，于是唾液和胃液都停止分泌，即使吃了，也味同嚼蜡。

尽管他拼命努力去吃，可是母亲的说教、催促等强迫性的做法，造成他心理上的强大压力，怎么也吃不完，而且颇费时间。

最后屈服于不吃不行的义务感而不得不吃。这样，精神上很紧张，加上人为地努力进餐，是很难吃得下去的。

紧张和松弛，是相反的两种心理和生理状态。如果过度紧张的心理状态长期持续不断，就会直接影响生理机能，给身体带来各种不适，还会引起神经性习惯反应，例如啃指甲、哆嗦腿、尿频、尿床、颈颤等。让孩子的紧张状态松弛下来，是治疗的捷径，单纯处理表面症状，结果会适得其反。

放手让孩子自己吃饭

自己吃饭是良好饮食习惯中重要的一项内容。1 ~ 2岁是培养儿童自己吃饭能力的最佳时机，尤其是1岁半以后。父母应放手让孩子自己吃饭，使他尽快掌握这项生活技能，也可以为入幼儿园做准备。当孩子成功地学会自己吃饭之后，自主意识也随之增强了，他会把吃饭当作自己的事，愉快地体会自主的乐趣，即由自己掌握进食的节奏，而不再被动地让别人喂，这种成就感也使孩子更愿意学习新的本领。

有些父母嫌孩子自己吃东西太麻烦，不仅又笨又慢，还得收拾洒得到处都是的饭菜，不如大人喂饭那么省时省力，于是轻率地剥夺了孩子学习自己吃饭的机会，这是很不适宜的。作为父母要明白每一个孩子在最初自己吃饭的时候，由于不具备足够的协调能力，必然会弄得满手满脸脏兮兮，饭菜到处洒，还不时把碗扣过来，而且这种现象会持续相当长的时间。面对此情此景，父母一定要有足够的宽容和耐心，要鼓励孩子学习吃饭的积极性，就不能发火、训斥或数落一番，甚至抢过孩子手中的勺子，剥夺孩子自己动手吃饭的权利，使得孩子吃饭的积极性受到打击。如果孩子被一次次的挫折感和不安全感笼罩，他就难以有饱满的热情，难以品尝成功的体验，这对培养孩子良好的进食行为习惯是无益的。

另外，家长要允许孩子用手拿饭。尽管孩子已经学习拿勺，甚至会使用勺子了，他有时还是愿意用手直接拿饭，好像这样吃起来更香。父母应该允许孩子用手抓取食物，并且提供一定的手抓食品，如小包子、馒头、花卷、面包、肉块、黄瓜条等，提高孩子自己吃饭的兴趣。

虽然家长为孩子准备了吃饭的小饭桌，但是他通常是不能坐在那里老老实实吃完一顿饭的，特别是他刚学习自己吃饭的时候，常会离开饭桌一会儿。这当然不是好习惯，不过对于1岁多的孩子来说，不宜过分强求，不要为此造成很大的不愉快，不要急于求成，可以告诉他应该如何做。

正确对待孩子偏食

1岁以后，随着孩子独立意识的增强和味觉辨别能力的提高，他开始对每天的食物有所观察和注意了，他不再是喂什么就吃什么了，而是会对食物表示自己的看法，琢磨一下什么东西好吃、什么不好吃，甚至示意父母做自己想吃的东西，表现出来的就是对食物有了偏爱和挑剔。其实，对于孩子来说，即使表现出对某些食物的偏爱。也并非是一成不变的。细心的父母会发现，孩子有时候爱吃这种食物，过一阵又会爱吃另外一种食物。因此。有时孩子偏爱某些食物不等于孩子就是有了偏食的嗜好。

但是，有的父母对孩子的喜好过于敏感，当发觉孩子在某次吃饭时吃鸡肉比鱼肉多，就可能由此得出结论：孩子不爱吃鱼。为了投其所好，就不再做鱼给孩子吃，而是总给孩子做他曾经喜欢吃的某种食品。长此以往，会强化孩子不良的饮食偏好，诱导他“偏食”，有些食物很有营养，价钱也不低，父母非常希望孩子能够多吃一些，但孩子往往不能理会父母的苦心，并不因为这种东西贵就感兴趣。于是，有些家长“不达目的决不罢休”，常会强迫孩子多吃一口是一口，拼命往孩子嘴里塞。这样几次下来，孩子见到这种食物就怕，拒绝再吃它，也会造成“偏食”。

1岁以后的孩子逐渐喜欢吃较硬的食物，如果大人烹调不当，还是把主、副食混在一起煮，又煮得过烂，他就不爱吃。有时饭菜的品种及其色、香、味、形变化不大，会使孩子感到吃饭单调乏味，同样会使孩子对吃饭的兴趣不高，父母又一定要他吃，他只得挑三拣四，促使孩子出现偏食行为。

有些父母自己有偏食的习惯，经常根据自己的口味来准备孩子的饮食，想当然地认为自己爱吃的东西孩子也爱吃，或出于身体方面的原因忌食某些食

物，使家中食物品种有很大的局限性，某些食物经常吃，而另一些食物却很少出现在餐桌上。长此下去，孩子受父母偏食的影响，只习惯于吃某些食物，就造成了偏食。

理解上述种种可能性之后，父母就容易找到纠正或预防孩子偏食的诀窍了。国外的研究发现，从长远来看，孩子有良好的自身调节能力，他会选择自己需要的食品来吃，只要孩子在一周的范围内能达到饮食平衡即可。所以，疼爱孩子的父母们，对孩子偏食问题要全面分析，合理调节做好防范为宜。

大小便的调教

孩子大约在 1 岁半到 2 岁的年龄阶段，就可以在白天需要大小便时，知道主动喊大人协助了。因为，这时孩子的大脑中枢神经系统和外周的自主神经系统其功能已经相对成熟，大脑能够发出指令，提示他的排泄器官控制大小便。因此，家长可以对 1 岁半以上的小儿，通过训练他定时坐便盆，来培养他建立良好的排便习惯。

首先，要为孩子选择合适的便盆。有的便盆接触皮肤的地方是用木头做的，天冷的时候孩子坐在上面不会感觉多么凉；如果你家里的便盆是陶瓷制品或者塑料制品，在天冷时，孩子坐上去的时候会感觉到有些凉，你需要用布把周围包上，否则孩子感觉不舒服，容易影响孩子坐盆习惯的形成；市面上有一种专为幼儿制作的马头形扶手便盆，小儿自己蹲下去、坐起来都很方便，可以减少某些孩子对排便坐盆的反感。便盆是接收孩子排泄物的必备容器，家长应根据小儿需要选用，买时尽量考虑孩子的实际要求。

研究发现，孩子约束大小便的能力取决于他的听力和脑神经反射，当孩子听到自己排泄时的尿流声音，看到自己的粪便，明白这是他自己的排泄物时，才是训练约束大小便的最佳时机，是最容易获得训练成功的阶段。所以家长需要找到你家孩子排便的规律，因势利导。通常，孩子是在早饭以后排大便，在这个时间段里，家长就不要用其他事情去干扰孩子，按时鼓励他自己主动去坐便盆，既不要催他，也不要强迫他。每当孩子自己排便成功时，他会表现出成功后的轻松和自豪感，此时父母必须及时地予以肯定，加以表扬和鼓励。如果你对孩子的执拗缺乏耐心疏导，强迫孩子去排泄大小便，孩子会反抗、有抵触，随之而来的训练难免会出现问题。

由于孩子约束大小便的能力尚需要一定时间去进行锻炼，所以在练习的过程中也会出现反复。遇到孩子自己坐了一会儿便盆却又无功而返时，或者在孩子无任何示意的情况下随意排泄，弄脏衣物环境时，家长不要惩罚或批评他，要一面及时给孩子换干净的衣裤，一面告诉他这样管不住大小便是很臭、很脏、很不卫生的，宝宝自己也是很不舒服的，如果宝宝把臭的大小便排泄到盆里，就不会这么不舒服了。总之，训练过程不会是一帆风顺的，要允许孩子出现反复，遇到挫折不能心灰意冷，否则难免适得其反。

防止宝宝蹬被子

宝宝总在睡梦中踢被子，父母很伤脑筋。原来，在人熟睡以后，人体大脑皮质处于抑制状态，外界的轻微动静（如谈话、开门、走动等声响）都不能传入大脑，人体暂时失去了对外界刺激的反应，使整个身心都得到休息。但是，在刚入睡还没有完全睡熟或刚要醒来还没有完全醒来的时候，大脑皮质处于局部的抑制状态，即大脑皮质的另一部分仍然保持着兴奋状态，只要外界稍有刺激，机体便会做出相应的反应。尤其是宝宝的神经系统还没有发育成熟，兴奋后极易泛化，当外界条件稍有改变时，如白天宝宝玩得过于兴奋，睡前父母过分逗引宝宝，睡时被子盖得太厚或衣服穿得太多，睡眠姿势不佳、患有疾病等，均可引起宝宝睡眠不安、踢被子。

防止宝宝踢被子，父母应该注意做到以下几点：

1. 在睡前不要过分逗引宝宝，不要恐吓宝宝。白天也不要玩得过于疲劳。否则，宝宝睡着后，大脑皮质的个别区域还保持着兴奋状态，极易发生踢被子。

2. 宝宝睡时被子不能太厚，要少给宝宝穿衣服，不要以衣代被。

3. 父母要给宝宝从小养成好的睡眠姿势，不要把头蒙在被里，手不要放在胸前。

4. 蛲虫病也是引起宝宝踢被、睡眠不安的原因，一经发现，应立即治疗。

如果以上办法行不通，父母可以为婴幼儿缝制睡袋。睡袋有以下几种：

1. 父母可以把被子上方的两个角分别固定在小床的两侧，把宝宝的手拿出来。这样，宝宝在翻身踢腿时不会把被子踢开。

2. 父母可在被头一端的两侧约占被头长度 1/5 处各缝上一条长约 50 厘米的布带子，再在枕头下面缝上两个用布带做成的套子，两个套子相距约 25 厘米。宝宝躺下盖好被子以后，将两条布带分别系在枕头下的两个套子上，把被子同枕头连在一起，起到睡袋的作用，被子就不容易被踢掉了。

3. 长方形被子对折，在被子接头处，一边封死约长 24 厘米，另一边缝几根带子，被子边缘装上一条拉链或缝上带子。

4. 在被子端头约 12 厘米处，缝上 4 根长约 20 厘米的软带，当被子卷成“被头洞”时，4 根软带分布为前后各两根，两根软带间的距离是宝宝头宽加上 5 厘米。在宝宝睡觉前，把前后两根带子打结缚牢，宝宝的睡觉习惯常常是“上举式”，所以缚结的外侧应留有一定宽度（视宝宝身材大小而定），以便宝宝的小手伸出。另外，在被子一端两侧分别缝上一根软带，可用于调节“被头洞”的大小。

宝宝睡前饮奶有利于生长

正处在生长期的宝宝，睡前饮一杯牛奶很有价值。

夜晚睡眠中体内生长激素释放量多，骨骼生长快，牛奶如同一位“雪中送炭”的供钙者，让丰富的钙及时进入体内到达骨的生长部位，促进新骨钙化成熟，既可防止宝宝佝偻病的发生，又可促进宝宝个头长高。

为宝宝选用有益健康的筷子

宝宝满周岁以后，很想尝试像大人一样用筷子夹菜吃，尽管宝宝还不会，但从这时起，宝宝就会经常和筷子打交道，逐渐学习掌握使用筷子的技巧。妈妈此时应该为孩子选购有益健康的筷子。

筷子有木制的、塑料的、金属的、竹制和骨制的等。妈妈给宝宝选购哪一种筷子好呢？

塑料筷较脆，受热后易变形。对与饮食有关的塑料用品妈妈总是戒备的。金属筷导热性强，容易烫嘴。

木筷和竹筷使用时间长了，容易长毛发霉表面变得不光滑，不易洗净，造成细菌繁殖。

漆筷虽然光滑，但油漆里含铅、苯及硝基等有毒物质，特别是硝基在人体内与蛋白质的代谢产物结合成亚硝胺类物质，具有较强的致癌作用。

给宝宝选用骨筷比较好，骨筷不损害宝宝的身体健康。

给宝宝穿多少衣服合适

婴幼儿不能表达身体的感受。父母应该根据天气情况给宝宝增减衣服。怎样判断应该多加衣服或减少衣服呢？天气转凉时，多又不是，少更不是，多怕热着宝宝；少呢，又怕冻着宝宝，着实令父母很头痛。

一般情况下都会为宝宝穿上比较多的衣服。宝宝活泼好动，容易出汗。结果，湿了的皮肤和衣服被凉风一吹，便易着凉，这才是“内热”的真正原因。宝宝一般不怕冻着，最常见和最易发生的反而是热着。有经验的老人也常说，宝宝冻着的病 1 服药就能治好，宝宝热着的病 10 服药才能好。

应给宝宝穿多少衣服的问题要注意：父母穿多少，宝宝穿多少。同时要保持宝宝皮肤和衣服的干爽。如此宝宝既不会受到热着的威胁，也不会受到冻着的威胁，父母也就可以放心地照料宝宝了。

18 ~ 21 个月幼儿的早期培育

1 ~ 3 岁是人的幼儿时期，是小儿智力发展非常迅速的时期。这一年龄段的孩子对外界事物、周围环境都相当敏感。家长的言行、穿戴、情感等都会对孩子产生很大的影响。如果对孩子过于放任，孩子就会散漫；过于溺爱，会使孩子任性；过于严厉，又会使孩子呆板。只有教育得当，孩子才能在日后成才。

语言训练

1 岁半的孩子喜欢与成人讲话，家长应该把握时机，通过画片、实物等耐心、反复地教孩子认识事物，增加词汇；使孩子的知识面加宽，增加语言的内容。但 1 岁半的孩子记忆力有限，所以，也不能教得太多。

对于口齿不清的孩子，家长要用标准语音给孩子纠正，反复教他念。

动作训练

1 岁半的孩子已经会跑了，可以训练他做许多大运动量的活动，如跳舞、双脚跳、快跑、踢球等，还可以训练他单独上、下楼梯，以增加肌肉力量。

还可以通过做游戏，训练身体的协调能力。如：找一条长毛巾，家长拉住两个角，让孩子拉住另两个角，把一只皮球放在毛巾中间，让孩子一蹲一站，皮球就会来回滚动。还可以把皮球抛起来，和孩子一起用毛巾把皮球接住。

这样可锻炼孩子与他人合作的能力及自身动作协调的能力。

早期教育应注意的问题

1 岁半的孩子已经懂事了，父母之间、祖辈之间、家长和托儿所阿姨之间都要在教育孩子的问题上保持一致。切不可父亲这样教，母亲又那样讲，父母刚批评完了孩子，奶奶又让他那样去做。这样，大人前后矛盾、要求不一，孩子就会不分是非、不知所措，很多良好的习惯就不能形成。

有的孩子非常任性，一不顺心就大哭大闹、打滚耍赖。对这样的孩子既不能打骂，又不能屈从，最好的办法是走开，不理他，在他情绪平稳的时候再教育他。有些孩子过分胆小，对这样的孩子就不能经常批评、训斥，而要鼓励他，即使他做错了什么事，也不要过多唠叨。

父母在孩子面前要注意自己的言行。

很多家长认为孩子还小，不懂事，当着孩子的面什么话都说，殊不知，孩子比你想象得要懂事得多，他已经按照自己的方法理解你讲话的内容了。所以父母在孩子面前说话一定要注意文明，不在孩子面前议论大人之间的是非，也不要当着孩子的面与别人吵架；不要在孩子面前撒谎，当着客人的面不要议论孩子的缺点，也不要夸耀自己的孩子。别看你的孩子才 1 岁多，在他面前，大人说话要十分小心才行。

孩子独立性的发展

孩子独立行走之后，身体发育更强壮，大脑功能更灵活，具备一定独立能力，再也不喜欢待在妈妈的怀里，也不愿事事等待成人办理，着急时，自己便要亲自下手了。吃饭自己喂，尽管勺子拿得很笨拙，但还是自己吃得香；穿衣要自己，别看袜子底朝上，也还是自己穿上更加美；喝水要自己，别看洒满衣襟，还是喝上一杯再一杯。让妈妈看看自己长大了，会走路、会吃饭，什么事情都爱干。

这种“独立自主”的精神和愿望，在心理发展过程中具有特殊意义，标志着自我意识的发展、各种能力的发展、个性的形成。

独立能力强的孩子喜欢自己哄自己玩，不再缠住妈妈，也不哭闹大人。在独立游戏中感到别有兴趣、情绪饱满、心境愉快。

小皮球滚来滚去多好玩，小石子投出来扔回去也很有趣，火柴盒更有意思，一根一根拿出来，再一根一根装进去，这重复动作丝毫不叫人厌烦，反倒满足了活动手指头的需要，若没这小小火柴盒，小手指可去哪里活动呢？只好去抠墙上的小洞洞、床头虫蛀小窟窿、被角破绽。总不能让它闲起来无事干啊。

就在这十几次、几十次的滚球，不知厌烦的重复动作中，视觉的观察能力、目测距离及空间知觉都得到了训练，反复动作使大脑产生了行动性思维，在行动的同时，学会了概括，明白了小手、小脚怎样动作会把球踢跑，怎样使用拇指和食指，东西才能拿住……可见，1 周岁的小淘气真没白白淘一场，淘中长本领、长才干、增智慧。

在各种独立活动中，促进独立能力的发展，引起性格变化，更积极、更主动，增强了克服困难的意志，也明白了自己的力量，加深了自我了解。如果培养得好，孩子从此开始了不完全依赖于成人的独立生活，不仅减轻成人的负担，更重要的是及早锻炼了孩子手脚，发展了其大脑功能，培养了各种能力，栽植出一棵强壮的小幼苗。还是多让孩子自己活动好。

18 ~ 21 个月幼儿的亲子游戏

玩拼图

给孩子买一套拼图板或拼图积木，先买简单一些的，让孩子自己安安静静在一边研究。或是妈妈用硬纸板，刻下三角形、圆形、正方形三块。让孩子把三块纸片分别放回硬纸板的槽中。

目的：理解物的整体。

玩娃娃

给孩子一个漂亮的娃娃、一块纱巾、一个玩具碗和勺。妈妈与孩子一起玩，先将娃娃用纱巾包好，然后拍它睡觉，睡醒后喂它吃饭。让孩子模仿。

目的：培养情感。

投球

找一只大盒子，给孩子准备几个小球，让孩子将球投进盒子里，妈妈和孩子一起玩，会玩得非常高兴。

目的：练习上臂。

玩沙

妈妈不要怕孩子玩沙脏，给他一只小桶、小铲，让孩子把沙铲进桶里再倒出来，还可用湿沙做各种形状的东西。

目的：学习量的概念。

穿珠子

妈妈和孩子玩穿珠游戏，妈妈穿黄色的，孩子穿红色的。

目的：训练手的精细动作并认识色彩。

双脚跳

妈妈拉着孩子，在比较宽的台阶上，双脚一级一级跳。

目的：练习双脚跳。

拼鱼

准备：

1. 妈妈先画带鱼、金鱼、鲤鱼等各两条。

2. 把一条鱼剪成鱼头、鱼尾两部分。

3. 先教孩子认识各种鱼，然后把剪开的鱼打乱，让孩子一一拼起来。

目的：使孩子认识鱼的形状。

认识四季

准备：

将识字卡片中的菊花、水仙花、扇子、葡萄、裙子、棉衣、雪等画片挑出。

玩法：

将画片混放在桌上，让孩子将各种物品按春、夏、秋、冬四季分开。

目的：复习对四季特征的认识。

模仿操

妈妈与孩子面对面站好，然后边说儿歌边做操。

儿歌：早早起。

动作：两臂经胸前斜上举。

儿歌：做早操。

动作：原地踏步，两臂前后自然摆动。

儿歌：伸伸腿。

动作：两手叉腰，左（右）脚向前伸出。

儿歌：弯弯腰。

动作：腰部向前弯。

儿歌：两手向上举。

动作：伸直身体，两臂上举。

儿歌：两脚跳一跳。

动作：两脚同时向上跳。

学唐诗

（一）咏鹅

（骆宾王）

鹅，鹅，鹅，曲项向天歌。

白毛浮绿水，红掌拨清波。

注释：

鹅啊鹅啊鹅，伸着弯曲的长脖子朝天嘎嘎地叫，好像在唱歌。雪白的羽毛漂浮在碧绿的水面上，红嫩的脚掌在清澈河水里划动，激起微微的绿波。

这首诗，传说是诗人骆宾王 7 岁时所写，全诗 18 个字，描写得有声有色，流露出儿童的天真爱美情趣。

（二）春晓

（孟浩然）

春眠不觉晓，处处闻啼鸟。

夜来风雨声，花落知多少。

注释：

春天夜短，不知不觉地睡到了天大亮，醒来听见了外面传来鸟儿欢快的歌声，想到了昨夜刮风下雨的声音，不知在风雨飘摇中有多少花儿被摧残打落！

学儿歌

（一）我家的鸡

我家有两只鸡，
身上穿花衣，
一只是母鸡，
一只是公鸡，
公鸡叫我早早起，
母鸡生蛋孵小鸡。

（二）星

小星星，亮晶晶，
好像猫儿眨眼睛。
东一个，西一个，
东南西北数不清。

（三）学数数

有个小孩叫小山，
小山会数 123。
一个一个又一个，
合在一起就是 3。

（四）学数数

汽车汽车嘀嘀叫，
许多汽车开来了。
一二三四五六七，
快来数呀真不少。

（五）春天

春天到，
春天到，
花儿开，
鸟儿叫。
宝宝跳，
宝宝笑，
宝宝宝宝长大了。

讲故事

（一）狮子和老鼠

狮子在窝里睡觉，一只老鼠从它身上跑过，狮子站起来，要用爪子把老鼠压死，老鼠请求狮子放了它。狮子笑了笑，把老鼠放了。不久，狮子落入猎人布下的网内，动弹不得，老鼠听见狮子的叫声，就跑去咬断绳子，狮子得救了。

（二）乌鸦兄弟

乌鸦兄弟两个同住在树上，它们有一个爸爸妈妈留下的窝。窝住了很多年，太旧了，可是乌鸦兄弟谁也不去修。

窝上的洞越来越大，窝里垫的树叶、羽毛都掉了下去。冬天，北风吹起来，雪花飘起来，冷极了。

老大想：这么冷，弟弟受不了，会去修窝的。

老二想：这么冷，哥哥怕冷，它一定会去修窝。

风越刮越大，雪越下越厚，大风卷走了破窝，乌鸦兄弟落在地上，被冻死了。

（三）龟兔赛跑

乌龟和兔子争论谁跑得快，它们约定了比赛的时间和地点。兔子知道自己天生跑得快，对比赛漫不经心，赛跑时，竟躺在路边睡着了。乌龟知道自己走得慢，不停地往前走，从兔子身边爬过去，先到了终点。

22 ~ 24 个月幼儿的生理特点

身体发育

体重

男孩约 12.6 千克，女孩约 11.9 千克。

身高

男孩约 89.0 厘米，女孩约 87.4 厘米。

坐高

男孩约 54.0 厘米，女孩约 53.0 厘米。

头围

男孩约 48.4 厘米，女孩约 48.3 厘米。

胸围

男孩约 49.6 厘米，女孩约 48.4 厘米。

牙齿

此时孩子大约萌出 16 颗牙，已萌出第二乳磨牙。

感觉运动的发育

将近 2 岁的幼儿走路已经很稳了，能够跑，还能自己单独上下楼梯。如果有什么东西掉地上了，他会马上蹲下去把它捡起来。这时的孩子很喜欢大运动的活动和游戏，如跑、跳、爬、跳舞、踢球等，并且很淘气，常会推开椅子，爬上去拿东西，甚至从椅子上桌子，从桌子上柜子，你会发现他总是闲不住。

现在他只用一只手就可以拿着小杯子很熟练地喝水了，他用匙的技术也有很大提高。他能把 6 ~ 7 块积木叠起来，会把珠子穿起来，还会用蜡笔在纸上模仿着画垂直线和圆圈。

语言、适应性行为发育

将近 2 岁的孩子注意力集中的时间比以前长了，记忆力也加强了，他大约已掌握了 300 多个词汇。他能够迅速说出自己熟悉的物品名称，会说自己的名字，会说简单的句子，能够使用动词和代词，并且说话时具有音调变化。他常会重复说一件事。他喜欢一页一页地翻书看。给他看图片，他能够正确地说出图片中所画物体的名称。大人若命令他去做什么，他完全能够听得懂并且去做。他开始学着唱一些单调的歌，还喜欢猜一些简单的谜语。

他会自己洗手并擦干，会转动门把手，打开盒盖，会把积木排成火车，总想学着用小剪刀剪东西。总之，这时的孩子非常可爱。

睡眠

2 岁的孩子每天夜间需睡眠 10 个小时左右。午睡 2 ~ 3 个小时。

心理发育

2 岁左右的宝宝喜欢看画片，喜欢听故事，喜欢看电视动画片，喜欢大运动游戏，也很喜欢模仿大人的动作。他会学着把玩具收拾好，并且对自己能独立完成一些事情的技能感到很骄傲。比如他可能把积木搭好然后拉你去看。2 岁左右的孩子很爱表现自己，也很自私，不愿把东西分给别人，他只知道“这是我的”。他还不能区分什么是正确的，什么是错误的。将近 2 岁的孩子独立性还很差，如果突然给他改变环境，或让他与父母分离，他会感到恐惧。

宝宝快满 2 岁了，喜欢独自到处跑着玩，在床上跳上跳下地蹦个不停，喜欢和小朋友们玩捉迷藏的游戏，喜欢玩有孔的玩具，习惯地将物体塞入孔中，反复玩弄不厌其烦。还喜欢听儿歌、听故事、搭积木、按开关等有趣的活动。

2 岁左右的孩子，胆量大一些了，不像以前那样胆小了，不再处处需要家长的保护，他不再像以前那样时刻依赖着大人，能够较独立地活动，宝宝的情绪多数时间都比较稳定愉快，有时也发脾气。在高兴时会用亲昵的声音和举动靠近你，在家庭中经常扮演节目主持人的角色。

这一年龄阶段的孩子做事喜欢重复，并且有一定的顺序和规律性。家长可以在日常生活中，如玩具的摆放、家庭简单物品的放置和生活规律上，有意识地对其进行训练。

22 ~ 24 个月幼儿的合理喂养

不容忽视的助长因素——维生素

维生素来源于食物，它的作用不是供给人体热量，而是一种维持生命所必需的营养物质，还是调节生理机能的要素。人体每天需要的各种维生素数量虽然极少，但缺少了任何一种维生素就会得病。维生素种类繁多，基本上可分为脂溶性维生素和水溶性维生素两大类，前者包括维生素 A、维生素 D、维生素 E 和维生素 K；后者包括维生素 B 族和 C 族、叶酸等十来种。在婴幼儿中，维生素 A、维生素 D、维生素 B_1、维生素 B_2 和维生素 C 容易缺乏，要特别注意。

维生素 A 能够促进机体生长发育，它与维生素 D 合用能促进骨骼和牙齿的发育，维持皮肤和黏膜最上一层的上皮组织的正常构造，并维持视觉的正常功能，缺乏会发生干眼症、夜盲症、皮肤和黏膜角化症、骨骼和牙齿发育障碍。

维生素 D 是维持身体内钙、磷代谢的必需物质，能促使骨骼正常发育。缺乏维生素 D 会发生佝偻病和骨质软化症。鱼肝油和一些动物性食物如动物肝脏、蛋、奶含有较多的维生素 A 和维生素 D。

维生素 B_1 调节糖代谢、维持末梢神经的兴奋传导，增进食欲和促进生长发育。患维生素 B_1 缺乏症时，会出现食欲减退、水肿、血压下降、抽风和心力衰竭，吃糙米或粗面可以得到较多的维生素 B_1。

维生素 B_2 是构成黄酶的辅酶成分，可促进身体的氧化过程，缺乏时可发生口角炎、舌炎、眼睛角膜混浊或长期腹泻。肝、蛋、乳、肉、豆腐中含有维生素 B_2，绿叶蔬菜中含少量维生素 B_2，酵母中含量极高。

维生素 C 功能很多，它能保护血管壁细胞，促进铁吸收，抗御传染病，维持牙齿、骨骼的健康，缺乏维生素 C 易产生贫血和坏血症，使机体抵抗力下降，易感染。新鲜的水果、蔬菜含有丰富的维生素 C。

因此，为促进孩子的身体健康，饮食结构要合理，避免各种维生素的缺乏。

1 ~ 2 岁幼儿的饮食安排

孩子进入幼儿期之后，随着年龄的逐渐增长，小儿的乳牙依次长出，其咀嚼能力得到了加强。这个阶段的孩子生长发育仍处于较快时期，为了能满足其生长发育所需的均衡营养，必须为幼儿科学地安排饮食。

1 ~ 2 岁的小儿，主食以米、面等谷类食物为主，谷类是热能的主要来源。蛋白质主要来自肉、蛋、乳类、鱼等食物；钙、铁和其他矿物质主要来自蔬菜，部分来自动物类食物；维生素主要来自水果、蔬菜。这个阶段的小儿，每天饮食中营养素的供给量要求是：热能 1100 千卡 ~ 1200 千卡 / 千克，蛋白质 35 克 ~ 40 克 / 千克，钙 600 毫克，铁 10 毫克，维生素 A 1100 ~ 1300 国际单位；胡萝卜素 2 ~ 2.4 毫克，维生素 B_1 0.7 毫克，维生素 C 0.6 毫克，维生素 B_3 7 毫克，维生素 C 30 ~ 35 毫克。

因此，每日主食品约 100 克，肉、鱼、蛋、奶约 100 克，青菜 50 ~ 100 克。两餐之间加些点心、水果，水果供应量约 50 克。如鱼、肉、蛋类吃得多些，便可少吃些豆制品；蔬菜供应多些，可以适当减些水果；副食吃得多些，主食可少吃一些等。因为 1 ~ 2 岁小儿的自身胃容量约为 200 ~ 300 毫升，这就限定了小儿每次的进食量，故每日进餐次数 4 ~ 5 次，每日三餐，两餐之间加些点心，每餐间隔时间为 4 小时。

1 ~ 2 岁幼儿饮食制作原则

幼儿的消化器官尚未发育成熟，咀嚼肌还远不如成人，咀嚼能力还很差；各种消化酶的活力和消化液的分泌量均不足，消化吸收能力也差。要照顾到幼儿的进食和消化能力，必须在食物烹调上下功夫。

要做到碎、软、烂，面片汤、馄饨对小儿比较适合，面食以发面为好；鱼要剔除骨刺，再切成碎末儿或小丁；肉要加工切碎，斩断其纤维，再制成小丸子；花生、核桃要制成泥、酱；避免给小儿食用刺激性食物，如辣椒、胡椒、油炸食品。

要尽可能多地保留食物中的营养素，必须注意烹饪得法，如挑选蔬菜要新鲜，不要泡在水里时间太长，应洗干净后再切，防止维生素的流失；胡萝卜要用油炒后食用，利于脂溶性维生素 A 的吸收。

制作的膳食应小巧、精致、花样翻新。通过视觉、嗅觉、味觉等感官，传导到大脑皮层的食物神经中枢，反射性刺激，使小儿想吃，越吃越爱吃，从而保证幼儿足够的营养摄入量，促进小儿的生长发育。

一日食谱举例：

早餐：大米豆粥、花卷、腐乳。

午餐：软米饭、肉末儿炒胡萝卜、黄瓜丁。

午点：水果、牛奶、煮鸡蛋。

晚餐：高汤水饺、甜橘 1 个。

晚 8 点：牛奶。

学做几样小吃

西瓜酪

原料：红瓤西瓜 1000 克，洋粉 18 克，白糖 150 克。

制法：

1. 将西瓜瓤取出，去子，切碎，挤汁。洋粉洗净，切段。
2. 瓜汁中加白糖 25 克，放入洋粉煮化，搅匀，凉透，凝结成冻。
3. 取锅放水及糖，烧开放凉。
4. 将西瓜冻切菱形块装盘，浇上糖水。
5. 放冰箱冷藏。

菠萝酪

原料：菠萝 250 克，白糖 150 克，湿淀粉 150 克，食盐少许。

制法：

1. 将菠萝肉切细。
2. 锅内放水 350 克，放白糖，煮沸后将菠萝下锅，放食盐。
3. 将淀粉徐徐倒入锅内，搅动、起锅、倒入瓷盘中。
4. 凉凉放入冰箱，成冻。

核桃酪

原料：核桃仁 30 克，藕粉 100 克，白糖 500 克。

制法：

1. 核桃仁炒熟、磨细。
2. 核桃粉加白糖、藕粉混匀，放容器中随吃随取。
3. 食用时，取粉加鲜牛奶煮开。

苹果泥奶酥

原料：甜苹果泥 1 碗，鲜奶油 1 碗，白糖 2 匙，果汁半碗。

制法：

1. 全部原料放大碗内混匀，搅动使糖溶化，放冰箱冷冻。
2. 取出，用筷子打散。
3. 冷藏或食用。

保护宝宝眼睛的食物

含钙食物

饮食缺钙，则会引起幼儿神经肌肉兴奋性增高，使眼肌处于高度紧张状态，从而增加眼外肌对眼球的压力，时间久了容易造成视力损害，所以，多给孩子摄入含钙的食物，瘦肉、奶类、蛋类、豆类、鱼和虾、海带、蔬菜、橘橙等都含有相对丰富的钙，但食物钙含量普遍较低，例如每千克瘦肉含钙不足1毫克，而0 ~ 3岁的婴幼儿每天需要400 ~ 800毫克的钙。奶和奶制品的钙含量在人类食物中首屈一指，每1毫升牛奶的钙含量超过1毫克，并且其中的钙质还易被人体吸收，因此一定养成每天给婴幼儿喝奶的习惯。另外，烧排骨汤、糖醋排骨等烹调方法都可增加钙的含量。

含维生素A食物

含维生素A的食物可以预防结膜和角膜发生干燥和退变，可预防和治疗“干眼病”。眼睛的角膜干燥，容易被细菌侵入而发生溃烂，可以造成穿孔，导致失明。维生素A还能增强眼睛对黑暗环境的适应能力。严重缺乏维生素A时容易患夜盲症。富含维生素A的动物性食物为鸡肝、蛋黄、牛奶和羊奶等；植物性食物如胡萝卜、菠菜、韭菜、青椒、红心白薯及橘子、杏、柿子等。妈妈应该学点巧妙制作窍门，做出使孩子爱吃的食物来。

含维生素C食物

维生素C是组成眼球晶状体的成分之一，缺乏维生素C容易使水晶体发生浑浊，从而患上白内障。多给幼儿摄取含维生素C的食物，如各种蔬菜和水果，其中青椒、黄瓜、菜花、小白菜、鲜枣、生梨等含量最高。

含铬食物

当人体内铬含量下降时，胰岛素的作用就明显降低，使血浆的渗透压上升，导致眼的晶状体和眼房内渗透压也发生变化，促使结晶体变凸，屈光度增加，造成弱视、近视。人体所需的铬应从天然食物中摄取，如糙米、玉米、红糖中含量都很高。此外，瘦肉、鱼虾、蛋、豆角、萝卜也有一定的含量。妈妈要注意，宝宝多吃甜食也可使晶状体和房水的渗透压发生改变，同样会使晶状体变凸及屈光度增加。

碱性食物

身体疲劳是由于体内酸性代谢产物太多使人体内环境偏酸所致，眼睛疲劳也不例外。体内环境偏酸时，会使得角膜及具有调节眼睛疲劳的睫状肌发生变化，弹性和抵抗力下降，容易形成近视和弱视。如果多吃碱性食物就会中和体内偏酸的环境，由此解除眼部的疲劳。碱性食物有糙米、苹果、柑橘、海带及豆角、青椒等新鲜食物，妈妈要想方设法使孩子多吃这些碱性食物。

含核黄素食物

核黄素能保证眼睛的视网膜和角膜的正常代谢和发育。富含核黄素的食物有牛奶、干酪、瘦肉、蛋类、酵母和扁豆等。

选购有益宝宝健康的零食

宝宝都爱吃些零食，什么零食对宝宝有益呢？该怎么吃呢？这是父母们关心的问题。

1. 各种奶制品（如酸奶、纯牛奶、奶酪等）含有优质的蛋白质、脂肪、糖、钙等营养素，宝宝应每天食用。酸奶、奶酪可作为上下午的加餐，牛奶可早上和睡前食用。

2. 水果含有较多的糖类、无机盐、维生素和有机酸，经常吃水果能促进食欲，帮助消化，对宝宝生长发育是极为有益的。每天饭后应吃适量水果。对于 4 个月以上没长牙的婴幼儿，可以用勺刮下香蕉、苹果等水果的果肉，喂给宝宝吃。长牙的宝宝可以将水果切成小块，用勺舀着吃。2 岁以上的宝宝可以让其自己拿着吃。要给宝宝选用成熟的、没有腐烂变质的水果，不成熟的水果含琥珀酸，琥珀酸能强烈刺激胃肠道，影响宝宝的消化功能，腐烂的水果能引起胃肠道炎症。

3. 糕点（饼干、蛋糕、面包等）含蛋白质、脂肪、糖等，各式奶油花点还含有色素、香精附加剂，因此糕点可作为宝宝下午加餐，以补充热能；但糕点不能作为主食，让宝宝随意吃，尤其是不能饭前吃。

4. 山楂糕、山楂片、果丹皮等，含维生素 C，又能帮助消化，饭后适量进食可帮助宝宝消化促进食欲。

5. 糖果含有多量的糖，能提供热能，但不宜多吃，尤其是饭前不宜吃糖果，因为糖能使宝宝有饱腹感，从而影响正餐的进食量。

宝宝不宜食用各类果仁、果冻，因其容易造成呛咳、窒息。如果要吃，一定要有大人照看，而且宝宝不能跑跳或逗笑，以免呛入呼吸道发生危险。

养成饮水的习惯

水是人类和动物赖以生存的主要条件之一。小儿处于生长发育时期，新陈代谢旺盛，肾的浓缩功能差，排尿量相对多，对水的需要更为突出。所以，年龄越小，需水越多，父母应注意给孩子及时补充水分。

新生儿时期母乳喂养，如母亲能按需哺乳，一般不用喂水；1 ~ 3 个月婴儿，每天喂水 3 ~ 4 次，每次 20 ~ 50 毫升；4 个月以上婴儿，每天喂水 3 ~ 4 次，每次 50 ~ 100 毫升。随着孩子逐渐长大，应根据需要自由喝水，此时，父母应准备温开水，放在孩子能拿到的地方，鼓励孩子自己喝水。婴幼儿饮水的多少，应根据饮食和天气的变化增减。如天热、出汗多、发热、活动量大、水分消耗多，饮食较干、过咸时，饮水量要增加；而当天气冷、活动量小，饮食中水分多时，饮水量要减少。

为了保证孩子饮入充足的水分，每天应安排固定的饮水时间，此外，家长还应注意纠正其不良的饮水习惯：饭前、饭后 1 小时之内不喝水。小儿消化液中各种消化酶的功能和数量一般比成年人要差。饭前、饭后饮水会稀释消化液，进一步减弱消化液的功能，长期如此可以导致消化不良。此外，饭前饮大量的水会使小儿产生饱胀感，降低食欲，影响正常的饮食，长期如此会导致营养不良。

不能边吃饭边饮水或吃水泡饭

吃饭时饮水也会稀释消化液。更糟糕的是，边吃饭边饮水或吃水泡饭常常会使食物得不到充分的咀嚼。我们知道，食物消化的第一个过程就是咀嚼。只有得到充分咀嚼，粉碎得很细的食物才容易消化吸收。但吃饭时饮水或吃水泡饭时，较大块的食物还没有被嚼碎就滑进了消化道，这实际是加重了消化道的工作负担，并影响了消化吸收。

睡觉前不喝水

小儿肾脏功能较成人差，一般夜间还会排尿，这是肾脏在完成白天没有完成的工作。如果睡前饮大量的水，只会加重肾脏的负担，并影响小儿的睡眠。

不能用饮料代替喝水

现在很多孩子更喜欢喝饮料而不是水，有些家长就让孩子喝饮料代替饮水，但饮料中常常含有大量的糖分，可使体内碳水化合物摄入量过多，导致肥胖；同样也不能多喝糖水，饮糖水后，不注意漱口，易发生龋齿。婴幼儿缺水往往易被忽视，除注意补充水分、预防婴幼儿缺水之外，家长还要掌握如何判断婴儿是否缺水，主要看孩子排出的小便量，如在一天内或者一个上午排尿次数特别少，并且每次尿量也不多，就应给孩子喝水。

22～24个月幼儿的日常照料

要养成良好的饮食习惯

良好的饮食习惯对孩子的健康成长有重要意义，可使他终身受益。而孩子的一些不良进食习惯往往是从小养成的，因此，我们要从婴幼儿期养成良好的饮食习惯。

吃饭要有规律

家长要让孩子定时进餐，定量进食。在条件反射机理的作用下，定时进餐可以提高摄食中枢的兴奋性，使吃进的食物有规律地消化和吸收，促进食欲；如果不按时吃饭，易造成消化功能紊乱，影响食欲。消化系统功能随年龄的增长而逐渐完善，婴幼儿对食物质与量的耐受性较差，饮食过量，会增加消化道的负担，很容易造成消化不良。

做到不挑食、不偏食，饭前不吃零食

挑食和偏食都会妨碍孩子获得所需的全部营养，甚至造成营养不良、贫血等。因此，各种食物都要吃，家长应给孩子讲解食物的营养和好处，培养孩子对食物的兴趣和爱好，引起孩子的食欲，还要合理安排零食，以免影响正餐进食量。

进餐时间不要太长，不要过快

当吃饭时间过长时，会使大脑皮层的摄食中枢的兴奋性减弱、消化液分泌减少，影响食物的消化和吸收；而进食过快，食物在口腔内还没有嚼碎就进入胃里，会加重胃的负担，从而导致消化不良，快食还会使食物呛入呼吸道，引起咳嗽、呕吐，影响进食量。另外，进食过快不利于孩子咀嚼器官的发育。

要文明进餐

这是小儿社会适应性的组成部分，包括吃饭时要安静，不能大笑和哭闹，专心致志地进餐；饭前要洗手、吃饭时保持桌面干净，训练正确使用餐具；学会进餐时的文明礼貌用语等。

总之，父母应有意识地培养孩子养成良好的饮食习惯。

边吃边玩害处多

孩子一边吃饭一边玩是一种很坏的进食习惯，所以家长的溺爱，对任性的孩子来说，有百害而无一利。家长不妨扪心自问，你对孩子呵护有加，是不是源于你对孩子的依恋？千万不能为了满足自己的情感需要而贻误了对孩子的教育。

为了改变孩子边吃边玩的习惯，明智的家长要重视培养孩子定时、定地点吃饭的饮食行为，同时还要注意饭前1小时内不再给孩子吃零食，如果两顿饭之间的零食吃得过多，如果孩子吃零食吃得都不感到饥饿，就会在吃饭的时候心不在焉，会坐不住。另外，不能给孩子吃过多的凉食、冷饮，以防伤了脾胃，吃饭定量，不能强迫孩子进食。有的家长为了使孩子在吃饭的时候能够坐得住，就在吃饭时允许孩子目不转睛地盯着电视机看节目，使得孩子的心思滞留在电视节目里；或者给孩子一本图画书，让孩子手里握着个玩具，让孩子一边摆弄一边吃饭，孩子的兴趣停留在图画书上或者玩具上，孩子只是跟随着大人的指令机械地张口，不去用心咀嚼和吞咽，怎么还会有食欲。另外，家长给孩子做的饭菜花样要经常更新，也是把孩子的心思吸引到饭桌上来的办法。

小儿忌“积食”

小儿的自我控制能力很差，只要是爱吃的食物，如糖豆、牛肉干、膨化食品，就可能不住嘴地吃；每逢过节、假日，亲友聚会时，在丰盛的餐桌上，孩子贪吃了过量油腻、生冷、过于甜的饮食，胃就会胀得鼓鼓的，小肚子溜溜圆，从而引起消化不良、食欲减退，中医称其为“积食”。

小儿积食后，会因为腹胀而不思饮食，有时恶心但又吐不出来。因为正常情况下，人体在进餐期间血液会聚集到胃部，以加强对食物的消化与吸收。如果是一边吃着饭一边玩，就会使得一部分血液被分配到身体的其他部位，从而减少胃部的血流量，这样必然影响到各种消化腺体的分泌，还会使得胃的蠕动减慢，妨碍对食物的充分消化过程，必然造成消化功能减弱，导致孩子食欲不振。另外，如果孩子吃几口就玩一阵子，必然使得进餐的时间延长，使饭菜变凉，还容易被污染，也会影响孩子胃肠道的消化功能，还会加重其的厌食。边吃边玩的毛病不仅损害了孩子的身体健康，也会使孩子从小养成做什么事都不专心、不认真、注意力不集中的坏习惯，长大之后对待学习往往也是不专心，总想着一边玩一边学习，上课也不能安心听讲，使得老师和家长都为其烦恼，也影响了孩子对知识的获取。

谁都不能否认，孩子的行为是学来的。孩子之所以边吃边玩，其主要的原因必定是来自父母或其他照料者，往往是由于父母对孩子的溺爱和缺乏正确的教养经验所致。纠正的关键在于帮助父母认识其危害。

从理论上讲，每一位父母都知道不要溺爱孩子，家长都明白，那些在家里想干什么就非得干什么不可、要怎样就可以怎么样的孩子，将来离开了他那个非常舒适、他要什么就给他什么的家庭环境，难免会吃不少苦头。家长不要认为把孩子照顾得无微不至才算尽到父母的职责，尽心培养孩子良好的饮食习惯同样是你责无旁贷的职责。明智的家长都懂得孩子不是自己的附属品，他们将来必须融入社会。如果你忽视了对孩子饮食行为习惯的训练，就难以培养出他的正常生活自理能力，孩子的精神也会表现得萎靡不振，有时还会表现出睡眠不安稳。因为幼儿的消化系统发育得还不成熟，胃酸和消化酶的分泌较少，且消化酶的活性低，一下子很难适应过多的食物质和量的较大变化，加之神经系统对胃肠的调节功能较差，免疫功能欠佳，所以极易在外界因素的影响下发生胃肠道疾病。

小儿积食的治疗，要先从调节饮食结构着手，还要适当控制进餐的量，食物应软、稀，易于消化（米汤、面汤之类），一般经过 6 ~ 12 个小时以后，再进食易消化的蛋白质食物。

中药“小儿化食丸”对乳食内积所致肚子疼、食欲不好、烦躁多啼、大便干臭的治疗效果比较好，但不能久服，病除即止。鸡内金也是一种治疗小儿积食的良药，可以在医师的指导下服用。同时，还要让孩子多到户外活动活动，增加运动量，也会促进新陈代谢，增加一些体能的消耗，也会有助于对食物的消化、吸收。

家长要培养幼儿良好的饮食习惯，每餐定时、定量，才能避免“积食”发生。

孩子患胃肠炎能吃什么

孩子得了消化不良或胃肠炎，又呕又泻。当病情稍有好转时，能给孩子吃些什么呢?

当孩子吐泻严重时，他什么也吃不下，这时要到医院输液来补充水分和营养。如果能吃一点东西，首先要补水，以免引起电解质紊乱。

当孩子吃得下东西以后，可以根据胃肠的情况，给孩子吃以下食物：

1. 大夫给的电解质液。

2. 清淡的菜汤、淡牛奶、茶水、白开水、米汤、苹果汁、鸡蛋汤。

3. 稀粥、淡菜粥、烂面片、无糖饼干、点心、面包、面条、软饭。

4. 鱼肉、苹果泥、蛋羹。

养成良好的卫生习惯

孩子会走路以后，每天在屋里屋外东跑西跑，他的眼界开始扩大，他的学习机会逐渐增多，他学习的积极性很高，此刻正是从小培养孩子清洁卫生好习惯的时机。让孩子主动参加一些盥洗活动，既可以减少疾病的发生，也能使孩子有良好的精神面貌。当然，要让孩子养成良好的卫生习惯，需要父母耐心地从小培养，可以从以下几方面着手：

保持皮肤清洁

每天早晨起床后，必须洗手、洗脸、漱口；睡觉前养成洗手、洗脸、洗脚、洗屁股、漱口的习惯；定期为孩子洗头、洗澡、理发、剪指甲，培养孩子随时注意仪表的整洁。

手是病从口入的媒介，饭前便后洗手是保证手卫生的基本条件，因为手到处触摸，会沾满肉眼看不见的细菌和寄生虫卵，如不洗手，手上的细菌和寄生虫卵将随同食物一起吃到胃内，引发疾病；大小便后，手可能沾染肠道细菌，其中可能有致病菌及寄生虫卵，如不洗手，会将这些细菌和寄生虫卵传播给自己或他人，因此，必须养成饭前便后洗手的好习惯。同时，还应教育孩子，如果把手弄脏了，就需要随脏随洗，也可使用纸巾擦干净。

养成使用手帕的好习惯

手帕是一种卫生用具，教孩子用手帕擦汗、擦鼻涕、擦眼睛、擦嘴上的食物残渣、擦手、擦衣服上的污物等。还要从小培养在咳嗽、喷嚏时用手帕捂住口、鼻的好习惯，以防止在咳嗽、喷嚏时将上呼吸道里的细菌或病毒随其唾沫飞散四方，造成呼吸道疾病的传播。这不仅是讲卫生的行为，也是文明的表现。但要注意手帕必须每天清洗。同时教育孩子手帕一旦接触过鼻涕、污物等东西后就不能再用来擦眼睛、擦手，以防止交叉感染。

注意口腔卫生

每日三餐及吃点心、水果、零食后均应用温开水漱口，以清洁口腔，保持口腔卫生。每天早晚都必须刷牙。为培养刷牙的习惯，家长首先要树立榜样，每天带领孩子刷牙。其次要教给孩子正确的刷牙方法，应当是顺着牙缝刷，牙齿的三个面都要刷到。为增加孩子刷牙的兴趣，家长可以让孩子挑选自己喜欢的牙刷和牙膏，也可以在刷牙时和孩子比赛，看看谁刷得好，谁的刷牙方法正确。

从小养成讲文明的卫生习惯

不要随地吐痰，不要随地大小便，家长还要耐心纠正孩子吸吮手指、挖鼻孔、抠耳朵等坏习惯，这些坏习惯既不健康，也不文明雅观。

为保证良好卫生习惯的养成，家长要为孩子创造和准备洗漱的环境和用品，每天坚持，从不间断，久而久之就能养成良好的习惯。家长要以身作则，榜样的力量是无穷的，更有利于孩子良好卫生习惯的养成。

指导孩子使用餐具

经过一段时间的练习，孩子已经能够用小勺子盛食物，并能准确地将食物送到嘴里了。此时，正是指导孩子正确使用餐具和独立吃饭的好时机。

家长可以在孩子的饭碗中盛小半碗饭，上面放一些菜，放在宝宝的饭桌上，让宝宝一手扶碗，一手拿勺吃饭；告诉宝宝每次用勺取饭时盛得要少一些，这样才可以将盛到勺中的饭菜都吃进嘴里。经过反复地训练之后，大约到了2周岁时，他就可以学会自己扶碗吃饭了。在练习的过程中，孩子难免会将饭菜洒在桌上，弄脏脸和衣服；但是，家长仍然不要包办代替，还是要尽量地鼓励孩子自己完成进餐。

在孩子已经初步掌握进餐技能的基础上，可以分别把饭盛在饭碗里，把菜盛在菜盘里，让宝宝练习吃一口饭、再吃一口菜的习惯。在进餐的过程中及进餐以后，要提醒宝宝用餐巾擦嘴、擦手，还要不断向宝宝强化餐具的名称，如饭碗、盘、勺子等，以丰富宝宝的认知能力和语言表达能力。有些小儿一开始学习时吃得太慢、洒得太多，家长可以在孩子吃完碗中的饭后再喂一些，以免他自己吃不饱，慢慢地小儿就可以自己吃饱了。

在学习使用餐具的过程中，孩子最常出现的问题就是将饭菜洒得到处都是，把吃饭的时间拖得很长，家长应当理解这是很正常的。为了减少自己的负担，家长可以采取以下办法：

使用围嘴：孩子进餐前可先戴上围嘴，以减少弄脏衣服的机会。围嘴最好选用塑料或有塑料衬的围嘴，可以防止菜汤渗透，同时清洁起来也较方便。

准备孩子专用的餐桌：成人餐桌和椅子的高度不一定适用于孩子。不合适的高度使孩子坐着进餐时很费力，也容易泼洒饭菜。

准备孩子专用的餐具：成人的碗筷对孩子来说过于沉重和巨大，应当准备适合孩子大小的餐具，不宜太重，可以用一些木制、竹制或塑料碗筷，又轻巧又不怕摔打，市场上也有些婴幼儿专用的碗，有的可以固定在桌面上，有的带有一些辅助功能，这些专门按照小儿特点设计的餐具，使用起来很方便，也减少家长的负担。

22 ~ 24 个月幼儿的早期培育

培养孩子的良好习惯

2 岁的孩子，可以教他自己穿衣服、戴帽子、洗手、洗脸等。当孩子做的时候，家长可以在一旁给予指导和必要的帮助，但不要包办代替。

还要给孩子养成良好的卫生习惯，早晚洗脸，晚上睡前洗脚、洗屁股，经常洗澡、洗头。饭前、便后洗手，常剪指甲，勤换衣服等。若发现孩子有不良习惯，随时要纠正，如不让孩子用手揉眼睛，不准把脏东西放进嘴里，不随地大小便，不随地乱扔废弃物等。不要认为孩子还小，不懂事，就可以放纵不管，要知道，好习惯都是从小养成的。而多年养成的坏习惯，将来改起来也很困难。

语言训练

快 2 岁的孩子，已经很喜欢说话了，但是词汇量还不够表达他的意思。这时，家长要想方设法帮助他丰富词汇，提高语言表达能力。家长可以在游戏中锻炼孩子的语言能力，如玩“打电话游戏”，通过打电话教孩子说自己的姓名、住址、爸爸妈妈是谁、正在做什么等。家长还可以教孩子说儿歌，以丰富孩子的词汇。

家长可以给孩子买一些图书、画报等少儿读物，讲给宝宝听，讲完后可以让孩子再讲给你听，这可以锻炼孩子的记忆力和表达能力。也可以结合宝宝日常生活中经常遇到的问题让孩子回答，可以问：如果你把别人的玩具弄丢了怎么办，如果把别人的玩具玩坏了怎么办，把别人的玩具带回家里了应该怎么办，你向别人借玩具，别人不给你怎么办，别的小朋友打你怎么办等类似的小问题，训练孩子解决问题的能力。

若是孩子到 2 岁仍不能流利地说话，要考虑是否言语发育迟滞，最好带孩子到医院检查一下，听力是否有问题，神经系统发育是否健全，也可能孩子一切发育正常，只是缺少语言训练罢了。

空间知觉训练

快 2 岁的孩子应逐渐发展空间知觉，小儿一般是先学会分辨上下，而后是分辨前后，最后才懂得左右。

为了发展孩子的空间知觉，家长要有意识地训练孩子。例如：“把桌子底下的画片捡起来。”“把床上的毛巾被递给我。”这样做可使孩子理解上和下。和孩子一起玩游戏时，一边跑一边喊：“后边有人追来了，咱们快往前跑吧！”或者说：“你在前边跑，我在后面追。”让孩子掌握前和后的概念。戴手套的时候，一边戴一边说："先戴左手。哟，右手还没戴手套呢！咱们再戴右手吧。"穿鞋、穿袜子时也这样，一边穿一边说。脱袜子时可以告诉他："先脱左脚呢，还是先脱右脚？"反复训练，孩子很快也会记住左右。

让孩子掌握空间概念是比较困难的，如果只是空洞地讲，孩子很难理解，必须结合实际反复训练，其才能逐渐掌握。

认知能力训练

2岁小孩的兜里，什么东西都有：糖纸、瓶盖、石头、画片等，他们把这些东西都视为"宝贝"，也正是通过玩这些"宝贝"发展了孩子的观察能力和认知能力。

家长可以结合这些零零碎碎的东西教孩子认识事物特征。例如：这张糖纸是透明的，这张是不透明的；这个瓶子是圆的，那个瓶子是方的；这个瓶盖是铁的，那个瓶盖是塑料的……无形中就能够教孩子很多知识，培养孩子对事物的认识能力。

另外，带孩子上街、上公园时，一路上见到的东西，都可以讲给孩子听。如：这是公共汽车，这是卡车，这是小汽车，那是松树、杨树……还可以教孩子识别颜色。这一切都会使孩子的观察能力逐渐地敏锐起来。

培养小儿数学的概念

很多孩子到2岁已经会数1、2、3、4、5甚至更多了。但他们根本不理解数字的概念。因此必须联系与数字有关的生活小事，反复训练，才能让其逐渐对数字有所认识。

家长可以拿两个苹果，告诉孩子："这是几个苹果啊？我们数一数，1、2，是2个。现在拿一个苹果给爸爸。"还可以拿其他的实物或玩具，反复训练，让小儿感知1和2的实际意义。等他对1和2的概念明确了，再教3、4……

也可以通过扑克牌游戏，提高孩子学习的兴趣。准备一副比较漂亮的扑克牌，增加宝宝的兴趣，教宝宝分辨每张扑克牌的不同点。如颜色区分、点数之分、图案区分等。还可以教他玩拉大车的游戏或从小排到大、从大排到小的顺序排列。根据孩子每天玩的情况给予适当鼓励。这个游戏可以训练孩子对物体的分辨能力和对数字的识别能力。

动作训练

快2岁的孩子已经走得很稳、跑得很好了，应该训练他单脚站立，开始会站不稳，因为他还掌握不了身体的重心变化。训练一段时间后，他就会站得很稳了。还可以训练他蹬小三轮车，骑车的时候，眼睛要平视前方，手要扶车把，脚要蹬，身体要坐正，哪一点没有做好，车都无法前进。这使全身肌肉都必须协调，同时也锻炼眼睛，锻炼头脑的灵敏度和反应能力。

孩子的平行游戏

有时两个孩子在一起，但却各玩各的，和平共处，互不相扰。他们为什么不在一起玩呢？

从外表上看，他们两人的确没有在一起玩，一个人在玩玩具，一个人在看小人书，这两者毫无联系。然而，在这种场合，孩子们并没有孤独感，也不觉得是自己一个人在玩。他们的自我感觉是“在一起玩儿”。互相都意识到对方是自己的游戏对象，既没有各玩各的，也没有分开。在极其友好融洽的气氛中，他们丝毫没有隔阂之感，玩得非常愉快。

这两个孩子的游戏方法，我们称它为“平行游戏”。因为他们各自做不同的事情，像互不干扰的两条平行线。

这是一种美妙的游戏形式。它是孩子游戏活动发展中的一个阶段，处于“单独游戏”和“旁观游戏”的下一阶段。

既然两个孩子都认为他们是在玩儿，并且是“在一起玩儿”，那么，这无疑就是在一起游戏了。

家长必须理解和承认这种现象。最好的办法是默默不语。不要去多管闲事，之后，还必须表扬他们说：“你们两人玩得真好呀，也没有吵架。”

这种现象证明他与朋友已建立起人际关系，我们应该为他感到高兴。家长必须注意提醒自己：他们是在做平行游戏。

2 岁的孩子需要什么

2 岁多的孩子最可爱，他的需要比 1 岁时大大增加了。

1. 他要自己的事情自己做，虽然做不好，而且有始无终，但他想动手。

2. 他爱幻想自己是小动物，比如是一只小熊等。

3. 2 岁孩子怕黑怕孤独，他喜欢跟大人在一起，更需要父母的爱抚。

4. 他喜欢看书，看印制精美、色彩鲜艳的图书。

5. 他喜欢听故事，不论听得懂听不懂，他会缠着妈妈反复讲，讲完还问：“后来呢？”

6. 睡醒以后很高兴，希望有人能与他一起玩。

7. 要吃爱吃的食物。

8. 大小便能自理，需要养成良好的排便习惯。

9. 喜欢得到表扬。

10. 求知欲旺盛，可以学图画，认识简单字。

孩子爱磨蹭怎么办

许多孩子动作慢，特别是早晨，妈妈要上班，看着孩子磨蹭真着急。

孩子总是被母亲催赶着，心情不大舒畅。可是在孩子看来，他不明白，有什么必要那么着急。

而且，受到催促是不愉快的。所以也仅仅是当时应付一下，催一催，动一动，过后也就忘得一干二净了。

儿童的特点之一就是注意力缺乏持久性，总是接连不断地受到外界环境的诱惑、被有趣的事情所吸引。

既然每次催促都只限于当时解决问题，过一会儿就失效，那么，就让我们从今天起停止催促而改用另一种方式，用一个什么“目标”来吸引其注意力。

提出的目标必须是不久将来的事情。眼前的毛衣、袜子之类的东西不能成为引导的目标。目标必须对孩子有吸引力。到幼儿园去固然可以作为一个引导目标，但是你如果说“要迟到了”，这对于孩子是无所谓的，因而也就失去了它的效应。

重要的是你揭示的目标必须能使孩子的心情激动，跃跃欲试，激起孩子的兴趣。

怎样向孩子提问题

妈妈经常向孩子问问题，可以激发孩子探究问题的兴趣，引导他观察事物，提高孩子的思维能力。但家长要善于向孩子发问，知道问什么，怎么问。

要选择问题

不是什么问题都能问孩子，妈妈问的问题要符合自己孩子的年龄和思维发育水平。问题太简单孩子不喜欢回答，问题太难孩子回答不上来。

要善于抓住机会问

妈妈要在孩子兴致勃勃的时候发问，最好在一定场景中问场景中的问题，景物就在眼前，有利于孩子思考。

问题要宽泛

问问题是为了增加孩子的知识，所以要走到哪儿问到哪儿，说到哪儿问到哪儿，不要翻来覆去总是那几个问题。妈妈要是不善动脑子，孩子怎么提高思维能力呢?

父母的知识要丰富

妈妈问的问题，自己要清楚，不要自己问的自己答不上来。

怎样对待孩子的问题

1. 妈妈必须珍视和爱护孩子的好奇心和求知欲。对孩子提出的每一个问题，要尽可能地给予满意的解答，不能有丝毫的不耐烦。

2. 对孩子的问题，能解答多少解答多少，如果孩子提出的问题家长根本不懂，要告诉孩子自己也不懂，不要不懂装懂，乱解释，将错误的东西教给孩子是很有害的。

3. 如果孩子问的问题是他这个年龄还不好理解的问题，就告诉孩子：“等你长大了读了书就弄明白了。”孩子一般不会缠住不放。

4. 孩子问的问题妈妈当时答不出来，自己事后要把它搞清楚，然后给孩子讲解。

5. 父母要随着孩子年龄的增长，读一些《幼儿十万个为什么》《儿童十万个为什么》《儿童百问百答》之类的书籍，这些书里包括了绝大部分孩子们常问的问题。父母事先读点书，做到“有备无患”。

22 ~ 24 个月幼儿的亲子游戏

数学游戏

材料：用硬纸剪成 8 张圆形卡片，做成红、绿、黄、蓝 4 种颜色各两张。

玩法：把 8 张圆纸片放在桌子上，妈妈从中取 1 张，让孩子从卡片中找出 1 张同样的卡片放在一起。再用同样的方法找出其他 3 种颜色，让孩子把 4 种不同颜色的卡片一对一地摆好。

目的：分类。

比较游戏

材料：一个大瓶，一个小瓶，一个大盒，一个小盒，一个大勺，一个小勺，等等。

玩法：

1. 给孩子同一种大小不同的两个物品，分辨哪个大，哪个小。把大的放一边，小的放另一边。

2. 把几种物品混在一起，挑出大的放在一边。

3. 把所有物品按大小排成一列。

目的：比较大小。

缺什么

妈妈画 6 头牛，1 头是完整的，另 5 头牛每头都少一部分（耳朵、眼睛、鼻孔、尾巴、腿），请孩子说出每头牛缺什么，用笔补好。

目的：练习观察。

猜一猜

红眼睛，白皮袄，
长耳朵，真灵巧。
爱吃萝卜爱吃菜，
走起路来蹦蹦跳。
（白兔）

小小年纪胡子翘，
看见小鱼喵喵叫。
爱洗脸，爱理毛，
老鼠见它吓得逃。
（猫）

千条线，万条线，
数不清，剪不断，

落在水里就不见。

（雨）

大哥天空叫，
二哥亮光照，
三哥喷水壶，
四哥把扇摇。

（雷、电、雨、风）

圆球红彤彤，
挂在天空中，
雨天看不见，
晴天热烘烘。

（太阳）

有时像个盘，
有时像小船，
白天不出面，
晚上才看见。

（月亮）

许多小灯笼，
挂在天空中，
晚上眨眼睛，
闪闪放光明。

（星星）

身体轻又轻，
空中来旅行，
有时像棉絮，
像烟团团升。

（云）

练习发音

孩子如果发sh、s的音困难，妈妈可教他说以下绕口令。

登山

三月三，
小三去登山。

上山又下山，
下山又上山。
登了三次山，
跑了三里三。
出了一身汗，
湿了三件衫。
小三上山大声喊：
“离天只有三尺三！”

教孩子学“长”“短”“大”“小”

教孩子比较大小、长短，可选两个大小不同的苹果，也可用橘子、球、瓶子等，都可比大小。选两支不同长度的笔、两把不同长的尺子，都可比长短。在生活中随处可练习，大床比小床长，大汽车比小汽车长，汽车比火车短等。

学数数

妈妈和孩子坐好，妈妈用彩纸包孩子最喜欢吃的糖，一包包 1 块，一包包 2 块，一包包 3 块。包好后将三包位置打乱，让孩子挑一包，打开一看是 1 块，就告诉他“1”，然后再玩，反复 1、2、3。

目的：学数数。

看书

孩子很喜欢和妈妈一起看书，书也是他的玩具，妈妈讲书中的故事，他听几遍都不烦。妈妈要养成天天和孩子看书的习惯，给他读儿歌，讲故事。选择那些图画精美、色彩鲜艳、故事简单、文字便于叙述、有简单对话、情节适于孩子模仿的书。

在和孩子一起看书时，可以教孩子学着翻页，最初他可能乱翻，倒着拿书，或者是将书弄烂了，不要批评他，渐渐地他就学会了。

钓鱼

用硬纸片剪几条小鱼，鱼头部别一根曲别针。做一根钓竿，线的末端系一块小磁铁，让孩子钓鱼。

目的：练习准确性。

学唐诗

悯农

（李绅）

锄禾日当午，汗滴禾下土。
谁知盘中餐，粒粒皆辛苦。

学儿歌

（一）五指歌

一二三四五，
上山打老虎。
老虎没打到，
打到小老鼠。
老鼠有几个?
让我数一数。
数来又数去，
一二三四五。

（二）数数

山上一只虎，
林中一只鹿，
路边一头牛，
草里一只兔，
还有一只鼠，
数一数，
一、二、三、四、五，
虎、鹿、牛、兔、鼠。

讲故事

猴子捞月亮

有个小猴子在井旁边玩。

它往井里头一伸脖子，看见里头有个月亮，就大叫起来："糟啦！糟啦！月亮掉到井里头啦！"

大猴子跑过来一看，也叫起来："糟啦！糟啦！月亮掉到井里头啦！"

老猴子跑过来了，后边跟着一群猴子。它们一看，也都叫起来："月亮真的掉到井里头啦！快把它捞出来！"

井旁边有棵大槐树。老猴子倒挂在大槐树上，它拉住大猴子的脚。大猴子也倒挂着，它拉住另一个猴子的脚。这样，一个连一个地接起来，一直接到井里头，小猴子挂在最下边。

小猴子伸手去捞月亮，捞了半天捞不着。

它们觉得很累，都说：

"挂不住啦！挂不住啦！"

老猴子一抬头，看见月亮还在天上，就说："不用捞啦！月亮在天上呢！"

第五章

二至三岁幼儿的养育

25 ~ 27 个月幼儿的生理特点

身体发育

体重

女孩约 12.2 千克，男孩约 13.6 千克。

身高

男孩约 90.6 厘米，女孩约 87.9 厘米。

头围

男孩约 48.5 厘米，女孩约 48.2 厘米。

胸围

男孩约 49.8 厘米，女孩约 49.4 厘米。

牙齿

16 ~ 18 颗。

体格发育

2 岁后，体重缓慢增加，每年约 2 千克。颌面骨发育及面形逐渐变长。

感觉运动的发育

2 岁 3 个月的宝宝，走路稳，跑步快，会用双脚跳，也会向前跳，还能从矮的台阶上独立跳下并能站稳。有能跑能停的平衡能力，喜欢踢球。吃饭时喜欢学成人用筷子夹菜。用笔涂涂画画，画直线、画圆。喜欢玩套桶、套塔等。开始有数的顺序和空间感知能力。

语言、适应性行为发育

孩子学会并记住家中各个人物的称呼，如爷爷、奶奶、姥爷、姥姥、小姨等。开始学会用代词你、我。能说完整句子，“妈妈上班了”“我要吃香蕉”。能分辨清楚长铅笔和短铅笔。吃苹果能分辨出多少。能知道桌上桌下、身体的前面后面。能知道爸爸是男的、妈妈是女的，也知道自己的性别。

到户外玩要后能知道自己的家门，会走回家的路。喜欢和小朋友交往。能用声音表现出自己的喜怒情绪，高兴时会笑得很开心，生气时会发脾气、吼叫。有很强的自主意识，要自己穿袜子、穿鞋。穿鞋时分不清左右。

心理发育

2 岁后，幼儿的动作发育明显发展，能自己洗手、穿鞋，看书时能用手一页一页地翻。手的动作更复杂精细，有随意性，对幼儿心理发展有积极作用。在自我意识开始发展时，出现自尊心，家长在教育孩子时，要耐心诱导，对待宝宝的每一点进步都要表扬，不要同别的孩子比，要和宝宝自己的进步比。千万不要当着孩子的面同别人议论：“看 ×× 早就会了，我家宝宝就是不会！”

孩子能懂得别人是在数落自己。损伤孩子的自尊心，会使其心理发育受到障碍。

宝宝能应用简单句，使用陈述语气。喜欢学 3 个字的儿歌。对儿歌的记忆是顺其自然，还不会有意识、主动地去记忆。记忆的东西不能保持很长时间，需要反复教，不断复习才能记住。

睡眠

夜间 10 ~ 11 个小时，午睡 2 ~ 3 个小时。

25 ~ 27 个月幼儿的合理喂养

两岁多幼儿的喂养特点

有的孩子快 2 岁了，仍然只爱吃流质食物，不爱吃固体食物，这主要是咀嚼习惯没有养成。2 岁的孩子，牙都快长齐了，咀嚼已经不成问题。所以，对于快 2 岁还没养成咀嚼习惯的孩子只能加强锻炼。

2 岁的孩子不要用奶瓶喝水了，从 1 岁之后，孩子就开始学用碗、用匙、用杯子了，虽然有时会弄洒，但也必须学着去用。有的家长图省事，让孩子继续用奶瓶，这对小儿心理发育是不利的。

孩子对甜味特别敏感，喝惯了糖水的孩子，就不愿喝白开水。但是甜食吃多了，既会损坏牙齿，又会影响食欲。家长不要给孩子养成只喝糖水的习惯，已经形成习惯，可以逐渐地减低糖水的浓度。吃糖也要限定时间和次数，一般每天不超过两块糖，慢慢纠正这种习惯。你会发现，糖吃得少了，糖水喂得少了，孩子的食欲却增加了。

2 岁的孩子每天吃多少合适呢？每个孩子情况不同。一般来说，每天应保证主食 100 ~ 150 克，蔬菜 150 ~ 250 克，牛奶 250 毫升，豆类及豆制品 10 ~ 20 克，肉类 35 克左右，鸡蛋 1 个，水果 40 克左右，油 10 克左右。另外，要注意给孩子吃点粗粮，粗粮含有大量的蛋白质、脂肪、铁、磷、钙、维生素、纤维素等，都是小儿生长发育所必需的营养物质。2 岁的孩子可以吃些玉米面粥、窝头片等。

炒面条：将胡萝卜、扁豆、葱头、火腿切碎，放油锅内炒，待菜炒软后再放入煮过的细面条 50 克一块炒，最后加番茄酱调味。

菜卷蛋：把适量圆白菜叶放在开水中煮一下，把 1 个鸡蛋煮熟后剥皮，外面裹上面粉，再用圆白菜叶包好放入肉汤中，加切碎的番茄 2 大匙及番茄酱少许煮，煮好后放入盘内一切两半。

孩子为什么忽然不爱吃饭

孩子不爱吃饭，要找出原因。

急性疾病时食欲不振：孩子感到不舒服时，可通过对中枢神经系统功能的影响，发生食欲不振。如发烧、各种消化系统疾病、急性传染病等，都会影响孩子的食欲。

环境因素：进食环境可影响人的食欲。如孩子刚刚入托不适应新的进食方式，或是到亲戚家短住不适应口味或条件，均可引起孩子食欲降低。

心理因素：孩子在不高兴时也可厌食。例如挨了批评，便吃不下饭。因此，家长不要在吃饭时批评孩子，影响孩子的食欲。

以上所述，均为孩子短期厌食，一般随诱发原因去除，孩子的食欲也即恢复。

小儿厌食症的原因有哪些

小儿厌食症即小儿长期厌食，引起小儿厌食症的原因很多。

消化系统疾病引起的厌食：小儿消化系统发生疾病，孩子自然不爱吃饭。如消化功能紊乱、肠道寄生虫病、肠道感染、肝炎、胃炎、原发性吸收不良症、便秘、口腔疾病，均可使孩子厌食。

喂养不当引起的厌食：有的孩子偏食、挑食，造成维生素与无机盐缺乏，患儿伴有明显厌食。有的孩子吃零食，喝饮料过多，糖摄入多，食欲降低，影响消化系统的正常功能。家长看孩子不爱吃饭，不注意纠正孩子的不良习惯，而是买来各种各样的食物诱使孩子吃，加重其厌食。

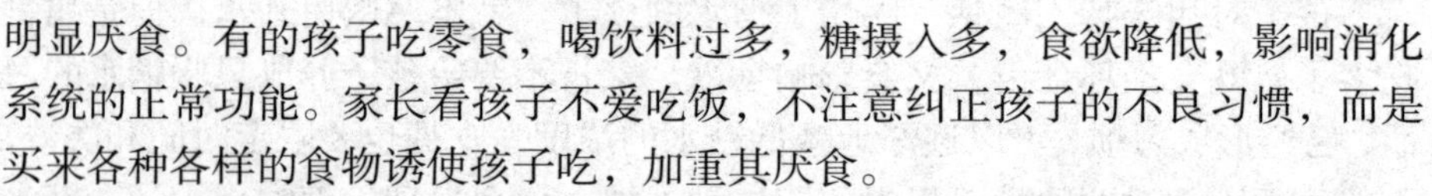

心理因素引起的厌食：家长把孩子的吃饭问题看得过重，一顿饭没吃好，便全家紧张，使用各种方法强迫孩子多吃。这样一来，也会造成孩子对吃饭的不正常心态。

不专心吃饭引起的厌食：爱吃饭的人吃饭很香，他也注意品味各种食物的滋味。有的家庭没注意给孩子一个良好的进食环境，家长认为吃饭就是填饱肚子，所以吃饭时看书、看电视，或端碗串门聊天。孩子也一边吃一边看电视，注意力在电视而不在饭菜，饭菜的味道不知道，而且吃的时间也很长，慢慢造成厌食。

孩子患厌食症怎么办

在孩子面前不要表现出过分焦虑

孩子不爱吃饭，家长最伤脑筋，往往表现得很紧张，劝说诱导，施加压力。孩子对家长的心思能够很清楚地体察出来，再加上有些家长当着孩子的面就说“这孩子什么都不爱吃”“这孩子最不爱吃菜”等，对孩子的心理产生不良影响，从客观上强化了孩子厌食的心理，对孩子偏食、厌食增加了暗示，使孩子更觉得他吃不下饭，他不爱吃饭。

不要哄着孩子吃饭

除了生病的孩子，家长对小儿吃多吃少不要太过关心，更不要乞求孩子多吃。有些家长想出各种办法诱惑孩子多吃一口饭，开出各种奖励条件，一顿饭下来折腾得筋疲力尽。孩子慢慢学会了拿吃饭作为跟家长讨价还价的法宝，家长也达不到增进孩子食欲的目的。所以，家长不要以任何条件与孩子吃饭做交换。

不要乱求医吃药

孩子食欲不好，家长常带孩子到处检查，服用药物，有时适得其反。对厌食症关键要找出诱发因素，培养孩子良好的饮食习惯，增加运动量。

小儿厌食症的食疗

山楂 30 ～ 40 克，大米 50 ～ 100 克，砂糖 10 克。先将山楂放入砂锅煎取浓汁，去渣后放入大米、砂糖煮粥。可作为上下午点心食用，不宜空腹食。以 7 ～ 10 天为 1 疗程。

大枣 10 ～ 20 枚，鲜橘皮 15 克（或陈皮 3 克）。先将大枣用锅炒焦，然后与橘皮放入保温杯内，以沸水冲泡温浸 10 分钟，饭前代茶频饮。每天 1 次。

鲜白萝卜 250 克，蜂蜜 150 克。将萝卜洗净切成小块，放在沸水内煮沸即捞出、控干；晾晒半天，再放入锅内，加蜂蜜，以小火煮沸、调匀、待冷，装瓶备用，每次饭后食用数块，连服数天（脾胃失调型）。

西瓜、番茄各适量。西瓜取瓤去子，用洁净纱布绞挤取液，番茄用沸水冲烫剥皮，也用洁净纱布绞挤取液。二液合并，代饮料随量饮用。

雪梨 3 个，大米 30 ～ 50 克，生山楂 10 克。将梨洗净切碎，加水适量煮半小时，捞去梨渣，加大米、生山楂煮粥，趁热食用，每天 1 次，5 ～ 7 天为 1 疗程（滞热内生型）。

鲫鱼 100 克，薏米 15 克，羊肉 50 ～ 100 克。将鲫鱼去鳞和内脏，羊肉切片，与薏米同煮汤后调味服食，每天或隔天 1 次，连服数次（脾胃湿困型）。

鲤鱼 100 克，豆豉 30 克，胡椒 0.5 克，生姜 9 克，陈皮 6 克。同放砂锅内煮汤调味服食。每天或隔天 1 次，连服 4 ～ 5 次（脾胃湿困型）。

鲫鱼 1 条，生姜 30 克，橘皮 10 克，胡椒 1 克。将鲫鱼去鳞、鳃、内脏，洗净，将姜洗净切片，与各药用纱布包好填入鱼肚内，加水适量，小火炖熟，加盐、葱少许调味，空腹喝汤吃鱼。分 2 次服，每天 1 剂，连服数天（脾虚胃弱型）。

怎样培养良好的饮食习惯

防止挑食偏食

孩子应从各种食物中获得全面必需的营养，挑食与偏食使小儿营养不良，还会使他们难以适应不同的特别是艰苦的环境，养成对周围事物挑剔的不良习惯。挑食与偏食，是娇生惯养的结果，是一种“毛病”，造成这种毛病的关键是家长。因此纠正这种毛病也应由家长来完成。

对孩子不爱吃的食物，家长要变换口味做好给他吃，并且反复告诉孩子这种食物如何如何好吃，如何对身体有好处，帮助孩子从多角度品评这种食物。不爱吃某种食物是心理问题造成的，常常是家长不爱吃什么，孩子也不吃什么。因此，家长不要让孩子知道自己不爱吃什么食物，也不要当着孩子说什么食物不好吃。

孩子特别喜欢吃某种食物，要加以节制，不要由着他的性子一次吃得很多，以免吃伤了，以后见到这种食物就反感。

尽早教会孩子独立进餐

尽早让孩子独立进餐，能促进小儿进食的积极性，避免依赖性。孩子在6个月时，就可以自己抱着奶瓶喝水；12个月时可以用杯子喝水；1岁半以后可用匙自己吃饭；4岁时可使用筷子。学习进餐的过程是一个很长的过程，对孩子来说并不简单。例如使筷子要活动30多个关节，运动150多块肌肉。因此，孩子开始学习时，手的动作不协调，常常吃得脸上、手上、身上、桌上到处都是饭菜，比家长喂还麻烦。尽管如此，家长宁可在一旁打扫收拾，也要坚持让孩子自己吃。

定时进餐，适当控制零食

肚子饿了才想吃饭。但有些孩子成天零食不断，嘴里、胃里没有空闲的时候，没有体验过饥饿感。这使消化系统不能“劳逸结合”，造成消化功能紊乱。应培养孩子按顿吃饭、定时进食的习惯，到了该吃饭的时间，食物消化完了，就产生了饥饿感，同时消化系统的活动也有了规律，这时就开始蠕动，消化液分泌，为进食做好了准备。

节制冷饮和甜食

孩子大都爱吃甜食和冷饮，这些食物主要成分是糖，有的含有较多脂肪。甜食吃多了伤脾胃，含脂肪多的食物在胃内停留时间比较长。冷饮吃多了，会影响消化液的分泌，影响消化功能。还会造成胃肠功能紊乱、肠炎等。

甜食、冷饮可安排在两餐之间或饭后，不要在饭前1小时以内吃，不要在睡前吃。

饭食要适合小儿食用

讲究烹调，使食物味道鲜美，可促进人的食欲。小儿的食物烹调，要适合小儿的生理、心理特点。孩子的消化能力、咀嚼能力差，他们的饭菜要做得细些、软些、烂些。食物要色美、味香、花样多。外形美观的食物，能引起孩子吃饭的兴趣。孩子好奇心强，变换花样，就会因新奇而多吃，如把煮鸡蛋做成小白兔，把包子、豆包做成小刺猬等。

生活要有规律

要注意有充足的睡眠、适量的活动，要定时排便。充足的睡眠能保证神经系统的发育，孩子的食欲、精神状态和体质强弱，很大程度取决于睡眠是否充足。睡眠不足，就会食欲不振。适量的活动能促进新陈代谢和能量的消耗，使食物消化吸收加快。定时排便能预防便秘。睡眠、活动和排便等良好习惯的形成都有利于养成良好的饮食习惯。

2岁3个月幼儿的喂养特点

2岁以后的宝宝，应该逐渐增加食物的品种，使其适应更多的食物。应摄入充足的含碘食物，如海带、紫菜等。碘是制造甲状腺素所必需的元素，甲状腺素可调节身体新陈代谢，促进神经系统的功能和发育。2岁多的宝宝，乳牙刚出齐或未完全出齐，咀嚼功能仍然很弱，据我国婴幼儿营养专家研究，6岁时的咀嚼效率才达到成人的40%，10岁时达75%。因此，在制作幼儿膳食及各种肉、菜等，均要细碎、炖烂才易于幼儿咀嚼。含碘食盐需在菜做好后放入。因为碘易于在受热、日晒、久煮、潮湿等状况下挥发破坏而失效。

幼儿食品制作

肉末汤面

原料：富强粉100克、瘦肉30克、鸡蛋半个、紫菜5克、虾皮5克、香油2克、菠菜50克、植物油5克、盐适量。

制法：在面粉中加入调好的鸡蛋液及适量的水，和成面团，略放片刻，擀成面片，切成细面条。洗净肉、切成末，把植物油放入锅内，油热时，放肉末煸炒，同时放入葱姜末、虾米皮，然后添入清水烧开，下面条及紫菜末，煮熟后放入菠菜加适量盐，加香油后煮片刻即成。

此食谱含蛋白质23.3克、脂肪13.1克、热量516.9千卡（2162.7千焦耳）。

豆腐丸子

原料：豆腐500克、馒头屑100克、面粉10克、酱油5克、食盐1克、番茄酱10克、葱姜末10克、熟油500克（实耗80克）、团粉20克、鸡蛋2个。

制法：用刀背将豆腐捣成泥，放在碗内，磕入鸡蛋，加入团粉、面粉、食盐、葱姜末、酱油等充分拌和，成豆腐馅，将炒锅置于火上，放入熟油烧至六成热，用手将豆腐馅挤成小丸子，滚上馒头屑，下油锅炸至金黄色时，捞出沥油，装盘。另带番茄酱碟上桌而成。

此食谱含蛋白质83.2克、脂肪108.5克、热量1551.6千卡（6491.8千焦耳）。

蛋黄粥

原料：大米100克、鸡蛋黄2个（约重40克）、菠菜50克、食盐和香油等适量。

制法：用冷水洗净大米，菠菜洗净，用开水烫一下后切成小段；把蛋黄用水调匀。锅内放水烧开，放入大米煮至烂熟，把蛋黄液甩入，放入菠菜，加入适量食盐，点香油搅拌均匀后即成。

此食谱中含蛋白质11.2克、脂肪11.7克、热量315.9千卡（1321.7千焦耳）、铁4.1毫克。

扒鹌鹑蛋

原料：鹌鹑蛋10个，水发冬菇泥20克，水发冬笋3片，油炒面20克，油菜心、素油、鸡汤、牛奶、盐、味精、葱头末、料酒各适量。

制法：把蛋煮熟，剥去皮；炒勺放油烧五成热，再入葱头煸炒，加入冬菇泥、冬笋片略炒，放鸡汤、牛奶、料酒，入鹌鹑蛋，温火煨5分钟，放盐、味精、油炒面，调匀出勺，入盘，盘边配煮油菜心条，即成。

夹心鸭蛋

原料：鸭蛋3个，肉末50克，盐、白糖、面粉、味精、葱姜末、泡菜各适量。

制法：把鸭蛋煮熟，去皮，竖切两半，蛋黄取出，再将肉末放盐、白糖、味精、面粉、葱姜末，加少许清水搅匀成馅，分别填入鸭蛋心中，合成整蛋，入盘，入蒸笼蒸熟，出锅，盘边配泡菜即可。

啤酒蛋饼

原料：鸡蛋2个，葱头末、面粉各15克，素油25克，柠檬汁5克，啤酒一杯，鲜蘑菇片、熟芹菜末、盐、姜末、胡椒粉等各适量。

制法：把鸡蛋打入瓷碗内，放葱头末、面粉、盐、姜末、胡椒粉搅拌均匀，摊成蛋饼；再用炒勺放素油，蛋饼、鲜蘑菇片、啤酒、柠檬汁，煮开，装盘；盘边配熟芹菜末，即成。

蛋黄烩豌豆

原料：鸭蛋黄3个，豌豆200克，黄油25克，鸡汤（或清水），玉米粉、味精、盐、香菜末各适量。

制法：炒勺化黄油，放蛋黄蓉，略煸几下，放鸡汤，鲜豌豆，烧开，去沫，放玉米粉煨浓加盐，味精，出勺，入盘，撒香菜末，即成。

咖喱鸡蛋

原料：鸡蛋2个，花生油30克，葱头丝、芹菜末、大蒜末、姜末各10克，咖喱粉5克，面粉5克，鸡汤、味精、盐各适量。

制法：先用花生油把鸡蛋炒熟、打碎，撒盐和胡椒粉，待用；余下花生油烧热，放葱头丝、芹菜末、大蒜末、姜末炒至黄色，再放咖喱粉、面粉炒出香味，用烧开的鸡汤冲开，搅匀，放味精、盐，过滤，弃渣后，浇在鸡蛋块上。

25～27个月幼儿的日常照料

天热时孩子要长痱子怎么办

痱子又称红色粟粒疹，是夏天最常见的一种急性皮肤炎症。

在天气闷热时，空气温度高，湿度大，这时人体内排出大量的汗液，维持体温的恒定。如果皮肤不清洁，汗腺阻塞，在出汗多的情况下，容易使皮肤发红，出现针头大小的痱子。

孩子的皮肤比较娇嫩，而且汗多，容易在头部、额前、背部及皮肤褶处长痱子。

首先要防止孩子长痱子。天热要给孩子常洗澡，保持其皮肤清洁卫生，洗澡要用温热水，水中可放数滴十滴水或防痱子的花露水。夏天要给孩子穿宽大细薄的衣服，最好是旧的薄棉织品，不要穿化纤衣服。不要长时间把小儿抱在怀里，不要带孩子长时间外出，特别是在拥挤的公共汽车、火车内，很容易使孩子长痱子，孩子出汗要及时擦干，如果衣服被汗水浸湿，要及时换洗，夏季要多给孩子喝些绿豆汤和西瓜汁等清热。

孩子生了痱子，可选用以下方法治疗：

枇杷叶 60 克，煎汤，加入浴水中洗患处。

鲜黄瓜 1 根，洗净切片，擦患处。1 日 2 次。

鲜丝瓜叶 60 克，洗净捣烂，用纱布绞汁，涂患处。

花椒 30 克，加水煮，温后洗澡。

鲜苦瓜叶适量，捣烂绞汁，涂患处。

绿豆 30 克，海带 15 克，加水煮汤，放红糖适量，待凉后饮汤，每日 1 次。

绿豆 60 克，滑石 30 克，共研细粉，外敷患处。

冬瓜适量去皮切片擦患处。

马齿苋煎汤洗。

另外，平时坚持冷水浴和日光浴，也是增强孩子皮肤抵抗力，防止其出痱子的好办法。

治疗小儿痱子的药膳

能清热解暑，利尿除湿的药膳治疗：

清凉绿豆汤

原料：绿豆 100 克，干荷叶 15 克，薄荷叶、甘草各少许，白糖适量。

制作与服法：薄荷、甘草同煎取汁，荷叶装入纱布袋，扎口，与绿豆加水同煮至豆烂，去药袋，兑入薄荷甘草汁，待凉食。

功能：清热解暑，祛湿，适用于小儿痱子。

蜜糖银花露

原料：蜜糖 30 克左右，金银花 15 ~ 30 克。

制作与服法：洗净金银花煎水，去渣放凉，分次加入蜜糖溶化后饮用。煎时不要太浓，一般煎成两碗银花汁，瓶贮分次冲蜜糖服。

功能：蜜糖，即蜂蜜，它对于身体需要高热量和易于消化食物的儿童特别有益，且能解毒，和金银花同用，能清热利湿解毒，可用于小儿痱子、暑疖等病。

荷叶茅根粥

原料：鲜荷叶 1 个，白茅根 30 克，粳米一小撮，白糖适量。

制作与服法：先将白茅根洗净，加水 1000 毫升煎煮 30 分钟，去渣取汁，用药汁煮米粥至烂熟时，放入洗净的鲜荷叶，略煮即成。吃时放少许白糖调味。

功能：清热利湿，对小儿痱子有效。

紫草茸糖水

原料：紫草茸 3 ～ 5 克，白砂糖适量。

制作与服法：上二味加水 2 碗煮至 1 碗，去渣饮用。

功能：清热凉血，解毒，可用于小儿痱子。

孩子的卧具有讲究

床

孩子的床应该有护栏，护栏不能低于孩子身长的 2/3。

护栏的木栅不能太窄，以防卡住孩子的头。

木床要光滑无刺。

孩子不能睡软床。

枕头

孩子的枕头不能太硬，过硬的枕头容易使孩子睡偏了头。

孩子的枕头不能太软，太软使孩子的面部陷进去容易发生窒息。

枕头的高度在 3 ～ 4 厘米为好。

枕头应吸汗、通气，防止头部生痱子。

枕芯可选木棉、蚕屎、茶叶、荞麦皮等。

褥子

孩子的褥子可用棉布及棉花做成。

褥子上不要放塑料布，以防孩子用塑料布蒙住头发生意外。另外，塑料布不透气会出现皮肤感染。

被子

被子应该是全棉的。

被子大小要依孩子的身长制作。太大太长很不方便，也易使孩子蒙住头。

孩子易出汗，被子不要太厚，薄被子更贴身。

床单

床单要全棉的，浅色，少花。

狼吞虎咽有何不好

父母总嫌孩子吃饭慢，实际上狼吞虎咽也不是好的饮食习惯。

狼吞虎咽的饮食习惯，对健康很不利。食物未经充分咀嚼就进入胃肠道，主要会造成两种情况：

使消化分泌减少：咀嚼食物能通过神经反射引起胃液分泌，胃液分泌又进而诱发其他消化液分泌。少咀嚼就会使消化液分泌减少，进而影响对食物的消化吸收。

使食物未能与消化液充分接触：食物未经充分咀嚼就进入胃肠道，食物与消化液接触的表面面积会大大缩小，这样人体从食物中吸收的营养素势必也大大减少。

上述两种情况导致了同一个结果：影响了人体对食物的消化吸收。此外，有些食物比较粗糙，食入后可能损伤消化管道。

25 ~ 27 个月幼儿的早期培育

大动作训练

训练立定跳远

与孩子相对站立，拉着孩子双手，然后告诉孩子向前跳，熟练后可让孩子独自跳远，并继续练习从距离地面最近一级台阶跳下并独立站稳的动作。

训练跑与停

在跑步基础上继续练习能跑能停的平衡能力。

训练上高处够取物品

将玩具放在高处，在父母监护下，看宝宝是否学会先爬上椅子，再爬上桌子站在高处将玩具取下。让宝宝学会四肢协调，身体灵巧。训练前，家长要先检查桌子和椅子是否安放牢靠，并在旁监护不让宝宝摔下来。学会了上高处够取物品之后，家长要注意，洗涤剂、化妆品、药品等凡是有可能让孩子够取下来误吞误服的东西，都应锁入柜子内，不能让宝宝自己取用。当宝宝能取到玩具时应即时表扬："瞧我们宝宝多棒！真能干！"

练习踢球

用凳子搭个球门，先示范将球踢进球门，然后让孩子试踢，踢进去要给予鼓励。

精细动作训练

玩套叠玩具

如套碗、套桶等玩具，按大小次序拆开和安装，父母可以先示范，指导孩子按次序拆装，孩子会聚精会神地装拆，可培养孩子的专注能力，学会大小顺序。通过手的操作，实地观察到套叠玩具一个比一个大，逐渐体会到数的顺序和对空间的认识。

学画圆圈

将一张大纸放在桌上，让宝宝右手握蜡笔，左手扶纸在纸上涂画。家长示范在纸上画圈，握住宝宝的手在纸上做环形运动，宝宝就开始画出螺旋形的曲线，经过多次练习，渐渐学会让曲线封口，就成了圆形。

学习物品或图片配对

先从已经熟识的物品和图片开始。先找出 2 ~ 3 种完全一样的用品或玩具，如两个一样的瓶子、一样的积木、一样的盒子，乱放在桌上。妈妈取出其中两个一样的东西摆在一起，说："这两个一样"，鼓励宝宝找出第二对和第三对。

再找出以前学习认物的图片，先选择 3 对乱放在桌上，请宝宝学习配对。以后一面学习新的物品和图片，使宝宝能从 10、12、14、16、18、20 张当中将图片完全配成对子。

语言能力训练

学习家人的称谓

教孩子记住爷爷、奶奶、小姨等称呼。学会自我介绍，说出自己的姓和名，同时知道爸爸妈妈的姓和名。学会用手指表示自己几岁，并用嘴说出来。如果学话顺利，还可以进一步要求孩子说出自己是"女孩"还是"男孩"。

教学说完整句

教小孩学说完整句，包括主语、谓语、宾语的句子。如"妈妈上班去了""我要上街""我要上公园"，并教孩子使用一些简单的形容词。如"我要红色的球""我要穿红色衣服""我要圆饼干"等，这些形容词一定是简单、形象的，是孩子生活中最常见的。

学习辨声音

让孩子听周围会发出声音的东西，如鸟叫声、汽车声、钟表声、电话声等，听到这些声音时，问孩子是什么东西发出的声音，答不出来就直接让孩子边看边听，并告诉他，什么是大人讲话的声音，什么是走路的声音，逐渐学会辨听。

背诵儿歌

教孩子念儿歌，每首儿歌四句，每句 3 个字，听起来押韵，读起来顺口，反复练习。注意，要完全会背诵一首后再教新的。这样提高了孩子的语言能力，增强了韵律感、记忆力，同时也激发了小儿的学习兴趣。也可以让孩子多听英语歌，在玩耍中锻炼语感。

认识能力训练

学数数

幼儿对物品大小、数量的认识是在对实物的比较中形成的，准备各类大小质地不同的小物品，如积木块、纽扣、瓶盖、塑料球等，尽量让孩子用眼看、动手摸、张口讲，通过多种感官参与活动，比较认识物品的大小和数量。还可配合教点数，如口读数 1，手指拨动一个物品；读 2，用手指再拨动一个物品；读 3，再拨动一个物品，教点数 1 ~ 3。学拿实物"给我 1 个苹果""给我拿 2 个苹果"等。

学习认识性别

结合家庭成员教孩子认识性别，如"妈妈是女的，姥姥也是女的，你是男的，爸爸也是男的"，逐渐让小孩能回答"我是男孩"。也可以用故事书中画上的人物问“谁是哥哥？”“谁是姐姐？”以认识性别。

学习前后和上下

让孩子将两手放在身体的前面和后面，或把物品放在身前和身后，使孩子明白前后。然后让孩子将物品分别放在桌上面或桌子下面，练习分辨上和下。

学认两种颜色

2岁前孩子最先学会的是红色，孩子熟记红色后，再教孩子认黄色或黑色的玩具，如先认黄色玩具、黄色手绢、黄色积木等，多次反复认识黄色后，然后挑出红色和黄色玩具或手绢，让孩子辨识，看宝宝是否能正确地挑出所说出的颜色，学会后要连续再练5～6天，直到巩固为止。千万不要一次同时教认几种颜色，容易混淆。

情感和社交能力训练

认识环境

外出散步时要让孩子熟悉认识居住的环境、标志物，先认识家门，再让其认识附近的几条路、附近的商店等及父母常去的地方，再让孩子顺利找到家。

区分早上和晚上

早上起床时，妈妈说“宝宝早上好”，让宝宝说“妈妈早上好”。边起床边向宝宝介绍“早晨天亮了，太阳也快出来了，咱们快穿好衣服出去看看吧”。白天要开窗户，使宝宝呼吸新鲜空气。白天天很亮，不必开灯。到晚上也要向宝宝介绍“天黑了，外面什么都看不见了，要开灯才看得见，咱们快吃晚饭，洗澡睡觉吧”。使宝宝能分清早上和晚上，并让宝宝学习说“晚安”才闭上眼睛，此时可多说几遍“晚安”，让宝宝将词汇学熟练。

学习广交朋友

带孩子到室外散步时，鼓励孩子与其他小朋友交往，互换玩具，一起背儿歌。选择讲述小朋友团结友爱的故事讲给孩子听，让孩子和其他小朋友玩耍时做个好孩子，不打人、不咬人、不哭闹。

生活自理能力训练

学习刷牙漱口

教孩子刷牙时，家长孩子各拿一把牙刷，家长一边做示范动作，一边讲解，应采取竖刷法，顺着牙齿的方向才能将齿缝中不洁之物清除掉。刷牙时应照顾到各个牙面，还要将牙刷的毛束放在牙龈与牙冠处，轻轻压着牙齿向牙冠尖端刷，刷上牙由上向下，刷下牙由下向上，反复6～10下。要将牙齿里外上下都刷到，刷牙时间不要少于3分钟。开始不要用牙膏，待孩子掌握方法之后再加上牙膏。每天早晚各刷一次，晚上刷牙后不宜再吃食物。每次吃完饭后要用温开水漱口，以保证口腔清洁，预防龋齿。

学用筷子

给宝宝一双小巧的筷子作为玩具餐具，同宝宝一起玩“过家家”时，让宝宝练习用手握筷子，用拇、食、中指操纵第一根筷子，用4、5指固定第二根筷子，练习用筷子夹碗中的糖块和枣子，反复练习，用餐时也准备一双筷子，只要能将食物送到嘴里就要赞扬。

学给娃娃更衣

无论男女孩子都喜欢娃娃，而且更喜欢与自己性别相同的娃娃。妈妈可以替宝宝购置塑料的大光身娃娃自制衣服以备更换。宝宝学习为娃娃更衣可学习穿脱衣服。娃娃的衣服最好稍宽大，用松紧带固定，如宽大套头衫、松紧带裤子等。或用粘贴尼龙代替扣子更便于穿脱。平时鼓励孩子自己脱掉衣服鞋袜，也可以学习穿无扣的套头衫和背心，鼓励孩子自己穿袜和鞋。

在游戏中学习

游戏是幼儿生活中最基本的活动，也是最有效的学习形式和教育过程。

游戏以无比的魅力，唤起孩子们极大的热情、特有的情趣、快乐的情绪、强烈的求知欲望。使孩子们对千变万化的世界、表露出浓厚的兴趣。在游戏中，孩子们以自然方式进行学习，从而学会怎样使用工具、怎样说话、怎样思考。在游戏乐园里，孩子们随心所欲地以自己高兴的方式，满足其好动的天性。在游戏的大课堂里，孩子们模仿怎样劳动、工作，怎样尽社会义务，怎样遵守社会公德。

教育家、心理学家认为：幼儿时期就是“游戏时期”。游戏成为幼儿的主导活动，是向幼儿进行体、智、德、美全面发展教育的独特形式，是幼儿认识世界的重要途径，是发展幼儿创造才能、打开智慧之窗的最佳手段。

游戏促进脑功能的发展

游戏可以促进幼儿各种能力的发展，模仿、想象，刺激着幼儿大脑的发育。因为愉快的情绪、积极的态度、浓厚的兴趣、多变的动作、丰富的语言及多彩的内容，促使大脑不断兴奋，整个神经系统可更加协调地工作，增强了大脑的反射功能，提高了大脑的活动功能。

游戏中，充分发挥作用的是两只小手，孩子们在摆弄玩具过程中，促使手的动作技能不断提高。双手在活动时所产生的运动感觉，发展了手的触摸觉，常用右手的孩子，左手起支持作用，右手便增强了鉴别机能。手的发展，对脑的发育影响很大，双手完成复杂的动作，自然要引起大脑两半球皮层的迅速发育。因而，手这个操纵对象的器官，同时也就成了认识事物的器官，在各种实践过程中更加完善起来，从而使脑的活动机能不断增强。从这个意义上讲，手指尖上可以出智慧。

游戏促进智能的发展

游戏中，孩子们摆弄玩具的同时需要分辨各种事物属性，如颜色、形状、大小、轻重等。实验证明，在游戏中，孩子们的视觉敏度比较高，加上语言的作用，使观察力增强。在有趣的活动中，孩子们动手、眼、耳、鼻、舌、身各种功能，促进分析器的相互作用，在大脑里形成各类的表象。为了达到游戏目的，他们更努力地接近事物，从而养成了独立、主动地观察习惯，使观察越来越深刻。

游戏使幼儿注意力更集中

幼儿平时以无意注意占优势，而且容易转移。但在游戏中，由于兴趣和角色、规则的要求，不仅能高度地集中，并且比较稳定。比如平时的注意时间，3 岁幼儿仅能坚持 5 ~ 10 分钟，而在游戏中可坚持 20 分钟；四五岁幼儿平时为 10 分钟左右，在游戏中可达 30 分钟；五六岁平时为 10 ~ 15 分钟，游戏可坚持 1 小时。

游戏使幼儿记忆更牢固

幼儿记忆无意性占优势，但在游戏中，由于极大的兴趣性，便促进了有意记忆发展，给识记和再现以强烈的情绪上的强化，因而有助于记忆的巩固。由于各种感官参加活动，手摸、眼看、耳闻、口尝等协同活动，使印象更加深刻，特别是在玩具的作用下，促进直观形象的记忆，加上语言的强化，使记忆增强了有意性。实验发现，在角色游戏里，无论记忆的数量，还是质量，都比平时高得多。

游戏使想象更丰富

想象是游戏活动的支柱。幼儿在游戏中的一举一动、一言一行都凭借想象进行。在幼儿看来，不可能的事情是没有的，因为他还不知道什么是可能，什么是不可能。也常把想象与现实混同起来，年龄越小，这种特点越突出。到幼儿后期，游戏活动出现了计划性萌芽，开始提出目的，并会寻求达到目的的方法，有意构思，努力使想象的内容与现实更接近。游戏中的动作也都力求逼真、形象。在孩子们的游戏里，他们是主人，一切都要由他们支配。幼儿的语言、动作和角色更相适应，因而促进想象力、创造力更快发展。好的游戏便是想象最丰富的游戏。

游戏促进思维更敏捷

幼儿思维的产生，总是与外部具体活动分不开，以动作的形式进行分析、综合。例如，摆积木时，不是先想好了再摆，而是边摆边思考。在进行比较时，总是要用手指点着那些分出来的东西，连同他要做比较的东西，才能比出相同或不同。用动作和直接感觉进行思维是幼儿初期的思维特点。但游戏可以加速这种特点的转化，使这种低级形式的思维更快发展为具体形象性思维，进而更快向抽象逻辑思维过渡。

游戏是幼儿最好的学习形式，是孩子们的生活，是他们的主导活动。

角色游戏

角色游戏是一种有主题、有角色、有情节、有规则的创造性游戏。如玩商店、公共汽车、儿童医院、动物园、邮电局等游戏，这些游戏最能适应幼儿好模仿的心理特点，他们喜欢学习成人做事，最好的途径是到角色游戏中来尽职尽责，体验成人的劳动、生活和道德规范，学习办事的方法，锻炼社会性活动能力。

两三岁的孩子在玩角色游戏时，仍近似于婴儿期，反映一些琐事，模仿成人使用物体的动作。如玩医院游戏时，总是满足于摆弄听诊器、打针等动作，随着年龄的增长，逐渐产生目的性。三四岁反映成人的劳动和人与人之间的关系，妈妈怎样照顾孩子，医生怎样关心病人。四五岁能反映技能技巧的细节，如打针时细心地“消毒”，并安慰“病儿”说不疼，能表现出内心体验。

两三岁的孩子玩时开始有角色，但角色不稳定，看到什么玩具就玩什么游戏，以模仿成人动作为主，对规则很难理解，也不易记清。三四岁开始注意角色，有初步计划，逐步明确规则，但受到外界影响，还是容易忘掉规则，常因争当角色而争吵。四五岁时已经出现计划性、目的性，事先商量分配角色，理解并坚持规则，常因违反规则而争吵。

建筑游戏

这是一种利用某些材料进行建筑活动的创造性游戏。幼儿非常喜欢利用木片、砖瓦、空盒、砂土等堆积各种东西，在幼儿园里最常玩的有小型积木、大型箱式积木，进行有趣的土木建筑。这种游戏对心理发展的作用：

培养丰富的想象力，满足表现欲望。积木的特点形状多样，使用灵活，可以随心所欲地堆积、排列和调换位置，有助于诱发幼儿的自由想象。

培养喜悦的情绪和表现力。当幼儿拿起一块块的积木进行堆积时，两只小手轻巧地活动，可使内心发出喜悦。为了不使积木倒塌，需要保持适度的紧张感，从而培养幼儿较强的表现能力。

培养创造性的构造能力。在多种多样的积木里，挑选什么形状，用几块，按什么顺序，怎样排列堆积、组合，甚至还要加些美化装饰，都要费一番心血，而且要耐心，不慌忙，细思量，稳妥地使用手劲，方能建成理想中的建筑物，从而锻炼出创造的构思能力。

发展对数量和图形的理解能力。在积木游戏过程中，通过双手的活动，自然分解或合成立方体、长方体、圆柱体等多种几何形体，从而加深对几何形体的认识，加强对数的感知能力。

幼儿使用积木要经历一个发展过程：

开始，喜欢直线向高堆，当倒塌时，也会因倒塌而高兴，有时还故意推倒来取乐。但在这搭起推倒的简单重复过程中，取得了经验，锻炼了手眼的协调能力。

然后，学会平面排列。摸到哪块排哪块，不加选择，经过多次练习，才会逐渐对形状、颜色、大小分辨使用。

而后，学会立体组合。多次游戏后，才会使用立体形体堆积，发现立体的特征，搭出各种造型。如桥梁、亭子、交通工具、宅院、楼阁、宫廷、公园、宾馆等复杂建筑。

角色游戏和建筑游戏，对孩子认识社会和提高思维能力均极有好处。因此，家长可以给孩子准备这两类玩具，使孩子的游戏更丰富多彩。

幼儿的劳动特点

幼儿非常喜欢劳动，越是不会干的，越要去干，他们看到成人劳动，总要挤上去帮忙。如果遭到制止，便在成人不在时，乘机表现自己。孩子们对劳动有一种特殊的兴趣，甚至在哭闹时，听到你喊他快来帮忙干活，马上会高兴起来。2 岁左右喜欢模仿成人做事；女孩喜欢模仿妈妈做家务，男孩喜欢模仿爸爸的繁重劳动。在幼儿园里，孩子们最喜欢帮老师的忙，把能帮老师拿拿东西当成最骄傲的事，没有不爱做的。

幼儿参加劳动如同游戏一样，劳动可以满足幼儿好奇好问的求知欲望，满足爱模仿的需求。劳动过程，增强幼小心灵向大自然积极探索的热情，满足喜欢操作工具的愿望。在劳动中，各种感知能力、语言和思维都得到快速发展。可见，劳动活动是幼儿心理发展的重要途径。

劳动与游戏分不开

幼儿把劳动当游戏，游戏中有劳动。当妈妈的角色是那么认真，做饭、收拾屋子、抱孩子；当医生的角色又是那么严肃，打针、取药、量体温；模仿服务员端茶送饭，样样都当真。可真的要他们劳动，便和游戏掺杂在一起，干起来总要耍闹，把劳动当成游戏。比如洗手时，常把水龙头打开，两只小手用劲堵住，放起水花来，把肥皂搓成泡泡，甩到空中。洗洗手绢，这手绢变成了船帕在水盆里漂荡起来。劳动工具也变成了玩具，其兴趣不是劳动，而是满足心理需求，为此感到无比快乐。

以劳动过程为乐趣

幼儿的劳动，既无经验，又缺少劳动技能。他们体验的是劳动过程，在劳动过程中，使用工具，动用双手，有复杂的动作，这样一动，出现这种现象，那样一动，又出现更新的现象，他们感到有趣的东西，是不断变化的事物。他们则要按自己的兴趣爱好，来安排自己的行动，不考虑劳动任务的需要，所以幼儿的劳动经常给成人惹麻烦，或闯出大祸，惹得成人大为恼火。

劳动缺乏坚持性

劳动总要付出力量，需要耐力，克服各种困难，才能收到应有的效果。可是幼儿对抽象的劳动意义还不够理解，为某种效果而做出努力的目的性还不明确。因此，不感兴趣就停止活动，不会干就不干了，遇到困难需要耐力时，也就不想坚持了。由于幼儿体格、体力还没有克服更多困难的实力，所以幼儿的劳动内容只能是力所能及的简单劳动、自我服务或有明显效果的劳动。只有适量，力所能及，才便于培养劳动兴趣和劳动技能。

计算，孩子可以学什么

教孩子计算，到底应教什么呢？总的来说可以分五部分，即计算、测量、形状、空间、时间。

数数

数数最初是手口一致地、不重复、不遗漏地点实物，并能说出实物的总数，然后能熟练地口头数数。从 1 数到 10，从 10 倒数到 1。学得快的孩子，可能会数到 20、50，会 2 个 2 个地数，5 个 5 个地数，10 个 10 个地数。

10 以内数

知道每一个数都是在前面一个数上添 1 形成的，知道几里包含几个 1。如 3 是 2 添 1 形成的，3 里面包含着 3 个 1，3 比 2 多 1，2 比 3 少 1。

10 以内序数

能从第一数到第十，从第十数到第一。能知道前面是第几，后面是第几，比如第二前面是第一，后面是第三。会从前往后数是第几，从后往前数是第几，从左往右数是第几，从右往左数是第几，从上往下数是第几，从下往上数是第几。

10 以内数的相邻数

要懂得一个数比它多 1 和少 1 的数就是它的相邻数。比如 3 的相邻数是 2 和 4。4 比 3 多 1，2 比 3 少 1。3 是 4 和 2 的相邻数，3 的相邻数是 4 和 2。

10 以内数的分合

能把除 1 以外每一个数分成两个数，把两个数合成一个数，如 3 可以分成 1 和 2，5 可以分成 4 和 1、3 和 2。

10 以内加减法

10 以内加减法是运算的基础，学好练熟 10 以内加减法对孩子将来的加减乘除运算的准确率和速度很有好处。因此，不要在孩子学会 10 以内加减法以后急于教两位数加减法，而要把 10 以内加减学明白、练熟。

认识 10 以内数字

认读 10 以内数字，认识数学加减符号，理解其中的意义。

认识几何图形

认识平面的正方形、长方形、三角形和圆形，立体的球体、正方体、长方体，能认识生活中物体的形状，可以用七巧板、积木拼各种物体。

认识各种形状

能区分物体的大小、长短、高矮、粗细，认识方向和位置。

能区分上下、前后、左右、中间、两边、里外。

知道日期

学看日历，知道星期。学看钟表，知道整点和半点。

认识货币

学认硬币。

以上内容，并不是要求孩子必须掌握的，而是可以根据孩子的情况循序渐进掌握的内容，能掌握多少就掌握多少，不要急于让孩子学。另外，不要用小学课本教孩子，那不是这个年龄孩子应学的。

25 ~ 27 个月幼儿的亲子游戏

投球

在地上放一个篮子或纸箱，让孩子把球投进去，开始时可距离近些，以后逐步向后移。

目的：练习投的动作。

摸一摸是什么

拿一个布袋，将孩子熟悉的玩具放进去，然后让孩子伸手去摸，摸到一个玩具便说出这个玩具的名字，说对有奖。

目的：训练孩子的分辨能力。

添几笔

妈妈和孩子一起画画，妈妈画一个圆，让孩子画上尾巴便是蝌蚪，画上一些线便是太阳，画成盘子或碗等。

目的：练习动笔能力及想象力。

涂色

带孩子到户外看一看草坪，然后妈妈在大挂历的背面画上草，让孩子挑选颜色涂上。

目的：对颜色的感知力。

数学游戏

目的：理解 5 以内数。

材料：扑克牌红桃、梅花、方块、黑桃 1 到 5 各 5 张，积木 1 盒。

玩法：

任意取一张牌，让孩子说出是几，并取出同样数目的积木。反复玩。

给孩子同一种花样 1 到 5 五张牌，让孩子按数的大小顺序摆好，让孩子熟悉 1 到 5 的数目顺序。

把 4 种花样的 20 张牌混放在一起，让孩子把“1”都找出来，依次找出 2、3、4、5 各 4 张，使孩子知道尽管花样不同，但数目是一样的。

学儿歌

（一）十二月水果歌

正月甘蔗节节长，
二月青果两头黄，
三月梅子酸汪汪，
四月枇杷满街黄，
五月杨梅红如火，
六月莲蓬水中央，
七月红菱人人爱，
八月苹果装满筐，
九月栗子张开口，
十月金橘满园香，
十一月橘子红彤彤，
十二月里黄菱肉儿脆松松。

（二）十二月花歌

正月百花云里开，
二月杏花送春来，
三月桃花红似火，
四月芦花就地开，
五月栀子心里黄，
六月荷花满池塘，
七月菱花铺水面，
八月桂花满村香，
九月菊花黄似锦，
十月橘子树上黄，
十一月无花无人采，
十二月梅花斗雪开。

学唐诗

（一）咏柳

（贺知章）

碧玉妆成一树高①，万条垂下绿丝绦②。
不知细叶谁裁出③，二月春风似剪刀④。

注释：

①碧玉：青绿色的玉石。妆：打扮。一树高：一棵高高的大树。
②万条：形容很多，无数条。丝绦：丝带，形容柳条的柔软。
③裁：剪裁。
④似：好像。

内容：

那高高的柳树好像碧玉雕饰而成，无数条垂下的枝条好像绿色的丝带。不知这细细的柳叶是谁裁剪出来的，二月时的春风不正是像剪刀一样嘛。

《咏柳》是一首咏物诗，作者用新奇的联想、生动的比喻和清新的词句，巧妙地刻画出初春新柳的美妙景致，抒发了对大自然和春光的赞美之情。

（二）池上

（白居易）

小娃撑小艇[①]，偷采白莲回[②]。

不解藏踪迹[③]，浮萍一道开[④]。

注释：

①小艇：轻便易驶的小船。

②白莲：白色的莲花。

③不解：不懂得。

④一道开：小船划过，把水面上的浮萍向两边分开，中间留下了一道水路。

内容：

天真活泼的农村儿童，他们撑着一只小船，偷偷地去采人家的白莲花。回来的时候，他们不懂得怎样掩盖留下的踪迹，小船把水面上的浮萍荡开，船后留下了一道清清楚楚的水路。

（三）长安秋望

（杜牧）

楼依霜树外[①]，镜天无一毫[②]。

南山与秋色[③]，气势两相高[④]。

注释：

①霜：秋天下的霜。霜树：霜挂在树上。

②镜天：天空明净如镜。一毫：一根毫毛，比喻天空上没有一丝云彩。

③南山：终南山。秋色：秋高气爽的景色。

④两相高：终南山好像在和天空比高低。

内容：

那经霜打过的树，不仅没有树叶变黄，而且越发得高耸挺拔，天空明净纯洁，好像一面一尘不染的镜子，没有一丝云彩。远望中的终南山，它那峻拔入云的气势，好像要与高远无际的秋色比个高低。

（四）回乡偶书

（贺知章）

少小离家老大回[①]，乡音无改鬓毛衰[②]。

儿童相见不相识[③]，笑问客从何处来[④]。

注释：

①偶：偶然。偶书：随意、随笔写下来的。书：写。

②少小：年轻的时候。老大：年老的时候。

③乡音：家乡的口音。无改：没有什么改变。鬓毛衰：耳边的头发掉落，稀少了。

④儿童：小孩。

内容：

年轻的时候离开家乡，年老了才回来。家乡的口音虽然没有什么改变，但两鬓已经斑白稀疏了。小孩们看见我都不认识，笑着问我："客人，你从哪来呀？"

这首诗写的是作者刚刚回到久别的家乡时的情景。诗人抓住回乡的细节，表达了对家乡既亲切又陌生的感情，流露出无限的喜悦和感慨。语言生动，清新通俗。

学画画

比着画

当孩子会拿笔以后，可以让他比着东西画。妈妈拿一个瓶盖，放在纸上，比着画一个圆，再让孩子照妈妈的样子，也画一个圆。再拿一块积木，比着画一个四边形，也让孩子画。一开始孩子画不好，只要他画了，就是成功了，通过多次练习，孩子也能画圆。为了引起孩子的兴趣，画出圆后，妈妈就把圆画成太阳，孩子画出四边形后，妈妈就把四边形画成面包车。孩子会非常高兴，因为"太阳"和"面包车"是他和妈妈共同创造的。

这个游戏，可以训练孩子手的小肌肉，为他以后画画写字打下基础。

学常识——日用品的材料

在教孩子认识日用品的材料时，可找来家里常用的物品，让他亲手摸一摸，用东西敲一敲，让他感受一下。

纸制品

书、报、本子、纸巾、纸盒等都是用纸做成的。纸比较轻，能吸水，容易燃烧。纸容易皱，可以被撕碎，在看书时要小心，要爱护书籍，不要浪费纸张。不要用纸接近火。

玻璃制品

玻璃杯、玻璃花瓶、玻璃窗都是玻璃做成的，玻璃光滑、透明、易碎。使用玻璃用品要小心，破碎的玻璃不要去动。

木制品

积木、家具、门窗等是木材制成的。木制品是用大树做的。一棵小树长成大树很不容易，因此要爱护桌椅和玩具。

塑料制品

很多玩具、厨房用品是塑料制成的，塑料制品颜色鲜艳，不怕摔，但不透气。提醒孩子不要把塑料袋套在头上，不要钻到塑料的大箱子里去玩。

学常识——周围环境

公园

人们在公园里休息、玩耍，公园里种植了许多花草树木，公园里非常美。到公园里，不能乱跑乱嚷，要爱护公园的花草树木，不乱扔废纸，保持公园的整洁。

影剧院

影剧院是人们看电影、看戏剧的地方，到影剧院看电影、戏剧要买票入场。剧院里有许多座位，观众要凭票入座。在影剧院里要遵守秩序，不能大声叫嚷，不能乱扔果皮废纸，要保持影剧院的清洁。

邮电局

邮电局是人们邮寄信件、汇款、买报纸杂志的地方。人们的信件包裹由邮递员送到收信人手里。

学校

学校是学生学习的地方，里面有许多老师和学生，有明亮的教室，教室里有课桌椅、黑板。学校里有操场，是学生操练、上体育课的地方。

学常识——交通工具

电车。电车是长方形的，车顶上有两条长长的像辫子一样的杆，杆搭在电线上，车才能开动。

火车。火车是由一个车头和一节节的车厢连接在一起的，火车在铁轨上跑。火车可以运乘客，也可以运货物，火车可以跑很远很远。

消防车。消防车是用来救火的，消防车都是红色。在消防车上有梯子、水管等救火的工具。消防队员驾车去救火时，消防车发出鸣笛。人们听到消防车的声音，都给它让路。

救护车。救护车是护送危重病人的车。救护车大多是白色，车上有医生。救护车救护病人时，也会鸣笛，让其他车给它让路，使病人尽早到医院。

28 ～ 30 个月幼儿的生理特点

身体发育

体重

男孩约 13.1 千克，女孩约 12.6 千克。

身高

男孩约 91.7 厘米，女孩约 90.6 厘米。

头围

男孩约 48.8 厘米，女孩约 48.5 厘米。

胸围

男孩约 50.2 厘米，女孩约 49.8 厘米。

牙齿

18 ~ 20 颗。

体格发育

宝宝长大了，躯体和四肢的增长比头围快。为了支持身体重量和独立行走，尤其以下肢、臂、背部的肌肉发达。由于骨骼增长快，钙磷沉着亦增加。

宝宝的乳牙 20 颗已出齐，有一定咀嚼能力，但乳牙外面的釉质较薄。胃容量随年龄增长而增大，胃液的酸度和消化酶也逐渐增强。胰液消化酶的分泌有时因此在夏季或生病时食欲都下降。幼儿期肠管相对较长，小肠内有发育很好的绒毛，所以吸收能力很强，对正在生长发育、代谢需求旺盛的幼儿是很有利的。但是，由于肠道容易被吸收而引起中毒症状。因此，在饮食卫生方面应格外注意。

感觉运动发育

能认识几种不同颜色的物品。还能认识圆形、长方形、三角形和方形。玩球时会接反跳球。会用面团捏成碗盘等。能单足站立。自己会扶栏上楼梯，一步一级交替上楼，下楼双足踏一台阶。会分清晴、阴、风、雨、雪天气。知道大小顺序。会解扣子及开关末端封闭的拉锁。

语言、适应性行为发育

2 岁左右的幼儿已掌握很多词汇，语言中简单句很完整。会背诵简短的唐诗，学会用耳语传话。也会背诵 2 ~ 3 首儿歌。学会看图讲故事，叙述图片上简单突出的一点。能组织玩“过家家”游戏，扮演不同角色，如当妈妈、当娃娃、当医生等。能说出日常用品的名称和用途，如梳子梳头发、毛巾洗脸时用等。

心理发育

幼儿 2 岁后想象力开始出现，会把一种东西假想成另一种东西，如把一个小盒子当汽车，边推边喊“汽车来了，嘀嘀”。思考问题和解决问题的方法，仍为直觉行动，如堆搭积木时，才想如何堆搭，堆积到哪里就想到哪里，停止堆积，也就不再思索。幼儿的思维还很简单，处于开始发育阶段。

睡眠

夜间睡 10 ~ 11 个小时，午睡 2 ~ 2.5 个小时。

28 ~ 30 个月幼儿的合理喂养

学做几种小点心

猕猴桃羹

原料：猕猴桃 200 克，白糖 50 ~ 100 克，苹果 1 个，香蕉 1 根，水、淀粉适量。

制法：
将苹果、香蕉洗净去皮，切丁。
猕猴桃洗净，包入纱布，将汁挤出。
猕猴桃汁加白糖，加水750毫升搅匀，置火上烧沸。
将苹果丁、香蕉丁倒入锅内，再煮沸，勾薄芡出锅，放凉即可。
冷热均宜。

水果甜羹

原料：无馅小汤圆适量，果脯丁75克，白糖75克。
制法：小汤圆加水煮软，放入果脯、白糖煮沸即可。

银耳甜羹

原料：银耳25克，白糖75克，果丁75克，糯米小丸子100克。
制法：
将银耳煮软。
将丸子煮熟捞出放入银耳内，加糖加水果丁煮开。
冷热食均可。

山药羹

原料：鲜山药500克，水果丁75克，白糖75克。
制法：
山药去皮煮熟，切小块。
果丁、白糖、山药，水中同煮即可。

苹果冻

原料：苹果泥1碗，蛋白2个，柠檬汁1匙，食盐少许，白糖3匙。
制法：
将苹果泥放入冰箱。
打蛋器抽打蛋白，拌入盐、糖、柠檬汁及冰苹果泥，倒入冷盘，置冰箱。

枣泥冻

原料：蛋白3个，白糖5匙，枣泥1碗，枣汁4匙，食盐适量。
制法：
枣泥和白糖混合，加热。
蛋白加盐打至膨起。将枣泥及枣汁拌入蛋白中，倒入盘中，置冰箱内。

番茄冻

原料：鲜番茄500克，白糖50克。
制法：
将番茄用开水烫后去皮去籽。
番茄肉搅成碎块，放白糖，放入冰箱。

枣霜

原料：枣泥半碗，熟西米半碗，白糖2匙，柠檬汁2匙，蛋白2个。

制法：

蛋白打至膨起。

将枣泥西米加热，拌入柠檬汁及糖，再拌入蛋白，待半凉时，倒入碗中打起。

盛入盘中放冰箱。

两岁半幼儿的喂养特点

2 岁半的幼儿，生长速度仍处于迅速增长阶段，各种营养素的需要量较高。肌肉明显发育，尤其以下肢、臂、背部较突出。骨骼中钙磷沉积增加，乳牙已出齐，咀嚼和消化能力有了很大的进步，但胃肠功能仍未发育完全。每日按体重计算热能需要量与婴儿期相比没有增加，但仍高于成人需要量。由于生长发育的原因，蛋白质需要量高。在饮食营养素供给不足时，常易患贫血，缺钙，缺维生素 A、维生素 D，易患佝偻病。

2 岁半幼儿每天需要总热量约为 51314 焦（约 1226 千卡），蛋白质约每天 40 克，钙每天约 530 毫克。

学做几样西点

芝麻圈

原料：酵母粉 3 克，温水 75 克，面粉 250 克，鸡蛋 1 个，盐 3 克，溶化的黄油 3 克，蛋黄 1 个，芝麻 25 克。

制法：

小碗内放 25 克温水，将酵母溶解。

将 200 克面粉，加入鸡蛋、酵母、水、盐和黄油，使劲搅动，搅上劲后，加面粉少许，和成面团。

将面团在面板上揉到润滑有弹性，揉成面团，放入涂过黄油的容器里，盖好。

将发起的面做成圈，放入烤盘，再发。

刷上蛋黄，撒一层芝麻，入炉烤 45 分钟。

清酥面

原料：面粉 250 克，黄油 250 克，鸡蛋 1 个，盐 3 克，凉水 75 克。

制法：

将面粉过罗，放入盐、打散的鸡蛋和凉水，和成面团。放入冰箱半小时。

把黄油化软，撒上少许面粉，做成方饼，入冰箱冷冻。

把面团、黄油取出。将面擀成长方形，把黄油包起来擀开，叠三折，再擀开，再叠成折擀开，叠四折擀开 4 遍。再叠一次，再放入冰箱冻半小时。

将清酥面放入冰箱冷藏，可做各种西餐小点心。

清酥苹果包

原料：清酥面 200 克，苹果 1 个，砂糖 15 克，鸡蛋 1 个打散。

制法：

将苹果去皮切开去核。

把清酥面擀薄片，切成方块，刷上鸡蛋，放上砂糖少许，包上一块苹果。

刷上鸡蛋，入炉烤熟。

混酥面

原料：黄油 50 克，面粉 125 克，糖 15 克，盐少许，蛋黄 1 个。

制法：

面粉过罗，加入黄油混成粗粒状，再把盐、蛋黄、糖全部放入，和匀揉好，放冰箱冷冻 1 小时。

从冰箱取出，专用于水果类及其他甜点的排底。

核桃仁混酥饼

原料：混酥面 250 克，核桃仁 50 克，糖酱 50 克，鸡蛋 1 个，黄油少许。

制法：

将核桃仁切碎，鸡蛋打散。

将混酥面擀成 2 毫米厚大片，用模子切成圆片，刷一层蛋糊，蘸上核桃仁，挤上糖酱。

码入烤盘，入炉烤熟。

花边酥

原料：混酥面 250 克，果酱 50 克，鸡蛋 1 个。

制法：

混酥面擀成大片，用带花边模子切成小片。

将小圆片码在烤盘里，鸡蛋打散，刷上，入烤炉烤熟，晾凉。将果酱抹在小饼上，上面再压一块，即可。

苹果派

原料：混酥面 350 克，苹果 900 克，砂糖 150 克。

制法：

将混酥面 250 克擀成薄片，入炉烤熟。

把苹果去皮、核，切片加糖炒熟。

将苹果倒入盘底，再将剩余的面擀成薄片，盖在排上，压紧边，刷上蛋黄。

入炉烤熟，晾凉切块。

28 ~ 30 个月幼儿的日常照料

要保护孩子的听力

耳朵是人的重要感觉器官。听觉器官有一套敏锐精确的装置。首先，耳翼把声音收集起来，经外耳道传到耳膜，振动耳腔里的三个小听骨，它们把声音扩大，再传到内耳。内耳像一部电话机，把声能变为电能，通过像电线一样的听神经传到大脑神经中枢，这样就听到了声音。这套装置的任何一个部件发生故障，都会影响听力。

外耳道及中耳传导故障引起的听力下降，叫传导性耳聋。如有耳屎、耳疖、外耳道闭锁等，声音便不能传入。听骨有了毛病，声音也不能传入内耳。内耳、神经、大脑的疾病引起的听力下降叫神经性耳聋。如链霉素和噪声可损伤内耳，腮腺炎损害一侧听神经，大脑炎可使听觉中枢失去辨别声音的能力。

幼儿的耳咽管较直、短而且宽，开口又低，细菌容易通过这个管子进入中耳，引起化脓性炎症，出现耳膜穿孔。因此喂奶时，防止奶及呕吐物呛入中耳发炎。要教会孩子一个鼻孔一个鼻孔地擤鼻涕，否则会将鼻涕挤进耳咽管。要防治鼻炎、鼻窦炎、扁桃体炎、腮腺炎、脑膜炎，减少中耳发炎的机会。

在日常生活中，要净化孩子生活的环境，减少噪声。家里的音响音量要适度，特别是不要在孩子房间放高音。在孩子活动时，要注意安全，防止孩子把小粒物塞入外耳道，小心尖锐物扎进耳内。不要随便使用链霉素、庆大霉素等药物。

孩子的鞋

孩子的鞋不要买大 1 号的，要舒适、合适。

不要给孩子凑合穿别人的旧鞋，特别是小鞋。

孩子不能穿高跟鞋，要穿平跟鞋。

鞋底要有防滑纹，要稍软有弹性。

孩子的鞋要通气不捂脚。

孩子最好不穿皮鞋，皮鞋较硬较紧，影响脚的发育。

婴幼儿的鞋最好不用系带的，可选搭扣或扣紧带的。

要到大商场去买鞋，不要买小贩的鞋，便宜的鞋常常使用了有害黏合剂和再生塑料。

不要买有机溶剂味特别大的鞋。

两种危险的服药方法

一忌在小儿睡眠状态下喂药。小儿一般拒服药，这是一个使大人很伤脑筋的问题，因此有些大人就趁小儿睡熟后掰开嘴巴喂药，这是非常危险的。因为小儿的神经系统发育还不完全，且咽喉较狭窄，若突然刺激咽喉的神经，会引起喉痉挛而窒息（低血钙时更容易发生）。所以，给患儿喂药时应将其唤醒。

二忌捏鼻子喂药。拒服药的小儿常常将小嘴紧闭，捏住鼻子使其张口后灌药是很多家长喜欢采用的方法之一。患儿的鼻孔被捏，呼吸只好以嘴巴代劳，这样容易把药液呛进气管或支气管，轻则引起呼吸道或肺部的发炎（如吸入性肺炎），重则药物堵塞呼吸道引起窒息。

28 ~ 30 个月幼儿的早期培育

大动作训练

足尖走路

练习身体平衡，学会单足站稳后开始学习足尖走路。

方法：先学习提起一个脚后跟，学习用一个脚尖走，一只脚学会后再提起另一个脚后跟，学习用两个脚尖走路。

刚学走路的孩子，由于要保持身体平衡，走路时两脚分开到与双肩宽。学习用脚尖走路要求将身体的重心从整个脚底移至脚的前半部，脚后跟提起，练习时要求身体伸直，不能前倾。否则在走路时抬起一只脚，身体重心就会完全落在孩子另一脚底的前半部分。需要保持身体平衡的小脑、大脑和脊髓运动神经良好的协调。促进各神经系统间的联系和协调动作，为以后更复杂的体能打基础。

走平衡木

练习高空控制，为身体平衡能力打好基础。

方法：在离地 10 ～ 15 厘米的平衡木上学习行走。可先扶宝宝在平衡木上来回走几次，使宝宝习惯高处行走，渐渐放手让宝宝自己在平衡木上走。鼓励宝宝展开双臂以协助身体的平衡。

精细动作训练

手的操作训练

按大小顺序套上 6 ～ 8 层的套桶，能分辨一个比一个大的顺序，而且手的动作协调，能将每两个套入并且摆好。

倒米和倒水训练

用两个小塑料碗，其中一只放 1/3 碗大米或黄豆，让孩子从一只碗倒进另一只碗内，练习至完全不洒出来为止。然后再学习用两只碗倒水。

言语能力训练

看图说话

与小儿一起看生活日用品图片，边看画片边讲各种物品的特点及用途，让孩子模仿大人的语言，边指画片边练习说。

练习表达

和孩子一起看图画，讲出画上的内容，让孩子回答图画上如“这是什么动物”，能用语言表达。

学会耳语传话

妈妈在宝宝耳边说一句话，让宝宝跑到爸爸身边，告诉他妈妈刚才说的什么，由爸爸将话再讲出来，看宝宝是否将话听懂了，并能正确将话传出去。耳语是一种特有的方式，它声音低，不让他人听见。同时听者只能用听觉去理解，不能同时看眼神和动作。孩子很喜欢耳语，因为它有一种神秘感。2 岁半的宝宝正处于语言学习阶段，只靠听觉，没有其他辅助方法，要听懂耳语有一定难度，开始先说一个物名或两三个字的短句，让孩子第一次传耳语成功，增强孩子信心，以后再逐渐增长句子并增加难度。

认知能力训练

认识数字 1、2、3 和若干汉字：幼儿容易以形象区分事物，如“线条 1”“鸭子 2”“耳朵 3”等汉字近似图形，容易学习和分辨。

容量多少：用一大一小的塑料瓶，让孩子用水将小瓶装满，再倒入大瓶，再从大瓶倒入小瓶，以建立容量大小的概念。

继续复习圆形、三角形、正方形、长方形等；在巩固红、黄、黑三种颜色的基础上再学认绿色、蓝色、白色等色彩，要反复练习。

训练幼儿懂得日常需要：要教会幼儿口渴要水喝，饿了要吃饭，困了要睡觉。当天气变化，感到冷要加衣，感到热要脱衣，生病了要上医院看病等日常生活需求。还要懂得鱼在水中游、鸟在天上飞、狗在地上跑等知识。

情绪和社交能力训练

训练幼儿会安静片刻

幼儿生性好动，只要睡醒后睁开双眼，总是不停地活动，很难控制自己安静片刻，因此应加以训练。

方法：家长和幼儿都做好准备，关上门，关上一切音响设备，安安静静地坐好，闭上眼睛。此时一切杂乱紧张心情都会渐渐消失，而且可听到许多从前未感受到的细微声音，如远方车过马路声、风吹树叶声。幼儿经过几分钟的安静训练后，懂得保持安静才能更集中注意，才听得到以前听不到的细微声音，并学习保持安静的方法。开始每次安静训练 3 分钟结束，以后渐延至 5 分钟结束。安静训练时，可用耳语说话或用手势表示结束。然后站起来，轻声离开屋子，开始进行户外欢腾的活动。这种安静训练，每周 1 ~ 2 次。受过安静训练的孩子会自觉安静，减少活动和发声，学会约束自己。同时也培养专注力，对以后学习有好处。保持安静也是教育幼儿文明礼貌的行为。让孩子学会该活动时尽情活跃，该安静时能保持安静。

学习做家务和学说文明用语

幼儿在家中应培养帮助大人做事的习惯，如大人扫地，他拿簸箕；大人擦桌椅，他擦玩具等。大人与人交往中说“你好”，要让幼儿学习，在家中对长辈要称呼“你好”，接受帮助时说“谢谢”，早晚均要道“早安”“晚安”，分别时要说“再见”。孩子在接受礼物时要听从家长命令并说“谢谢”。

继续培养交往能力

在和同伴一起玩耍中，如出现打人、咬人等行为时，大人要用语言、手势和眼神给予批评，增强孩子的控制能力，来终止这种行为，对孩子不良行为的制止要及时，态度要坚决，不要打骂，不能庇护，培养幼儿在友好的气氛下与同伴交往玩耍。

生活自理能力训练

学会穿背心和套头衫

培养幼儿自己穿衣服的自理能力。

方法：先找出一件前面有图的背心和套头衫，让孩子识别前后，同时看清领口前开口比后面大些，将两手伸到袖筒或背心的袖口内，双手举起，将衣服的领口套在头上，用手帮助使衣服套过头而穿上。这种学习最适合从夏季开始，夏季衣服尚单，天气暖和，孩子动作再慢也不担心着凉。夏天让孩子学会穿衣服和松紧带裤子，到秋天渐渐加衣服时，这也是渐渐学习的过程。

学会擦屁股

培养孩子大便时自己解开裤子，蹲在便盆上大便，便后学习自己擦屁股，开始练习时，大人在旁边监督，但不可包办代替。让孩子拿纸擦，若未擦干净，再给纸擦，直到擦干净为止。并及时表扬孩子能干，自己的事自己做。

最有益于儿童思维的玩具是什么

最有益于儿童创造性思维的玩具是最简单的、原始的材料，而不是技术含量高、做工复杂的昂贵玩具。例如沙土、厚纸板、木块、水和玩水玩具、黏土、大纸盒等。

孩子可以用这类玩具做泥塑，捏他想象的东西；用沙建沙堡；用大纸盒做成房间或小动物的家。这些玩具使孩子的游戏富有创造性，使他们的创造性思维得到展现，他们玩起来可以花样翻新。

要循序渐进教孩子学计算

教孩子学数的概念，必须根据幼儿的特点，由易到难，由具体到抽象，循序渐进地进行。

1 岁的孩子，虽然不懂得数字，但知道多和少、大和小，喜欢的食物知道要大的，要多的。逐渐他们知道 1 和 2，会说："再给一个""再给一个"，要很多就不断"再给一个"。他能指着自己找出 1 个嘴、1 个鼻子、2 个耳朵、2 只眼睛。

两岁多的孩子，可以学唱"一、二、三、四、五，上山打老虎"的数数歌谣，能手口一致地点数物品，虽然有时口和手不一致，或漏数、数重。逐渐他们能数得很好，最后能数出总数。在日常生活中，多少、大小、上下、前后、早晚的时间、空间概念慢慢能够掌握。但往往不能正确表达物体的特征，把长的、宽的、高的都说成大的，把短的、窄的、矮的都说成小的。他们往往还凭视觉而不是凭计算得出结论，比如两排同样多的物体，一排排得松些，一排排得密一些，问孩子两排是否一样多，他可能说排得松得多。

幼儿阶段过了以后，孩子的数学能力会发展很快。在幼儿阶段，孩子之间存在很大差异，孩子学得慢、学得少不要紧，只要家长坚持不懈，在生活中点点滴滴地教，对孩子一定是有益的。

幼儿独立能力的发展

幼儿时期各种心理活动都在迅速发展。他们能逐渐控制自己的情绪，能做应该做而自己不喜欢的事。

幼儿独立性最突出的表现是模仿，模仿可以更快地发展幼儿个性才能。幼儿的模仿带有很大的独立见解，他们模仿自己喜欢的，感到新奇的，表现出自己的兴趣爱好，也表现出极大的积极性、主动性。喜欢听故事的孩子，模仿妈妈讲故事是那样逼真，说话的风度、语气、声调、语音、速度都很像。喜欢跳舞的孩子，对舞蹈演员的动作看得极为细心，模仿相当真切。喜欢武术的孩子，携枪带棒，手脚动作灵巧。来了客人让他讲个故事，他却要讲讲自己编的，而不是妈妈教的。可见，独立能力促进个性才能的发展，也是个性才能的发展标志。

这种独立性促使他们事事要自己试试，反对成人过多干涉和束缚，越是成人限制的事，他们越要想方设法寻机试试，常在成人离开时开始动手，有时不免要闯出大祸来。

在游戏里，他们扮演得非常认真，努力使自己的语言、动作、行为像真的一样，从而满足自由行动的心愿，满足好奇、好动、好模仿的心理欲望。因此，父母应为孩子创设游戏的方便条件，吸引他们参加成人的活动，多给锻炼独立做事的机会，正面引导总比消极制止好处多，不仅少惹是非，更有助发展孩子们的才能。

孩子拿了妈妈的钱怎么办

刚刚满 3 周岁的孩子从来没有去买过东西。但是她却认得 5 块、10 块、100 块的钱了。因此，她强烈地想用钱去买东西。

幼儿看到父母的生活习惯想要模仿，并且通过这些“生活学习”，逐渐学会做一个普通人。他们对待金钱或买东西也不例外。他们对此抱有“我也想这样做”的学习欲望，这并不奇怪，更不是坏事。

如果妨碍了儿童这种极其自然而又理所当然的欲望，就必然会发生偷偷从妈妈钱包里拿钱的行动。遇到这种情况，妈妈就觉得“这可不得了”，思想上受到很大震动，甚至把它夸大为“犯罪行为”，那是错误的。但对于瞒着父母的行为，特别是随便把钱拿出去，也是应很好地进行教育的。

对孩子口语表达能力的要求

会听：要培养孩子安静、有礼貌地注意听别人讲话，不打断别人的话，不在别人说话时乱闹。能听得准确，对于简单话和简单意思，能够复述。

会说：一是对话，要培养孩子能按要求回答问题，不论回答得对不对，但要切题。二是有讲述能力，能够把要求、经过谈清楚。

有良好的讲话习惯：培养孩子喜欢讲话，能在众人面前开口讲话。讲话时表情合适，语句中没有过多的停顿和重复，不说脏话。

3 岁的孩子可掌握 1000 个左右词汇，以名词和动词为主。形容词主要是“大、小、冷、热、红、白、蓝”等常用词，但用起来还不十分准确。3 岁孩子主要应掌握以下范围的词汇。

名词和动词，掌握生活中常见物品名，如家具、电器、食具、食物；环境中的植物、交通工具、建筑等。动词是常见动词，如吃饭、上街、穿衣等。

形容词，要教孩子易于理解、能直接感知的词，如大小、方圆、颜色、味道，反映感觉的饿、疼、渴等，表示味道的甜酸苦辣等。

数词，10以内的数可以正数倒数，并可以应用。

副词，能应用说明时间的先、后、早、晚，能使用“最、很、都”等。

幼儿的想象世界

婴儿出生不久，就会模仿。模仿母亲的面部表情，模仿母亲动作。模仿，恰是想象发生的基础，丰富的想象来自巧妙的模仿。2岁左右出现想象的萌芽。把模仿成人活动的行为，迁移到游戏中去，形成最初想象的简单因素。比如，一个一岁半的女孩拿起一支铅笔，一会往布娃娃嘴里塞，口中叨叨着：“吃药！吃药！”过一会又往娃娃屁股上扎，说着：“打针！打针！”这时在她的头脑里出现妈妈给她喂药和医生为她打针的情形。这支铅笔与勺、针的表象联系起来。

随着言语的发展和经验的积累，模仿成人做事的心理需要很快发展起来。到两三岁，想象逐渐进入初级状态。

成人应创设更方便的条件，给孩子们更多的模仿机会。模仿得越像，将来想象得越真切、丰富。父母应珍惜孩子们这简单幼稚的想象嫩芽。

无意想象占优势

幼儿的想象还没什么目的性，所想内容也很简单，多半在刺激物的影响下直接引起。想象的主题不稳定。外界事物千变万化，直接影响着幼儿；幼儿也常因客观事物的变化而转移。因此，所想象的主题也就忽而这样、忽而那样，很不稳定。比如在角色游戏“儿童医院”里，看到听诊器他就是医生，看到注射器他又是护士。在“玩具工厂”里，当工人做玩具，可玩具做好他就不是工人了。做成照相机之后，他去当摄影师。做成长枪他就当战士。

他们想象的主题随时改变，年龄越小变化越快。画个圆圈一会儿说是鸡蛋，一会儿又成了苹果，再过一会儿变成馒头、饼干……随着经验的丰富、语言的发展，内抑制力增强，想象的主题逐渐稳定下来，到六七岁，一个角色游戏可连续玩一周，一张主题画可先想好了再动笔。

没有固定目的和预想

幼儿常以想象过程为目的。在一个“玩具工厂”里可以看到：一伙男孩用拼塑材料制作玩具，问他们做什么，谁也不回答，只见一块接一块地往上安装，看拼得很长，就挂在腰上，说是子弹袋，一会又拆开，变成一支长枪。玩积木，一个劲儿往高堆，哗啦一声倒了，可他并不着急，听听这倒塌的响声倒很有趣，于是再搭，再倒。他们在想象过程中，非常快乐，然而这“快乐”不是事先预想到的。

想象受情绪和兴趣影响很大

男孩总是喜欢用木棍当长枪、当大马、火车……他们提枪带棒玩打仗游戏。女孩总是喜欢抱娃娃当妈妈。兴趣不同，想象内容也不同。孩子们看小人书时，很易激动，当看到画本上出现老狼叼走了小白兔时，急得大声喊起来：“快打死老狼！”当看见坏蛋时，便气得把坏蛋的头揪下来。在想象中，总是喜欢快乐的情景。在幼儿那里，好像不该发生忧愁和悲伤，只能允许好的、美的和愉快的。到幼儿后期，开始出现有意想象，减少了盲目性。喜欢大家商量，事先安排，不愿随随便便草草做事情。

想象的内容常与现实混淆

在幼儿的想象中难辨真假，有时把想象当作现实，有时半真半假，想象与现实混淆在一起。比如，两三岁的孩子玩娃娃，给娃娃喂饭，喂着喂着就喂到自己嘴里去了。孩子们的闲谈非常热闹，常把真真假假混在一起。不了解他们想象特点的人，还以为这些孩子竟扯谎、吹大牛。乱发指责训斥，会委屈了他们。

当然，幼儿的想象，多属再造想象，把现实中看来的反映在他们的活动中，如果他们看不到，也就难以做出反应。

个别聪颖的孩子，非常富于想象，已经出现了创造想象。例如创作出在月牙上荡秋千的画。在孩子们的绘画作品中看到坐在凤凰上飞，在建筑游戏中看到能搬走的大楼，在他们的故事里，听到对未来的幻想。幼儿的想象萌芽是培育各行各业科学人才的基础。

28 ~ 30 个月幼儿的亲子游戏

找错

目的：培养孩子的观察力。

玩法：妈妈在纸上画画，让孩子看，故意把画画错，如把鸭子画成尖嘴，把兔子画成长尾巴，把壶嘴画成朝下，把小猫画成圆耳朵。看孩子能不能挑出错来。

数学游戏

目的：辨别高矮、大小、远近、左右、前后。

材料：画报。

玩法：妈妈找一本大画报中的照片，可以是合影，或许多人物。跟孩子一起看照片中有几个人，几个大人，几个小孩；几个男的，几个女的；前面几个，后边几个；左边是谁，右边是谁；谁比谁高，谁比谁矮。还可以看一看近处有什么，远处有什么。使孩子复习各种数的概念和空间概念。

把小鸡装笼子

妈妈先画一只小鸡，然后让孩子画横、竖线，给小鸡做笼子。

目的：练习拿笔。

学唐诗

(一)清明[①]

(杜牧)

清明时节雨纷纷[②]，路上行人欲断魂[③]。
借问酒家何处有[④]，牧童遥指杏花村[⑤]。

注释：

①清明：一种节气的名称，阳历四月初四、初五或初六，是中国二十四节气之一。人们有在这一天扫墓的习惯。

②雨纷纷，雨点不断。

③欲：好像。断魂：心里极其愁闷，形容扫墓的人非常悲伤。

④借问：请问，询问。酒家：酒店。何处有：哪儿有。

⑤遥指：用手指向远处。杏花村：杏花深处的村庄。

内容：

清明节的时候，春雨绵绵地下个不停，路上扫墓的人们非常悲伤。请问附近哪有酒店？放牛的孩子用手指向远处的杏花村。

诗人描写了清明节时远客冒雨行走的场面，那春雨、行人、牧童、杏花村，组成了清明人们扫墓遇雨的景象。前两句意境凄凉，后两句有解脱愁闷的感觉。诗的语言含蓄自然，耐人寻味，从古代一直流传至今，为人民所喜爱。

(二)游子吟[①]

(孟郊)

慈母手中线，游子身上衣。
临行密密缝，意恐迟迟归。
谁言寸草心[②]，报得三春晖[③]？

注释：

①《游子吟》：古时歌曲的名称。游子：离家在外作客的人。吟：和“歌”“曲”相似。

②寸草：小草。这里比喻游子。

③三春：指春季三个月，农历正月称孟春，二月称仲春，三月称季春，合起来叫三春。三春晖：是指春天的阳光，这里比喻慈母对儿女的恩惠。

内容：

慈母的手里拿着针线，为将要出远门的儿子缝制衣服。走前的行装，缝得密密实实，怕的是儿子短期内回不来，在外地没有人给他缝补。谁能说短短的小草能够报答得了春天的阳光给它的恩情呢？孩子们同样无法报答母亲的恩惠。

（三）黄鹤楼送孟浩然之广陵①

（李白）

故人西辞黄鹤楼②，烟花三月下扬州③。

孤帆远影碧空尽④，惟见长江天际流⑤。

注释：

①黄鹤楼：位于湖北省武汉市武昌的长江边上，是古今的重要名胜。传说仙人子安曾乘黄鹤经过此地，所以叫黄鹤楼。之：去。广陵：今江苏扬州。

②故人：指老朋友孟浩然，唐代著名诗人。

③烟花：柳絮如烟、繁花似锦的艳丽的春天。

④孤帆：一只孤独的帆船。碧空：蓝色天空。

⑤惟见：只见。天际：天边。

内容：

老朋友告别了西面的黄鹤楼，在繁华绮丽的阳春三月，乘船东下扬州。船帆越走越远，只剩下一个影子，最后在水天相连的蔚蓝天空中消失了，只见那滔滔长江水远在天边向东奔流。

学儿歌

（一）毛毛和涛涛

毛毛和涛涛，
跳高又赛跑。
毛毛跳不过涛涛，
涛涛跑不过毛毛。
毛毛起得早，
教涛涛练跑。
涛涛起得早，
教毛毛跳高。
毛毛学会了跳高，
涛涛学会了赛跑。

（二）大猫和小猫

大猫毛短，
小猫毛长，
大猫毛比小猫毛短，
小猫毛比大猫毛长。

学常识——水果

西瓜

西瓜是圆形或椭圆形，皮是绿色的，瓜瓤大多是红色，有黑籽。西瓜味甜，水多。

葡萄

葡萄是一串串的，葡萄粒是圆形或椭圆形，有紫色和绿色两种。葡萄味酸甜。

桃子

桃子是粉红色的，外面有绒毛，是爱心形，味甜，有一个核，核里面的仁不能吃。

山里红

山里红圆圆的，红色，里面有核，味酸，可以做糖葫芦、山楂糕、山楂片。

石榴

石榴是圆形的，皮较硬，成熟以后裂开口子，里面有许多浅红色的石榴籽，亮晶晶的。

学常识——四季

春天

带孩子到户外，看季节与大自然的变化。

春天天气转暖，树上长出新叶子，地上长出绿草，美丽的花儿开了，人们脱下棉衣，换上更鲜艳的衣服。妈妈带孩子到公园看花。

春天到，春天到，
树上开红花，
地上长绿草，
春天春天真美好。

夏季

夏季天气很热，树上长满绿叶，地上一片绿油油的青草，知了不停地叫着，人们都穿着单衣。妈妈可带孩子去游泳。

夏天到，夏天到，
红红的太阳当头照。
知了热得叫不停，
我学游泳水上漂。

秋天

秋天天气凉了，树叶变黄了，或者变红了。人们穿上夹衣。树叶从树上飘落下来，妈妈带孩子捡拾落叶。

秋天到，秋天到，
菊花美丽太阳照，
秋风吹，树叶飘，
好像蝴蝶在舞蹈。

冬天

冬天天气冷，大多树叶都掉光了，只有松柏常青。草也枯黄了。水结成冰，有时下雪，常刮大风。人们穿上棉衣，下雪时，妈妈可以与孩子玩雪。

北风吹，雪花飘，
小朋友们穿棉袄。
冬天寒冷我不怕，
蹦蹦跳跳身体好。

学常识——蔬菜

圆白菜

圆白菜也叫卷心菜，圆形，菜叶一层一层紧紧地包裹着。

茄子

茄子有长的和圆的，茄子是紫色的，皮很光滑，里面是白色。

冬瓜

冬瓜有大有小，大冬瓜有十几斤。皮是绿色的，表面有细毛。里面是白色，中间有籽。

韭菜

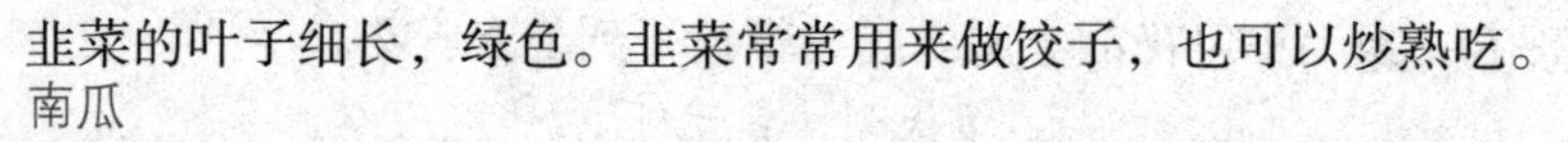

韭菜的叶子细长，绿色。韭菜常常用来做饺子，也可以炒熟吃。

南瓜

南瓜多是扁圆的，熟的南瓜是黄褐色，里面金黄色，有籽。

菠菜

绿色，根是红色的，菠菜可以做汤或炒熟吃。

大白菜

大白菜的叶子一层一层地包裹着。它的叶柄长而且宽。

31 ~ 33 个月幼儿的生理特点

身体发育

体重

男孩约 13.5 千克，女孩约 13.3 千克。

身高

男孩约 93.3 厘米，女孩约 91.0 厘米。

头围

男孩约 45.9 厘米，女孩约 48.8 厘米。

胸围

男孩约 50.5 厘米，女孩约 50.2 厘米。

牙齿

20 颗乳牙。

体格发育

此阶段的幼儿，躯体动作和双手动作在继续发展，比前阶段熟练、复杂，而且增加了随意性，可以比较自如地调节自己的动作。可以自由轻松地从楼梯末层跳下。会独脚站立。双手动作协调地穿串珠，会用手指一页一页地翻书。会将纸折叠成长方形。对周围事物有极大的好奇心，喜欢不断地提问。

感觉运动发育

喜欢看图书、听故事，能回答故事中的主要问题。穿鞋时能分清左右。学习自己洗脚，自己穿有扣子的衣服。喜欢帮助妈妈做事。能自己收拾衣物和玩具。

语言、适应性行为发育

宝宝会用简单句与人交往，不仅会用你、我、他代词，还会用连词。知道许多日常用品的名称和用途。所用简单句包括主语、谓语和宾语。所用的词汇中以名词最多，动词次之。直接用名词陈述自己或别人的行为。开始出现问句如“我们上哪儿去玩？”开始学会等待，如去公园玩碰碰车要排队等候等。

心理发育

幼儿在认识物体时，几乎都是按照物体的形状进行选择，而不是根据物体的颜色。说明此期幼儿认识物体，首先注意的是物体形状而不是物体的颜色。开始出现想象力，但比较简单，只是实际生活的简单重现，如在家用娃娃当宝宝，自己当妈妈，送娃娃上幼儿园等。但想象力能使幼儿做出超越当时现实的反应，心理现象可以更为活跃丰富。

此阶段，幼儿的思维方式仍明显地带着行动性。思维与行动密切联系。能分出物品大小。能模仿画横线、竖线。数数能数 6 ~ 10。与周围人们有广泛复杂的交往，促进了情绪和情感的发展，出现高级情感的萌芽。如成人给予他简单事情做，完成后会体验到“完成任务”的愉快。和小朋友相处，会不产生友爱、同情等情感体验。认识简单行为准则，如“对”或“不对”或“不可以”。

睡眠

夜间睡眠 10 ~ 11 个小时，午间睡眠 1 ~ 2 个小时。

31 ~ 33 个月幼儿的合理喂养

2 岁 7 个月幼儿的喂养特点

2 岁半后，幼儿乳齿刚刚出齐，咀嚼能力不强，消化功能较弱，而需要的营养相对较高，所以要为他们选择营养丰富而易消化的食物。饭菜的制作要细、碎、软，不宜吃难消化的油炸食物。要有充足的优质蛋白。幼儿旺盛的物质代谢及迅速的生长发育都需要充足的、必需氨基酸较齐全的优质蛋白。幼儿膳食中蛋白质的来源，一半以上应来自动物蛋白及豆类蛋白。热量适当，比例合适。热量是幼儿活动的动力，但供给过多会使孩子发胖，长期不足会影响生长发育。膳食中的热能来源于三类产热营养素，即蛋白质、脂肪和碳水化合物（糖类）。三者比例有一定要求，幼儿的要求是：蛋白质供热占总热量的 12% ~ 15%，脂肪供热占 25% ~ 30%，糖类供热占 50% 左右。各类营养素要齐全，在一天的膳食中要有以谷类食品为主，有供给优质蛋白的肉、蛋类食品，还要有供给维生素和矿物质的各种蔬菜。

一日饮食举例

早饭上午 8：00　牛奶 200 毫升，茶鸡蛋 1 个，小馒头 40 克。

上午 10：00　水果 1 个。

午饭中午 11：30　肉卷（面 50 克、肉片 20 克、葱 10 克），红白豆腐（猪血 20 克、豆腐 20 克），丝瓜蘑菇汤（各 20 克）。

下午 3：00　牛奶 200 毫升，蛋卷 2 个。

晚饭下午 6：00　米饭 1 碗（米 50 克），炒三丁（豌豆 20 克、胡萝卜 20 克、肉末 20 克、香菇 10 克）。酸菜粉条汤（酸菜 30 克、粉条 10 克、肉末 10 克）。

多给孩子吃猪肝

猪肝营养丰富，含铁较多，是预防小儿贫血的食物。每 100 克猪肝中，含蛋白质 21.3 克，脂肪 4.5 克，碳水化合物 1.9 克，钙 11 毫克，磷 270 毫克，铁 25 毫克，胡萝卜素 8700 单位，维生素 B_2 2.11 克，维生素 B_3 16.2 毫克，维生素 C 18 毫克。它的营养价值很高。

猪的肝脏和人的肝脏功能差不多，也是猪体内的解毒器官和生化工厂。猪吃的饲料中的添加剂、猪体内产生的废物等，都要集中到肝内分解、解毒。因此，买猪肝一定要买新鲜猪肝，买回来后要长时间冲洗，然后浸泡 1 小时，以减少猪肝内的毒物。

另外，猪肝内可能有病毒或寄生虫等，制作猪肝一定要煮熟，炒猪肝一定要炒熟，不能吃带血的肝。

给孩子吃些粗粮

小窝头

原料：细玉米面 400 克，黄豆粉 100 克，白糖 250 克，小苏打少许，桂花 3 克。

制法：

将玉米面、黄豆粉、白糖、苏打掺在一起，慢慢加温水揉和。

和上桂花做成小窝头。

上屉蒸熟。

金银糕

原料：玉米面、大米面、白糖、干酵母、蜜枣。

制法：

大米面放干酵母发酵成糊状，加白糖。

玉米面加凉水和小苏打和成糊状，铺在笼屉上。上面铺发好的大米面，放上蜜枣。

上笼蒸约 1 小时。

枣豆丝糕

原料：玉米面、小豆、小枣、小苏打。

制法：

玉米面加小苏打和好。

小豆煮熟，用冷水冲一下。

小枣泡开。

玉米面一半铺在笼屉上，小豆控干水撒在上面，将另一半玉米面盖上，用手拍实，将小枣放在上面。

蒸 1 小时，切块食用。

豆馅丝糕

原料：玉米面、红豆沙、小苏打。

制法：

玉米面加小苏打和好。

玉米面夹红豆沙放在笼屉上。

蒸 1 小时。

贴饼子

原料：玉米面、小苏打。

制法：

将玉米面和小苏打和好，做成饼子形。

放铛上，两面烙。

两面焦

原料：玉米面、葱花、盐、油。

制法：

玉米面调成糊，放上葱花、盐、香油，放在铛上摊成饼，两面烙焦。

菜团子

原料：玉米面、拌好的菜馅。

制法：

将玉米面加小苏打和好。

用玉米面做皮包成团子。

上屉蒸 1 小时。

扒糕

原料：荞麦面。

制法：

荞麦面和水搅成糊状。

将糊按成扁饼。

上屉略蒸即熟，放冰箱。

吃时切片，浇醋、芝麻酱、蒜汁等食用。

莜麦面窝窝

原料：莜麦面。

制法：

莜麦面和好，搓成小筒状面卷，上屉蒸熟，浇上调料食用。

31 ~ 33 个月幼儿的日常照料

给孩子找什么样的幼儿园

给孩子选择幼儿园时，不要光看它的广告做得怎么样，它们介绍得怎么样，父母还要亲自到那里去看一看。

幼儿园里的教职工是否受过专业训练？

幼儿园里气氛怎么样，是很活跃，还是管理得死气沉沉，把孩子管得像小学生。

教员能否和孩子亲切相处？

在幼儿园的所有角落是否都充满温暖和爱护？

幼儿园的教学是否组织得好？各种活动是否有教学目的。

幼儿园的环境、设备、教具是否很好。

幼儿园的营养师是否有专业水平。

怎样教孩子上厕所

在小孩具有以下条件时就可以训练孩子上厕所了：能够自由地在房间走动；有能力轻松地在马桶上坐上和下来；能够很容易地自己穿上和脱下内裤；同时知道许多诸如“干”“湿”“尿”“屎”等词意思；能够在不被责骂训斥的情况下按照父母的简单指示办事；能够每天排几次小便，而不是一天零零散散到处小便。

平时穿衣服、脱衣服，尤其是提裤子、脱裤子时，应尽量鼓励小孩自己动手。当你上街买东西时，可以让孩子去公共厕所，目的是让孩子知道使用公共厕所是很方便的。父母应该改掉一定回到家里才上厕所的习惯，因为小孩子没有那么久的控制能力。

在正式开始训练前，应做一些准备工作。父母要确保孩子有一个使用方便的便盆，因为孩子在大小便时不易保持平衡。应为孩子准备很多内裤，大约10条左右。这样就可以应付许多意外弄脏内裤的情况。同时，洗这么多内裤比一次只洗两三条内裤经济得多。孩子的内裤不应太大或太小，以使孩子能很容易地将内裤脱过臀部及大腿根部但又不至于掉下来为好。

当孩子需要使用厕所时，父母必须让孩子自己独立做每一件事情。而且通常让孩子多吃一些流质食物来鼓励他们多上厕所（注意避免吃任何易引起腹泻或腹痛的果汁）。当父母小便时让孩子注意听一听，来帮助孩子了解上厕所究竟是怎么一回事。这样训练有助于使孩子直观地明白在厕所里大小便与在便盆上大小便是一回事。

一开始应该教男孩坐下来小便而不应站着撒尿。否则，一听到响声或受到惊吓，他们常常会把浴室弄得到处都是小便。

在如厕训练结束后6个月左右的时间里，孩子偶有一次反复，这是意料中的事，与如厕训练的方法无关。许多孩子在6或7岁之前仍有许多麻烦事发生。3岁以下的儿童夜尿多或尿床（遗尿），应该是意料中的事，与如厕训练无关。孩子并非故意要弄湿他们的床，因此不应该因为尿床而责骂他们。

大多数孩子在大便后不能擦干净他们的肛门，尤其是在大便稀软的情况下，对很多孩子来说，这种情况要到4岁才会得到改善。如果你的孩子排便困难或便秘，甚至便后喊大腿酸痛，你就应该考虑每天饮食中给予更多的植物纤维或粗粮。在如厕训练中，没有比小孩便秘引起的麻烦更糟的了。如果孩子经常便秘或排便困难，你就应该在进行如厕训练前带小孩找医生看一看。

给孩子多吃芝麻酱

我国营养学家提倡孩子多吃芝麻酱，因为芝麻酱不仅营养丰富，而且经济易得。芝麻酱是高蛋白、高钙、高铁的食物，每100克芝麻酱中，含20克蛋白质，而瘦肉中才含16.7克，鸡蛋才含14.7克。每100克芝麻酱中含钙870毫克，瘦肉中含11毫克，蛋是55毫克，豆腐是200毫克。每100克芝麻酱中含铁58毫克，鸡蛋是7毫克，瘦肉是25毫克。

芝麻酱可以做糖包的馅，可以烙芝麻酱火烧、糖饼、做花卷；也可以拌凉菜。如果孩子喜欢吃，用芝麻酱拌上白糖每日吃几小匙也很好。另外市售的饼干不要夹巧克力的，去买夹芝麻酱的，也很好。

纠正孩子用口呼吸

有的孩子以口呼吸，易感冒，易患咽炎。

呼吸应通过鼻子来完成，鼻腔有温暖、润湿和洁净空气的作用，保护呼吸道。不论严冬还是盛夏，空气经过鼻腔到达肺里，都可接近体温。鼻腔黏膜上皮有许多腺体，它们不断分泌液体，使吸入的空气湿度保持在75%。鼻毛不断地将阻挡住的灰尘、细菌推向口腔，鼻中还分泌溶解细菌的酶，增强了鼻腔的保护功能。

如果孩子用口呼吸，不仅鼻腔的作用用不上，而且会唇干舌燥、咽干，容易患呼吸道疾病。

孩子用口呼吸，有的是坏习惯，有的是因为疾病，如鼻腔或副鼻窦炎症、慢性扁桃体炎、增殖腺肥大等。如果不及时治疗，纠正孩子用口呼吸的习惯，长期下去，孩子容易长成张口或上唇短向上翘或露齿的面容。

因此，如果孩子用口呼吸，家长应及时带孩子去耳鼻喉科检查。

保护皮肤，从小做起

皮肤覆盖着人的整个身体，是人的门面，也是人体抵抗细菌入侵的第一道防线。一个人从小到大，经历千千万万个日子，皮肤保护着身体，功劳可大了。不管什么部位受到损伤，首先被伤害的都是皮肤。外出时日晒风吹，遮掩身体的又是皮肤。一个人从小到大到老，皮肤从鲜嫩而趋向衰老，如果不爱护皮肤，不从小就注意皮肤的保养，那么，皮肤就会过早地衰老，看上去人就比实际年龄要大，也就是说，过早地衰老了。

那么，应当怎样保护皮肤呢?

首先，要保持皮肤的干净、清洁。每天洗脸，经常洗手，尤其是饭前便后要认真洗手。有的人做过试验，用清水冲手可以冲掉手上的细菌，效果与用消毒水泡手相差不明显。所以我们在洗手时应该多冲一会儿。

洗澡既能保持皮肤的清洁，又能促进皮肤的血液循环，增加皮肤的抵抗力。因此。孩子应该养成每星期洗澡 1 ~ 2 次的习惯。洗澡时不要使用含碱量大的肥皂，只需要使用含碱量小的香皂，婴儿洗澡既能保持皮肤的清洁，又能促进皮肤的血液循环，增加皮肤的抵抗力。因为小孩子的皮肤嫩，碱大了会刺激皮肤，同时还会降低皮肤的酸性，有利于细菌繁殖。值得注意的是，用过浴液后要用清水冲洗干净。

合理的营养是皮肤保持健康的重要保证。孩子应该做到不挑食，多吃瘦肉、牛奶、鸡蛋、青菜、胡萝卜、西红柿等富含营养和维生素的新鲜食品，以保证自己的皮肤得到充足的营养。

足够的阳光有促进皮肤健康、杀死细菌的功效。阳光中的紫外线有助于人体骨骼的正常发育，紫外线还能刺激血液再生，使血红蛋白升高，使皮肤红润。此外，紫外线还能增强机体的免疫能力，减少疾病的发生。孩子应该经常到室外活动，锻炼身体。合理的日光照射可以使人体魄强壮，皮肤健康。

看电视时应注意什么

看电视是孩子生活与学习中不可缺少的部分，通过看电视可以学到许多知识，但如果观看不当，会给眼睛造成负担，引起眼部疾患，因此在看电视时要做到以下几点：

1. 观看电视时要保持一定距离

将电视置于光线较柔和的地方，位置不要太高或太低。电视机的屏幕中心最好与视线处在同一水平位置上。由于在看电视时眼部肌肉处于紧张状态，眼睛和电视机要保持一定距离，以电视屏幕对角线的 4 ～ 6 倍为适。观看时应坐在屏幕的正前方，斜看角度不应大于 45°。

2. 看电视时，室内光线不要太暗

有人喜欢看电视时把屋里的灯都关掉，这样使屏幕的亮度和周围的黑暗形成较大反差，长时间观看造成眼睛疲劳。相反，若房间灯光很亮，图像就显得灰暗，而且也看不清楚。因此看电视时，屋子里的光线不要太暗，也不要太亮，可以在屋子里开一盏柔和的小灯，这样眼睛就不容易疲劳。

3. 看电视的时间不要太长

儿童看电视时间不能超过 1 个小时，就要到别处转一转，喝点水，上厕所或站在窗前向外眺望一会后再看，也可以利用放广告节目时闭目养神，使眼睛得到一定时间的休息。

31 ～ 33 个月幼儿的早期培育

大动作能力训练

让幼儿自如地走、跑、跳

让幼儿与小伙伴玩“你来追我”游戏，练习跑跑停停。让幼儿练习长距离走路。

训练上攀登架

锻炼幼儿勇敢的性格，学习四肢协调，身体平衡，学习爬上三层攀登架。

方法：将三层攀登架固定好，每层之间距离为 12 厘米（不超过 15 厘米），家庭中可以利用废板材或三个高度相差 10 ～ 12 厘米的大纸箱两面靠墙让宝宝学习攀登。攀登时手足要同时用力支持体重，利用上肢的机会较多，可以锻炼双臂的肌肉支撑自己的体重。同时锻炼脚蹬住一个较细小的面也要支撑全身的平衡能力。

攀登要有足够的勇气和不怕摔下去的危险，因此要检查攀登架是否结实可靠，支撑点是否打滑等安全因素。家长要在旁监护，鼓励孩子勇敢攀登。

钻洞训练

使宝宝能钻过比身高矮一半的洞，培养宝宝克服困难的勇气。

方法：在家庭内利用写字台的空隙或将床铺下面打扫干净让宝宝练习钻进去。或利用大的管道或天然洞穴。钻洞时必须四肢爬行，低头或侧身才能从洞中钻过。孩子都喜欢钻洞。孩子有时还将一些玩具带到床铺下面钻进去玩。宝宝也喜欢一个属于自己的小空间。因此可用一只大纸箱如冰箱、洗衣机的大包装箱，在箱的一侧开“门”，一侧开小窗户透入光线，以满足孩子的需要。宝宝可以钻进这个小门将箱子作为自己的家，将一些小东西带进去玩，也可带小伙伴进去玩。孩子在钻进钻出的同时，锻炼了四肢的爬行和将身子和头部屈曲的本领。四肢轮替是小脑和大脑同时活动的练习。

骑足踏三轮车

练习驾驭平衡和四肢协调。2岁半到3岁的孩子由于平衡的协调能力差，骑老式三轮车更为安全。孩子先学习向前蹬车，家长在旁监护，尽量少扶持，熟练之后，自己会试着左右转动和后退。双足同时踏，配合双手调节方向，身体依照平衡需要而左右倾斜。这些都是很重要的协调练习。

语言能力训练

训练说物品的用途

选孩子日常熟悉的物品如杯子、牙刷、毛巾、肥皂、衣服、鞋等，说出名称和用途。

训练说词模仿动作

训练幼儿在不断说出各种能表现动作和表情的词，让孩子模仿，如说“哭”，就做哭状；说“笑”，就做笑状；说“开汽车”，就模仿开汽车等，也可大人做各种动作，让孩子说出词。

反义词配对训练

锻炼思维、记忆能力，发展言语。

方法：在宝宝认识若干数字的基础上选出10对字卡做反义词配对。如出上时应配下，出长时应配短，出大时应配小等。在平时学汉字时要有意地成对学习，可便于孩子理解，又可做配对训练，可加深记忆。

认知能力训练

学写数字和简单汉字

方法：先学写近似的数字，如1和7，再学写4，这3个数字都以直线为主，也容易辨认。然后学写2和3。2似鸭子，3似耳朵，注意3的方向，开口向左。再学写5。5与3方向相同。然后学0和8。许多小孩用两个小圈连成8，经过教导才会旋转成8，要注意3和8的区别在于3是两个半圈，向一边开口，8是封口的圆。最后才学写6和9。6头上有小辫，9下面有脚。

学习认识人的不同职业

家长要随时给孩子介绍不同职业的人所做的工作和作用。如乘公共汽车时，认识司机是开汽车，售票员是给乘客卖车票。种地的是农民。修路的是筑路工人等。使宝宝学会尊重做不同工作的人，和各种不同的人配合，如早晨看到清扫马路的阿姨，告诉他不要随便把物品扔在地上，要扔到垃圾箱等。

理解时间概念的培养

宝宝习惯于有规律的生活，他懂得每天早饭后可以玩耍，到10点吃过东西可以到外面去玩耍。回来时总是随大人买点菜或食品，准备午饭。饭后午睡，起床后吃一点东西再去玩耍，然后爸爸或妈妈回家。很快再吃晚饭，饭后全家人在一起游戏，再吃水果，然后洗澡睡觉。当宝宝有一些要求时，大人经常告诉他“吃过午饭”，或“爸爸下班回来”“午睡之后”等，以作为时间概念，这样宝宝容易听话，也能耐心等到应诺的时间。幼儿的时间概念，就是他经历的生活秩序。幼儿还不认识钟表，也不懂得几点钟是什么意思。上托儿所的孩子会模仿大人看钟，他会从针的角度和自己的生活日程，知道下午吃完午点后当针指到那个位置妈妈就会来接他，所以快到时间就会竖起耳朵听脚步声，拿上自己的衣帽准备回家。

规律的生活是十分重要的。如果突然换环境，或改变了生活规律，孩子会感到不习惯，不睡觉，甚至哭闹不安。3 岁前应少变更生活环境，晚上要与父母或亲人在一起。

收取物品训练

锻炼宝宝的自理能力和良好的生活习惯。

方法：当妈妈把全家人洗好的衣服放在床上时，一定要请宝宝来帮助收拾，从日常生活和观察中，宝宝能认识妈妈的衣、爸爸的袜子、宝宝的衣服等，学叠衣服，分清属于谁的，就放到谁固定的地方。让宝宝认识每个人放东西的地方后，还可随时帮大人取东西。学会家中东西放在固定的地方，不能随便乱放。自己的玩具也要放在固定的地方，这种家中物品分类收放的过程，也是养成生活有条不紊的好习惯。

情绪和社交能力训练

购物助手训练

让宝宝认识各种商品和购物的程序。

方法：带宝宝去超级市场，让他当助手，取商品时，可让他取，当他对买到的东西感兴趣时，可一一介绍，使他认识许多物品。出门时，让他看计算器如何显示，若会认数字，让他念出来，促进他认数字的兴趣。让他看看付钱和找钱。在自由市场购物时，介绍一两种他不认识的蔬菜，购买一些回家尝。让他听卖菜人介绍，怎样讨价还价，怎样用秤来称菜，这些宝宝都感兴趣，回家后会将所见所闻在游戏中重演。

学习等待

锻炼忍耐的性格。2 岁多的宝宝，脾气急躁，尤其想要的东西得不到时，就会发火，因此要让宝宝学会等待。

方法：带宝宝去游乐园，玩上滑梯、坐碰碰车或坐飞机等，都要经过排队、买票才能轮到玩，教孩子耐心等待，才可享受玩的快乐。等待在生活中是免不了的，要经常找机会让孩子学习忍耐。

生活自理能力训练

自己洗脚的训练

目的：培养自理能力。

方法：妈妈口头指导宝宝脱去鞋袜，将脚放入盆中，用肥皂将脚趾缝、脚背、脚后跟都洗干净，用毛巾擦干，穿上干净袜子和拖鞋。鼓励孩子自己将水倒掉。让孩子自己洗脚，学会生活自理。

学会穿有扣子的衣服

目的：练习自己穿脱衣服的能力。

方法：先学穿前面开口有扣子的衣服。让宝宝先套上一只袖子，将另一胳膊略向后伸入另一袖内，将衣服拉正。让宝宝先从衣服下方两边对齐，扣上最下方的扣子，逐个往上扣。领口的扣子不会扣，可请大人帮助扣。

活动是幼儿心理发展的源泉

幼儿好奇好动是心理发展的需要。“淘丫头出巧的，淘小子出好的。”言之有理。

环境刺激与人脑的相互作用是在活动中进行的。离开人类活动，无法练就各种才干。

特别是幼儿期，活动尤为重要。孩子们的各种感知能力、记忆能力、想象力和思维能力，无不紧紧依靠他们的活动。穿针引线、摆积木、折纸画画，发展手眼协调动作；角色游戏使想象更丰富；唱歌跳舞使性格更开朗活泼。各种使用手指尖的动作，对大脑产生良好刺激；手的反复动作，使大脑产生概括，懂得不同物品用不同的方式，使用不同的力量，这就学会了分析、比较。在活动的同时，产生了直觉行动性思维。进入幼儿期，为了学会思考，必须依赖具体东西、玩具和实物，来作为他暂时理解过程的基础。可见，幼儿的各项心理都产生于活动，并在活动中得以发展。好动的孩子，往往是伶俐的孩子。若要幼儿傻吃闷睡静坐，其就会变得呆头呆脑。因此，幼儿期的教育，必须组织丰富多彩、天真活泼的活动，让孩子们在愉快的活动中，长身体，练才干。

智力开发的最佳时期

动物心理学做了许多研究，证明了在小动物的生活中有一个关键期。在这期间，如果条件适合，它就获得某种能力，过了这个时期，再进行训练，就很难收效。比如出生的小仔猫不会看东西，八九天后才能睁开两眼看东西，在这关键期，条件优越，大脑发育良好，视觉很快变得敏锐。如果此时把猫眼蒙住，过这段时间再打开，它的视力就很难恢复。小鸡孵出第四天左右，学会追逐妈妈，如果在这关键期将小鸡与母鸡分离，这只小鸡再也不会追逐妈妈了。

幼儿自出生到入学前，某方面的心理水平发展很快。在这个时期，神经系统发育产生突变，某种学习能力和掌握行为经验都比较容易。比如脑的发育有几个激增期：3 ~ 10 个月、2 ~ 4 岁、6 ~ 8 岁。入学前就出现三次激增，入学后还有两次。随着神经纤维鞘化过程的完成，出现某种能力发展的敏感期，也就是心理发展的飞跃期。比如，两岁到入学前，是掌握口头言语能力发展最快的阶段，其中，学习说话最积极、最主动、速度最快是两岁左右。如果这个年龄阶段不加培养，语言发展缓慢或不会说话，以后再学习说话就很费力。

孩子的玩具分几类

孩子的玩具在设计时注意到孩子的需要，都有一些相应的教育功能，好好选择玩具时，应该能够理解设计者的构思。

动物类玩具。这类玩具简单，用于孩子识别。

建筑玩具。如积木和各种塑料插块，让孩子随意拼搭，发挥孩子的想象力，可以随心所欲创作出各种各样的形象。

游戏类玩具。比如小炊具、小家具、医生用品、车、枪等可在孩子做模仿游戏时使用。

运动玩具。比如拖拉车、小三轮车、学步车。

视听说玩具。有小婴儿玩的带响声的玩具、小乐器、会发声的电子玩具等。

益智玩具。如拼图玩具、计算玩具、绘画玩具、拼插玩具等。

科学玩具。用于孩子理解物理、数学等的概念，适于较大的儿童。

幼儿的语言训练

3 岁前孩子常用的口语训练方法，主要是讲故事、看图说话、说儿歌等。

讲故事。给 3 岁前的孩子讲故事，与学前儿童讲故事不同，最好能准备些玩具和图片，边讲边演示。比如讲《小猫钓鱼》，就找来小猫的玩具；讲《胡萝卜糊了》，就准备小熊、小狗、小鸡、小兔子等几个玩具，也可买几个布袋木偶，一边讲一边表演，帮助孩子理解和记忆，表演的时候语言丰富，有利于孩子掌握有关词汇和言语表达。如果像给大孩子那样讲故事，纯粹语言描绘，然后由孩子去联想，理解起来比较困难，因为这个时期孩子的思维十分具体。

说儿歌。孩子很喜欢说儿歌，儿歌上口好记。3 岁前孩子说的儿歌应短小、顺口，内容浅显易懂，形象要鲜明生动。儿歌不只妈妈说，还可以教孩子背诵，孩子背儿歌不困难。

看图说话。3 岁以内的孩子可以看单幅图，图的色彩鲜艳，形象有趣。有因果联系双幅及多幅，孩子看起来还比较困难，因为 3 岁前的孩子对事物间的理解还不强，观察复杂事物比较困难。他们主要还处于了解“是什么”阶段，还不到问“为什么”的阶段。有的孩子智力发育较好，另当别论。

孩子的能力在增长

视觉特点

儿童的视力到六七岁才接近正常成人的视力。因此，他们看东西总喜欢离得近些，越是想看出个究竟，就越要凑得近一点，有时身子要贴近物体。所以，给幼儿使用的图片要大些，幼儿坐的位置稍近些，需要他们仔细观察的东西，要拿近他们身旁。

幼儿初期，已经能够辨别红、橙、黄、绿、天蓝、蓝、紫七种颜色，但还不会说出各种颜色的名称。女孩比男孩的颜色识别能力高，可能因为女孩一出生就盖上了大花被，会走后头上系着花蝴蝶结，穿上花裙子；而男孩出生就没给鲜艳的颜色刺激。可见，颜色视觉能力与所处环境条件关系密切。

眼球运动的目的性、方向性直接影响视力。

实验证明，3岁左右看图片时，只限于图形的某一部分，只会做一些单一的、向相反方向扫视，不能追视整个图形，所以看图效果很差。到四五岁，可看清图形的轮廓，也能看清细节。但一些视觉目的性差的孩子，还存在很大差异。比如3分钟内看完6种熟悉而常见的物品图片。一些孩子不仅看清还能说出看到什么。另一些孩子,3分钟才看完一半，那一半看也没看到，待图片翻过，他只能说两三件。可见视觉目的性、敏度的差异，直接影响认知活动的质量。

幼儿眼肌嫩弱，调节功能较差。要他们看的东西，距离要合适，光线要充足，大小要适宜，以防眼肌紧张。看物时间不能过久，以防眼睛疲劳。此外注意营养，预防眼疾。

听觉特点

幼儿的先天素质不同，后天训练条件有别，所以听觉感受性存在明显的个体差异。有些孩子两岁可唱出复杂的摇篮曲，有的孩子入小学还分不清说话的语调。一般来说，听觉感受性随着年龄的增长而发展。

言语听觉是在言语交往活动中发展的。自出生开始受到言语训练，六七个月即可发出语音，周岁开始说出短句，两岁流畅地讲话。如缺乏交往，到周岁半也说不出几个单词。

幼儿言语听觉与成人不同，他要听得明白，必须首先看得清楚，把视觉与听觉结合起来，听觉才显得更加灵敏。只听不看，就会出现“假聋”或“半听见”。比如，要幼儿去做什么，必须把他叫到身旁，让他眼睛看你，看清你的说话口型、面部表情及说话时的情景，这样，他才会听懂你交代的事。如果离得很远，向他喊话，声音再大，也是白费力。

在生活中，要注意培养孩子逐渐学会不看也能听懂成人说什么，特别要发展倾听细小声音的能力。

保护幼儿的听觉器官——耳朵的健康更为重要，如果耳聋发生在周岁以前，便要终生成为哑人。为了幼儿听觉的灵敏，必须创设一个安静舒适的环境，避免杂乱吵闹，防止噪声干扰。长期生活在强噪声环境里，会造成内耳听觉器官发生器质性病变，导致耳聋。同时也要避免过强、过长的声音刺激，以免听觉疲劳，降低听觉感受性。

幼儿时期易感各种疾病，特别易患中耳炎。保护听觉首先要防耳病。

动觉和皮肤觉的特点

动觉是由骨骼和肌肉系统所发生的各种运动刺激，作用于运动分析器而产生的感觉。动觉反映自己身体的各种变化，也就是自己的动态、姿势和动作、运动的强度和速度，以及肌肉的松紧。这种感觉对调节各种复杂而协调的动作起支配作用。

皮肤觉是由外界的机械或温度刺激作用于人的皮肤而引起的反应。幼儿的肤觉发育最早，也最灵敏，洗澡水热一点就不喜欢下水。

但幼儿的动觉发展较晚，对自己身体的运动感知能力很差，所以幼儿做体操、跳舞，只能学会粗线条的动作，不易掌握细微复杂的舞姿。

动觉和肤觉的联合叫触摸觉。它可使人感知物体的大小、形状、轻重、软硬、弹性、光滑粗糙等特质属性。触摸觉常常与视觉同时起作用，成为复杂的知觉现象。

人手是一种特殊的感觉器官，肤觉和动觉在手上联合反应。当眼和手协调动作发展以后，由于触摸觉加上视觉的参加，便使反应更精确。此时的手，也就变为极重要的认识工具。

幼儿认识事物全靠双手活动，不管什么东西，他都喜欢动手摸摸，幼儿的手是他认识事物不可缺少的智力工具。因此，在幼儿各项活动中，应尽力发挥双手的作用，训练手指尖，让手指尖上多出智慧，手巧心才灵。

空间知觉

这是较复杂的知觉，它包括方位知觉、距离知觉和立体知觉。方位知觉是辨别上、下、前、后、左、右。距离知觉是辨别远近。立体知觉则是前两种知觉的结合。

幼儿的空间知觉发展较晚，是在不断运动过程中逐渐体验的。所以幼儿站队总爱聚成一小堆，排成一行行比较困难。在舞台上演出总爱挤到一个角落，很难拉开一定距离，更不易形成很美的造型。

幼儿穿鞋，常反穿，左脚穿上右脚的鞋，右脚穿上左脚的鞋。

有经验的老师在舞蹈、体操教学中，总要以幼儿的方向为标准，要幼儿伸右臂时，教师则要伸左臂，因为幼儿辨别空间方位是以自身为中心的，只有这样，他才会准确地支配左右臂。

空间知觉的发展紧紧依靠教育训练，多让孩子们参加体育游戏，常到公园里散步，在大操场上跑来跑去，有助于增强距离感、立体感。特别是学会有关方位词语，在词的指示下，会更快地掌握各种方位。

图形知觉

幼儿的画，人像头发都立起来，手指都散射着，扣子钉在肚子上。画桌子，四条腿在一侧。这是因为孩子们还未掌握空间透视关系，加上他们思维的具体形象性，画出来的画都很奇异。

幼儿在感知图形时，首先感知图形的轮廓，而忽略图形的方位。如书写阿拉伯数字时，常倒写或横写。

孩子们在看画报、小人书时，成人应多给解释，使他明确为什么有远有近、有大有小、有前有后，帮助幼儿理解空间的意义。

时间知觉

时间知觉是对客观现象的延续性和顺序性的反应。幼儿的时间知觉发展较晚。他们只知道大概念：现在、今天。对明天、后天、前天、星期几却很难理解。

根据上述幼儿感知能力发展的特点，成人要经常让孩子参加发展各种感官的活动，使所有的感受器同时受到训练，特别是多训练幼儿的双手，积极参加游戏、劳动、学习，让眼、耳、鼻、舌、身各种器官协同活动，快速发展感知能力。

31 ~ 33 个月幼儿的亲子游戏

冰变水，水变冰

准备：小杯子 1 个，冰块数块。

玩法：

从冰箱里拿出冰块，放在小杯里。让孩子看冰块融化。

将融化的水放进冰箱，冻成冰块给孩子看。

目的：引起孩子对自然变化的兴趣。

数学游戏

材料：6 根吸饮料的麦管，每一根比前一根剪短 1 厘米。

玩法：把 6 根长短不同的麦管混放在一起，让孩子按长短顺序排成阶梯，一头摆齐，找出最长的和最短的。

目的：按长短排序。

摆脸

准备：磁铁棒 1 根，塑料垫板 1 块，纸、曲别针或小铁片数个。

玩法：

在塑料垫板上画一个人头轮廓，再按人头大小在纸上画眼、鼻、口、头发等，各自剪下来，在背面贴上曲别针或小铁片。

将画五官的纸片放在垫板上，在垫板下面移动磁铁，使五官纸片移到相应位置。

目的：了解五官的位置。

学儿歌

（一）分果果

多多和哥哥，
坐下分果果。
哥哥让多多，

多多让哥哥。
都说要小个，
外婆乐呵呵。

（二）天上一颗星

天上一颗星，
屋上一只鹰，
墙上一个钉，
桌上一盏灯，
地上一根针。
一个不留心，
打翻灯，
碰掉钉，
吓走鹰，
抬起头来看，
满天都是小星星。

（三）小华和胖娃

小华和胖娃，
两人种花又种瓜。
小华会种花不会种瓜，
胖娃会种瓜不会种花。
小华教胖娃种花，
胖娃教小华种瓜，
小华学会了种瓜，
胖娃学会了种花。

（四）小花鼓

一面小花鼓，
鼓上画老虎。
小锤敲破鼓，
妈妈用布补。
不知布补鼓，
还是布补虎。

学唐诗

（一）绝句

（杜甫）

迟日江山丽[①]，春风花鸟香。
泥融飞燕子[②]，沙暖睡鸳鸯[③]。

注释：

①迟日：人们称春天时的太阳为迟日，因为春天来了，日照时间就长了，所以为迟日。

②融：滋润。飞燕子：燕子飞来飞去。

③沙：沙滩。

内容：

春天的阳光把大地打扮得格外美丽，春风阵阵，鸟语花香，冬天的冰雪已经融化，小燕子从远处飞来衔泥搭窝，河滩上的沙子被阳光晒得暖暖的，一对对鸳鸯躺在上面舒舒服服地睡觉。

这是一首思念故乡的小诗，描绘了春暖花开、鸟语花香的美景，表达了对故乡的思念。

（二）望庐山瀑布[①]

（李白）

日照香炉生紫烟[②]，遥看瀑布挂前川[③]。

飞流直下三千尺[④]，疑是银河落九天[⑤]。

注释：

①庐山：江西省九江市南，风景优美，是我国旅游胜地。瀑布：从陡峭的高山上直泻下来的流水，远看好像挂着的白布，故称瀑布。

②香炉：即香炉峰，是庐山西北部的一座高峰，峰顶有云雾弥漫，似香烟缭绕，因此称为香炉。紫烟：香炉峰上在日光照射下徐徐上升的紫色烟雾。

③遥看：远远看见。挂前川：垂挂山前的河流。

④飞流：飞快的水流，笔直地落下。三千尺：指瀑布非常高。

⑤银河：天上的银河，又叫天河。九天：古代传说天有九重，这里指天空的最高处。

内容：

在强烈的阳光照射下，香炉峰顶上烟云缭绕，好像从香炉里袅袅升起淡色紫烟。远远望见像一幅白绸子似的瀑布，从高山顶上垂直地挂在山前，飞流而下的瀑布很高很高，真是气势磅礴。

学常识——鱼

鱼生长在水里，会游泳，离开水就会死亡。

金鱼：金鱼有很多种，有红、橙、紫、蓝、黑、白等多种颜色。金鱼身体又短又肥，有条轻盈的大尾巴，很美丽。金鱼是人们养着专门供观赏的。

带鱼：带鱼生长在海里，身体又扁又长，像一根带子。全身银白色，嘴大、牙尖，喜欢吃小鱼和虾。

鲤鱼：鲤鱼生长在河里、池塘里。鲤鱼两端小，中间大，身上有鳞。金黄色的鲤鱼很美。鲤鱼爱吃水草、小虫。

学常识——鸟

鸟有羽毛，有翅膀，会飞。

麻雀：麻雀很小，嘴尖，羽毛是褐色带斑点。有两个翅膀，会飞，在地上跳着走。麻雀叽叽喳喳地叫，吃粮食，也吃虫子。

鸽子：鸽子的眼睛很圆，嘴又尖又硬。鸽子有白色、灰色、褐色或黑白色等。鸽子能飞很远，而且认识回家的路。鸽子会咕咕地叫。

燕子：燕子是蓝黑色，肚子是白色。尾巴分叉像剪刀。燕子能飞很远。能捉虫吃。

啄木鸟：啄木鸟的嘴又尖又直，用它可以凿开树皮。凿开树皮后，啄木鸟用细长的舌头伸进去吃虫子。啄木鸟专吃树里面的害虫，所以人们称它是“树医生”。

猫头鹰：猫头鹰的身体像鹰，头像猫。它有两只圆圆的大眼睛，在黑暗中能看清东西。它的耳朵很灵。猫头鹰白天睡觉，夜里出来捕捉田鼠。

学常识——家畜

家畜是人们饲养的动物，可以食用或帮助人们劳动。它们大多性情温驯。

牛的身体粗壮，头上有两只角，四条腿。牛爱吃草。牛会哞哞地叫，力气很大，可以帮助人们耕地、拉车。奶牛能产奶，牛奶是孩子的好食品。

狗的身上有毛，四条腿，尾巴喜欢向上卷。狗跑得很快，鼻子和耳朵很灵，狗会汪汪地叫。狗喜欢吃肉和骨头，狗能看门，狗是人的好朋友。

羊的身体瘦长，羊嘴上有胡须，公羊头上有角，四条腿，身上有毛。羊爱吃草。

马的耳朵是竖起来的，颈背上有鬃毛。马的身体很大，有四条腿，很有力气。马爱吃草。马跑得很快，人们骑马到处走，也可用马拉车。马是人们的好朋友。

模仿操

第一节 小鸟找食

两臂侧平举，上下挥动，像小鸟翅膀扇动的样子。前脚掌着地，慢慢向前跑，跑一会儿停下来蹲下，两手相合在嘴前，好像吃东西。反复做三四次。

第二节 长高了，变小了

孩子两臂尽量上举，同时抬起脚跟，说：“我长高了！”然后蹲下两手抱小腿低头，尽量缩小身体，同时说：“我变小了！”

第三节 不倒翁，摇一摇

孩子两手叉腰，上体左右摇摆。

第四节 打气

两脚前后站立，弯下身，两臂在体前上下屈伸，做给自行车打气动作，同时妈妈口中发出“哧！哧！”打气的声音。

第五节 小兔跳一跳

两臂在胸前屈肘，手指向上，掌心向前。两脚原地跳，跳三四下，原地踏步休息。反复跳三四遍。

孩子必知

家庭：自己的姓名、性别、年龄；父母的姓名；住址；家里的电话号码。

人的身体：知道人体的主要部分的名称，器官的作用。

卫生用品：认识自己常用的卫生用品，知道使用它们的重要性和不使用的后果。

衣服：知道主要的衣物及名称，熟悉衣服的穿脱顺序。

食物：了解食物对身体发育的重要性，并能叫出主要食物的名称。

餐具：熟悉餐具，并能使用。

时间：能辨别白天黑夜、上午、下午等。

植物：能正确说出植物的根、花、叶、果。

物的特征：知道颜色、冷热、大小、形状、气味、滋味、硬度等。

动物：认识常见家畜。

季节：知道有四季。

计算：掌握 1 ~ 5；熟悉方形、圆形、三角形，区别大小。

社会生活：尊重父母和长辈；与小朋友团结友爱；认识国旗；熟悉重要节日。

颜色：认识红、黄、蓝、绿。

角色：知道炊事员、老师、清洁员、医生、司机、警察、饲养员、士兵、工人、农民等角色。

34 ~ 36 个月幼儿的生理特点

身体发育

体重

男孩约 15.6 千克，女孩约 15.1 千克。

身高

男孩约 95.6 厘米，女孩约 93.2 厘米。

头围

男孩约 50.9 厘米，女孩约 49.8 厘米。

胸围

男孩约 52.5 厘米，女孩约 52.2 厘米。

牙齿

20 颗乳牙。

体格发育

3 岁末，脑的容量为 1000 克，整个幼儿期脑容量只增长 100 克。但脑内的神经纤维迅速发展，在脑的各部分之间形成了复杂联系。神经纤维的髓鞘化继续进行，尤其运动神经锥体束纤维的髓鞘化过程进行更显著，为幼儿动作发展和心理发展提供了生理前提。

神经系统的抑制过程明显发展，但兴奋过程仍占优势，因此幼儿仍容易兴奋。

幼儿期大脑皮层活动特别重要的特征，就是人类特有的第二信号系统开始发育，为儿童高级神经活动带来了新的特点。儿童借助于语词刺激，可以形成复杂的条件联系，这是儿童心理复杂化的生理基础。

感觉运动的发育

3 岁的孩子，自主性很强，能随意控制身体的平衡和跳跃动作。可掌握有目的地用笔、用剪刀、用筷子、杯、折纸、捏面塑等手的精细技巧。学会单脚蹦、会拍球、踢球、越障碍、走 S 线等。

语言和适应性行为发育

3 岁孩子，主动接近别人，并能进行一般语言交往。学会复述经历，学会较复杂用语表达。好奇心强，喜欢提问。生活自理能力增强，会自己穿脱衣服及鞋袜。此阶段，个性表现已很突出。喜爱音乐的，爱听录音机的歌曲。对画感兴趣的，喜欢各种颜色。对文学感兴趣的喜听故事，朗读也带表情，语言流畅，能表达自己的意思，会讲故事、背诗词等，会编简单谜语。

心理发育

幼儿期的心理发育在新的生活条件和各种活动中向前发展。

3 岁儿童独立行走后便能自由行动，主动接近别人，和其他儿童一起玩，接触更多事物，对幼儿期儿童的独立性、社会性和认识能力的发展均有积极作用。

3 岁儿童的双手动作发展得复杂多样，自己穿脱衣服，自己洗手、洗脸等。双手协调，不论在动作的速度还是在稳定性上都有明显增进。

3 岁儿童已熟练掌握 300 ~ 700 个单词，和人交往时已能使用合乎日常语法的简单句，并出现问句形式。

由于动作和语言的发展，智力活动更精确，更有自觉性质，在感知、想象、思维方面都得到发展。幼儿通过游戏活动，开始出现高级情感萌芽，懂得一些简单的行为准则，知道“洗了手才能吃东西”“不可以打人，打人妈妈不喜欢”这些行为准则，可以和小朋友们和睦相处，也是为品德发展做准备。

自我意识开始发展。自我意识就是人对自己和自己心理的认识。人由于自我意识的发展，才能进行自我观察、自我分析、自我体验、自我控制及自我教育等。

自我意识是意识的一种表现。人的意识形成和参与社会生活及言语发展直接联系。幼儿能够自由活动，可广泛参加社会生活，同时又为掌握语言、发展意识创造了条件。自我意识发展，使儿童作为独立活动的主体参加实践活动。自己提出活动目的，并积极地克服一切障碍去取得吸引他的东西，或做他想做的事，这种积极行动和取得成功，能激起他愉快的情感和自己行动的自信心，从而促进儿童独立性的发展。此阶段儿童，喜欢自己做事，自己行动，常说"我自己来""我自己吃""我偏不"，成人应尊重儿童独立性的愿望和信心，同时也要给予帮助。

幼儿自我意识发展，当他开始出现的"自尊心"受到戏弄、嘲笑、不公正待遇或在别的儿童面前受到责骂时，可产生愤怒、哭吵或反抗行为。自我意识的发展具有复杂的内容，经历很长的过程，在幼儿期只是开始发展。

睡眠

夜间睡 10 ~ 11 个小时，午睡 1 ~ 1.5 个小时。

34 ~ 36 个月幼儿的合理喂养

学做几样小点心

巧克力布丁

原料：白脱油半碗，白糖 2 匙，鸡蛋 1 个，巧克力 75 克，面粉 2 碗，牛奶 250 克，发酵粉 1.5 匙，食盐适量。

制法：

鸡蛋打散。

白脱油用筷子搅成奶油状，慢慢加白糖、蛋液，再搅打均匀，将溶化的巧克力加入拌匀。

面粉、发酵粉、食盐过筛，与牛奶交替拌入白脱油内，倒入容器中，盖严，蒸 2 小时。

可可布丁

原料：可可粉 2 匙，白糖半碗，炼乳 1.5 碗，麦淀粉 2 匙，食盐适量。

制法：

白糖、淀粉、可可粉、盐混匀，慢慢拌入炼乳和 1 碗水，隔水蒸至变稠（加热时搅动）。

将锅盖盖上，继续蒸 15 分钟。

离火，倒入盘中放冷即可。

水果饭布丁

原料：大米饭半碗，甜果泥 1 碗，白糖适量，柠檬汁少许，熟油少许。

制法：

将饭加小半碗水，果泥、白糖、柠檬汁及熟油放蒸锅内煮沸，盖好，焖软。

离火，食时加鲜牛奶。

凉藕糕

原料：藕粉 1 匙，白糖 2 匙，糖桂花少许。

制法：

将藕粉与白糖混合，用适量凉开水调匀，用沸水冲成 1 碗，加糖桂花，晾凉。

苹果沙司

原料：新鲜苹果 100 克，白糖适量。

制法：

苹果洗净，去皮核，加少量水煮软，过筛。

苹果泥加糖，煮开即可。

可配点心或饼干等食用。

莲子奶

原料：发好的莲子 300 克，鲜牛奶 500 克，白糖 150 克，湿淀粉 50 克。

制法：

莲子上笼蒸烂。

水 5 ~ 6 碗煮沸，加糖，放牛奶，再放莲子，煮沸，用淀粉勾芡，离火晾凉。

3 岁幼儿的喂养特点

幼儿与成人每天饮食都应当平衡搭配，这样才有利于身体的营养吸收和利用。每顿应以主要供热量的粮食作为主食，也应有蛋白质食物供给，作为幼儿生长发育所需的物质。奶、蛋、肉类、鱼和豆制品等都富含蛋白质。人体需要的 20 种氨基酸主要从蛋白质食物中来，各类蛋白质所含氨基酸种类不同，必须相互搭配，摄入氨基酸才全面。如豆腐拌麻酱，氨基酸可以互相补充，其营养相当于动物瘦肉所提供的营养，这种互相补充叫作蛋白质互补。

蔬菜和水果是提供维生素和矿物质等微量元素的来源，每顿饭都应有一定数量的蔬菜才符合身体需要。

有些家庭早饭只是牛奶、鸡蛋，不提供碳水化合物食品。小儿身体为了维持上午所需热量，只好将宝贵的蛋白质当作热能消耗掉，影响小儿生长发育。有些家庭早上只有粥、馒头、咸菜之类，只能供热能用，无蛋白质食品也不符合幼儿生长发育的需要。幼儿食物烹调要符合消化功能，即细、软、烂、嫩，要适合幼儿口味，避免用调味品，如味精、花椒、辣椒、蒜等。

学做几种饮料

薄荷茶

原料：绿茶适量，方糖 1 块，薄荷叶适量。

制法：原料放杯中，沸水冲泡。

猕猴桃茶

原料：猕猴桃 150 克，白糖 50 ~ 100 克，温开水 1000 克。

制法：

将猕猴桃洗净，放搅拌器搅细。

加糖，冲入温开水搅匀，晾凉。

鲜藕茶

原料：鲜藕 50 克，清水 500 克，白糖适量。

制法：

鲜藕洗净去皮切片。

加水上火煮，放入白糖。

离火放凉即可。

竹叶芦根茶

原料：鲜竹叶 12 克，鲜芦根 1 尺，盐少许。

制法：

将竹叶、芦根洗净，剪成小块。

加水 1000 克，煮 10 分钟，加盐即可。

杏仁奶茶

原料：杏仁 200 克，牛奶 250 克，白糖 250 克。

制法：

将杏仁放热水中泡数分钟，去皮。

用小石磨将杏仁磨成汁，过滤。

杏仁汁加白糖和水搅匀，煮沸。

兑入煮沸的牛奶，搅拌均匀即可。

每日食谱举例

早餐　白米粥（粳米 50 克），馒头（标准粉 35 克），花生米拌胡萝卜丁（花生米 15 克、胡萝卜 50 克）。

加餐　牛奶 150 毫升，煮鸡蛋 35 克。

午餐　鸡丝面（粉面 75 克、鸡肉 50 克、香菇 15 克、荷兰豆 50 克）。

晚餐　玉米粥（玉米粉 25 克），饺子（标准粉 50 克、瘦肉 30 克、胡萝卜 25 克），木耳豆腐（木耳 10 克、豆腐 50 克）。

全天共用植物油 15 克。

给孩子检查视力

宝宝到 3 岁时，应进行一次视力检查。我国大约 3% 的儿童发生弱视。孩子自己和家长不会发觉，在 3 岁时如果能发现，4 岁之前治疗效果最好。5 ~ 6 岁仍能治疗，12 岁以上就不可能治疗。孩子失去立体感和距离感，以后学习会有困难，也较难胜任许多职业，如司机、飞行员等。学习精密机械、医学等也都有困难。

视力检查可发现两眼视力是否相等。如果因斜视或两眼屈光度数差别太大，两只眼的成像不可能融合，大脑只好选用一眼成像，久之废用的一侧视力减弱而成弱视。或因先天性一侧白内障、上睑下垂挡住瞳孔，或由于治疗不当，挡住一眼所致。检查时发现异常，可及时治疗。

34 ~ 36 个月幼儿的日常照料

孩子为什么睡觉爱出汗

孩子睡觉时，经常满头大汗，这是怎么回事呢?

成年人睡觉时，由于代谢率降低，一般不会出汗。但婴幼儿处于生长发育的旺盛期，新陈代谢快，产热多。另外，婴幼儿睡眠时间长，在睡眠时照样发育，因此在睡眠时往往会出汗。

但是，佝偻病、结核病等患儿也会多汗。因此如果发现孩子有其他症状，应请医生诊治。

孩子怕晒太阳怎么办

有的孩子在春末夏初，经过日晒以后，被晒处皮肤出现红斑体，又痒又疼。有的孩子是在吃了某种蔬菜或某种药物后，晒太阳时会出现红斑、水疱。这种情况叫日光性皮炎。

患日光性皮炎多指在太阳下暴露皮肤 2 ~ 6 小时以上，皮肤发红，出现红斑、水疱丘疹，并有痒痛感。经过 3 ~ 4 日后，红斑逐渐变为暗红色，逐渐消退。水疱破裂后干燥结痂，表皮脱屑，留有色素沉着。

患日光性皮炎的孩子可注意以下问题:

经过户外活动，增强皮肤耐受力。

严重者避免日晒，外出时注意遮阳，穿长袖衣服、长裤、浅色衣服。

在外露的皮肤上涂防晒护肤品。

每日服维生素 C。

日晒出现红斑后，立即用冷水浸湿局部，以减轻反应。

34 ~ 36 个月幼儿的早期培育

大动作训练

玩球

2 岁后宝宝学会接滚过来的球，后又学会接远方扔过来先落地后反跳过来的球。由于球先落地，已经得到缓冲，再接球时已做好准备，所以较容易。学习接直接抛球。大人站在小孩对面，将球抛到小孩预备好的双手当中，球的落点最好在小孩肩和膝之内，孩子接球时可将双手抬高，或有时略微弯腰。开始练习，距离越近越容易接球，反复练习。以后逐渐增加抛球距离，可渐增至1米远。

跳高

练习跳跃动作，将10厘米高的小纸盒放在地上，让孩子跑到近前双足跳过去，反复练习。要注意保护孩子。

学跳格子

在单足站稳的基础上，练习单足跳，也可教小孩从一个地板块跳到相邻的地板块。或在地上画出田字形格子，让孩子玩跳格子游戏。

荡秋千

带小孩到儿童游乐园荡秋千，跳蹦蹦床、扶宝宝从跷跷板的这一边走到那一边，或坐在跷板的一头，大人压另一头，训练平衡能力及控制能力。

精细动作训练

学画人

宝宝学会画圆圈后，已画过许多圆形物品。有些孩子会画上下两个圆表示不倒翁。这就是画人的开始。让宝宝仔细看妈妈的脸，然后在圆圈内添上各个部位。多数孩子先添眼睛，画两个圆圈表示，再在圆顶上添几笔，表示头发。这时家长再帮助宝宝添上鼻子和嘴，再让宝宝添耳朵。家长可示范画一条线代表胳臂，叫宝宝添另一个胳臂。又示范画一条腿，让宝宝画另一条腿。这种互相添加的方法可逐渐完善，使宝宝对人身体各个部位会进一步认识。

学用剪刀

学会用工具锻炼手的能力。

方法：选用钝头剪刀，让孩子用拇指插入一侧手柄，食指、中指及无名指插入对侧手柄。小指在外帮助维持剪刀的位置。3岁孩子只要求会拿剪刀，能将纸剪开，或将纸剪成条就不错了，在用剪刀过程中要有大人在旁监护，防止孩子伤及自己或别人。

练习捡豆粒

将花生仁、黄豆、大白芸豆混装在一个盘里，让孩子分类别捡出。开始训练时可用手帮助他捡黄豆，随着熟练，就让他独立挑选。

言语能力训练

学习复述故事

教孩子看图说话。开始最好由妈妈讲图片给他听，让他听并模仿妈妈讲的话，逐步过渡到提问题让他回答，再让孩子按照问题的顺序练习讲述。

猜谜和编谜的训练

促进幼儿语言和认知。家长先编谜语让孩子猜，如“圆的、吃饭用的”“打开像朵花，关闭像根棍，下雨用的”，孩子会高兴地猜出是什么。启发孩子自己编，让家长猜。如果编得不对，家长可帮助更正。轮流猜谜和编谜，可促进孩子的语言和认知能力。

训练初步推理

与小孩面对面坐下讲故事或讲动物画片时，不断提问，引导孩子回答如果……后面的话，如龟兔赛跑时，小白兔不睡觉会怎样？小兔乖乖如果以为是妈妈回来了，把门打开后又会怎样？通过训练，学会初步推理。

学说英语

当宝宝能够自如地用母语与人对话、背诵诗歌时，就可以开始学外语了。双语学习可以开发儿童的潜能，促进大脑半球语言中枢的发育。语言中枢位于大脑左半球。从小掌握双语的儿童，大脑的两个半球对语言刺激都能产生电位反应，能够用双语进行“思维”。5 岁前，孩子存在着发展语言能力的生理优势和心理潜能。幼儿学外语，以听说为主，不要求学字母，也不学拼写，只要求能听懂，能说简单的句子、会唱儿歌即可。教唱英语歌是幼儿学英语的好方法。

认知能力训练

学习点数

继续结合实物练习点数，让孩子能手口一致地点数 1 ~ 3，训练按数拿取实物，如“给我一个苹果”“给我两块糖”“给我三块饼干”，反复练习，待准确无误后，再练习 4 ~ 5 点数等。

学玩包、剪、锤游戏

这是古今中外儿童都喜欢玩的游戏。先让孩子理解布包锤、锤砸剪、剪破布这种循环制胜的道理。边玩边讨论谁输谁赢，让孩子学会判断输赢。当两个孩子都想玩一种玩具时，就可用包、剪、锤游戏来自己解决问题。

学找地图

找到自己居住的城市和街道。

方法：先让孩子在地球仪或中国地图、本市地图中找到经常在天气预报时听到的地名。重点是多次在不同的地图和地球仪上找到自己住的地方。要学从本市地图中找出自己居住的街道。3 岁孩子受过这种教育是可以记住的，也让孩子记住家中电话号码。

情感和社交能力训练

学习礼貌做客

到了周末，全家准备到奶奶家做客，应事先做一些指导，使宝宝表现有礼貌。进家门口，先问爷爷、奶奶好。当爸爸、妈妈给爷爷、奶奶送礼物时，不可争着要先打开。当爷爷递来吃的东西时要先拿最小的，并且马上说“谢谢”，不要做客时乱翻抽屉和从柜子里取东西，需要什么用具，要“请”奶奶拿。离开爷爷奶奶家时要说“再见”。做客表现好应该回家后及时表扬。

学做家务劳动

教孩子做一些简单的、力所能及的劳动。如择菜、拿报纸、倒果皮等，培养爱劳动、爱清洁的习惯。

幼儿不良行为的矫治

婴儿从出生起，就开始接受周围环境的复杂刺激，并在成人的教育影响下逐渐形成自己的个性。受到良好的刺激，则形成优良品德行为习惯，若接受不良环境刺激和错误的教育，可能造成小儿精神心理上的问题。

模仿脏话的矫治

有的小儿还没学会说话，可一开口就是“妈 ×”，周围人听了哈哈一笑，觉得好玩。待孩子用语言交往时，脏话已经形成习惯，母亲感到束手无策，也难以使他改口。可见，矫治脏话，首先必须有一个文明的语言环境，以美的语言熏陶孩子。在学舌初期，先教会孩子说“请”“谢谢”“再见”“不客气”……结合适当的语言情境，反复多次地进行训练，给以正面强化。在运用过程中，逐渐理解词义，培养友好情感。经过正确的训练，美的语言便在头脑里形成牢固的网络，并能指导良好行为，不仅说出话来感人动听，做起事来也招人喜欢。

攻击性动作的矫治

小儿还不会走路，更不会跑，就能“打架”，一旦发生争端还很难劝解。幼儿在发育过程中，随着手的精细动作和大动作的发育，社群心理能力也不断增强。

如果教育得法，孩子会形成良好的群体心理，喜欢与同伴交往，设法用玩具吸引对方，在共同游戏中体验友好交往的快乐，从而养成友爱行为的习惯。

幼儿出现攻击性行为，多数是模仿的结果。父母经常对孩子进行体罚或变相体罚，或大嚷大叫、怒斥、打骂，孩子就不知不觉地学会动手动脚，对孩子的惩罚成为攻击性行为的示范，作为一种模式映入孩子大脑。据调查资料表明，婴儿期受到严厉惩罚，其攻击性行为更加强烈。在错误的教育下，孩子到了两三岁就学会在不称心时，向对方发出威胁性的大嚷大叫，或用身体攻击，或用语言攻击，大骂他人。男孩的冲突和攻击性行为更多些，女孩口骂较多些。也有些孩子因气质类型以胆汁质为主，情绪容易冲动，心境变换剧烈，性情暴躁，也易出现攻击性行为。

可见，防止攻击性行为，关键在于稳定孩子的情绪，对不明道理的幼儿，严禁施加强制性的手段，强制会激惹他的情绪，引起暴躁。而和蔼可亲的语调、抚爱的动作、慈祥的面容给孩子以安全感，情绪稳定，才会高高兴兴地接受教育和训练。用正面强化的办法，培养良好行为，不乖行为很快就会得到矫治。

执拗、任性行为的矫治

有些孩子，某种需要稍不满足，就大哭大叫、打滚，一闹就是个把小时，闹得母亲心慌意乱，父亲大怒。特别是不喜欢去托儿所的孩子，更会做此类表演。

这类行为多为小儿神经质。主要原因是教育方法不当，过分溺爱，事事得到满足，样样符合心愿。成人对孩子百依百顺，造成他的性格过分拗执，易激怒，不易适应变化了的外界条件，缺乏意志。当要求得不到满足时，就大发脾气，特别是母亲忍耐不住，便向孩子苦苦哀求，孩子见妈妈“投降”，下次闹得更凶。因此，对待孩子的无理要求要耐心诱导，可用注意转移法，满足他合理的需求。在闹得正凶时，可暂时不予理睬，使他感到无聊，也就不闹了。但大闹过后，不要再提此事，以正确的行为引导，使他养成良好习惯。

总之，耐心和缓的正面教育，会有效地矫治各种不良行为。

怎样观察孩子是不是聪明

看自己的孩子是不是聪明，妈妈可以通过观察来比较：

想象力

几个孩子在一起，妈妈让孩子们看天上的白云像什么。孩子们能想象出来的东西有的多，有的少。有的更贴切些，有的差得太远。

让孩子们想象春天来了，会是什么样。有的孩子能想得很丰富形象，有的只说得出儿歌上的几句话。

给孩子们讲一个故事，最后让孩子来结尾，有的能讲得很好，有的讲不出来。

观察力

让孩子们看一幅画，问他们画上都有什么。有的孩子看得很细，注意到了画上的细节，有的孩子看得比较粗。

拿两幅画，大体相同，但在细节上不同。

让孩子看两幅画有多少处差别，有的孩子看出的差别多，有的孩子看出的少。

让孩子看两种物体，如凳子和椅子，让孩子找出两物的相似之处，有的孩子看出的相似之处多，有的少。

记忆力

给孩子画几个图形，如苹果、香蕉、梨、葡萄等，然后收起画，让孩子说他看见了什么，孩子有记住多少之分。

给孩子讲一个故事，讲完以后让他复述，有的孩子记住的内容多，有的少。

思维能力

给孩子许多包括三角形、正方形、圆形，红色、绿色、黄色等不同的纸片，让孩子挑选归类。有的孩子逻辑思维清楚，能将纸片按一定规律分堆，有的则不能。

看图说话，有的孩子能看出图中一事物与另一事物的关系，有的则不能。

妈妈经过观察，可以发现孩子的长处和弱点，要在以后的游戏中，帮孩子扬长补短，促进智力全面发展。

受欺负的孩子有两种表现。一种是回到家里一个劲儿地向妈妈诉苦说，今天强强对我如何如何了，今天伟伟对我如何如何了。

这种类型的孩子，多半不是真正受欺负的孩子。也就是说，从客观上看，他不是受欺负的对象，有一点小事，他就觉得受了欺负。

第二种类型是真正受欺负的孩子。这种类型的孩子虽然有时也向父母诉苦，但更多的是表现得愁眉苦脸、郁郁寡欢、垂头丧气，什么也不说。

幼儿中欺负人的行为，大多数发生在托儿所、幼儿园，或者是近邻之间，家长看得到的时候很少。因此，父母能够照顾到的范围是有限的。请留心下述两种情况：

对第一种类型的孩子，不要认为他是受欺负的孩子，为他们担心，袒护他们，把他们留在家里自己带他们玩，这些做法都会产生反效果。对于这种孩子，应该改变平时“温室里的花朵”的教育方法。不能只让他们与双亲一起生活，应该让他们多多与小朋友一起玩耍，培养他们的抵抗力。

对第二种类型的孩子，则要请求园方出面积极采取具体措施，制止别的孩子欺负人的行为。

怎样教孩子慷慨大方

家长喜欢在孩子小时就教他慷慨大方，常让小婴儿把手里的东西送给他人。有时孩子玩腻了手里的玩具，或是吃饱了，他会把手里的东西递过去。还有时，孩子被成人逗惯了，知道没有人真要他的东西，就递过去，假如真把他的食物咬一口，必然惹得他哇哇大哭。这是因为婴幼儿还不懂得与他人分享的道理。因此，父母不要强迫孩子把他的东西送给别人；不要讲那些他还不懂的什么“小气”“自私”的话；不要因为孩子“小气”伤了大人的面子而惩罚孩子。

在孩子会跟其他小朋友一起玩之后，父母可以让他理解与他人分享的乐趣，体会到互相交换他所得到的好处。在他与别人分享以后，要鼓励他，使他感到自豪，得到新的乐趣，而不是感觉失去了什么。

另外，鼓励孩子帮助他人，特别是值得同情的人，使他乐于助人也是教育孩子慷慨大方的一种方法。父母经常带孩子帮助别人，参加公益活动，让孩子关心他人。对弱者的关心会激发孩子助人的愿望，使孩子产生同情心和助人的行为。

幼儿情感的发展及培养

幼儿时期已经产生了明显的道德感、美感和理智感。这些都属高级社会性情感。

道德感的发展

道德感，是人们评价自己和别人的行为是否符合社会道德标准时所产生的体验。它是掌握道德标准以后产生的。幼儿的道德感，也是在道德认识的基础上形成的。婴儿期只有同情感、怕羞等简单道德感萌芽。到幼儿期，懂得集体纪律、规则，在集体活动中，逐渐形成了责任感、义务感、荣誉感。

美感的发展

美感，是人对事物审美的体验，它是根据一定的美的评价标准而产生的。

孩子出生不久，就喜欢看色彩鲜艳的玩具、形象美观的物体，对那些不成样子的乱糟糟图形躲避不看。八九个月时，给他洗干净脸，梳梳头发，然后给他照照镜子说："多白呀！多漂亮呀！"他便高兴地美美地笑起来。到幼儿期，伴随着乐曲做律动，面带笑容，节奏感鲜明，懂得小手弯弯上翘，表现出内心的欢乐。角色表演时，会用眼神、面容、手势协调动作；唱歌时强弱适宜、音调准确，体验到歌曲那么欢快、悠扬。在绘画作品中，不单单追求颜色好不好，还要追求形象美不美、像不像。

在建筑游戏中，开始追求设计上的美，不再限于往高垒，而要搭出凉亭、楼阁、围栏……显得格外别致。做体操时，如果在优美的音乐伴奏下，神态更加抖擞、刚健有力、协调健美。幼儿要比成人更加喜欢美，只有美好的东西，才会吸引他们的注意。

理智感的发展

理智感是与人的认识活动、求知欲、认识兴趣、解决问题等需要是否满足相联系的体验。它是在智力活动中产生的心理活动。他们对一些问题的答案总要追根问底：人是哪来的？妈妈说：生的。怎么生的？直到问得成人答不出为止。他们喜欢破坏，废电池拆开看看，里面有什么会发电？电动玩具玩不了一天，就得解剖开看看里头什么样？为什么一亮一亮的还会动？更喜欢猜谜语、编谜语，玩各类动脑筋的游戏。在这些智力活动中所产生的好奇、疑问、探究等理智感，成为以后智力开发的重要基础。

家庭早期教育多数着重知识，有的喜欢用"填鸭式"，不管什么都塞给孩子，好像唐诗背得越多越出众，汉字认得越多越聪颖。其实不然。应该把培育的重点放在智力技能方面，教会他们动脑，学会怎样去感知新鲜事物，怎样去观察大自然，怎样把美好的一切记进大脑，已经记住的材料怎样去组织，学会联想，大胆而科学地去想象。特别要会用脑思考，学会推理、判断，学会分析综合，学会认识事物的本质和内在规律。

孩子乱扔玩具不收拾怎么办

孩子玩的时候，把他的玩具一件件都拿出来，扔得到处都是，妈妈看了自然心烦。

幼儿的心理：妈妈总是说我到处乱扔，什么叫到处乱扔？我只是在玩自己的玩具，我没有到处乱扔呀。

还有，每逢我玩得起劲儿的时候，她就嚷着"收拾玩具，收拾玩具"，不让我玩了。到最后肯定又是一句最狠心的话"通通给你扔出去！"她要扔掉我最心爱的玩具，扔掉我最可爱的小狗熊！

妈妈为什么要说出那样欺负人的话呢？我没有做什么坏事儿，怎么说出那么不讲理的话呢？

的确，对于母亲来说，维持家里的整洁和井然有序是必要的，要求孩子收拾好自己玩具的教育也是必要的。但是，孩子“贪玩儿的心情”不是更应该爱护吗？

当孩子整个身心都沉浸在游戏里时，房间里的确到处都是乱扔的玩具。但是，请妈妈不要只盯在结果上，而是要把目光放在孩子那迷恋游戏的童心上。尽情玩耍的孩子是身心健康的孩子。玩耍是幼儿的全部生存意义，也是他们初步学习的开始。

如果总是把命令、催促、斥责、惩罚、威胁等态度与儿童的玩耍和玩具整理联系在一起，其结果就是孩子既不想玩儿，也不想收拾了。

怎么做才好呢？当母亲遇到玩具狼藉、到处乱扔的场面时，千万不要做出双眉紧锁的表情，要以愉快的表情笑吟吟地对他说：“哟，你玩得这么开心呀！”并且利用这种气氛顺势再加上一句“来，让妈妈和你一起收拾吧！”这就轻松愉快地把玩耍和整理玩具的教育结合在一起了。

孩子为什么爱打架

孩子，特别是男孩子都多少有攻击性，他们欺负其他孩子，虐待小动物；或是脾气暴躁，情绪反应激烈。稍大一些，会形成攻击性人格，喜欢破坏、打架斗殴。在幼儿时期，家长要正确疏导孩子的攻击性心理，防止孩子攻击性行为的发展。

父母对孩子要求过于严格，孩子受到压抑，他会用攻击性行为来发泄。

不完整家庭，或父母关系不好，孩子缺少爱，因此往往采用攻击性方式与他人交往。

父母粗暴，行为粗野，孩子就会模仿。

过多地看暴力影响或有暴力的动画片，模仿其中的行为。

自卑的孩子常攻击别人。

多动症的孩子。

以自我为中心的孩子不能与他人合作，不能吃亏。

不管什么原因，孩子强烈的攻击行为应受到限制，对幼儿，妈妈要多表扬孩子的良好行为，鼓励他与小朋友团结友爱，互相合作，并给孩子做出好的榜样，使孩子讲道理、分辨是非。

3 岁孩子智力的检验

给孩子一张 A4 的白纸、一支彩色蜡笔，让其坐在安静环境里，自由地画，不需成人启发干涉，他要怎么画就怎么画。成人只在一旁细心观察。如果他的动作控制较好，手眼动作比较协调，能控制线条的方向和长短，发现自己的动作和纸上出现线条的关系，有意掌握圆形、椭圆形、正方形、长方形、直线，并且态度很认真，情绪很愉快，就表明他的智力活动正常。如果他所画的画面上出现基本形状的组合，图像很多，还会给图像起名字，并做些解说，就表明他已经绘出初期画，手指动作运用自如，大脑的智慧活动很复杂：会观察、会记忆、会想象和思维。如果喜欢画人，画出人体三部分，他的智力合格；画出五部分超常；画出七部分以上，可能智力高超。如果坐不稳，不爱画，只是乱糟糟地画几笔，看不出形状，可能他的智力较落后。

上述这种绘画智力检验法很有趣，但不能测定孩子的全部能力。

3 岁的孩子应会什么

语言

3 岁的孩子能说 1000 ~ 1500 个词；说出的简单句符合语法规则，但对词和词的关系仍掌握不好。他们说话还不流畅、说话不连贯，词的搭配不一定正确。可以经常做看图说话的游戏或选词游戏，使他们的表达更细致、完整、准确。

识字

孩子识字多少与智力无关，喜欢读书识字可以多识，不喜欢不必勉强。因为早期认的这几个字，对于学龄儿童算不了什么。家长要认识到，对于幼儿，识字并非学本领，不过是游戏而已。3 岁的孩子认字，要从最基本的常用字开始，比如一、二、三、四、五、六、七、八、九、十、日、月、天、山、石、水等。

认数

认数及学习数学的基本概念，对于发展孩子的逻辑思维很重要，家长可多下一些功夫，多与孩子玩这方面的游戏。对于 3 岁的孩子，主要掌握以下概念：

识数。从 1 数到 20，不重复，不遗漏。可以用手点着实物，手口一致地由 1 数到 20。能复述家长念出的两位数或三位数。有的孩子可连贯地数到 100，但并不一定能理解。

多少。能区分“1”和“许多”，知道“许多”中有“1”，好多个“1”合起来是“许多”。

能比较 6 以内的“多”“少”“一样多”。懂得 6 以内数的形成、序数和实际意义。

认识图形、三角形、正方形。

会比较物体的大小、长短。

常识

认识家庭：能说出自己的姓名、年龄、父母姓名、家庭地址。

懂得长幼，尊重老人，有礼貌。

认识日常用品。炊具、餐具、家具、衣物的名称和简单用途。

了解成人的劳动。认识炊事员、司机、售票员、售货员、医生、解放军、警察、老师、工人、农民等。知道他们的主要劳动任务和使用的工具。

认识祖国。知道我们的国家叫中国，我们是中国人。知道国旗是红色，首都是北京，认识天安门。

认识四季。知道四季的特征。

认识动物。认识主要的家禽家畜，如鸡、鸭、兔、牛、羊、猫、狗，知道它们的特征，吃什么食物。认识野兽，如虎、熊、狮子、猴、大象、狼等，知道它们的特征，吃什么食物。

认识时间和空间。主要是知道上、下，前、后，知道早上和晚上，白天和夜里。

音乐

3 岁的孩子会用自然的声音有表情地唱歌，学会分清音的高低、长短和快慢，做到不念歌，不喊歌。能唱准曲调，吐字正确、清晰，呼吸正确。对歌词内容能了解，能独立唱完一首歌。能有节奏感。

美工

绘画。学会正确用笔，学习正确的画画姿势。

认识几种颜色，如红、黑、绿、蓝、白、黄等。

会画横线、竖线、斜线、平行线、交叉线和圆。会用线条构成简单物体，笔道清楚，不出纸面。简单涂色。

折纸。会对边折、对角折、四角向中心折等折纸方法。能折几种简单玩具，如被子、小船、房子、球等。

会用对折法找中心线，会用两次对折法找中心点。

泥工。会用两手掌搓泥。会把泥放在手心上揉泥团，并用两手掌将泥团揉圆。会把揉好的泥球用手掌压扁。会把揉好的泥球用大拇指压坑，并会捏出边。会制作几种物品，如面条、麻花、球、花盆、碗等。

34 ~ 36 个月幼儿的亲子游戏

吹泡泡

目的：知道肥皂可溶化在水里。

准备：肥皂薄片、温水、筷子、杯子、吸管。

方法：

给孩子一个小杯子或小瓶，放上温水，让他把肥皂放进去搅动，直到溶化。

让孩子用吸管蘸一点肥皂水，轻轻一吹，吹出肥皂泡。

火柴游戏

目的：发挥孩子的想象力。

材料：火柴一堆。

玩法：妈妈先用火柴摆些图样，然后让孩子随意摆。不要给孩子火柴盒，火柴玩后要收回，以免发生意外。

数学游戏

目的：练习分类。

材料：12 张卡片。其中 4 张圆形、4 张三角形、4 张正方形。每一种又分成红、黄、绿、蓝4种颜色。

玩法：12张卡片混在一起，让孩子按形状分类，摆成三排，上下对齐，再让孩子把每种形状的卡片都按红、黄、蓝、绿的顺序排列起来。

妈妈让孩子闭上眼，取走一张卡片，让孩子仔细看一看，想一想，妈妈取走的是一张什么样的卡片。

学儿歌

（一）是灯还是星

天上满天星，
地上满山灯。
满天星亮满天庭，
满山灯接满天星。
星映灯，灯映星，
分不清是灯还是星。

（二）画画

好娃娃，爱画画，
画个瓜，画朵花，
画只虎，画匹马。
虎踩瓜，马踏花，
瓜打虎，花骂马。
娃娃画画顶呱呱，
挂上画儿笑哈哈。

（三）星

小星星，亮晶晶，
好像猫儿眨眼睛。
东一个，西一个，
东南西北数不清。

学唐诗

（一）芙蓉楼送辛渐[1]

（王昌龄）

寒雨连江夜入吴[2]，平明送客楚山孤[3]。
洛阳亲友如相问[4]，一片冰心在玉壶[5]。

注释：

①芙蓉楼：位于今天江苏省境内，从楼上可以俯视长江。辛渐：诗人的好朋友。

②寒雨：寒冷的雨。连江：长江里的水和远方的天相连。吴：古代周朝

时一个国家的名称，在这里指镇江。

③平明：天刚刚亮。楚：周朝时一个国家。楚山：楚国的一座山，泛指镇江一带。

④洛阳：在今天河南省境内，辛渐要去的地方。亲友：亲戚朋友。如：如果。

⑤冰心：纯洁的心。玉壶：碧玉做成的壶。古人用“玉壶冰”比喻清白，唐人用“冰壶”比拟做官廉洁。

内容：

在一个寒雨不停、江水连天的夜晚，为送朋友而来到镇江，第二天清晨在芙蓉楼送别朋友，眼望着远方那孤零零的楚山。如果洛阳的亲戚朋友问起我的情况，就请告诉他们，我的心仍然像玉壶里的冰一样的洁白纯净、正直清白、光明磊落。

（二）出塞①

（王昌龄）

秦时明月汉时关，万里长征人未还②。

但使龙城飞将在③，不教胡马度阴山④。

注释：

①出塞：一种曲子的名称。塞：边界上险要的地方。

②人：驻守边防的士兵。

③但使：如果、只要。飞将：指汉朝的李广，他作战英勇，人称“飞将军”。

④教：使。胡马：来侵犯的敌军。阴山：山脉名称，在今天的内蒙古自治区境内。

内容：

明月还和秦朝时一样，关塞和汉朝时相同，战争却连年不断，万里出征的将士们没有回来。假如现在飞将军李广还在世，绝不会让敌人的兵马越过阴山。

唐朝初期，在阴山南面的地区，民族之间的战争不断。这首诗，歌颂汉将李广，叹息朝廷任人不当和驻守将领的无能。诗中对汉关和秦月的景物描写，寄托了诗人深厚的思想感情，反映了诗人对国家和人民的关心。

第六章

婴幼儿疾病防治

如何防治婴儿腹泻

除了感冒外，幼儿最常见的疾病是腹泻。

腹泻多发生在 2 岁以下幼儿，其中 1 岁以下占半数，所以又叫婴儿腹泻。致病的原因很多，主要有以下三种：

1. 消化系统不成熟：婴儿消化系统发育不成熟，调节功能差，胃酸及抗体较低，消化酶分泌较少；另外，婴儿生长速度快，需要营养多，胃肠负担重。

2. 感染因素：病菌通过被污染的食物、食具、手等进入消化道，或从身体其他系统的感染扩散到消化道，引起肠胃炎。

3. 非感染因素：如饮食因素，喂养不当。个别婴儿对牛奶不适应，开始喂牛奶后会发生不同程度的腹泻，可改用其他替代品，气候突然变化、腹部受凉、天气过热、消化液分泌少、口渴吃奶过多，均会增加胃肠负担。

那么，该如何防治婴儿腹泻呢？

平时注意婴儿腹部保暖，天热时多喂温开水或葡萄糖水，婴儿腹泻时应注意症状，区分轻重。如是肠胃炎，一般疗法便足够，腹泻严重者需禁食半天或一天，由静脉输液补充水分及热能。抵抗力较弱的幼儿，如 3 个月以下的婴儿或需服用抗生素者，应谨慎防止受沙门氏菌感染而患败血症、脑膜炎、骨髓炎。婴儿患慢性腹泻时，可以改用不含乳糖的止泻奶粉。

如何防治幼儿腹痛

腹痛是幼儿常见症状。一向身体状况良好的幼儿突然腹痛，并且持续不止，就须认真对待。如果孩子的腹部一触即痛，应立即请医生诊治。尽管如此，多数幼儿的腹痛并非严重疾病所致，往往尚未查明原因，腹痛就已经消失。每 10 个患过腹痛的孩子中，大约有 1 个可能会一再腹痛，但是能够找出病因的不到 10%。如果孩子精力充沛，体重增加令人满意，就不存在腹部的疾患。多数患病幼儿的腹痛发生在中腹部肚脐周围，如果发生在腹外周，即左右腹或上下腹，则表示多为机体有疾患。

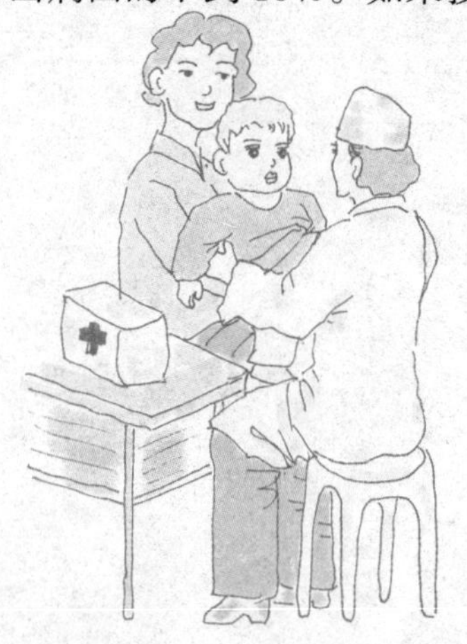

以急性盲肠炎为例，20% 发生于 5 岁以下的幼儿。临床病例变化多端，其中典型的腹痛先在上腹部，后移至右下腹。早期诊断非常重要，若延误时机，不及时动手术，盲肠破裂并发腹膜炎。因此一有怀疑，就必须做检查。

急性肠炎也会引起腹痛，此症常伴随上吐下泻、发热、食欲不振、脱水等现象。

消化性溃疡引起的上腹部疼痛，是由生活紧张引起的，尤其在考试前容易发生。另外，饥饿时也明显有腹痛现象，严重时可见黑色大便，一般可通过胃镜检查进行诊断。此外，便秘、肠套叠也会引起腹痛。

如何处理幼儿便秘

便秘是指排便次数减少、粪便干结、排出时感觉疼痛，甚至排便困难的状况。

大多数幼儿每天排便 1 次，有的一星期只有 3 ~ 5 次，但只要粪便较软，仍属正常；如果每星期只有 1 ~ 2 次则属异常。以下是造成幼儿便秘的原因：

1. 饮食问题：3 ~ 6 岁的孩子以米饭为主，不再以牛奶为重。但不少孩子只吃鱼肉，不吃蔬菜水果，以致体内纤维质缺乏，还缺少水分或其他液体，因此肠胃蠕动机能不正常，容易便秘。

2. 心理障碍问题：2 ~ 3 岁幼儿开始进行排便训练，家长要求孩子按指定次数大便，反而造成心理压力，由于孩子害怕“做不好”、对被迫去洗手间反感；年长一点时，又因贪玩或别的原因而忍住大便，结果粪便干结，排便困难，甚至因肛门皮肤撕裂而疼痛，使幼儿更加害怕大便。

3. 疾病引起的问题：如果某种疾病引起食欲不振或活动力减弱，可能打乱孩子正常排便规律而引起便秘。

防治便秘的办法是多喝水，多吃蔬菜、水果，多进行体育活动，养成良好的排便习惯。

如何防治幼儿感冒

感冒、发热是幼儿最常见的疾病，医学上称为上呼吸道感染。

感冒的一般表现为鼻塞、流鼻涕、打喷嚏、喉咙痛、发热、咳嗽、浑身酸痛、嗜睡、食欲减退。轻度感冒可持续 1 周，严重的可达数周。

其中最令父母不安的是发热，所谓“幼儿发热，父母发慌”。有些父母甚至担心发热会把幼儿的脑袋烧坏。其实发热本身并不可怕，反而是一个警讯，提醒父母要注意幼儿生病了，况且发热不会烧坏脑袋。

幼儿的体温确实需要经常注意，简单的办法就是量体温。正常的体温是 37℃；腋温在 37.5℃以上，才算发热。幼儿易发高热，可高达 39 ~ 40℃。有部分婴儿在发热初期由于突然高热而出现抽筋。有时发热不退，症状加重，上呼吸道感染在下呼吸道或向周围蔓延，会引起并发症如中耳炎。

一般情况下感冒，可让幼儿多喝开水，吃易消化的食物，高热时以冷水或冰水毛巾湿敷前额或擦身，并口服退烧药。有过高热抽筋病史的幼儿，医生可能还要加用苯巴比妥以防抽筋。

如何防治幼儿扁桃体炎

扁桃体属于淋巴组织，呈环状，包围着咽头，把守着呼吸道和消化的入口，是人体抵抗病菌的第一道防线。

张开嘴巴即可见到扁桃体，外观像草莓，有许多隐窝，常有食物残渣留在窝内，致使细菌滋生，尤其是儿童很容易患扁桃体炎。致病的细菌以链球菌最常见，其次为金黄色葡萄球菌和嗜血杆菌。

患急性扁桃体炎的幼儿会发高热、喉咙痛、畏寒、扁桃体充血、发红并肿大，上面附着一些黄白色的点状渗出物。扁桃体炎反复发作会影响到呼吸及吞咽，其并发症有扁桃体周围脓疡、呼吸道阻塞，有些幼儿还可能会患急性中耳炎、急性风湿热、肾小球性肾炎。

那么，该如何处理幼儿扁桃体炎呢？

细菌性扁桃体炎须以抗生素来治疗，多数医生爱用头孢，3 ~ 5 日为 1 个疗程。3 岁以上幼儿如反复感染扁桃体炎，或有过风湿病、肾炎病史，需延长使用头孢 7 ~ 10 天或更长时间。

当病症转为慢性或有并发症，如睡眠时窒息综合征之时，可考虑切除扁桃体以绝后患。一般而言，一年发作 5 次以上，或引起肾病、心脏病、风湿热、扁桃体过于肥大而引致呼吸不畅，应考虑以手术切除。切除后，其他淋巴组织会发挥抵御病菌的作用。

什么是幼儿支气管炎

下呼吸道感染的病症包括气管炎和支气管炎，常继发于上呼吸道感染，但也有原发性的。

气管、支气管常常同时感染，简称支气管炎。病发前多有上呼吸道感染的症状，接着发生持续干咳，1 ~ 2 天后有痰声。婴儿不会将痰吐出，多是再吞入胃；年龄较长的幼儿会吐痰，同时伴有胸痛或气促。

儿科门诊中，此种病相当常见，一般治疗方法与上呼吸道感染相同。根据医生的处方，5 岁以上幼儿因干咳而影响睡眠时，可服咳必清；如果痰多，除多喂开水外，可用祛痰止咳药水；体弱婴儿或怀疑并发肺炎时，可加用磺胺类药物或注射抗生素，以控制感染。

幼儿患急性支气管炎时，医生会根据病情治疗。以下几种情形，医生会建议患儿住院：一是有先天性心脏病；二是神经方面异常者，如脑性麻痹患者；三是年龄较小，如小于 3 个月的婴儿；四是屡次复发，临床症状严重；五是有并发症出现，如肺炎、中耳炎。

如何防治幼儿肺炎

肺炎是婴儿时期的常见病，不但容易复发，也是在婴儿期死亡率最高的疾病。

肺炎多数是因上呼吸道发炎而引起的，如一般感冒、流行性感冒，也可能由支气管炎引起。患麻疹、百日咳等呼吸道传染病时，身体抵抗力较差，容易并发肺炎。

肺炎有六大主要症状：发热、咳嗽、气促、呼吸困难、脸部青紫和肺部湿啰音。

年龄较大的孩子比较容易罹患大叶性肺炎，即其中一个或多个肺叶会被肺炎球菌所感染。3 个月以下的婴儿容易患一种披衣菌肺炎，一般通过黏膜、结膜、上呼吸道和生殖道感染，新生儿可经母亲产道感染。临床可见咳嗽、肺部听诊有喘鸣声，此病还有一个重要特征，就是很少有发热现象，所以又称为无热性肺炎。由于症状不像一般肺炎严重及显著，容易被父母忽略，多数是因为听到喘鸣声才送院治疗。因此，对于 3 个月以下婴儿不发热，而且发出喘鸣声，须有高度警觉性。

如何防治幼儿中耳炎

幼儿由于咽管短而平坦，当上呼吸道受到感染时，常并发中耳炎。

急性中耳炎是常见的儿科病之一。此病主要因感冒、上呼吸道感染、副鼻窦炎、腺样体增殖症引发，临床症状是耳痛、发热、耳漏、耳闭塞感或听力下降，如检查鼓膜，可见鼓膜发红、肿胀，严重者中耳渗出液会变成脓性黏液；如果肿胀厉害，鼓膜会自然破裂而排脓。

治疗中耳炎，一般须服用抗生素 10 ~ 14 天，治疗无效或有耳漏现象者，可做细菌培养，最常见的是链球菌。急性脓性中耳炎者，鼓膜呈现严重的发红及肿胀，可做鼓膜切开手术，鼓膜穿孔排脓后会比自然破裂更容易愈合，而中耳的脓引流出去后，耳痛及发热症状就会有明显的改善。

部分幼儿在急性期治疗不当、延迟就医或反复发作，可能演变成慢性中耳炎或持续性浆液性中耳炎。少数免疫力差的幼儿可能并发乳突炎，甚至颅内感染，所以一定要小心谨慎。

浆液性中耳炎是指患儿中耳有积液，会影响鼓膜震动和声波传入内耳的效果，造成听力下降。如果经过治疗，中耳积液持续 3 个月，医生可能建议装置中耳通气管引流，以免造成永久性听力伤害。

如何处理幼儿流鼻涕

在气候变换的季节里，幼儿流鼻涕是最常见的现象。父母最关心的是需要接受治疗吗？鼻涕要不要擤出来或找医生吸出来？它会不会断根或变成鼻窦炎？

鼻腔是呼吸的通道，其特殊构造能对空气起过滤、加温、加湿等作用。因天气变换或其他因素而引起的幼儿流鼻涕，多见于过敏性鼻炎、急性鼻炎、副鼻窦炎及腺样体增生等。以下是幼儿常患的鼻病：

1. 过敏性鼻炎：此病源自父母先天的体质，加上环境因素，使体内产生过敏反应，发生在肺部为气喘，发生在鼻腔内为过敏性鼻炎。过敏的季节多是花开的春天或天气转凉的秋天。治疗此病一般以抗组织胺这类药物为主，严重者须用类固醇，口服或喷鼻剂均可。

2. 急性鼻炎：感冒时，由于婴儿的鼻黏膜对细菌及病毒的抵抗力极弱，故容易发炎。鼻黏膜红肿，鼻涕由初期水样演变至后期的黏液性或脓液性。患儿鼻塞，多改用口呼吸，治疗方法以治感冒为本。

3. 副鼻窦炎：此病多是短暂、急性或是反复急性。幼儿多患急性炎症，很少像成人那样变成慢性副鼻窦炎。

幼儿一般不会自己擤鼻涕，除了找医生抽吸引流外，也可以买一种“吸鼻器”，按照说明的指示把幼儿鼻腔内分泌物吸出。

尿布疹是怎么回事

尿布疹是十分常见的婴儿皮肤病。顾名思义，此病因尿布而引起。

人的阴部处于隐蔽、不通气的环境，婴儿包上防漏的尿布后，生殖器、屁股、大腿内侧上方的皮肤更处于长期湿热之中，加上尿液、粪便等排泄物经细菌分解，会产生大量对皮肤有强烈刺激作用的物质，尿布疹由此而产生。少数婴儿对尿布所含荧光剂或材料过敏，也会形成尿布疹。

尿布疹的外观是细小红点融合的小斑块，上有轻微的脱皮。父母如果不勤于替婴儿更换尿布或做适当的清洁护理，可能会使尿布疹恶化成糜烂状态，甚至流水流脓，使整个屁股红遍，此时极易并发细菌或霉菌感染。其中以皮肤念珠菌最为常见。婴儿由尿布疹感染念珠菌后，如不迅速诊治，病灶会迅速蔓延到胸、背、腋下、颈部等皮肤，婴儿更加瘙痒，烦躁不安、食欲不振。

对尿布疹的防治，最重要的是要勤换尿布，保持阴部、屁股、大腿等部位干爽。使用药物以较弱的类固醇软膏为主，不过效果较慢，但婴儿皮肤娇嫩，如果使用较强的类固醇药膏可能使皮肤萎缩。

如何防治幼儿麻疹

麻疹是由麻疹病毒引起的急性呼吸道传染病，多见于 6 个月后的幼儿。

幼儿受麻疹病毒传染后，经 10 ~ 12 天的潜伏期，便会进入前驱期（3 ~ 4

天），表现为发热、眼睑发红、结膜充血、流涕咳嗽；然后在口颊黏膜处可见粒状黄白小点，这是麻疹早期特有的口腔黏膜疹。1 ~ 2 天后进入出疹期（3 ~ 5天）。疹子先现于耳后，再扩散至额、颈、胸膜及四肢。疹子呈淡红色，有些会凸起；开始时疹子较稀疏，后逐渐厚密，有些地方融成一片。

出疹时体温增高，可高达 40℃；这期间应多喂水及易消化的食物，但高热时给的退热药不要用足量，以免因热度突然下降而导致疹出不齐、出了又退或变为出血疹。一般疹子出后由淡红转为暗红，依出疹时间顺序消退，体温逐渐下降，这是恢复期。整个过程 10 ~ 14 天。如果麻疹出齐后热度不下降、咳嗽加重、气促，便是麻疹并发症肺炎，这很常见，也是麻疹导致死亡的主要原因。

根据风俗习惯，幼儿患麻疹应忌口百日，但这样容易导致营养不良。患麻疹后没有特别的治疗方法，目前麻疹疫苗普遍应用，已能有效控制麻疹病的发生。

如何处理幼儿水痘

水痘是一种传染性强的疾病，是通过空气中的飞沫或接触传染。潜伏期约2周，发疹的顺序为红斑、丘疹、水泡、脓疱、红痂，变化很快，新旧疹子可以同时存在，所以称为“四世同堂”或“百世同堂”，这是水痘的特点。症状是初起有很多细小的红色疹（斑疹）出现在身体躯干、头皮、脸，后向四肢扩散，严重者连口腔、阴道、尿道的黏膜也会出现水痘。其后斑疹中央凸出成斑后疹，数小时之内变成椭圆形，大小不一，开始为晶莹，后变为混浊的水滴状（水泡疹），周围绕以红圈，患者有痒感。1 ~ 3 天后，水泡、脓疱变干，然后结痂，变为痂疹。

幼儿患水痘会伴有发热现象，但一般热度不高，38℃左右，可持续 4 天，白细胞不会上升。但是免疫力不全的幼儿，例如白血病患儿得水痘，可发热至 40℃，死亡率高达 20%。

因此病令患者感到十分瘙痒，易抓破水泡，可口服抗组织胺或局部涂擦痱子膏止痒。应替幼儿把指甲剪短，洗澡水温度不可太烫。此外，发热时不可使用阿司匹林的退烧药，以免引起并发症，主要是雷氏综合征。

患过一次水痘，即可终身免疫。

如何防治幼儿白喉

白喉是一种由白喉杆菌引起的传染病。在无免疫接种之前，白喉是一种幼儿常见病，可能导致死亡。

白喉杆菌一般在扁桃体、咽喉及周围组织繁殖，并产生一层厚厚的白膜，在繁殖同时分泌毒素，引起全身中毒。此症的潜伏期较短，一般 2 ~ 5 天。其症状除类似感冒外，还有两方面的特点：一是形成局部假膜，最初仅见于扁桃体、咽喉及软腭部分，充血时有薄膜样白色渗出物或白点，发展较快，几小时即形成整片的白薄膜。这种白膜紧紧贴在局部组织上，常见于两侧扁桃体上，如同两扇对开的门。因为膜的形成和周围炎症水肿，引起呼吸道阻塞，致使幼儿哭声及说话声嘶哑，严重时有哮吼性咳嗽，好像狗叫，并且呼吸困难。这时候，患儿表现得烦躁不安，挣扎着呼吸。二是中毒症状，最主要是心肌中毒，患儿表现为脸色青灰、脉搏减速、四肢发冷、拒食、呕吐，可能突然死亡。另外，是神经发炎引起瘫痪，如咽部肌瘫痪、说话不清、流质食物由鼻孔外流等。

白喉患儿应住院进行隔离治疗，即使轻症患儿也应在医院里卧床休息两天，同时接受观察。患病期间多给患儿服用维生素 B、维生素 C 及糖类饮食。最佳预防措施是让幼儿接受免疫接种。

如何防治幼儿百日咳

百日咳是百日咳杆菌引起的急性呼吸道传染病，传染性强，6 个月婴儿也可发病。

此病的潜伏期 1 ~ 2 周，发病初期症状类似感冒咳嗽，而突出的症状是久咳，1 ~ 2 周后咳嗽不减，夜间尤其严重，常常出现持续的痉挛性咳嗽，咳时伸颈、双手握拳、两眼圆睁、脸红耳赤、眼泪鼻涕黏痰一并流出，咳到憋气时，会发出一声尖锐刺耳如同鸡鸣似的深吸气，这是本病的特征，因此又称“鸡咳”。剧咳时可导致鼻流血、眼结膜下出血、眼睑周围出血，甚至脑缺氧、抽筋或颅内出血。痉咳期持续 2 ~ 6 周或更长，后咳嗽程度逐渐减弱，次数减少，2 ~ 3 周后才康复。但在康复期如果又遇到诱因，痉咳还会再出现。整个病情 5 ~ 10 周，但如果及时治疗，可以缩短病程。所谓百日咳并非要咳足 100 天才会痊愈。

自从全面展开预防注射疫苗以来，百日咳发病率已明显减少。对此病患儿的治疗，其中以护理最为重要，即保持安静环境，勿吸入冷空气，少吃多餐及多吃易消化的营养食物。治疗药物以抗生素、磺胺药为主，或服宣肺化痰、清热散寒的中药，也可选用百咳灵、祛痰止咳药水等。

如何防治幼儿蛔虫病

蛔虫病是幼儿最常见的肠道寄生虫病，蛔虫也是寄生在人体内最大的线虫之一。

感染性的蛔虫卵通过被污染的手、食物或生水经口传入。蛔虫卵被吞入幼儿体内，大部分在胃中被胃酸杀死，少数在小肠孵化为幼虫，再经肠道小血管及淋巴管依次进入肝脏、右心、肺、呼吸道、咽喉。再吞下，回到小肠。

蛔虫病的症状轻重不一。第一种是幼虫在体内游走时出现荨麻疹、颜面浮肿、鼻、喉部瘙痒；幼虫经过肺部时会令患者咳嗽、气喘、发热等。第二种是成虫在肠道时，患者会有厌食、多吃易饿、轻泻、便秘及腹痛的症状。腹痛以脐部四周或上腹部为主，不定时。蛔虫长期寄居肠道会引起营养不良、贫血、发育迟缓、精神不宁、睡眠不安、磨牙。第三种是引起并发症，蛔虫钻到胆道、盲肠，或阻塞肠道，会引起剧痛。

对蛔虫病的防治，应注重幼儿饮食卫生和个人卫生，如饭前、便后要洗手，不吃生冷、不洁的食物。在蛔虫病流行的地区，应为幼儿每半年驱虫一次，以免引起并发症。市面上有多种驱虫药，常用的有驱蛔灵、驱虫净等。服用上述药物时可能会引起恶心、呕吐等副作用，但为时短暂，可以给幼儿喝些糖水或白粥。

如何防治幼儿蛲虫病

蛲虫病是仅次于蛔虫病的常见寄生虫病。

蛲虫呈幼线形，长约 1 厘米。雌虫往往在幼儿入睡后爬出肛门产卵，6 小时后即发育成幼虫，再进入肛门。而最初的虫卵大多是经口进入肠道而发育成虫的。因此，蛲虫可以在幼儿体内引起反复感染，并在幼儿集中的地方，如托儿所、幼儿园及家庭中流行。

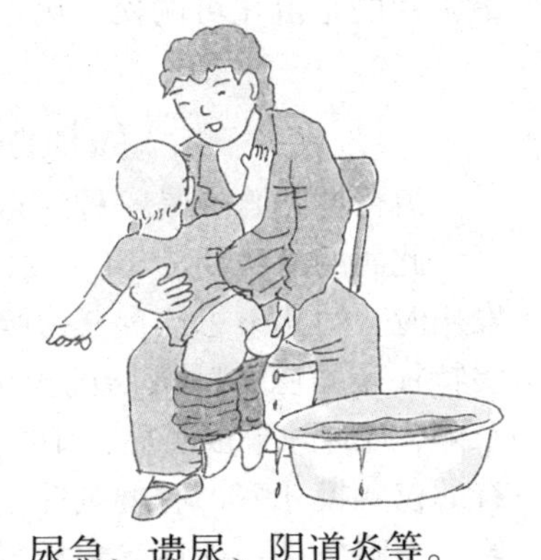

除了寄生于肠道引起肠胃不适的症状外，蛲虫主要是钻出肛门时引起奇痒，尤其是夜间影响幼儿睡眠，使其烦躁不安、夜惊、磨牙。有时蛲虫会从肛门钻到尿道、会阴而引起尿频、尿急、遗尿、阴道炎等。

根除蛲虫病也是以预防为主。必须培养幼儿良好的卫生习惯，饭前、便后洗手、不吮吸手指、勤剪指甲、勤换衣裤被褥、穿满裆裤。此外，定期用来苏水湿揩抹家具，玩具、家具擦洗后曝晒 6 ~ 8 小时，或用紫外线消毒，尤其在幼儿园、托儿所，这样才能消灭蛲虫。

如发现幼儿体内有蛲虫，可服用驱蛔糖浆；每次大便后要洗净肛门四周，擦干，涂上蛲虫膏，睡前再涂一次；睡觉时穿满裆裤、戴手套，每天换洗裤子。如无蛲虫膏，可于每晚睡前用棉药球放在肛门后贴以胶布，以“诱捕”蛲虫，需要约 1 个月的时间才能成功。

如何防治幼儿湿疹

湿疹属过敏性皮肤病，会使脸、颈部及双手的皮肤痒、干燥，状如鱼鳞，会起红疹，严重时还扩散至四肢。

4 ~ 5 个月大的婴儿最易染上湿疹。据估计，10%的儿童曾患湿疹，而其中3/4在1岁前首次发病。因为湿疹使人非常痒，幼儿往往忍不住要搔抓，使病情恶化。湿疹还会引起苔藓样的皮肤增厚，而且可以因为湿疹表面受感染而使其更加潮红，并渗出液体。尽管如此，95%以上的湿疹患儿在5岁左右便会痊愈。

预防湿疹的措施有三方面：

（1）幼儿应避免穿着毛制或尼龙织品的贴身衣物，宽松合适的棉布衣物较为理想。洗涤衣物要用无生物活性的洗衣粉，不加纤维调节剂，洗后要彻底漂清。

（2）应避免进食牛奶、奶制品和鸡蛋等。严重湿疹患儿可以食用更为复杂的饮食，但一定要在医生指导下食用，否则饮食引起的麻烦可能比湿疹引起的麻烦还要多。

（3）幼儿应避免处于过热或过冷的环境。

已患湿疹的幼儿，要进行药物治疗。药物有三类，第一类是润肤剂或润滑剂，能使皮肤保持湿润。第二类是类固醇乳剂，使用范围是局部病灶，最常用的是氢化可的松。第三类是止痒药，用于夜间止痒。

如何防治幼儿流行性腮腺炎

流行性腮腺炎是一种病毒引起的传染病，2岁以上的儿童容易受感染。

此病的潜伏期为14 ~ 21天，在腮腺肿大后9天内，患儿都具有传染性。发病时，幼儿不思饮食，持续发热1 ~ 2天，这是初期。流行性腮腺炎的主要特征是腮腺、唾液腺的炎症和肿胀。腺体的肿胀可以是单侧，也可以是双侧，有时肿胀很明显，有时又几乎看不见。腮腺炎病发时，有的相当疼痛，有的仅触摸才痛，有的则完全不痛。腮腺肿大常扩展至耳后，发热常持续1周。腮腺炎是一种症状差异很大的疾病，有的幼儿患了病却没有任何症状。

大多数腮腺炎患儿的康复没有任何问题，但腮腺炎偶尔也会并发病毒性脑膜炎。青春期以后的男性患者可能会并发睾丸炎，而引起上腹部剧烈疼痛的胰腺炎则是腮腺炎的一种罕见并发症。

此病没有特别的治疗方法，除遵从医生嘱咐，给患儿吃药和停止上学1周左右外，必须要让患儿多休息、多喝水、多吃流质食物。此外，在患儿发热和疼痛时，可采用扑热息痛疗法。

如何防治幼儿赤痢

赤痢是由于赤痢菌经不洁的手或苍蝇、蟑螂等进入幼儿口中引起的传染病。此外，大肠菌进入幼儿的口中，也会引起赤痢，因大肠菌存在于不洁的食物中，甚至在食水和牛奶中也曾发现过。

染上赤痢的幼儿会有40℃高热，不少还有痉挛、腹痛和下痢症状，一天中腹泻多达七八次；排泄物中混有黏液，呈水样，甚至带血。此外，还会有呕吐，甚至吐血现象。

发现赤痢症状时，父母应立即送患儿求医，如诊断患上赤痢，应让其住院治疗，并要隔离。由于赤痢是恶性传染病，父母要做好预防工作，最重要的是注重家庭环境卫生及每个家庭成员的个人卫生，要勤洗手；在公共场所，不要让幼儿玩脏水。

如何防治幼儿流鼻血

鼻子是由鼻中隔将鼻分成两个鼻腔，在鼻中隔的前下方有一个极易出血的区域，医学上称为“利氏区”。此区黏膜薄，毛细血管表浅、容易扩张，处于半暴露状态，而幼儿肉嫩，鼻出血几乎都发生在该区域。

幼儿鼻出血的原因很多，主要是鼻外伤，如鼻腔干燥，很痒时常用手挖鼻，致使黏膜破损；又或挫伤、碰伤、异物进入鼻腔；高热时毛细血管扩张，加上黏膜干燥易出血；剧烈咳嗽或情绪激动使鼻部小血管扩张破裂。此外，全身疾病也可能引致鼻出血。

防护方法是在气候干燥的季节用石蜡或凡士林软膏涂在鼻腔以润滑和保护鼻黏膜；出血时用手指压两侧鼻翼紧贴鼻中隔利氏区，数分钟后放开，多可止住鼻血；如果鼻血不止或幼儿有出血疾病，应送医院止血。

从鼻根到两侧口角之间，包括整个鼻子和上唇是一个“危险三角区”。那里满布血管，与脑内血管相连。一旦长了脓疱或疖子，如果挤压该处，细菌就会沿着血管进入脑内，引起脑部感染，易发生危险。所以该区长疖疮，只能热敷或由医生排脓。

孩子抽风怎么办

感冒时突然发高热而抽风的孩子，是常见的。好多孩子从周岁后发生过抽风的，能延续到 5 岁左右。抽风的时间过长，虽然会损伤脑子，但是只连续抽风 5 ~ 6 分钟，还不至于对脑造成很大损害。伴随着发热而发生的抽风，到上小学时就会自然而然地不药自愈了，因此医生就不像做父母的那样担心。

当然，最好不抽风。感冒发高热时曾抽风的孩子，只要一患感冒马上就会抽风，可让他服退烧药。或者让他枕冰袋。

一年中间发高烧引起抽风只有 2 ~ 3 次，可以不必过度担忧。如果一个月抽 2 ~ 3 回的话，那就得去检查脑电图了。

不仅仅是发高烧的时候抽风，平时看上去挺好，一点热度也没有，却突然抽起风来，这种情况即便是第一次，也得去检查脑电图。万一脑电图出现癫痫症状，就必须服药。

若 2 ~ 3 天前孩子从高处着地撞了脑袋，当时没有发现异常现象。但现在他突然间抽起风来，得立刻带孩子到能够处理车祸的急救医院去。脑子里长瘤子，也会抽风，但只表现为抽风症状的是少见的，它的症状多半还伴有头痛、恶心、举步艰难等。不管怎样，如果不发烧光抽风，必须找医生诊治。

什么叫小儿淋巴结肿大

淋巴系统是身体的自然防卫组织，可以抵抗感染和毒素的侵入，浅表的淋巴结群存在于颈部、腋窝、腹股沟、膝盖后面及耳朵前后。

孩子淋巴结肿大，最常见的原因是感染。肿大的部位取决于感染的位置。喉和耳朵感染可能会引起颈部淋巴肿大，头部感染会使耳朵后的淋巴结肿大；脚和腿部感染会引起腹股沟淋巴结肿大。

孩子最常见的是颈部淋巴结肿大，母亲很容易注意到孩子的这一部位，带孩子让医生检查后才能放心。对大多数人来说，咽喉痛、感冒、牙齿发炎（脓肿）、耳朵感染或昆虫叮咬都是引起淋巴结肿大的原因。不过假如淋巴结肿大出现在颈部前面正中间或是正好在锁骨上方，你就必须考虑感染之外的原因，如肿瘤、囊肿或甲状腺功能紊乱。

大多数母亲一看到孩子颈部淋巴结肿大，首先想到的是肿瘤，这是自然反应。肿瘤的确也是引起孩子淋巴结肿大的一个原因，不过感染是更为多见的原因。对此，进行血和尿的化验、X线检查、皮试及活体切片检查等，可以证实医生的诊断。

怎样处理小儿包皮过长

正常小男孩都可能有包皮过长的情况，但包皮应该能够向阴茎龟头后方翻转。若包皮口狭窄，紧包阴茎龟头，不能上翻，就称为包茎。对先天包皮过长的孩子，家长可经常反复给孩子翻包皮，以扩大包皮口。但手法要轻，使孩子能够接受。露出龟头后，要清洗聚集的污垢，然后复位。如果将包皮强行上翻，又未及时复位，包皮口会卡在阴茎沟处，使包皮和阴茎头血液、淋巴回流受阻，引起充血水肿，容易发生感染甚至坏死。

服药有哪些误区

能捏小儿鼻子给小儿灌药吗

孩子生了病，就应吃药，给孩子吃药可不是一件容易事儿。因为孩子不懂事，害怕吃药，不肯吃。于是一些父母就捏着孩子的鼻子，迫使孩子张口，按着胳膊，硬往嘴里灌，弄得孩子大哭大叫。

这种捏着鼻子硬灌的服药方法很不好，一是好不容易灌下去，又会在哭叫声中吐出来，孩子受罪，大人着急；二是灌不好还会出危险甚至造成死亡事故。因为人的咽部下端有两条通道，一条是通胃肠的叫食管，一条是通往肺部的叫气管。在气管上面开头处，有一块会厌软骨，当进食吞咽时，会厌软骨便会关闭，防止食物进入气管。如果在孩子哭闹时去灌药会厌软骨运动失调，药物就易进入气管，轻则咳嗽或引起支气管、肺部的炎症，重则阻塞呼吸造成窒息死亡。因此，为了孩子的安全，千万不可捏着孩子的鼻子灌药。对婴儿服药，不要直接服药丸或药片，应研成粉末，加水和少许糖调成稀汁，哄着孩子服下。

药物与糖能同吃吗

大多数口服药物都比较难以下咽，总有那么一点怪味，因此，人们服药后总喜欢用糖来矫其味，小儿服药更是如此。但是，你可曾知道，药同糖一起吃是会影响疗效的。

中医认为“甘能壅中”，这就是说吃甜食过多会影响食欲和消化，导致腹泻腹胀，特别是有湿热的病人应尽量少吃甜食。现代医学也认为，当你在内服龙胆酊、健胃散、龙胆大黄合剂等苦味健胃药期间时，不能吃糖和甜食，因为苦味健胃药能刺激神经末梢，反射地分泌唾液、胃液等消化液，达到帮助消化、促进食欲的目的。如果在药里放很多糖，完全掩盖了苦味，也就失去了健胃之效。

在内服扑热息痛、退热净等药物时也不能吃糖，因为糖能抑制药物的吸收，影响疗效。此外，在服用可的松类药物时也不能吃糖，因这些药物本身能增高肝糖原，使血糖升高，如同时吃过多糖，将会使血糖猛增，容易出现尿糖。

能用果汁送服药物吗

有些家长在小儿患病时，用果汁代水给孩子喂药，其实这是不恰当的。各种果汁饮料，大都含有维生素C和果酸，而酸性物质容易导致各种药物提前分解或溶化，不利于药物在小肠吸收，影响药效，有的药物在酸性环境中会增加副作用，对人体产生不利影响。

如小儿发热时常用的消炎痛、安乃近、复方阿司匹林等清热止痛剂，对胃黏膜有刺激作用，若在酸性环境中则更易对人体构成危害，轻者损伤胃黏膜，刺激胃壁，发生胃部不适等症状；重者可造成胃黏膜出血。又如常用的抗感染药物麦迪霉素、红霉素、氯霉素、黄连素等糖衣片，在酸性环境中会加速糖衣的溶解，一则对胃造成刺激；二则使药物尚未进入小肠就失去了作用，降低了药物的有效浓度，有的甚至与酸性溶液反应生成有害物质。

因此，给小儿服药时不宜用果汁及酸性饮料，若要食果汁饮料，也必须与服药时间相隔一个半小时以上。

能用牛奶送服药物吗

有人服药时，特别是给小儿服用药物时，常将药物研碎混入牛奶中或用牛奶送服。这样做虽然能掩盖药物的某些不良气味，使小孩愿意服药，但对药效有一定影响。因为牛奶含有较多的钙、铁及磷等无机盐类物质，这些物质可与某些药物成分发生作用而影响药物的吸收，降低药效。如药中的黄酮、有机酸等成分，遇到牛奶中的上述成分会相互作用，有碍药物吸收，使疗效下降。化学药物在这方面的例子也很多，如土霉素等可与钙、铁结合成络合物，使这些药物的吸收受到影响，甚至达不到治疗目的。另外，牛奶中的蛋白质、脂肪等，对某些药物的吸收也有一定影响。所以，用牛奶送服药是不妥当的，最好不要这样做。

服小儿麻痹糖丸后能立即喂奶吗

小儿麻痹糖丸是一种口服的减毒活疫苗，它能在肠道细胞内繁殖，并刺激肠壁中的淋巴细胞、浆细胞，使其产生抗小儿麻痹症病毒的抗体，这种免疫功能的建立，可预防小儿麻痹症。

小儿麻痹症是由滤过性病毒引起的，病毒株主要有三种类型，故小儿麻痹糖丸也有三种类型，分别以红、黄、绿色代表Ⅰ、Ⅱ、Ⅲ型。它们之间没有交叉保护作用。

小儿麻痹糖丸的有效能力与温度有关。测定表明，-20℃时的有效期可达1年，20～22℃时只有几天。所以给乳儿服小儿麻痹糖丸后，不能立即喂乳。因为母乳刚从母体分泌，其温度一般是37℃，容易使服下的活疫苗的病毒致死，而且也不利于胃肠黏膜的充分吸收，同时母乳中含有抗小儿麻痹抗体，能中和糖丸中的小儿麻痹病毒，使之达不到应有的免疫效果。所以乳儿应在空腹时服小儿麻痹糖丸。而且要经过1.5～2小时后才可喂奶。儿童服糖丸疫苗时，同样也禁用热开水送服。

打预防针有哪些学问

打预防针前要注意什么

当有了宝宝后，几乎年年都要为他打预防针，以减少各种传染病的发生。

在给孩子打预防针前，要注意什么呢？

带上预防接种登记卡，以便医生了解情况，防止打重或漏打。如果你是第一次带孩子打预防针，别忘了主动要求建立登记卡。

打预防针前要详细了解孩子的健康状况，并做些必要的检查，如有禁忌症，像发热、过敏体质、哮喘及严重心、肝、肾等慢性疾病的孩子，都不能打预防针。

打预防针的前一天，要给孩子洗好澡或把胳膊洗干净，以免打针后引起局部感染。对比较懂事的孩子，在打针前要向他讲一些打预防针的道理，消除孩子的紧张恐惧心理，预防晕针。打预防针后，孩子可能会有一些反应，这些反应有正常的也有异常的。

打预防针后的正常反应有哪些

正常反应包括局部反应和全身反应。局部反应一般在打针 24 小时后开始出现，如红、肿、热、痛现象。红肿范围直径在 2.5 厘米以内者为弱反应，红肿范围直径在 2.5 ～ 5 厘米者为中强反应，在 5 厘米以上者为强性反应。强性反应可引起局部淋巴结肿、疼痛。如局部反应较重时，可用干净的毛巾做热敷，以促进药物的吸收，但应注意防止感染。全身反应表现有：发热、头昏、头痛、不适、恶心、呕吐、腹痛、腹泻等症状。体温在 37.5℃以下为弱反应，在 37.5 ～ 38.5℃为中强反应，在 38.6℃以上为强反应。当孩子出现全身症状时，应在医生指导下对症处理，如发热头痛可用解热镇痛药治疗。这些正常反应与孩子的个体体质差异有一定关系，有些孩子出现，有些孩子则不出现。

打预防针的异常反应有哪些

打针后的异常反应，最常见的是过敏性皮疹。一般在注射后几小时至几天内出现。皮疹多种多样，以荨麻疹最为常见，其次是晕厥，这与打针时空腹、疲劳、空气闷热、情绪紧张等因素有关。往往注射后即刻或数分钟之内出现头昏、心慌、面色苍白、出冷汗、手足冰凉等症状，严重者可失去知觉，呼吸减慢。此外，还可出现血管神经性水肿、过敏性休克等。一旦出现这些反应，要立即进行处理。如出现晕厥现象，应立即将孩子平卧，头位放低，保持安静，给其喝一杯热开水或糖开水，一般在短时间内可恢复。异常反应严重者，如过敏性休克，应刻不容缓地送孩子去医院治疗处理。

打预防针后要观察效果吗

打预防针后，别忘了观察效果。第一是观察孩子的患病情况。孩子打预防针后 2 周左右可产生抗体，1 个月时抗体水平最高，以后缓慢下降。如果 2 周后孩子不患打针所预防的那种传染病，特别是在流行季节里仍没有传染上，说明打预防针的效果很好。第二是观察接种后的反应。孩子打预防针后，机体将产生以上各种局部或全身性的正常反应，正是因为这种反应过程，才说明注射是成功的。如果注射后无任何反应，说明注射失败，应带孩子去医院做皮试及血清试验。这两种试验检查，可以比较准确地反映孩子体内抗体情况。

服用脊髓灰质炎糖丸的禁忌

脊髓灰质炎糖丸，即脊髓灰质炎活疫苗，在服用时应注意以下三方面。

1. 禁忌症。在患有急性传染病、心脏病、血液病、肝疾病、肾疾病、活动性结核、糖尿病、重症消化不良及腹泻、重症营养不良等病时均不可服用本品。

2. 服用时要用凉开水送服，忌用热开水送服，以免减效或失效。

3. 本品是活疫苗，所以保管方法要注意，如在 –15 ～ 20℃保存，有效期 1 年；4 ～ 8℃保存 5 个月; 20 ～ 22℃保存 7 天；30 ～ 32℃只能保存 2 天。因此，过期失效不可再服。

幼儿能长期注射球蛋白吗

球蛋白含有多种抗体，把它注射到人体后，会增加人体的抗病能力，主要预防甲肝、麻疹及治疗先天性免疫缺陷病，对高危期水痘和严重的细菌及病毒性感染的治疗也具有一定效果。但在日常生活中，有些人常滥用球蛋白，甚至扁桃体炎、肺炎、肾炎、佝偻病也用它治疗；还有人把它当作万能的营养药，说是有“百利而无一害”，可防百病而长期使用，这是不科学的。如盲目滥用，不但起不到应有的防病作用，甚至还会影响机体的健康。球蛋白是一种异体蛋白，注射后它本身又成为一种完全抗原，在长期使用时可刺激机体引起变态反应性疾病，如荨麻疹、枯草热、哮喘、喉头水肿等。严重者产生过敏性休克、脑组织缺氧。此外，1 岁以内的幼儿由于体内正处于合成丙种球蛋白的重要时期，如反复使用则可能会抑制自身球蛋白的合成。所以，如非必要一般不宜轻易使用，更不能长期注射。

什么是维生素 A 中毒

过量服用维生素 A 而引起中毒的小儿，会突然变得烦躁、频繁呕吐，有的一天可达 3 ～ 5 次；还会出现头痛、厌食、两眼复视，还有的会出现骨痛、皮痒、皮疹、肝脾及肾脏病变，甚至出现出血等症状；如果注射剂量 1 次大于 30 万国际单位时，几天内即可出现急性颅内压增高症状，双眼视乳头水肿、脑脊液压力增高。

要改变那种认为维生素 A 是营养药、多吃无害的错误认识。一旦确诊小儿是维生素 A 中毒症，应立即停用。自觉症状一般在 1 ～ 2 周内可自然消失，但小儿血中维生素 A 高浓度可达数月之久。用浓缩鱼肝油或维生素 A 制剂不可超过用量，婴儿 1500 ～ 2000 国际单位，儿童 2000 ～ 4000 国际单位。因小儿维生素 A 缺乏症而必须用大剂量时，要遵照医嘱，肝脏有病变如因胆汁瘀积而出现黄疸症状时，即使是小剂量维生素 A，也可引起维生素 A 中毒，必须慎用。

小儿能常服鱼肝油吗

鱼肝油中主要成分是维生素 A 和维生素 D，它们是人体生长发育必需的物质。普通鱼肝油丸，每丸内含维生素 A 3000 国际单位、维生素 D 300 国际单位；浓缩鱼肝油丸，每丸内含维生素 A 1000 国际单位、维生素 D 1000 国际单位。因此，鱼肝油兼有补充维生素 A 和维生素 D 的作用。有些人把鱼肝油当成滋补品给小孩长期大量服用，这种做法是错误的。因为鱼肝油是用来防治佝偻病，并以维生素 D 的含量来计算鱼肝油服用量的。如果忽视其中维生素 A 的含量，容易造成维生素 A 中毒。

如果儿童长期大剂量服用鱼肝油丸，每日服用量超过 5 万国际单位，连用数周即可发生中毒，中毒表现是恶心、呕吐、食欲不振、全身无力、低热、头痛、皮疹、皮肤干燥、毛发干枯等。发现这种情况应立即停服鱼肝油，中毒症状可逐渐消失。中毒多发于 6 个月至 3 岁儿童。因此，如果需要补充维生素 D，可服纯维生素 D 制剂。

婴儿接种疫苗有危险吗

虽然免疫接种在短期内给婴儿带来轻微的不适，但却是安全的。然而，如果你的婴儿曾有过惊厥，或者在近亲中有患癫痫者，百日咳疫苗会使婴儿出现严重反应的可能性增加，所以要和医生商讨。如果婴儿患感冒或全身不舒服，或者在预定做免疫接种前一周内正在用抗生素，都不要给他进行免疫接种。

幼儿疾病有哪些症状

即使孩子并无确切的症状，由于某些原因而使他生病时，还是可能觉察到的。你会注意到他看上去比平时更苍白并且依赖性也更大。他可能不吃东西、哭叫或看起来很烦躁。当孩子出牙的时候，虽然会造成牙龈疼痛，因而口水比平时流出得更多并且更烦躁，但是你不要以为孩子的任何症状都是出牙引起的。出牙一般不会发热或生病。你若认为孩子是病了，就要找到一些确切的症状，正如下面所描述的那样。1 岁以下的婴儿，一切症状都应认真对待，不能忽视，因为婴儿很快就可能生病；如果孩子超过了 1 岁，那么发现症状后，可以再观察几小时，看看他的症状如何发展。

感觉不舒服

孩子可能变得更依赖你，并且在他生病的时候需你更多的关怀。

具体症状

儿童患病时最常见的早期症状——体温升高达到或超过 38℃；哭叫或烦躁；呕吐或腹泻；拒绝进食或饮水；喉咙疼痛或发红；皮疹；颈部或颌下淋巴腺肿大。

急症体征

孩子如有下列情况立即请求紧急援助：呼吸音极为喧噪，呼吸急促或伴有呼吸困难；惊厥；跌倒后意识丧失；剧烈而持续的疼痛；发热并且表现异常烦躁或嗜睡；出现扁平的暗红色皮疹或紫色带血的斑点（瘀斑性皮疹）。

看医生

如果你认为你知道孩子有什么不妥，请阅读以上各疾病中的有关部分。

这部分对于你是否需要带小儿看医生也提出了建议。按照一般规律，较小的儿童起病与病情的发展都更迅速，所以应及时看医生。如果对自己应做些什么没有把握，就告知医生孩子的症状及他的年龄。医生会指导该做些什么并且也会了解到孩子是否需要医疗。

紧急救治须知

任何时候，当你需要请医生时都应知道孩子需要医疗救治的紧急程度：

1. 即刻请求紧急救治：这是一种威胁生命的紧急情况，所以要叫救护车，或者去附近医院的急症门诊。

2. 立即看医生：孩子需要即刻医疗救治，所以即使是半夜也要直接和医生联络。如果他不能立刻赶到，马上请求紧急救治。

3. 尽快看医生：孩子需要在 24 小时内看医生。

4. 看医生：孩子应在几天内就能看医生。

如何给孩子做疾病检查

1. 如果感到孩子不舒服，或者看起来好像发热，就要探测体温。体温达到或超过 38℃时可能是疾病的症状。

2. 检查孩子的喉咙是否发炎或感染，但对 1 岁以下的婴儿不要设法检查他们的咽喉。检查时让孩子面对一个强光源，让他张大口。如果他的年龄足以能理解就让他说“啊”，以便暴露咽喉的背侧。孩子的喉咙如果看起来发红，或者你能见到奶油色的小点，他可能有喉咙痛。

3. 沿着下颌骨下缘及颈部左右两侧轻柔地触诊检查。如果你能触摸到在皮下有小的肿块，或者在这些部位看来有肿胀或触痛，表示孩子有腺体的肿大，这都是疾病常见的症状。

4. 要检查一下看看孩子有无皮疹，特别要注意胸部及两侧耳部的后面——皮疹开始出现的最常见的区域。如果有皮疹及发热，可能患有一种常见的儿童期传染性疾病。

孩子发生危险时怎么办

如何处理幼儿轻度烧烫伤

小的、表浅的烧伤可引起皮肤发红，范围 2 ~ 3 厘米，这是轻度烧伤，在家里就可治疗。比这个范围更大的属于严重烧伤，由于体液可从损伤区溢出，所以对孩子是有危险的，并且还可引起感染。当孩子轻度烧伤时可做如下处理：

1. 将烧伤部位放在水龙头下，用缓慢流出的冷水冲洗，使之冷却，直到疼痛减轻为止。这样处理可防止发生水疱。

2. 如果水疱形成，在上面放置一块清洁的、无绒毛的纱布块并用胶布或外科胶带固定。

3. 不要把水疱弄破——它可保护下面受损伤的创面，同时该处正在生长新的皮肤。

当孩子衣服着火时怎么办

1. 让孩子躺在地上使燃烧着的部位朝上，如果可能的话，尽量不用你的手或你自己的衣服接触正在燃烧的区域。

2. 用喷水的方法灭火或用地毯、羊毛毯或厚的窗帘将火焰覆盖，进行这些处理时，尽量避开孩子的头部。

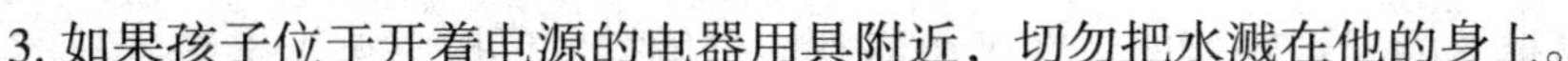

3. 如果孩子位于开着电源的电器用具附近，切勿把水溅在他的身上。

4. 不要用尼龙或其他任何易燃的纺织品覆盖火焰。

5. 衣服着火后不要让孩子奔向室外，因为空气会使火焰烧得更旺。

6. 火焰熄灭后，按严重烧伤治疗。

当孩子严重烧烫伤时怎么办

1. 去除所有被开水、热油或腐蚀性化学制剂浸透的衣服，去除这些衣服时务必十分小心，不要碰到任何部位的皮肤。用剪刀把衣服剪开的方法要比绕过面部脱下更安全。

2. 即刻把孩子浸泡在冷水中以使烧伤部位冷却；把他放进盛有冷水的浴盆中，或者用浸透冷水的被单或毛巾把烧伤处盖起来，但不要摩擦他的皮肤。

3. 如果是化学制剂烧伤了他的皮肤，用大量冷水冲洗，但要小心，冲下的水不要流到未受伤的皮肤上去。

4. 用清洁的、无绒毛的敷料松松地把伤处遮盖，如果没有消毒的敷料，就用熨斗烫过的手帕或枕套代替。

5. 检查有无休克症状，如有必要，应及时治疗。孩子如诉说口渴，给他啜饮一些水。

如何处理幼儿的青肿和肿胀

跌落或碰撞可引起皮肤下面的组织出血，因而造成该处皮肤的肿胀及肤色的改变，这就是青肿。青肿逐渐正常地消退，大约一周后完全消失。

1. 把浸泡过冰水的毛巾拧干，或将外面包好布的冰袋放在青肿部位半小时左右，这样处理有助于减少疼痛或肿胀。

2. 如果孩子看起来十分疼痛，或者疼痛害得他不敢使用有青肿的肢体，尤其是肿胀也甚严重时，需要检查有无关节扭伤或骨折的体征。

3. 手指及脚趾的压伤。孩子的手指如被门或窗压伤，或者掉下来的重东西砸了他的脚趾，要将受伤部位放在冷的流水下冲几分钟。约半小时后，如果肿胀得很厉害，或者一直疼痛就要带孩子去医院。

关节扭伤有何症状

关节扭伤时，韧带——一束坚韧的支撑关节的纤维——也同时受损伤。关节扭伤引起的症状与骨折的症状十分相似，所以如果你不能确定是哪方面问题，可按骨折处理。

扭伤所出现的症状有：损伤区疼痛；肿胀，以后变青肿；关节活动受限。

孩子肩脱臼怎么办

肩脱臼是由于胳膊根上的骨头从关节的韧带上脱落下来引起的。

若孩子发生肩脱臼，带孩子去看外科，当场会很容易地治好，容易肩脱臼的孩子会多次脱臼，到了5岁，就会自然好了。即使是多次脱臼，也能很容易地治好。父母只要掌握方法，在家里就可以给孩子进行治疗。这种治法就是把他的肘轻轻弯曲，在把小胳膊向外侧扭的同时，向上推胳膊根的桡骨的前端。

婴幼儿暑热症是怎么一回事

什么是暑热症

“暑热症”在医学上称为小儿夏季热，一般在炎热的夏天发生，并不是因宝宝感染了病菌而发烧，而是因外界气温升高而致使体温上升，因而也叫它“夏期高体温症”。体温通常在38～40℃，天气越热，体温越高。时间持续1～3个月之久，一直到天气逐渐凉爽了才自然告退。但处于亚热带地区的宝宝，由于天气炎热时间长，每年在4～10月都可能发病。

幼儿为何易患暑热症

暑热症在发病年龄上很有特点，大多发生在6个月到3岁的宝宝，超过3岁后极少患此症。由于宝宝在3岁以前大脑的体温调节中枢还没有发育成熟，不能随着外界环境温度的升高而自行调节体温；汗腺功能也不足，出汗少而不容易散热。而且患暑热症的宝宝易每年都发生。一般宝宝到了3～4岁后，身体内的体温调节系统逐渐成熟才不再发病。

幼儿暑热症有何症状

发热为本症的主要症状，有如下特点：

热度很少超过40℃，一般随着外界环境温度变化而改变。

1. 有些宝宝发热规则，从每天清晨开始，日间体温逐渐升高，下午渐降，到傍晚时最低，至次日清晨又开始升高。

但有的宝宝发热并不规则，可能忽高忽低。

2. 发热持续时间长，病程1～2个月，也有长至3～4个月，在天气凉爽时会慢慢好转。

3. 在房间温度低时或把宝宝带到凉爽之处时其体温会很快下降，恢复正常。

4. 退热药没有效果，与其他病菌感染引起的发热病不同。

5. 多饮多尿。宝宝总是口渴，喜欢喝水，每天的饮水量可达 3 升以上。因喝水多，尿的次数每昼夜可达 20 多次，尿色很清，送去化验检查没有什么异常，只是尿比重低。

6. 少汗或无汗。宝宝不出汗，只是有时可见头部稍有点汗。

7. 全身情况。精神状态还好，有时可能会有消化不良或类似感冒的症状。倘若热度较高，宝宝会有惊跳、烦躁、爱哭及食欲下降等表现。

8. 实验室所见。血液中白细胞并无增加，细胞分类也正常，这点也是与其他发热疾病不同之处。

如何预防暑热症

1. 到夏天如条件允许应带宝宝去避暑之地，或者换个清凉环境居住。

2. 天热时不要让宝宝穿得太多或太厚，以免影响身体散热。

3. 在初夏时即可经常给宝宝喝太子参、红枣煎汤，特别是上一年有暑热症的宝宝更要注意多饮。

4. 居家护理。首先把宝宝安置在温度为 22 ~ 24℃的房间，如空调房间或吹电风扇，这是十分有效的良策，很多宝宝在凉快的房间内能很快降温，其他症状随之好转，不要一见宝宝发热就急于喂退热药和使用抗生素。

如何护理暑热症患儿

1. 空调房需注意定时通风。

2. 电风扇不能直吹宝宝。

3. 室内应该放一支温度计，以便测控室温。

4.3 ~ 4 天后宝宝热度不退要去看医生。

5. 给宝宝洗温水浴，水温要比宝宝体温低 3 ~ 4℃，每次 20 ~ 30 分钟，每天洗 2 ~ 3 次。

6. 多给宝宝喝清凉饮料，如西瓜汁、绿豆汤、冬瓜水等。

7. 饮食要清淡，水分要充足，多给宝宝喝一些菜汤，但盐不宜多，也不要吃油腻食品。

8. 在医生的指导下，服用一些清暑、益气、养阴、清热的防治暑热症的中成药及药膳。

9. 如果宝宝出现高热惊跳、烦躁不安情况必须及时去医院就医。

哮喘患儿如何注意饮食和保健

哮喘是慢性消耗性疾病，其消耗量与哮喘发作缺氧有关，此病影响机体的代谢功能，胃肠功能减弱，因而哮喘患儿的饮食保健应做到以下几点：

1. 补充足够的优质蛋白质

哮喘患儿因为缺氧，使胃肠蠕动减慢，消化吸收功能差，引起宝宝食欲不振，进食减少，导致患儿营养不良。应补充优质蛋白，以满足炎症修复和营养补充之需要，碳水化合物可补充热量，但避免过食产气食品，如面食、豆类和薯类。脂肪供给不宜偏高，以进食植物油为主。

2. 增加维生素 A、维生素 B、维生素 C 和钙、铁的供给

维生素 A 有维持正常发育和增强机体抗病能力等功能。维生素 B 和维生素 C 有增加食欲、促使肺部炎症消除的作用。钙具有抗过敏等功能。由于机体为提高对氧的摄取量，以减轻机体组织缺氧，会出现缺铁，因而应增加铁的供给。

3. 饮食宜与忌

饮食温热、清淡，宜少食多餐，忌过冷过热，忌过甜和刺激性食物，忌过饱。哮喘患儿脾胃虚弱，如果饮食生冷会引起胃肠蠕动减慢，导致消化不良、食欲不振，从而使患儿体质下降，对哮喘患儿康复不利；过热过烫饮食会引起阵发性咳嗽，诱发哮喘，应加以避免。

研究表明，哮喘发病与摄入高盐有关，而高盐的摄入使支气管平滑肌对过敏源刺激产生强烈反应，加重支气管痉挛。由于哮喘患儿对盐非常敏感，故应采用低盐饮食，以控制哮喘。哮喘儿不可吃得过饱，以免导致增加胃肠负担，不利消化吸收，可诱发哮喘发作。

4. 多饮水

哮喘发生时，出汗多，饮食少，从而使患儿失水。哮喘患儿多饮水，不仅可补充水分，而且还可稀释痰液，有利痰液排出。

如何防治婴幼儿斜视

什么是斜视

斜视是人们常说的“斜眼”。

正常人的两眼看东西时，无论这个物体位于远处、近处还是眼前任何位置，两眼的目光应该是平行的，同时注视同一目标，两眼球的位置是正的。倘若仅一只眼注视所看的东西，而另一只眼的目光却偏向它的旁边，则称为斜视。出生数周的宝宝，因两眼缺乏注视能力，可有暂时性的斜视。通常到了 6 个月时就会发育良好，不再有斜视。宝宝到了 5 ~ 6 岁时，一般视力已经发育成熟。

什么是隐性斜视

隐性斜视是一种潜在的眼位偏斜，宝宝平时两眼看东西时，看不出眼球位置的不正，只有通过特殊检查方法才能发现。但很多宝宝可出现眼部症状，表现为在较强的光线下畏光，喜欢房里挂窗帘、戴变色镜，经常头痛；在看近处东西后，抬头再看远处感觉物体模糊，接着改看近物时也是同样。不少宝宝是在两眼疲劳时把一个物体看成两个物体，待疲劳缓解后这种情况消失；也有些宝宝若看东西时间久了，别人就会发现他的眼睛出现斜视，但随着看东西时间缩短斜视会消失；由于神经反射可有恶心、呕吐、眼结膜充血、麦粒肿、失眠等症状。

什么是调节性内斜视

因远视度过高所形成的斜视，也是唯一可用眼镜矫正而能达到治愈的斜视。宝宝多在 2 岁左右发病，但一开始为有时出现，有时消失，多为看近处的东西时斜视得更明显，这种情况是它的一个特征。

什么是隔日斜视

这种斜视的原因目前还不明，多在 3 岁以内发病，斜视有规律地隔日出现一次，并在数月或数年后发展为恒定性的内斜视。这种斜视常常是突然发病，但两眼的视物机能良好。在不斜视的日子眼位正常，而在斜视的日子里可出现内斜，可用语言表达的宝宝会向父母述说自己看东西时出现重叠，并伴有发热，身体不舒服、轻度头痛及看东西时两眼不舒服。

什么是共同性斜视

这种斜视表现为内外两种斜视。

内斜视人们俗称“斗鸡眼”，常常见于 1 岁以内的宝宝，但大一点的宝宝也有，6 个月以内的宝宝多为生理性的，因为眼球还未发育成熟，处于远视状态，在看近处东西时，出现所谓“斗鸡眼”。随着年龄的增长，眼球逐步发育，“斗鸡眼”就会消失。但有些宝宝会由于面部骨骼正处于发育中，显得鼻根部相对得宽一些，所以从外观上看起来就好像眼球偏到内侧，造成一种错觉，而实际上眼球位置还是正常的。待面部骨骼发育起来，特别是眼眶及鼻骨发育起来，这种假斜视也就会消失。

外斜视人们叫作“斜白眼”，这种斜视在早期并没有症状，慢慢发展为看近处东西时两眼不舒服。为了避免眼睛歪斜看东西引起的复视，所以在阳光下喜欢闭上一只眼视物。在精神不集中或疲劳时往远处看，有一只眼往外跑即外斜。

什么是麻痹性斜视

麻痹性斜视是眼肌出现瘫痪，有的宝宝是一根肌肉瘫痪，有的则是多根肌肉瘫痪，大概是出生时产钳损伤脑神经所致。宝宝为了看东西清楚往往歪着头，以用头位移动来代偿眼肌不能转动的方向，不能代偿则成一只眼斜视。

斜视有哪些影响

1. 引起弱视。因一只眼斜视，看同一个东西时便会在成像的视网膜上有两个影像，造成复视。此时，宝宝的大脑就会自动把斜视眼传到大脑的影像抑制，时间久了，宝宝的视力便不会随着年龄发育，逐渐发展为弱视。

2. 宝宝经常歪头看东西可导致斜颈，还可发生仰头、缩肩等不良姿势。

3. 因外观上不美观经常被别的小朋友讥笑，从而产生自卑、退缩和孤僻的性格，不愿和小朋友一起玩游戏，不愿参加社会活动，同时宝宝学东西的能力也比其他小朋友稍逊一筹。而且，斜眼的样子有时也会令别人不喜欢，让人产生不把对方放在眼里的错觉，以致影响与人的交往。

如何及早察觉幼儿斜视

有的宝宝斜视在外观上一眼就可看出，而有些宝宝表现得并不明显或根本看不出，但斜视如果能及早发现并在最佳时间内进行治疗，将对宝宝的一生非常重要。倘若发展成弱视，看东西时就会没有立体感，而没有立体感的眼睛今后无法胜任较精细的工作，还可能被快节奏的现代社会所淘汰。如果宝宝有以下情况时家长切不可掉以轻心：

1. 发现宝宝经常过度地揉眼睛。

2. 看东西时总是闭上一只眼睛，歪头或转动头。

3. 眨眼次数多，脚下常常被小东西绊倒。

4. 看东西时与物体靠得很近，不能看清近处或远处的物体。

5. 宝宝总抱怨自己看不清东西，看东西有重影（复视），看近的东西时想吐。

如果有以上问题时，用手电筒照宝宝的眼睛，看看光点是否在瞳孔中央。如果用手掌交替遮盖眼睛做比较，可使检查效果加强。

怎样把握治疗斜视的时机

宝宝无论患哪一种斜视，都应及时去看医生，年龄越小治疗效果越好，若是在 3 岁以前矫正，便能使两眼的视功能达到正常水平。一旦视力发育成熟，手术治疗效果常常欠佳，多数只是外观上的治疗，而两眼的视觉功能则很难达到正常。

为了保证宝宝拥有健康的视力，即使眼睛没有明显的异常，家长也应在宝宝 3 岁之前带他去眼科医生那里，做一次眼睛检查。如此才可以及时将那些不易察觉的斜视和弱视发现出来，避免丧失最佳治疗时机。

如何帮助宝宝克服打针恐惧

怎样解除宝宝对打针的恐惧

宝宝常惧怕打针，作为父母，帮助宝宝克服恐惧心理是很重要的，因为它会给治疗增加困难，宝宝可能把这种恐惧带到成年期。

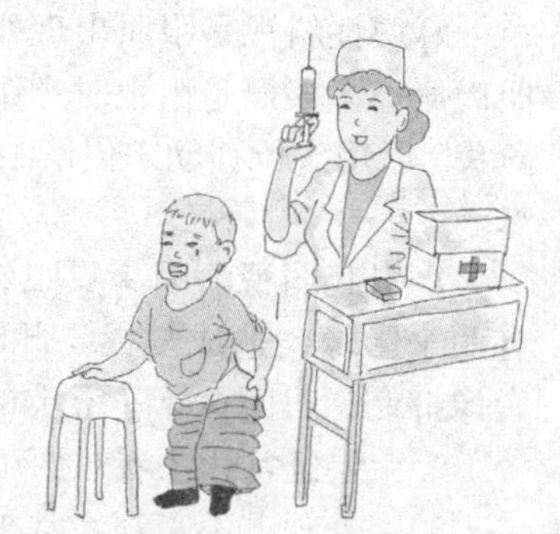

提供事实

许多宝宝并不知道血液可以自动凝固，害怕因为打了一针就流血不止。此时父母应告诉宝宝他们的身体大约循环着 4 升血。它们将注射进来的药带到身体患病的部位。若是宝宝因化验必须抽血，要先给宝宝解释清楚抽血的目的、抽多少血，以及人体的造血机能。

告诉宝宝注射器的样子及打针的程序

不少宝宝以为打针和被刺伤是一回事。医生可以用橘子做示范，告诉宝宝针只扎进皮肤一点点时，宝宝就不再害怕了。

告诉宝宝打针需要多少时间

有些宝宝都认为打针要用很长时间，必须要让宝宝对打针有个时间概念。只要在宝宝打针时给他数数就能让宝宝轻易地忍受这段时间。

打针时如何教宝宝自我控制

1. 让宝宝保持安静。

放松的技巧是关键。告诉宝宝，只要他能做到肌肉放松就可以减轻注射时和注射后的疼痛。教宝宝在打针之前、之中及之后做深呼吸和慢吐气的运动，同时不停地默念暗示语“放松”。

2. 让宝宝转移注意力。

3. 不要欺骗宝宝，因为家长希望宝宝下一次还能信任他。

如果宝宝和家长一起想克服恐惧的办法，那么分散注意力的方法就能起到最佳效果。向宝宝提一些可以分散他的视觉或听觉的建议。不去看打针的地方，可以看看医生的办公室。读书、听音乐、数天花板上的拼图，或者想一道数学题等办法对许多宝宝都有用。

宝宝肠道感染该如何处理

在夏天，人体为了散热，皮肤血管充分扩张以增加血液流量，所以胃肠道的血流量相应减少，处于缺血状态，因而抵抗病菌的能力下降；同时由于体内的水分消耗过多而使饮水量大增，但这样却冲淡胃酸，而胃酸是杀灭病菌的体内第一道防线；加之气温高，食物特别容易不慎被病菌污染，生吃瓜果的机会增多，加之宝宝户外活动时到处乱抓乱摸，使手指被脏东西污染，而又在进食时未洗净将病菌吃进胃里，这些都会促使肠道感染的发生。

1. 教育宝宝不能喝生水，即使是凉开水，若是时间放得长了也同样不可再喝。

2. 宝宝的奶具每次用过后，将调奶、喂奶用具浸泡在盛有热水的器皿中，水须覆盖住所有用具。

3. 洗净的生瓜果，应该放入消毒柜或冰箱冷藏室里保存。

4. 不要在餐前给宝宝喝太多的水，以免冲淡胃酸。

5. 勤给宝宝洗手、剪指甲，以免宝宝吃东西或吸吮手指时，把手上或指甲缝里的脏东西吃入胃里。

6. 妈妈给宝宝喂母乳时，应先将双手用流动的清水洗净，再用洁净的小毛巾擦拭乳头，然后再给宝宝。

7. 宝宝在天热的时候消化功能差，应进食容易消化的清淡的食物，避免吃油腻或难以消化的食物。

宝宝大舌头怎么办

婴儿期如何判断舌系带是否短缩

有许多妈妈抱着出生仅数月的宝宝要求给宝宝做舌系带手术，自认为自己的宝宝舌系带短，担心今后会影响说话、学外语。

舌系带短缩是一种先天发育异常。主要表现是舌腹部附着点前移至舌尖或接近舌尖，或牙槽嵴附着点上移至牙槽嵴上部，或者附着点都正常，而因系带过短致使舌运动受限，舌前伸时，舌尖出现沟状，呈“W”形；卷舌上抬时，舌尖不能抵触前腭部，严重者影响吮乳、进食和语音清晰，俗称为“大舌头”。

但因婴儿牙齿未萌出，牙槽嵴尚未发育，所以显得口底较浅，舌系带的附着点超前、超上等，这些并不一定是异常。随着牙齿萌出，牙槽嵴的发育和舌的不断运动，舌系带附着点会随之逐渐退降，舌系带也会随之不断地松弛增长。除非下前牙萌出，因舌系带短引起系带溃疡，就应早期手术延长舌系带，通常无吮乳障碍者，在婴儿期内急于做舌系带延长术是不合适的，甚至是有害的。

宝宝舌系带短缩怎么办

真正因舌系带短而引起语音异常者，是极少见的。语言的发达是智力发育的重要表现，因宝宝智力发育的个体差异很大，因而其语言表达水平也不尽相同。因舌系带短缩而引起的语言不清，仅表现在“l”“r”等几个特定的拼音发音不清，而不是全部的语音不清，更不是语言障碍。而在宝宝的学语期，“l”和“r”等音学得比较晚。许多宝宝虽然大部分话都已会说，但唯独“花儿”“姥姥”等发音不清，就是这个道理。

倘若怀疑自己的宝宝舌系带短缩，妈妈应观察语言不清是否如上所述的原因，训练宝宝伸舌和舔上牙膛的舌运动，观察是否出现舌系带短缩表现，这大概需 3 岁后方能做到，此时可明确断定舌系带是否短缩。这种舌运动可练习到 5 岁，倘若仍不能改善可做手术。即使学龄前接受舌系带延长术也为时不晚。

怎样治疗“夜哭郎”

治疗“夜哭郎”要先弄清孩子夜哭的原因，再对症治疗。

1. 是否妈妈对宝宝讲话太多了

现在的妈妈十分重视孩子的早期智力开发，往往根据育儿理论书籍的指导，在宝宝还不懂语言的时期就开始不断地与宝宝讲话，同时给予各种感官上的刺激。但若对宝宝讲话太多了，或感官刺激过强，特别是宝宝若是一个神经质的婴儿，那么大人无意中流露的话语中带有感情色彩的话，都会使宝宝心灵感到疲倦、不安逸，因而神经高度紧张，到夜晚常会因心神焦躁而啼哭。

治疗对策：默默无语的笑脸疗法。

和宝宝接触时只以默默无语的笑脸相对，保持一周左右，这样会使孩子高度紧张的神经得到松弛。有些宝宝经此法治疗后不再夜里啼哭了，有的宝宝甚至在第 3 天晚上就停止了啼哭。

2. 是否妈妈的情绪太紧张了

繁重的家务活，夫妻二人不和谐，婆媳之间在育儿方法上意见不一致，住在公寓中生怕宝宝的哭闹打扰邻居，这些都会使妈妈心里十分紧张不安，这种情绪会传给宝宝，使他也陷入紧张状态。特别是当有人指责妈妈时，妈妈更会紧张得不知怎样是好。这样，宝宝的啼哭就会越来越厉害，如此反复会形成恶性循环。

治疗对策：体贴入微。

丈夫、家庭中的其他成员及邻居对妈妈不要过多地责备、批评，而应对妈妈多一些理解和关爱。当宝宝影响了大家的生活时，要以大大方方的态度对待，这种体贴会迅速治愈宝宝的半夜啼哭。

怎样识别变质药物

1. 服药前特别要注意药物有效期的标识，在有效期内用药一般是安全有效的。

一般药物的有效期有以下 3 种标示方法：

（1）在药物标签上标示使用有效期，如有效期至 2002 年 6 月，表明药物可以使用到 2002 年 6 月底。

（2）在药物标签上标示的是药物失效期，如失效期 2001 年 6 月，表明药物可以使用到 2001 年 5 月。

（3）在药物标签上印有药品批号，即表示药物生产出来的日期，如药物标签上标志 20010601，说明药物是 2001 年 6 月 1 日生产的，进一步根据所标示的有效使用期限推算，就能知道可以使用到何时为止。

2. 药物大多是化学性物质，如果保存不当或是过期，常常会发生化学性质的改变，使药物的外观发生这样一些变化：

（1）药片颜色改变、质地松散、有斑点或霉点。

（2）糖衣药片的表面颜色发生褪色，露出底色或呈花斑状、彻底变色、崩裂。

（3）药粉结成块状、变色或有霉味、异味。

（4）胶囊受潮后会出现发黏，里面的药粉结块。

（5）口服的澄清药水变得混浊、有沉淀、颜色改变，药水发酵、有异臭。

（6）中成药片或药丸发生霉变、生虫、潮解。

如何计算安全用药剂量

1. 按宝宝的体重计算剂量

这种方法比较准确，先称出婴幼儿的体重，然后根据剂量计算公式估算出相应的使用剂量。

婴幼儿用药剂量 =［成人剂量 ×2× 小儿体重（千克）］/ 100 体重（千克）

2. 据年龄按成人剂量折算

这种方法较粗略，没有考虑到个体体重的差异，只适合一般药物的使用。

出生 1 个月为成人剂量的 1/10 ~ 1/8、6 个月为 1/8 ~ 1/6、12 个月为 1/6 ~ 1/4、4 岁为 1/3、8 岁为 1/2。

怎样防治幼儿“红眼病”

“红眼病”流行期间不要带幼儿去有传染源的公共场所，如幼儿园，也不要带幼儿去游泳。

每次带幼儿外出回来，一定要先用消毒皂清洗双手。

给幼儿勤洗手、剪指甲，不要让幼儿用手揉眼睛，经常携带干净卫生的手帕。

大一点的幼儿自已洗脸时，让他们先洗净手，然后再洗脸。

夏天去游泳池游泳后，回来一定要给眼睛滴氯霉素或利福平眼药水。

这里要做到每人一盆、一巾，不要混合使用。

如果有一只眼睛患病，要先擦洗无病的眼睛，然后再洗患侧。

家中有人患病，必须对患者用品严格消毒。可用开水煮沸 15 分钟，或者从市场上买消毒液，把患者用品进行浸泡。

妈妈检查幼儿眼睛时一定要先洗净双手，避免交叉感染。

眼部有分泌物要用消毒棉球浸泡淡盐水擦洗干净，每天 2 次。擦洗时从眼的外侧向内侧（鼻侧）擦洗，以免将鼻腔囊内的细菌带到眼睛里。

棉球用过一次就不能再用，直至分泌物擦干净为止。

幼儿刚开始发炎可用湿冷毛巾敷眼，每日数次。

如果累及角膜立即改为热敷。

洗净分泌物后可上眼药，一般每小时滴 1 次。方法为将幼儿取卧位或坐位，头向后仰，眼向上看。妈妈洗净双手，用左手拇指和食指轻轻分开幼儿的眼皮，右手持药瓶将药水滴入眼外侧穹窿部，注意不要滴在黑眼球上，不要让瓶口碰着睫毛，瓶口与眼距离约 2 厘米，每次 2 ~ 3 滴即可。滴完后松开拇指，以拇指和食指轻提上眼皮，放下上眼皮，用棉球轻压内侧眼角 2 ~ 3 分钟，以免药水经鼻泪管流入鼻腔。如需双眼滴药，先滴较轻的一侧，再滴较重一侧，中间需间隔 3 ~ 5 分钟。

不要用纱布包住患儿的眼睛，因为这样会使眼部的温度、湿度增高，便于病菌生长繁殖而加重病情。

白天滴眼药水，晚上用眼药膏。

请中医开清热解毒的中药。将药煎好后取出药汁，将其放入玻璃杯内，让药物蒸汽熏眼，有很好的辅疗作用。

可在玻璃杯口上放置一层清洁纱布，以免蒸汽太烫。

幼儿患病期间，应该多吃新鲜蔬菜、豆制品，饮食要清淡，不要给予巧克力、糖果及辛辣和刺激性强的食物。

“丙球”能预防幼儿感冒吗

有些婴幼儿经常伤风感冒，父母听说打“丙球”有预防作用，便常买来给宝宝注射，可效果并不理想。

“丙球”是以混合健康人的血浆为原料制成的，主要含免疫球蛋白 G，此种物质在一定程度上与人体抗感染的能力有关，但并不能有效降低感冒的发病率。因为：

1. 感冒的致病因是病毒而非细菌，且感冒病毒的种类，经常变化。
2. 健康宝宝与大多数体弱儿血中免疫球蛋白 G 水平正常，并不低下。
3. “丙球”所含的有效抗体有限，一般不含特异抗体。

用小儿安退烧有效吗

幼儿一发烧父母便急着用小儿安。但小儿安的主要成分是磺胺，磺胺只对细菌感染性疾病（如支气管炎、肺炎等）有效，对病毒无能为力。给宝宝乱用，非但无效，反可能招致肾脏损害，出现水尿、血尿等症状。

宝宝发烧一般都由感冒病毒引起，不能随便服用小儿安或抗生素，温水擦浴等物理方法才是安全的退烧措施，严重时应请儿科医生处置。

酵母片能治幼儿消化不良吗

酵母片为麦酒酵菌的干燥菌体，含多种 B 族维生素，药理作用和复合维生素 B 相似，常用于 B 族维生素缺乏症的辅助治疗，而对消化不良作用甚微。

为何有些父母认定酵母片能帮助消化呢？可能与酵母发面有关。事实上，发面用的是活酵素菌，而酵母片中的酵母菌已经死亡，无发酵作用，即使有微弱的发酵作用，也只能使胃中的淀粉产生气体和酸类，引起嗳气，不能帮助消化，治疗幼儿的消化不良时不宜服用酵母片。

应该有针对性地选择胃酶、淀粉酶或多酶片等方可收效。

如何处理幼儿眼内异物

睫毛或尘埃的微粒都容易进入眼内而成为眼内异物。如果孩子的眼睛看起来有刺激症状，但却没有发现任何异物，可能是眼睛感染。

其症状有：眼内疼痛；眼睛变红、流泪；孩子揉擦患眼。

处理措施：

1. 稍等片刻看看眼泪水是否能把异物冲掉，想办法不要让孩子揉擦眼睛。

2. 如果异物仍在眼内，可在良好光线下检查孩子的眼睛，在你用拇指轻轻地把他的下眼皮（眼睑）向下拉的同时让他向上看。

3. 你如果看到异物在白眼球上，用一块干净手帕（或纸巾）的一角或卷起来的潮湿的脱脂棉轻轻地擦掉它。

4. 如果你没有看到什么异物，就将上眼皮轻轻向外拉，再向下使它覆盖在下眼皮之下，这样异物会被驱逐出来。

5. 如果孩子始终感觉眼内有砂粒摩擦感或疼痛，或者异物不在白眼球上，又或者异物不容易擦掉，这几种情况下要用脱脂棉块盖住患眼，用绷带或围巾牢固包扎并送他去医院。异物如在眼球中央有颜色的部位上，或者已嵌入白眼球内时，千万不要企图自行去除。

6. 任何化学性的或腐蚀性的液体溅入眼内，应立即用你的手指把孩子的眼皮（眼睑）分开，并且在流动的冷水下将那些液体从眼睛里冲洗出来。如果只是一只眼睛受到损害，就将他的头倾斜，使患眼在下方，这是为了冲洗出来的水不致流入正常的眼内。然后用纱布块将患眼遮盖并带孩子去医院，如果可能的话，把装化学品的瓶子也一起带给医生。

如何处理幼儿耳内异物

昆虫可能爬进孩子的耳内，有时孩子也会把小的东西塞入耳中，这些都属于耳内异物。在孩子未长大到能懂得不可以将东西放入耳内以前，不要让他玩小球、石弹子（弹珠）或类似的小东西。

其症状有：耳内瘙痒；不完全性耳聋；孩子可能揉擦或牵拉自己的患耳。

处理措施：

1. 在孩子肩上围一条毛巾，将他的头向一侧倾斜并使患耳在上，往患耳内倒入几滴微温的水。

2. 将他的头向另一方向倾斜使患耳在下面，不管怎样水都会从孩子耳内流出，这样处理如不成功就带他去医院。

如何处理幼儿鼻内异物

有时幼儿会把一小块食物或小珠之类的其他东西塞进鼻内，造成鼻内异物。

其症状有：从鼻中流出有臭味的血状渗出物。

孩子如果会擤鼻，你可帮他一下，每次擤一只鼻孔，如果这样做不能把异物擤出，就不要再设法自行取出了，赶快送孩子去医院。

如何取出幼儿身上的刺或碎片

刺或细小的碎片经常会嵌入孩子的手或脚。倘若是嵌入脚中，刺痛可能较轻；但嵌入手指尖处时会有明显疼痛。

1. 如果碎片的末端露出在外面，将一把镊子用酒精消毒，然后夹住碎片的末端轻轻地全部拉出，用水彻底清洗受伤处。

2. 如果碎片没有露在外面，但却能清楚地看到它，这说明碎片嵌在皮肤表层的下面。将一根针用酒精消毒后，顺着碎片的方向，用针把碎片上面的皮肤轻轻地拨开，并且用针尖小心地把碎片的一端挑起来，再用镊子夹住把它拉出，然后用肥皂和水彻底洗净伤口周围。

如有下列情况要尽快看医生：48 小时后，碎片周围的皮肤变红、肿胀或一触即痛；你自己无法将碎片取出；嵌入的是玻璃或金属的碎片。

幼儿休克是怎么一回事

休克是身体对各种严重损伤的一种反应，严重损伤中以遭受过重度烧伤或大量出血为甚。当血压出现危险的下降时，身体的衰竭已陷入威胁生命的状态。

休克所出现的症状有：皮肤苍白、发冷、出汗；口唇内侧或指甲下面变得发青或灰白色；呼吸浅而急速；烦躁不安；嗜睡或意识模糊；神志不清。

如果孩子处于休克要即刻请求急救。

防治措施：

1. 安放孩子成仰卧躺下，盖上外衣或毛毯。把头转向一侧，然后两脚下面垫一些衣物或坐垫使其抬高 20 厘米。

如果他腿部有骨折或有毒性的咬伤时，则不要将两腿抬高。

2. 给他盖上毛毯或外衣，或者搂抱他以求保暖。不要企图用热水袋或电热毯给孩子保暖，因为这样会使其体内重要器官的血液流向皮肤，从而造成器官缺血。

3. 如果他诉说口渴，用一块湿布湿润他的口唇。不要给他任何食物或饮料。但如果孩子是严重烧伤则属例外，可以给他啜饮一点水。

4. 如出现神志不清，就要检查他的呼吸。

5. 如果没有呼吸，开始施行人工呼吸。

6. 如果有呼吸，把孩子放置成恢复姿势。

幼儿中毒是怎么一回事

婴幼儿好奇心很强，但对事物是否存在危险没有能力辨别，因此，把有毒的物品锁藏起来并使孩子拿不到是很重要的。中毒是幼儿最常见的急症之一。

中毒所出现的症状有：孩子的症状取决于他吃下去的毒物类型。你可能注意到下列各种症状：胃痛（腹痛）；呕吐；出现休克的症状；抽搐（惊厥）；嗜睡；神志不清。

此外，如果孩子吃了有腐蚀性的毒物，口腔周围会表现出有灼伤或变色，而且附近有毒物或盛毒物的容器已空。

如果你认为孩子吃下了任何有毒的东西就要即刻请求急救。

治疗措施：

1. 如果孩子神志不清，先检查他的呼吸。

2. 如果你看到孩子口腔周围有灼伤的体征，或者你有其他理由认为他可能吞入了化学物品，可用水清洗孩子的皮肤及唇部。如果他神志清醒，给他喝些牛奶或水。

3. 要设法知道他吃下了多少毒物及已经过了多少时间，并将这些告诉医生或急救人员，如有可能给他们一些毒物的样品或盛毒物的容器。

4. 孩子如有呕吐，留一点呕吐物的标本给医生或急救人员，不要刻意让孩子呕吐。

5. 如果他没有呼吸，立刻施行人工呼吸，但先要揩净他的面部或在他嘴上盖一块薄的、不妨碍呼吸的布，以免毒物进入你的口中。

6. 如果他有呼吸，把孩子安放成恢复姿势。

幼儿淹溺怎么办

婴儿及儿童在很浅的水中就可能淹溺。当幼儿的面部被浸没时，他的自动反应是做深呼吸，或尖声叫喊，而不是把头抬起离开水面。

如果孩子出现这种情况时，你应采取：

1. 检查孩子是否神志清醒，是否有呼吸。如果他有咳嗽、噎塞，或者呕吐现象，表明他还有呼吸。如果孩子颈部或背部有受损伤的可能，就要很轻很轻地搬动他，并要设法保证不致扭伤他的脊柱。

2. 如果他没有呼吸，切莫浪费时间，设法把孩子肺里的水倾倒出来。清除他口中的一切残留物，例如泥浆或海草，并且立即进行人工呼吸，如果可能在未到岸上时即进行人工呼吸，并请求急救。在救护人员到达前或直到他重获呼吸都要继续施行人工呼吸。当孩子恢复了呼吸时，把他安放成恢复姿势。

3. 如果他有呼吸但神志不清，把孩子安放成恢复姿势，为的是使水能从肺或口中排出，并即刻请求紧急救护。用外衣或毛毯把他盖好以求保暖。要尽早把他安置在暖和的房间里，因为即使在冷水中浸泡的时间极短，他也可能会出现有危险性的全身发冷。

4. 如果他神志清醒，给他安慰并且使他安心，要设法为他保暖。

如果孩子从淹溺（溺水）中解救过来，即使并未神志不清也要立刻请求急救。

幼儿尿频是病吗

夜里尿频的，以男孩子居多，他们绝不是智能低下的孩子，但都是敏感的、精神过于紧张的孩子。他们大都从婴儿时期开始白天也尿多，婴儿时期就比别的婴儿需要更多的尿布。

尿频绝不是病。有的人尿多，有的人尿少，这都是生理上的差别。尿间隔时间长的孩子，到 3 ~ 4 岁时就可以夜间不起来撒尿。或者是母亲叫起来撒 1 ~ 2 次，也就不尿床了。尿频的孩子稍晚些才能不尿床。有些上了小学低年级就不尿床，也有到五年级还尿床的。这两种都是正常的生理状态。

如何治疗幼儿夜尿症

想要纠正孩子遗尿的习惯，必须把孩子从屈辱与忐忑不安的精神枷锁中解脱出来。不要把遗尿当作一种特殊的病来处理。要把尿湿的睡衣、床单当汗湿的一样来看待。母亲不要责怪孩子。早晨发现尿湿的睡衣、床单，要装作没有看见。平素切忌把遗尿当作问题来讨论。大人要表示，生活中有很多大事，遗尿不算一回事。晚饭以后限制喝水能够减少夜尿，但也不要讲“喝那么多水，夜里尿床”的话。应悄悄控制饮水。晚饭的菜也尽量避免含水多的。

如果从不遗尿的孩子突然喝了很多水还叫渴，并且有遗尿趋势，就要考虑是否得了尿崩症。这是很少见的病。

孩子再长大些，夜尿症会自然痊愈。到入学前还不见好，也不要着急。母亲要对孩子的身体多照顾些，给孩子洗睡衣和床单，自己临睡时招呼孩子起来撒一次尿。

冬天天冷，一度结束的夜尿可能又反复，应把孩子的被褥弄得暖些。

遗尿，在同一家族里往往上一代也有。这可作为教育孩子的借鉴。比如说，父亲一直到四年级还遗尿，叔叔也是如此等的话，就能使孩子消除不安的紧张心理。父亲和叔叔现在都是有作为的男子，这些活生生的事例更能稳定孩子的情绪。

幼儿为什么会发绀

发绀又称紫绀或青紫，是皮肤与黏膜表面小血管内血液中的还原血红蛋白增高，或有异常血红蛋白形成所致。发绀常是缺氧的一种表现，但二者并非完全一致。如极度贫血病儿，虽缺氧严重但无紫绀。相反，久居高原地带的儿童却紫绀显著，而缺氧症状并不明显。又如一氧化碳中毒与氰化物中毒患儿缺氧极重，亦无紫绀（一氧化碳与血红蛋白结合成碳氧血红蛋白而呈樱桃红色）。

轻度发绀时，可见小儿口唇稍呈暗紫色，指甲、趾甲青紫。紫绀严重时，上述表现加重，口周、鼻根发青，甲床、耳垂亦可呈蓝紫色，更甚者全身灰暗、发紫。

引起紫绀的原因很多，最常见的有下列几种：

1. 先天性心脏病。人体静脉血中所含还原血红蛋白比动脉血中的高得多。正常时动、静脉血各有通路，互不相混。若心脏有缺孔或血管位置不正常时，静脉血就可流入动脉，引起小儿发绀。若小儿一出生即有紫绀，多伴有复杂的心血管畸形，不易成活。有些小儿在哭闹、喂乳时或运动后出现紫绀，应及早到医院检查，以明确畸形种类，确定治疗方法。某些心脏畸形儿早做手术可获得良好效果。

2. 肺炎、脓胸、气胸、急性喉炎、哮喘、气管异物等呼吸系统疾病患儿，或神经肌肉麻痹引起呼吸困难的患儿，吸入空气量不足，也就没有足够的氧使静脉中的还原血红蛋白氧化，因此而发绀。

小儿剧烈活动或高热时氧的消耗增加，也可促使紫绀发生。幼婴，尤其是新生儿在受冷后，由于血流缓慢也常见紫绀。有些药物如磺胺噻唑、氨苯磺胺、非那西丁可产生异常血红蛋白的衍化物，小儿服用后，也能引起紫绀；尤其是硝酸盐中毒更可引起肠原性紫绀，甚至造成爆发中毒，值得注意。

幼儿发育迟缓是怎么一回事

同年龄、同性别的健康小儿的身高、体重应在同一范围内。医务工作者通过对大量人群的调查，用统计学的方法，计算出各年龄组男、女小儿的身高、体重的平均值及标准差。如果小儿身高低于同年龄、同性别儿童身高的平均值及两个标准差，就是医学上的矮小症，又称侏儒症。小儿生长发育迟缓，包括矮小症及未达标症程度的身高矮小及发育落后的小儿。

那么，哪些疾病会引起小儿生长发育迟缓呢？

家长发现小儿生长发育迟缓，常带孩子到内分泌科门诊就医。事实上，这种症状大多是全身性各系统及器官的后天性慢性疾病或先天性发育不良的表现。小儿患呼吸系统疾病，如反复支气管炎及肺炎，重症腺病毒肺炎后的慢性肺炎及支气管扩张；慢性消化不良或肠道感染如慢性菌痢；循环系统先天性的或后天性的心脏病；慢性肝、肾疾病导致的肝、肾功能减退及先天肾畸形引起的肾功能不全；各种原因造成的慢性贫血；神经系统先天发育异常或出生时难产发生缺氧性脑病，以及后天神经系统感染及与感染有关或原因不明的神经系统变性；先天性体内缺乏某种或某几种物质引起代谢缺陷，以及结核病等感染造成的慢性消耗性疾病等，都会使之生长发育迟滞。也有些小儿生长迟缓的原因很简单，只因为喂养不当，养成不良的饮食习惯。

小儿矮小由内分泌疾病引起的有以下几种：

1. 先天性甲状腺功能低下（呆小症）及垂体性侏儒，是内分泌系统疾病引起小儿明显矮小的常见原因。呆小病患儿不仅身材矮小，而且智力低下。

2. 有一种矮小症患儿呈体态匀称的矮小，例如 10 岁患儿的身高如正常的 5 ~ 6 岁小儿，智力超过学龄前儿童，小圆脸带着稚气，下颌较小，手足亦较小。这种矮小症是由与脑下体有关的生长激素分泌不足或功能不足所致。现已有人工合成的生长激素能治疗此病。

3. 小儿如患糖尿病长期控制不良，势必生长迟缓。一种先天性肾上腺疾病患儿，表现为早期生长过速与性发育异常，以后提前结束生长，最终身高低于正常水平。由甲状旁腺疾病造成的矮小儿，可出现血钙低引起的手足抽搐症状。

4. 有些小儿的矮小是属于生理性的，如受遗传影响的家族性矮小儿；青春期发育延迟的小儿，比同龄小儿晚发育 2 ~ 4 年，青春期的出现亦晚，但一到青春期即出现快速生长，其最终身高及性发育可达到正常水平。还有的足月分娩的新生儿，出生时体重轻，以后生长发育一直落后于同龄儿，并不一定是有明确病因的内分泌疾病。

幼儿智力低下是怎么一回事

什么是幼儿智力低下

幼儿智力低下（即智能落后）指智力发育障碍，智力低于同龄正常幼儿的水平。智力的发育与先天遗传、大脑发育程度、后天的环境和教育有密切的关系。

按照智能落后程度的不同，幼儿智力低下可分为三度。

什么是幼儿智力轻度落后

轻度落后（愚笨、愚钝），占智力低下小儿的 75% ~ 93%，能接受初级教育，但理解力、记忆力不强，学习成绩低下，常于学龄期发现；生活可自理，能参加一般生产劳动。

什么是幼儿智力中度落后

中度落后(痴愚或痴呆),与同年龄正常小儿相比差距大,接受教育困难,思维力差,语言发育差,常于学龄前在幼儿园时发现,经耐心反复训练教育,能自理生活,可参加简单劳动。

什么是幼儿智力重度落后

重度落后(白痴)。在婴儿期就表现各方面发育落后,不会说话,生活完全不能自理,不能接受教育,终身需别人照顾。这样的患儿约占低能儿的5%。

哪些环境因素易导致幼儿智力低下

有些小儿是由于正常发育的脑受到有害的环境影响或受到损伤而造成智力低下的。此类患儿,可出现在不同的发育阶段。

出生前子宫内获得的——母亲妊娠时患风疹或单纯疱疹、水痘、弓形体病、甲状腺功能低下、梅毒、受放射线照射,或母亲服用某些药物,如抗代谢药物、烟碱、奎宁,或母亲子宫畸形、子宫功能不全,都可引起胎儿智力缺陷。此外,母亲贫血、营养不良、情绪紧张、抽烟过度及酒精中毒对胎儿智力亦有影响。

出生时获得的——母亲妊娠并发症如分娩前出血、妊娠毒血症、胎盘早期剥离、胎盘功能障碍,或新生儿出生时受产伤、颅内出血、窒息、缺氧、感染、低血糖等,均可导致小儿智力低下。

出生后获得的——新生儿患核黄疸、硬膜下血肿、脑炎、脑膜炎、中毒性脑病、脑外伤后遗症、婴儿痉挛症、持续癫痫脑缺氧、中毒(如一氧化碳中毒、铅中毒、砷中毒等),也可导致小儿智力低下。

遗传因素会导致幼儿智力低下吗

父母近亲结婚,家族有盲、聋者及癫痫、脑性瘫痪者、各种先天畸形,其后代有智力低下的可能。

如何处理幼儿哽噎

幼儿将食物或异物吸入咽喉,但还能呼吸,能讲话或哭出声。此时的紧急救护方法是:

幼儿自然的反射是呛咳,父母要鼓励幼儿咳嗽,千万不要盲目地用手在幼儿嘴里乱抠,以防把异物越顶越深,反而把气道完全堵死。如果没有看到咳出的东西,幼儿有反复咳嗽或气喘,说明异物已到呼吸道,立即送幼儿去医院检查,以便及时取出异物。

幼儿哽噎窒息不能呼吸怎么办

幼儿面色发青,不能呼吸,痛苦不堪,哭不出声。

此时的紧急救护方法是：

父母不能惊慌失措，这种情况下，不论是送幼儿去医院，还是去请医生，都只会延误时间，丧失抢救的宝贵时机。父母应该马上叫其他人去请求医疗急救，而自己片刻不能耽搁，立即开始现场抢救。动作既要轻柔，又要坚实有力。

发生哽噎窒息怎么办

1. 让幼儿俯卧在妈妈的一只手臂上，用手固定好幼儿的头颈部，把手放低依靠在妈妈的大腿上，使幼儿保持头顶朝下的位置。

2. 身体较大的幼儿，可以脸朝下放在妈妈的大腿上，用手托住幼儿的前胸并固定好幼儿的头颈部，同时使幼儿头部朝下。妈妈立即用另一只手的掌根部猛击幼儿的上背部（两个肩胛骨之间）。动作要急促有力，连击四下。如果动作正确，被哽在咽喉里的东西往往会喷口而出，问题也就解决了。

3. 如果幼儿仍不能呼吸，立即把他翻过来，平放在身上，用两只手指很快地在幼儿的胸骨下段按压四下。

1 岁以上幼儿发生哽噎窒息怎么办

进行腹部冲压，使哽塞的东西受压力冲击而撑出。如果一次不成功，可以重复 6 ~ 10 次。进行腹部冲压的要领是，幼儿仰面平躺，妈妈面向幼儿的头部跪在或站在幼儿脚侧，两手重叠在一起放在幼儿的上腹部，用掌根部快速向头部与内方向冲压一次，动作要轻柔。

年长幼儿进行腹部冲压时幼儿可以站或坐。妈妈站在幼儿的身后，一手握拳，另一只手紧紧地抓住拳头，把幼儿拦腰抱住并使他上身向前倾。两手要放在幼儿肚脐的上方，大拇指的外缘紧贴在幼儿的肋缘上，然后两手猛地向腹内与头部方向一冲。

1. 如果异物没有排出，幼儿仍不能呼吸，把下颌骨尽量向后移，使幼儿的嘴张开，如果能够看见异物，立即用手掏出来，看不见的话不要盲目地乱掏。

2. 如果幼儿仍不能呼吸，对幼儿进行口对口人工呼吸 2 次。妈妈深吸一口气，把幼儿的嘴与鼻都包在妈妈的嘴里或者只包住幼儿的嘴，并用手捏住幼儿鼻子（总之做到尽量不要漏气），然后向里面吹气，吹气是否有效要看幼儿的胸部是否轻度扩张。

3. 不断重复以上的步骤，直到医疗急救人员到达。

如何防止幼儿哽噎窒息

哽噎是 5 岁以下幼儿意外死亡的主要原因。为了防止发生这样的意外，应该注意以下几点：

1. 不要给 5 岁以下的幼儿吃花生一类又滑又硬的食品，或者形状为圆形的食品。

2. 食物要切得大小适宜，以便于幼儿咀嚼。

3. 玩耍或奔跑时不给幼儿吃东西。教育幼儿吃东西时不能讲话，嬉笑或打闹，鼓励幼儿细嚼慢咽。

4. 不要让幼儿玩硬币、扣子、破气球等物品，不要选择有许多小物件的玩具，以防脱落误服吸入。

宝宝吃错药怎么办

孩子好奇心很强，又不懂事，有时把各种清洗剂、药水拿来喝了，家长一旦发现孩子错吃了药剂，一定要耐心地、镇定地查看孩子到底吃了什么药，吃了多少，而不要打骂、训斥孩子，使他恐惧、哭闹，这样反而耽误了急救的时机。

当确定孩子吃错了药，若离医院较远时，可在家先做处理，如：药刚吃下不久，可用手刺激孩子的咽部，引起他恶心、呕吐，把药吐出来。若是孩子错服了止痒药水、癣药水之类药物，可让孩子多喝浓茶。茶叶水中的鞣酸具有沉淀及解毒作用。若是孩子误服了碘酒，赶快让孩子多喝米汤，以淀粉类流食阻止人体对碘的吸收。经过初步处理后，抓紧时间送孩子去医院观察和抢救。

注射后有硬块怎么办

肌肉注射是一种极方便的给药方法，但有的药物在连续多次注射以后，就会在肌肉注射的局部发生硬块。

肌肉注射后发生硬块，主要是某些药物对人体组织有一定的刺激性。另外，孩子在注射时不能很好合作，注射部位选择不当，使药液注入脂肪组织中，脂肪组织中血管少，药物不能很好吸收；长期注射药物，加重了药物的刺激，使局部肿胀形成硬结。

出现硬块，局部可出现炎症反应，还会发生组织坏死，孩子可感到疼痛，也可出现发热。

肌肉注射后有硬块的处理措施：

1. 热敷。注射局部产生疼痛或刚出现硬块时，可以及时热敷。方法是用热毛巾或热水袋，水温 50 ~ 60℃，敷于硬块部位，每日早晚各一次，每次 20 ~ 30 分钟。同时局部轻揉，可以促进局部血液循环，加速药液吸收。

2. 硫酸镁溶液外敷。可用 50% 的硫酸镁溶液，每次取 50 毫升倒入搪瓷碗中，加热水 10 毫升，取两块小毛巾或纱布，交替使用。先取一块毛巾，拧干后敷在硬块处，上面再用热水袋压住，5 分钟更换一次，连续 15 分钟，每日

3 ~ 4 次。硫酸镁溶液温热敷可使肌肉放松，血管扩张，促进血液循环，帮助药物吸收，使硬块变软，直至消失。

3. 艾叶煎水敷。艾叶即艾蒿，味苦辛，性温，有理气血、温经止痛的效用。可用艾叶加水适量煎煮，放温后用毛巾浸湿热敷。注意药液不要下流，局部不要烫伤。每 3 ~ 5 分钟换一次，每次热敷 30 分钟，每日两次。

4. 理疗。可去医院做理疗，效果较好。

如果硬块有波动感或出现脓头，不可再热敷，要及时到医院检查。

怎样给宝宝喂药

按照医生告诉你的服药方法小心地给小孩子喂药。药物的名称、服用量、给药的方式和服用次数等，都可以在药瓶签上找到。应把药物放在一个安全的地方，以防其他的孩子拿到。

1. 问一问医生或药剂师，是在给孩子喂奶前或喂奶后用药，还是在两次喂奶之间给药。

喂药的时间选择对药物的吸收是有影响的。你不仅要知道为什么给孩子喂这种药，而且要知道这种药有什么副作用。医生或药剂师会告诉你如何观察小孩对药物的反应。如果婴儿服这种药后出现了皮疹或发痒，那就要找医生看一看。

你必须仔细把握小孩服药的数量，请按药瓶签上的说明办。普通家庭所用的茶匙大小差别很大，最好用有标准量度的茶匙。当然，你也可以把注射器当作测量工具来使用。

2. 给孩子喂药时要特别耐心。

先把婴儿抱在怀里，让他的头略仰起或者放成喂奶时的体位。然后，用注射器或滴管慢慢地将药滴到婴儿嘴里的后中部位，轻轻地拨动孩子的脸颊，以促使他把药咽下去。也可以把药放进空橡皮奶头里，然后将橡皮奶头放进婴儿的嘴中来引诱他吮吸。如果喂的量较大，婴儿可能会打嗝，就让他歇一会儿，然后再喂。另外，喂药时要有恒心。即使婴儿不太喜欢药物的味道，但他确实需要这种药，也一定要让孩子把药吃完。孩子服药后，应该抱着孩子睡。

如果孩子开始呕吐，就停止下来，让他休息一会儿，安抚一下后再给他喂药。孩子如果在服药后呕吐，就把他的头斜向一边，轻拍其背部。呕吐后把他的嘴洗干净。看看孩子吐出来的药量多少，问一下医生是否可以继续用这样的剂量给孩子服。切忌给吃饱肚子的孩子再喂什么药。

如果婴儿大一些，能吃些食物，你就可以把药放在少量的食物里。药片可以压碎拌在果酱里让小孩子吃。但是，某些药物如和奶或食物掺和一起，就不会很好地被吸收。

怎样给孩子点眼药水

让孩子坐在椅子上，头向后仰，脸向上，轻轻闭眼。家长将眼药水向眼内角挤出 1 ~ 2 滴，然后用另一只手，将其上眼皮轻轻提起来，使药水含在眼内。放下眼皮，让孩子闭一会儿眼，转动眼珠，使药水均匀。

怎样给宝宝滴鼻药水

让孩子躺在床上将头伸出床沿外，尽力后仰，使头与身体呈直角，然后向双鼻孔各滴 1 ~ 2 滴药液。只要保持头向后仰，药水就不会流到嗓子里去。但不要经常使用通鼻剂，如果使用，也要用小儿制剂，不能将大人的药随意给孩子用。

如何预防佝偻病

预防小儿患佝偻病，应从胎儿时期开始，即母亲在妊娠期间要注意饮食，多在户外晒太阳，在妊娠的最后 3 个月，最好每天服浓鱼肝油 400 单位。婴儿出生后，最好坚持母乳喂养，出生 2 ~ 3 周后每天给浓鱼肝油 400 单位，早产儿、双生儿须加倍；适当给予钙剂，每日 0.5 克，就可以预防佝偻病的发生。新生儿满月后，即可抱至户外接触阳光，3 个月后即使冬季，天气好时也可抱出晒太阳，可使婴儿皮下胆固醇得到紫外线照射而产生维生素 D。人工喂养的小儿，如用牛奶喂养，最好用加入维生素 D 的强化牛奶，一般 1000 毫升牛奶中有维生素 D400 单位，可不必再给婴儿另外添加维生素 D 制剂。要注意小儿的清洁卫生，要及时添加辅助食品。

如何预防小儿缺锌症

在正常人体内，各种元素都有一定的含量和适当的比例，过多或过少都会破坏元素之间的平衡；若长期超过生理需要或长期不足，都会造成生理功能失调，导致发生疾病。一般小儿，每日需锌 5 ~ 10 毫克，只要注意经常喂给肝、瘦肉、蛋黄、黄豆、花生米、核桃等食物，小儿如不挑食、不偏食，有良好的饮食习惯，一般就不会发生缺锌症。如果怀疑小儿缺锌，一定要去医院检查发锌和血锌，确诊为缺锌时才可服药治疗；一旦症状改善，就要调整服锌量或停药，用含锌量高的食物来补充即可。切不可把含锌物当作补品给小儿吃，否则，服锌剂日久会引起中毒。